자동제어 실무이론

신 종 석 저

도서출판 상 학 당

머리말

제어계란 어떻게 보면 여러 다양한 방법을 써서 문제를 어떻게 처리하고, 어떻게 제어하면 좋은가를 배워가는 일종의 과학이라 할 수 있기 때문에 이 책에서는 귀환제어 이론과 실무를 쉽게 이해하는데 도움을 주는 방향으로 편성하였고 특히 대학에서 공학을 전공하는 학습자와 새로이 자동제어계에 입문하려고 하는 현장기술자에게 도움을 주겠다는 견지에서 서술하였다.

이 책은 처음부터 각 장끼리 종합적인 형태로 엮어나가도록 노력하였고, 전기·기계·화학 및 산업 각 공학분야 사이의 차이가 별로 없으므로 어느 한 분야만 의식하고 쓴 것이 아니다.

제어계에서 실질적인 문제의 대부분은 고전적인 방법을 사용하여 해결하고 있고 제어시스템 입문은 선형시스템부터 시작되기 때문에 여기서도 주로 선형 상수파라미터 제어시스템 위주로 취급하면서 다음 내용으로 엮었다.

1장은 자동제어의 개요와 역사에 대하여 설명하고, 2장은 제어이론 해석에 필수인 라플라스 변환에 대해 간단히 설명하였다. 3장에서는 제어계에 상용되는 몇 가지 일반적 장치에 관하여 전달함수와 신호흐름선도에 의한 표현법을 설명하였다. 4장은 제어계의 과도응답에 대해 서술했고, 5장은 제어계의 편차특성과 감도를 조사하였으며, 6장에서는 제어계의 주파수응답에 대하여 설명하였다. 7장에서는 안정도를 판별하는 제방법을 총괄적으로 설명하였다. 8장에서는 제어시스템의 설계와 보상의 여러 가지 수법을 기술하며, 9장에서는 제어시스템에 사용되고 있는 제어기기들의 종류와 동작원리 및 특징에 대해 검토하였고, 10장에서는 제어시스템이 어떻게 실무에 응용되는가에 대하여 설명하였다.

이 책은 자동제어공학에 관심을 갖는 많은 공학도들에게 크게 도움이 되기를 바라며 엮었으나, 여러 제약과 얕은 지식으로 본의 아니게 부실한 곳이 있을 것으로 사료되오니, 많은 지도편달을 부탁드리고, 책의 출판에 물심양면으로 도움을 주신 많은 분께 충심으로 감사의 말씀을 드린다.

끝으로 사사로운 일이나 정년이 얼마 남지 않은 지금까지 일관되게 격려와 이해 그리고 인내로 고생을 참아준 아내와 자식들에게 감사드린다.

저자 씀

차 례

부 록 461

1장 자동제어의 개요

자동제어(automatic control)는 산업계의 여러 다양한 분야의 기술 발전에 중요한 역할을 담당하여 왔고 그 중요성은 더욱 증대될 것이다.

이 장에서는 자동제어의 개념을 올바로 이해할 수 있도록 자동제어의 개념, 자동제어의 종류와 용어 귀환제어계의 분류방법에 대하여 설명하기로 한다.

1-1 개 요

제어(control)란 어떤 물리계가 원하는 대로 동작하도록 물리계에 조작을 가하는 것을 말한다. 여기서 물리계란 모든 물체, 즉 전기, 기계, 항공, 화학, 공업 프로세스 등과 같이 모든 분야가 다 여기에 포함된다.

따라서 제어계란 에너지, 물질 및 기타 자원의 흐름을 제어하는 장치라고 정의할 수 있다.

제어를 하는 방법에는 인간의 판단과 조작에 의하여 움직여지는 수동제어(manual control)와 기계의 판단과 조작에 의하여 자동적으로 움직여지는 자동제어(automatic control)가 있다.

예를 들면, 수도 밸브 밑에 양동이를 놓고 밸브를 열어 양동이에 필요한 위치까지 물을 채우기 위해 양동이의 수면을 보면서 적당한 곳에서 밸브를 잠그는 행위를 인간의 판단과 힘에 의해 했을 경우는 수동제어이고, [그림 1-1]과 같은 수세식 화장실의 경우 손잡이를 밑으로 잡아당긴 후 손잡이를 놓으면 통속의 물은 밑으로 내려가고 물이 밑으로 내려가면 플로트도 내려가 수도꼭지를 열어 통속에 필요한 위치까지 물을 채우는 것은 기계의 판단과 힘에 의해 이루어진 행위이므로 자동제어가 된다.

이를 블록선도로 나타낸 것이 [그림 1-1](b)이다.

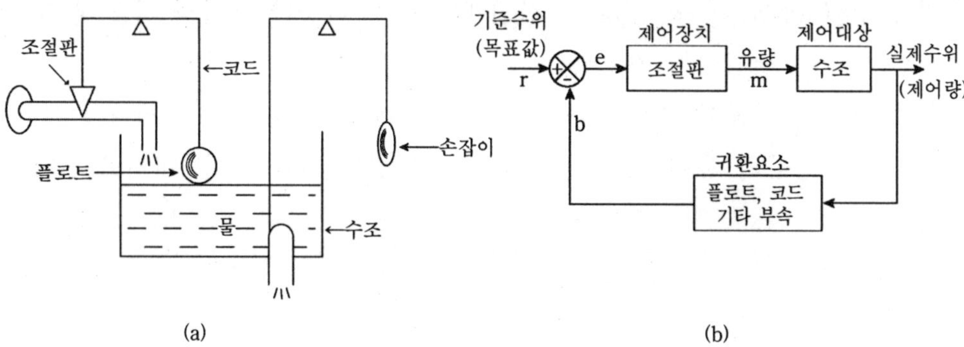

[그림 1-1] 수세식 화장실의 구조

자동제어는 자동화(automation)의 중심을 이루고 있는 공학이며, 기술이라고 생각할 수 있기 때문에 여러 가지 개념을 포함하고 있으나, 이 용어의 창시자라고 불리는 D. S. Harder는 다음과 같이 정리하고 있다.

"오토메이션이란 단순한 기계화나 자동화를 뜻하는 것이 아니고 인간의 두뇌처럼 기계 자체가 스스로의 동작결과를 감지하여 목표로 하는 기준과의 일치 여부를 비교하고, 이들 사이에 어떤 차이가 있을 때에는 이를 수정하면서 교정 조작을 할 수 있는 자동적 기계화를 뜻한다."

한편 자동제어에는 물리계 스스로가 제어의 필요성을 판단하여 수정동작을 하는 귀환제어(feedback control)와 미리 정해진 순서에 따라 제어의 각 단계가 순차적으로 진행되는 시퀀스 제어(sequence control) 양자를 조합하여 목적에 따라 적당히 채용하여 자동화를 꾀하는 양자 절충방식의 세 종류로 나누어지고 있으나 시퀀스 제어는 귀환제어에 비하여 학술적인 이론체계가 미흡할

뿐만 아니라 수정동작을 할 수 있는 능력이 없어 자동제어라고 하면 귀환제어를 뜻하는 경우가 많으므로 이 책에서는 귀환제어를 중심으로 기술하겠다.

자동제어는 가정에서 쾌적한 생활을 하기 위하여 냉난방장치, 전자동 세탁기, 자동 전기밥솥, 선풍기, 냉장고 등에서부터 금속, 석유화학, 전기, 기계, 토목, 의학, 우주공학 분야와 생산제품의 품질관리나 재고품 정리분야에 이르기까지 그 응용분야는 수없이 많으며, 현대문명과 산업사회의 진보, 발전에 공헌하고 있는 바가 매우 크다.

모든 산업이 자동제어화됨으로써 사회전반에 파급되는 효과로는 인간의 감각에 의지할 수밖에 없는 일을 기계가 대신하여 줌으로써 **인간의 노동시간을 단축시켜 좀더 여유있는 문화생활을 할 수 있고, 인간이 노동을 함으로써 오는 위험을 대신하며, 인간이 하는 것보다 더 정확하고, 신속하게 작업을 수행함으로써 생산능률의 향상, 생산원가의 절감, 생산품의 품질향상, 생산품의 균일화 등 모든 요건의 개선을 가속화시킬 수 있지만, 인간을 노동현장으로부터 추방시켜 실업의 위험성이 있는 단점도 있다.**

한편, 제어하려는 물리량을 일반적으로 제어량(control variable)이라 하고 제어량을 원하는 상태로 하기 위한 입력신호를 제어명령(control instruction)이라 하며, 제어명령은 정성적인 제어명령과 정량적인 제어명령 2가지로 나누어진다.

정성적인 제어명령이란 [그림 1-2]의 전열기 제어와 같이 전열기의 발열량과는 관계없이 스위치를 개폐하여 전류를 통하거나, 끊거나 하는 두 동작 가운데 어느 한 동작에 의하여 제어명령이 내려지는 것으로 이를 정성적 제어

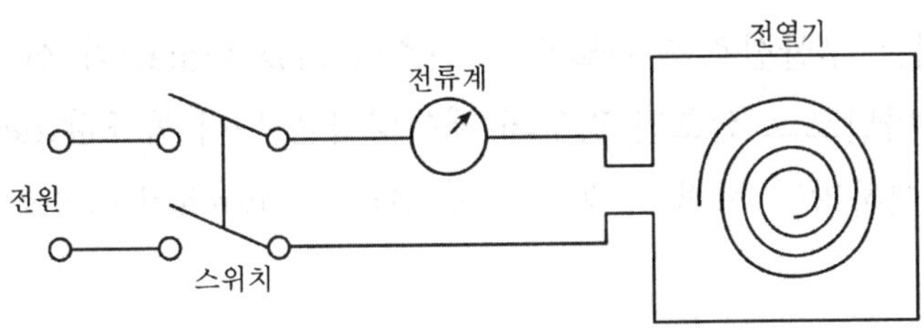

[그림 1-2] 정성적 제어 예

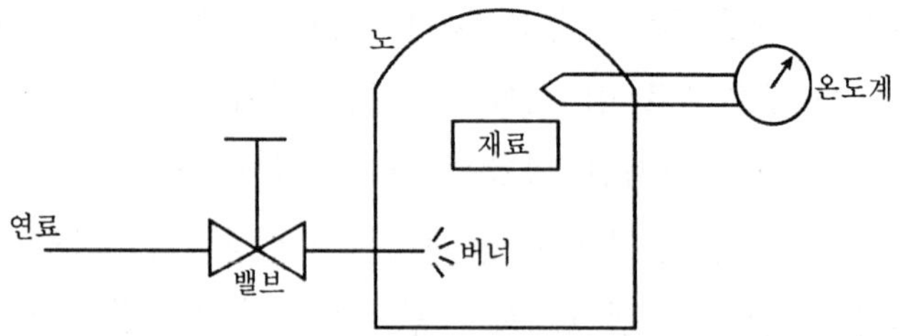

[그림 1-3] 정량적 제어 예

(qualitative control)라 하고, 정량적 제어명령이란 [그림 1-3]의 노(爐)의 온도제어와 같이 온도의 높고 낮음, 즉 크기 및 양에 대하여 제어명령이 내려지는 것으로 이를 정량적 제어(quantitative control)라 한다.

정성적 제어명령은 [그림 1-2]의 전열기 제어에서와 같이, 전열기에 전류가 흐르거나 흐르지 않는 두 동작 중에서 어느 한 동작에 의하여 제어명령이 내려지는 것으로 제어명령은 2가지 값 또는 유한 값인 데 대하여, 정량적 제어명령은 [그림 1-3]의 노의 온도제어와 같이 단위시간당 발열량을 제어시키는 것으로 제어명령은 무한값이라 할 수 있다.

제어명령은 전류, 전압, 변위 또는 온도 등과 같은 물리량의 상태로 주어지지만, 제어라는 입장에서 볼 때 물리량의 종류가 어떤 것인가 하는 문제보다는 그것의 크기가 어느 정도이며, 어떻게 변화하는가 하는 물리량의 상태가 더 중요하다.

이와 같이, 물리량의 종류에는 관계하지 않고 크기 및 변화상태만을 고려한 것으로 신호라 한다. 정성적 제어와 같이 2개의 유한신호로만 되는 것을 2치신호(binary signal or digital signal)라 하고, 정량적 제어와 같이 크기를 연속적으로 나타내는 무한신호를 아날로그 신호(analog signal)라 한다.

제어명령이 아날로그 신호인 경우의 제어명령을 특히 목표값(desired value)이라 하고, 제어하려는 목적의 장치를 제어대상(controlled system)이라 한다.

1-2 자동제어의 역사

앞에서 언급한 바와 같이 자동제어는 우리들의 일상생활 및 공업생산면에 매우 중요한 위치를 차지하고 있다. 이는 많은 선배 학자와 기술자들의 부단한 노력과 연구의 결과이므로 자동제어의 이론을 공부하기에 앞서 선배들의 업적을 회고하는 것도 큰 의의가 있다고 생각된다.

자연의 힘을 성공적으로 제어하려는 인간의 의욕은 인류 역사를 통하여 꾸준히 전개되어 왔다. 인간의 목표는 그 자신의 능력에 겨운 육체 노동을 돕도록 하기 위하여 도구나 기계를 사용하면서부터 제어와 밀접한 관계를 맺어 왔다. 자동제어를 인간이 적용한 예들은 기원전 2000년경부터 나타나기 시작하였고, B.C 300년부터 B.C 1년까지의 기간에 그리스에서 개발된 부표 조정기(float regulator) 메커니즘이 귀환제어의 첫번째 시도라 볼 수 있으나 공업화된 자동제어 시스템의 시작은 18세기 중엽이라고 생각된다.

증기기관의 속도제어를 위하여 1788년에 개발된 James Watt의 원심구조속기(fly-ball governor)가 산업 공정에 사용된 첫번째 자동제어기임이 일반적인 견해이다.

[그림 1-4]는 원심조속기를 사용한 속도제어 시스템을 나타낸 것이다. 조속기는 엔진축에 기어를 통하여 연결되어 원심구의 속도가 엔진의 출력 속도에 비례하도록 되어 있다. 엔진의 속도가 증가함에 따라 원심구에 연결되어 있는 스프링이 위로 올라가고 따라서 증기의 흐름을 조절하는 유속제어 밸브가 닫혀진다. 그 결과로 엔진을 구동하는 증기의 양이 줄어들어 엔진의 속도가 줄어들게 된다.

자동제어 시스템에서 중요한 역사적 변화는 1934년 Hazen's에 의하여 이루어졌다. 그의 업적은 서보 시스템에 대한 일반적인 이론을 세우기 위해 시도된 첫번째가 되고 서보란 단어도 이때 처음 사용되었다.

1940년대에 수학적이고, 해석적인 방법들이 개발되어 제어공학이 하나의 학문으로 자리잡기 시작하였다.

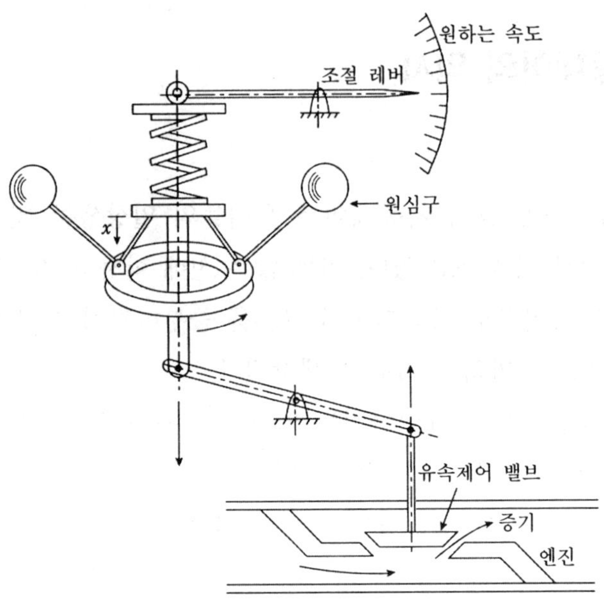

[그림 1-4] 원심조속기 제어 시스템

자동제어 이론 및 실제적 발전은 자동 비행조정, 대포의 위치제어, 레이더 추적 시스템 및 귀환제어 방식에 기초한 군사적 필요 시기인 제2차 세계대전 때부터 시작되었다.

주파수영역에서의 기법은 라플라스 변환과 복소 주파수 평면의 사용은 제 2차 세계대전 이후에도 제어 분야를 계속 지배하여 왔다. 1950년대의 제어공학 이론은 s-평면법, 특히 근궤적법의 사용 및 개발에 중점이 주어졌다. 또 이 시기에 제어요소로 아날로그 및 디지털 컴퓨터의 사용이 가능하게 되었다.

Sputnik호와 우주시대의 도래는 제어공학에 또다른 자극제가 되었고 미사일과 우주탐색 위성 등에 대한 복잡하고도 정밀한 제어 시스템이 필요하게 되었다. 더욱이 인공위성의 무게를 최소로 하면서 매우 정확하게 제어해야 하는 문제가 최적 제어(optimal control)라는 중요한 분야를 낳게 하였다. 이러한 요구에 의하여 미국의 R. Bellman 등에 의해 최적 제어이론이 개발되어 새로운 학문 분야로 발전하고 있으며 최근에는 전자계산기를 자동제어의 하나의 제어요소로 사용할 정도로 발전되고 있다. 〈표 1-1〉은 그간의 현저한 진보의 발자취를 고찰하여 본 것이다.

〈표 1-1〉

연 도	자동제어의 발달
	고대 babylon인이 별을 보고 생각한 수문을 연 이야기가 있다. (기원전 2000년) 제어 또 수시계용의 정류량 밸브의 발명(기원전)
1750	Meikle의 자동방향제어의 풍차 feedback제어
	라플라스 변환(1779)
	J.Watt의 증기기관의 원심조속기(1788)
1800	White head에 의해서 수뇌의 제어(1862)
	J.C Maxwell의 governer이론(1868)
	Routh의 안정이론(1877)
	Lincke의 생체와 기계계에서의 feedback이론(1879)
	Lyapunov의 안정이론(1892)
	Stodola의 증기터빈 제어(1893, 4)
1850	Hurwitz의 안정이론(1895)
	Max Toll의 조속이론(1921)
	Minorsky의 배의 서보 기구(1922)
	Wunsch의 이론(1930)
	Nyquist의 안정이론(1932)
	Hazen의 서보 이론(1934)
	Bode의 feedback 증폭기의 이론(1940)
1900	Ziegler, Nichols의 최적 조정조건(1942)
	Wiener cybernetics 제안(1949)
제1차대전	주파수응답법이 활발히 이용됨
	Evans의 근궤적법(1952)
	산업의 자동화가 활발해짐
	Pontryagin 등의 최대원리(1956)
제2차대전	Bellman의 동적계획법(1957)
	적응제어, 최적 제어의 연구가 활발해짐(1958)
	Zadeh, Desoer의 시스템 이론(1963)
	계산기 제어가 시작됨
	퍼지이론 응용 시스템 개발(1973~1980)
	펜티엄4칩 개발(2001)
	Nehalem 프로세스 개발

1-3 자동제어의 종류

자동제어의 종류는 분류방법에 따라 여러 가지로 나눌 수 있으나 일반적으로 크게 개루프계(open loop system)와 페루프계(closed loop system)의 두 유형으로 구분되며 그 차이는 제어동작에 따라 정해진다.

여기서는 개루프계로서 시퀀스 제어를 폐루프계로서는 귀환제어에 대해 알아보고자 한다.

1. 시퀀스 제어

시퀀스 제어(sequence control)는 **개루프계로서 미리 정해 놓은 순서에 따라 제어의 각 단계를 순차적으로 행하는 제어**를 말하며, 디지털 신호로 이루어지는 정성적 제어로서 필요한 명령처리를 자동적으로 행해지며 장치가 비교적 간단하고 복잡하지 않지만 출력변수(제어량)를 일단 귀환시켜 명령신호와 비교시킬 귀환장치가 구성되어 있지 않아 조건 변화나 외부적인 변화에 대처할 수 없다는 단점을 가지고 있다.

[그림 1-5]는 전열기에 의해 겨울철 실내의 난방을 자동적으로 하는 간단한 시퀀스 제어의 예를 나타낸 것으로 전기난로에 on-off 시간을 조절할 수 있는 타이머를 부착시킨 것으로, 희망하는 온도에 따라 타이머 스위치를 조정하면 전류가 전기난로에 흘러 전기난로에는 열이 발생하며 그 열이 실내로 들

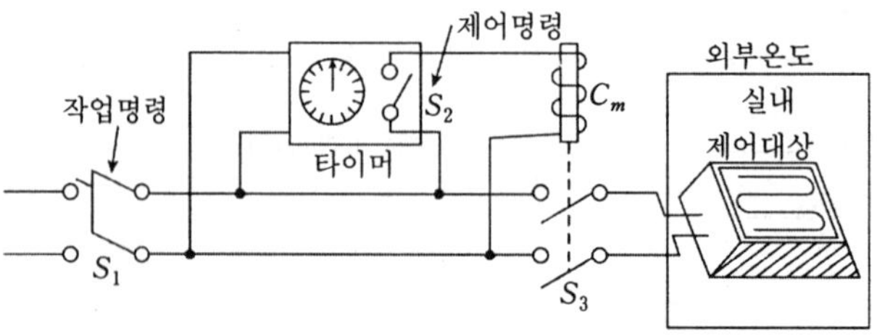

[그림 1-5] 실내온도 자동조정 예

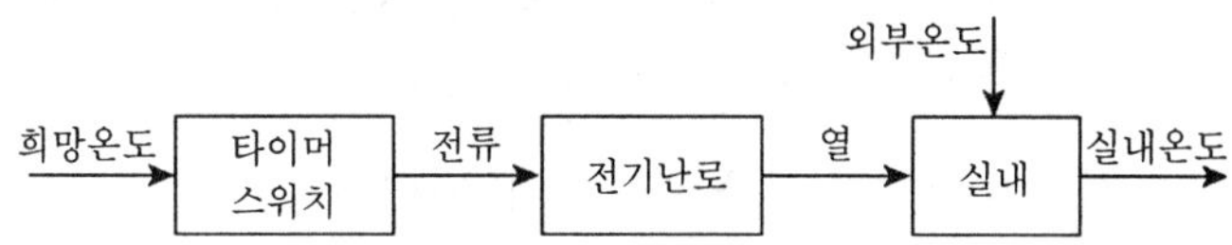

[그림 1-6] 실내온도 자동조정 블록선도

어가 실내의 온도를 조절하게 된다. 이를 블록선도로 표시한 것이 [그림 1-6]이다.

이 제어계에 대해 외부에서 주어지는 명령은 '실내의 온도를 조정하라'라는 것이고, 이 명령은 스위치 S_1을 조작함으로써 이루어진다. 즉 스위치 S_1을 닫음으로써 타이머에 부착된 스위치 S_2가 설정된 시간만큼 닫혀져, 주개폐기 S_3가 동작하여 실내에 열을 공급하게 된다. 여기서, 스위치 S_1의 개폐는 외부에서 주어지는 명령을 실행하는 작업명령, 스위치 S_2의 개폐는 제어명령이라 하며, 이 두 명령 사이에는 [그림 1-7]과 같이 타이머에 의하여 명령처리가 이루어진다.

여기서 [그림 1-6]과 [그림 1-7]을 비교하여 보면 희망온도는 작업명령이 되고, 타이머 스위치는 명령처리부이며, 전류는 제어명령, 전기난로는 제어부(조작부라고도 한다), 열은 조작신호, 실내는 제어대상, 실내온도는 상태, 외부온도는 외란에 해당됨을 알 수 있다.

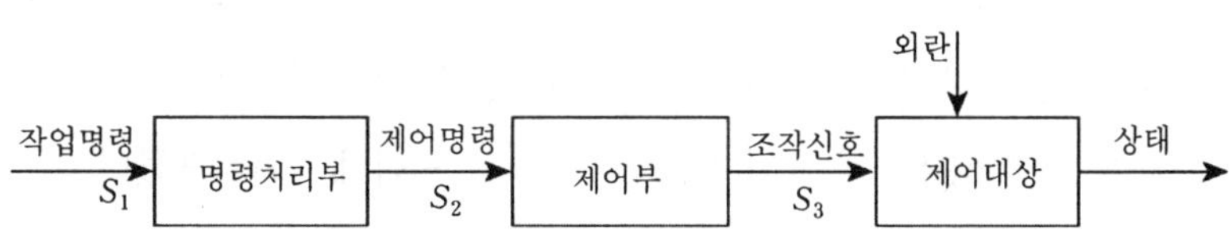

[그림 1-7] 시퀀스 제어계의 신호전달 계통도

이와 같은 시퀀스 제어는 제어명령이 스위치를 열거나 닫는 두 동작으로 주어지므로 정성적 제어에 속하고, 정보가 작업명령→제어명령→조작신호→상태로 일방적인 전달이기 때문에 개루프계가 된다. 이 제어계의 최대 단점은 제어대상에 가해지는 바람직하지 않은 외적인 요인(외란이라 한다)이 변화했을 때 이에 대처할 수 없다는 점이다. 즉 [그림 1-6]에서 외부온도가 변하면 실내온도도 변화되어 원하는 온도를 얻을 수 없게 된다.

2. 귀환제어

귀환제어(feedback control)는 폐루프계로서 출력의 일부를 귀환시켜 명령 신호와 비교시키는 귀환장치를 구성하고 있어 외부 조건 변화에 대처할 수 있는 능력을 가지고 있다. 즉 제어량을 기준치와 비교하여 자동으로 오차를 수정하여 항상 일정한 상태를 유지하는 것을 말한다.

아마도 인간은 가장 복잡한 귀환제어된 실존계일 것이다. 인간은 고도의 복잡한 동작을 수행하는 여러 개의 입출력을 갖는 제어계라 생각할 수 있다.

인간이 귀환제어계로 취급될 수 있다는 보기로서 책상 위에 있는 물체를 잡는 과정을 생각해 보자. 물체에 도달하기 위해서는 먼저 뇌가 그 일을 수행하도록 팔에 신호를 보낸다.

눈은 손의 위치를 끊임없이 귀환시켜 주는 감지요소(sensing device)의 역할을 담당한다.

손과 물체 사이의 거리가 오차이고 이것은 손이 물체에 닿을 때 영으로 된다. 이것이 귀환제어계의 대표적 예이다. 그렇지만 어떤 사람에게 눈을 가리게 하고 그 물체를 잡도록 하면, 그 사람은 정확한 위치를 바로 예측해야만 그것을 잡아낼 수 있기 때문에 물체에 도달하지 못하기가 일수일 것이다. 눈을 가리면 귀환경로가 없어지므로 인간은 시퀀스(개루프)제어계로 동작하게 된다. 인간이 물체를 잡아내는 과정의 예를 [그림 1-8]에 나타내었다.

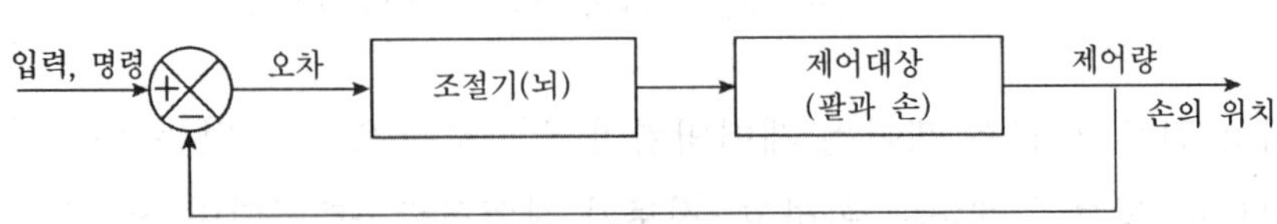

[그림 1-8] 인간의 기능을 설명해주는 귀환제어계의 블록선도

[그림 1-9]는 노(爐) 안의 온도를 사람의 판단과 조작으로 일정하게 유지시키기 위하여 밸브를 열고 닫도록 한 귀환제어계의 또다른 보기이다.

이 제어계의 제어명령인 목표값, 즉 원하는 온도가 미리 정해져 있으면 이에 따라 밸브의 손잡이 위치를 목표값에 대응하여 움직이면 된다. 그러나 경우에 따라서는 주위온도나 연료의 변화, 또는 가열물질의 크기에 따라 손잡이를 어느 위치에 고정시켜도 노 안의 온도가 변하는 때가 있다.

이와 같은 경우 목표값에 따라 제어하기 위해서는 노 안의 온도, 즉 제어량의 지시와 목표값의 지시를 비교하여 그 결과, 제어량이 목표값에 이르지 못하였을 경우에는 노의 온도를 높이고, 목표값보다 클 때에는 온도를 내리도록 손잡이를 움직여서 조정해야 한다. 이와 같이 어떤 대상을 관측하고 그 결과를 사고·판단하여 바람직한 상태를 얻을 수 있도록 폐루프계를 형성하여 수정동작을 하는 제어를 귀환제어라 한다.

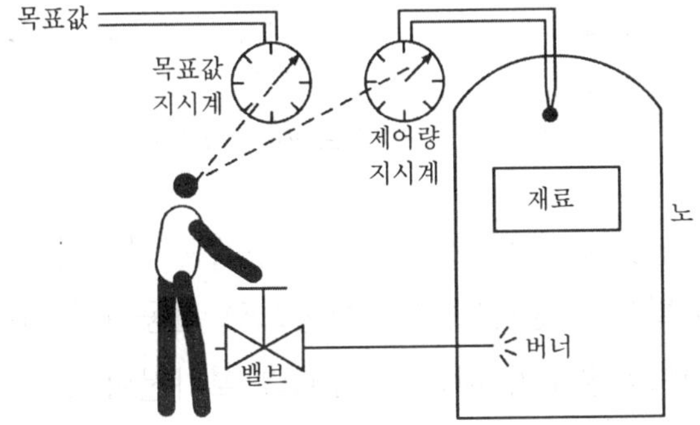

[그림 1-9] 수동 귀환제어의 예

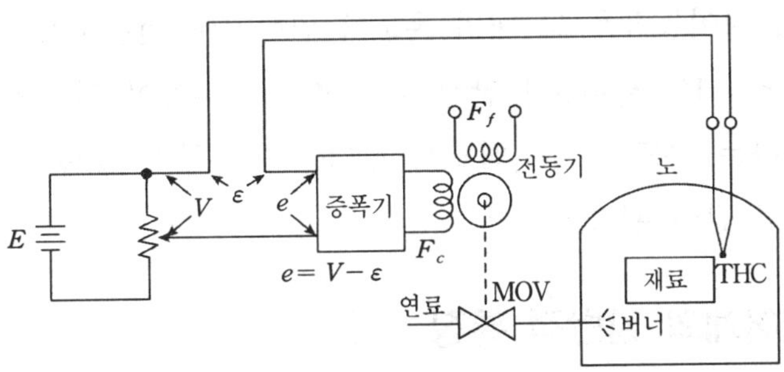

[그림 1-10] 자동 귀환제어의 예

이 과정을 사람대신 기계가 대신할 경우 [그림 1-10]과 같이 전위차계, 증폭기, 전동기 등을 부착시키면 노 내의 온도가 희망온도보다 낮아졌을 때는 열전대 THC의 열기전력 ε과 $V > \varepsilon$의 관계로 되고, 그 차 $e = V - \varepsilon$ 만큼 증폭된다.

증폭기의 출력은 전동기의 제어 코일 F_c에 가해지고, F_c에 의해서 만들어지는 자속은 정여자 코일 F_f의 자속과 합성된다. 이때 전동기는 밸브 조정기를 여는 방향으로 회전시켜 연료의 공급이 증가되므로 그 결과 노 내의 온도가 상승하고, THC의 열기전력 ε이 상승되므로 노 내의 온도가 희망온도와 같아져 $e = V - \varepsilon = 0$이 된다.

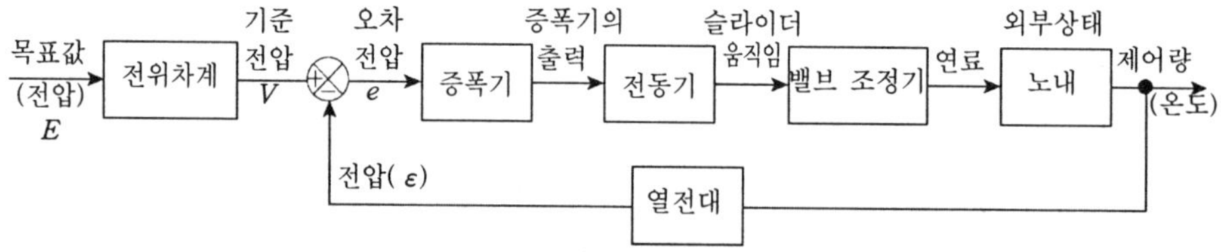

[그림 1-11] 노의 온도제어 블록선도

노 내의 온도가 희망온도보다 높아졌을 경우에는 앞에서 설명한 것과 반대방향으로 작용하여 밸브 조정기를 닫는 방향으로 전동기가 회전하므로 연료공급이 감소되어 노 내의 온도가 내려가 THC의 열기전력 ε이 낮아져 결국 희망온도와 같아져 $e = V - \varepsilon = 0$으로 된다. 즉 증폭기의 입출력이 0이므로 전동기는 회전하지 않고 전동 밸브 조정기는 그때 열린 상태를 지속한다.

이상과 같이 제어동작은 노 내의 온도가 변하거나 전위차계 상의 희망온도를 변화시켜 $e = V - \varepsilon = 0$이 안될 때 스스로 $e = 0$이 되도록 조작을 하여 노 내를 희망하는 온도로 유지하도록 한다. 이 장치의 블록선도를 그려보면 [그림 1-11]과 같이 된다.

3. 귀환제어계의 일반적 특징

귀환제어계는 앞에서 언급한 바와 같이 출력을 바라는 바의 목표값과 비교하는 장치가 있어야 한다. 다시 말하면 귀환제어란 "**귀환에 의해 제어량과 목표값을 비교해서 일치시키도록 정정동작을 행하는 제어**"로서 다음과 같은 특징을 가지고 있다.

① 외부 조건의 변화에 대한 영향을 줄일 수 있다.
② 제어기의 부품 성능이 다소 나빠지더라도 큰 영향을 받지 않는다.
③ 제어계의 특성을 향상시킬 수 있다.
④ 원하는 값에 비교적 정확히 도달할 수 있다.

반면 제어계가 복잡해지고 제어기의 값이 고가이며, 제어계 일부의 고장이 전체 제어계가 불안정해질 수 있는 면도 있다.

1-4 귀환제어계의 일반적 구성

1. 제어대상

제어계에서 가장 기본이 되는 요소는 제어대상(controlled system)이라 할 수 있다. [그림 1-12]와 같이 우리가 원하는 출력을 얻기 위해서는 제어를 받는 대상에 입력을 가해야 한다. 이때 제어대상에 가하는 입력을 제어공학에서

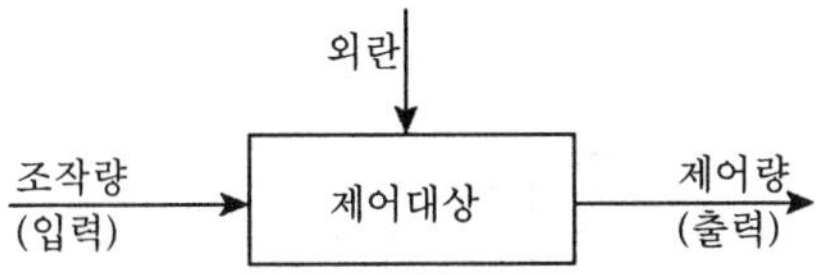

[그림 1-12] 제어대상의 입력과 출력

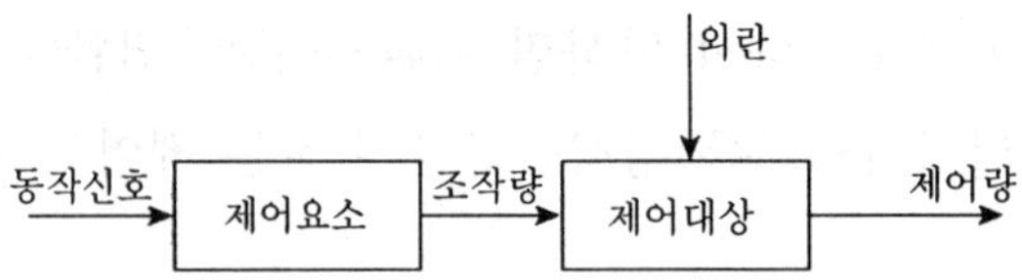

[그림 1-13] 제어대상과 제어요소

는 조작량(manipulated variable)이라 하며, 출력을 제어량(controlled variable)이라 한다.

예를 들면 [그림 1-10]과 같이 어떤 노(爐)의 온도를 연료의 공급에 의해 제어하는 경우를 생각해 보면, 이때 제어를 받는 노의 안은 제어대상이고 노 안의 온도는 제어량이며, 버너에서 나오는 열은 조작량이라 할 수 있다.

여기서 하나 더 생각할 수 있는 요소는 노 외부의 공기온도로서 이 외부의 온도변화를 외란(disturbance)이라 하며 이 외란은 인위적으로 제어할 수 없는 것이다.

여기서 제어대상에 조작량을 제공해주는 제어요소(control element)를 첨가하여 보면 [그림 1-13]과 같이 제어요소에 가해지는 입력신호를 동작신호(actuating signal)라 하는데 일반적으로 이 동작신호는 "제어대상의 출력이 목표값과 얼마나 차이가 있는가?"를 나타내는 경우가 많으므로 제어편차(controlled deviation 또는 error)라고도 한다.

이 동작신호가 제어요소에 가해져 제어요소의 출력인 조작량이 나와 제어대상을 제어하게 된다. 즉 제어량을 제어하기 위해 인위적으로 제어대상에 가하는 것이 조작량이다.

일반적으로 이 제어요소는 [그림 1-14]와 같이 조절부와 조작부로 구성되어 있는 경우가 많은데, 조작부를 액추에이터(actuator)라고도 한다. 이것은 노의 온도제어인 경우 조작부는 밸브 조정기이다. 즉 제어의 목적을 달성하도록 조작량을 변화시킬 수 있는 구조가 조작부이다.

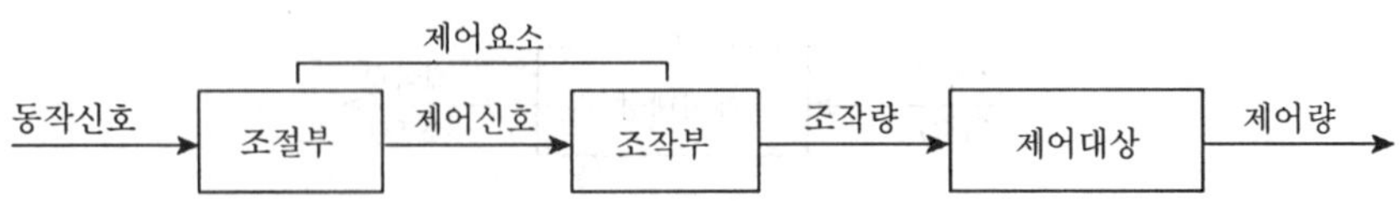

[그림 1-14] 조절부와 조작부

노의 온도제어에서 밸브는 연료량을 가감하기 위한 조작부이지만, 연료량은 밸브의 핸들을 어느 정도 돌리는가에 따라 결정된다. 이 밸브의 각도를 얼마로 하느냐의 지령이 제어신호이다.

반면에 조절부는 제어기(controller)라고도 하며, 동작신호를 받아 적당한 제어신호(control signal)를 만들어내는 기구이다. 다시 말하면 조절부는 제어량에 대한 요구를 받았을 때 그것을 달성하기 위해 어떤 조작량을 가하는가, 또한 이처럼 조작량을 발생하는데 어떤 제어신호를 조작부에 주어야 하는가를 생각하여 필요한 제어신호를 만들어내는 것으로 제어계의 두뇌 역할에 해당된다.

제어요소에는 조작부없이 조절부만 있는 경우도 있는데 이때에는 제어신호가 조작량이 되며, 제어요소를 간단히 제어기라 한다.

2. 직능별 구성과 용어

[그림 1-15]는 귀환제어계의 일반적인 전체 구성을 직능별로 나누어 블록선도로 나타낸 것이고 화살표는 신호가 흐르는 경로를 나타낸 것이다.

[그림 1-15]에서 사용하는 용어를 설명하면 다음과 같다. 여기서 설명 끝의 ( )안은 [그림 1-10]의 노의 온도제어 블록선도와 비교하기 위해 제어요소를 적어 놓은 것이다.

1) 목표값(desired value, commandsignal)

귀환제어계에 속하지 않는 신호이며, 외부에서 제어량이 그 값에 맞도록 제어계에 주어지는 신호로서 희망값, 설정값(set point)이라고도 한다(전압 E).

2) 기준입력(reference input)

제어계를 동작시키는 기준으로서 직접 폐회로에 가해지는 신호로 목표값에 대하여 일정한 관계를 갖는다(기준전압 V).

3) 주귀환신호(primary feedback signal)

제어량을 목표값과 비교하여 동작신호를 얻기 위해 귀환되는 신호이다(전압 ε).

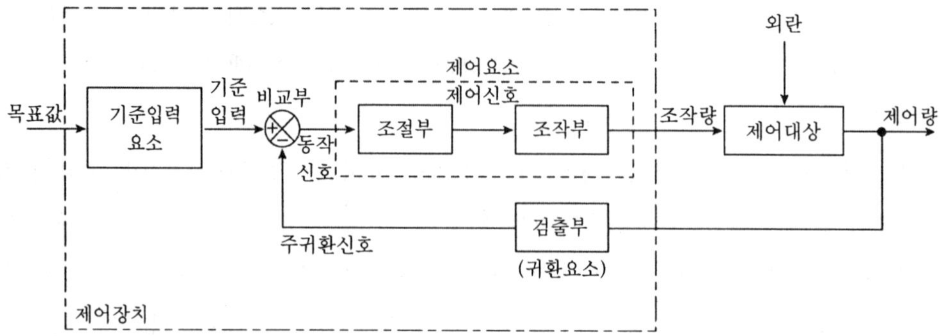

[그림 1-15] 자동제어계의 기본적 구성

4) 동작신호(actuating signal)

기준입력과 주귀환량과의 차로서, 제어계의 동작을 일으키는 원인이 되는 신호이다(오차전압 ε).

5) 기준입력요소(reference input element)

목표값에 비례하는 기준입력신호를 발생하는 요소로서 설정부라고도 한다(전위차계).

6) 제어요소(control element)

동작신호를 조작량으로 변환하는 요소이며, 조절부와 조작부로 되어 있다(증폭기, 전동기, 밸브 조정기).

7) 조절부(controlling means)

기준입력과 검출부 출력과의 합이 되는 신호를 받아서 제어계가 정해진 작용을 하는 데 필요한 신호를 만들어 조작부에 보내는 부분으로 제어장치의 중심을 이룬다(증폭기).

8) 조작부(final control element)

조절부로부터 받은 신호를 조작량으로 바꾸어 제어대상에 보내주는 부분이다(밸브 조정기, 전동기).

9) 제어대상(controlled system)

제어량을 발생시키는 장치로서 제어계에서 직접 제어를 받는 장치이다(노 내).

10) 조작량(manipulated variable)

제어요소가 제어대상에 주는 양이다(연료).

11) 외 란(disturbance)

제어량에 바람직하지 않은 영향을 주는 외적 입력이다(외부 상태).

12) 제어량(controlled variable)

제어대상의 양, 즉 측정되어 제어되는 것을 말하며, 출력량이라고도 한다(온도).

13) 귀환요소(feedback element)

제어량에서 주귀환을 생성하는 요소이며, 검출부(detecting means)라고도 한다(열전대).

14) 제어편차(controlled deviation)

목표값에서 제어량을 뺀 값으로 이 신호가 그대로 동작신호가 되기도 한다(오차전압).

15) 비교부(comparator)

목표값과 주귀환신호를 서로 비교하여 얼마의 오차가 있는가를 알아내는 장치이다.

16) 제어장치(controller, control device)

제어를 하기 위하여 제어대상에 부착시켜 놓은 장치로 기준입력요소, 제어요소, 귀환요소가 이에 속한다(전위차계, 증폭기, 전동기, 밸브 조정기, 열전대).

1-5 귀환제어계의 분류

자동제어의 응용분야는 서론에서 말한 바와 같이 대단히 광범위할 뿐만 아니라, 제어이론의 급속한 발전과 실제 적용이 확대됨에 따라 제어의 명칭이 늘어나고 있어 분류에는 충분한 주의를 요한다.

1. 제어량의 종류에 의한 분류

(1) 공정제어(process control)

어떤 장치에 원료를 넣어 이것에 물리적, 화학적 처리를 가하여 목적하는 제품을 만드는 공정을 프로세스라 하며, 온도, 유량, 압력, 레벨(level), 습도, 비중, PH, 효율 등의 공업 프로세스의 상태량을 제어량으로 하는 제어를 공정제어라고 한다.

이것은 작은 수조의 온도제어에서부터 일용품을 제조하는 가공공업, 화학공업, 석유공업, 식품공업과 같은 대단위 화학 플랜트(plant)나 동력 플랜트에 이르기까지 널리 쓰이고 있다.

(2) 서보 기구(servo mechanism)

물체의 위치, 방위, 자세 등의 기계적 변위를 제어량으로 해서 목표값의 임의의 변화에 항상 추종하도록 구성된 제어장치를 서보 기구 또는 서보계(servo system)라 한다.

보통 파워 증폭기를 가지고 있는 경우가 많으며 공작기계, 공업 로봇(robot), 비행기 및 선박의 방향제어계, 미사일이나 레이더 안테나의 자동위치제어가 이에 속하며, 최근에는 방사성 물질같은 위험물을 먼 곳에서 조작하는 매니플레이터(manipulator : 인공손), 수족절단환자를 위한 의수, 의족 등에 응용되기도 한다.

서보 기구는 목표값의 신호 에너지가 미약해도 큰 힘을 요하는 제어대상

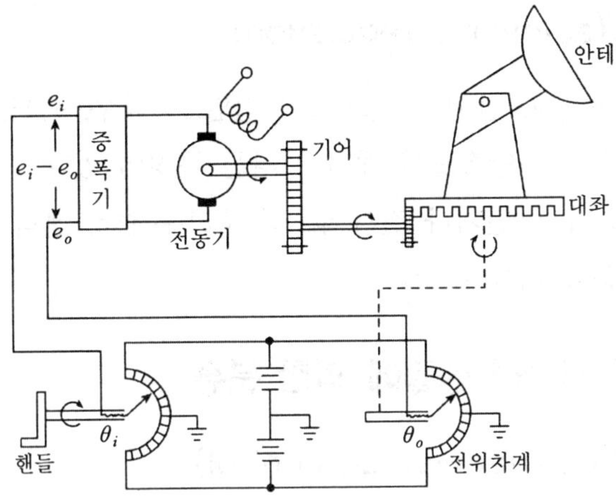

[그림 1-16] 서보 기구의 구성

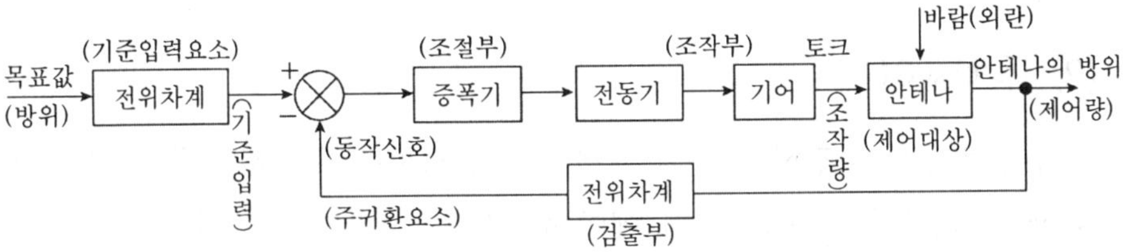

[그림 1-17] 서보 기구의 구성 블록선도

의 위치변동을 정확하고 신속하게 행한다. [그림 1-16]은 서보 기구의 예로서, 안테나의 방위제어계의 원리를 나타낸 것이다.

동작원리는 우선 목표로 하는 방향 θ_i가 입력측의 전위차계에 의해 전압 e_o로 측정된 후 입력측에 귀환되어 e_i와 함께 증폭기에 가해진다. 증폭기에서는 $e_i - e_o$의 전압이 증폭되어 그 출력전압에 의해 전동기가 회전하고 기어를 통하여 안테나의 대좌가 회전한다. 이 동작은 e_i와 e_o가 같게 될 때까지 계속하여 양자가 같게 될 때 전동기의 회전은 정지하며, 안테나는 목표하는 방향으로 향한다.

[그림 1-17]은 [그림 1-16] 서보 기구의 구성을 블록선도로 나타낸 것이다.

(3) 자동조정(automatic regulation)

위 두 분야에 적용이 안되는 것으로서 전압, 주파수, 속도, 회전력, 역률 등을 제어량으로 하며, 응답속도가 대단히 빠른 특징이 있다. 예를 들면 수차, 증기터빈 등의 조속기, 발전기나 전자회로의 주파수제어, 전력계통의 역률, 원동기의 속도제어 등이 이에 속한다.

2. 목표값의 시간적 성질에 의한 분류

(1) 정치제어(constant-value control)

목표값이 시간에 대하여 변화하지 않는 제어를 말하며, 이 경우 목표값을 설정값이라고도 하며, 공정제어와 자동조정이 이에 속한다.

(2) 추치제어

출력의 변동을 조정하는 동시에 목표값에 정확히 추종하도록 설계한 제어계로서 서보 기구가 그 대표적인 예이며, 다음의 3가지가 있다.

1) 추종제어(follow-up control)

목표값이 시간에 따라 무질서하게 변화하는 경우의 제어로서 대공포의 포신제어, 자동 아날로그 선반 등이 있다.

2) 프로그램 제어(program control)

목표값이 미리 정해진 변화를 할 때의 제어로서 열처리 노의 온도제어, 무인운전열차 등이 이에 속한다.

[그림 1-18]은 기차 제어시스템의 블록선도이다. 자동 기차시스템은 기차가 빠른 속도로 일정한 간격으로 달리고, 일정한 흐름을 유지하며 역에서 안락한 감속과 정지상태를 위해 필요하다.

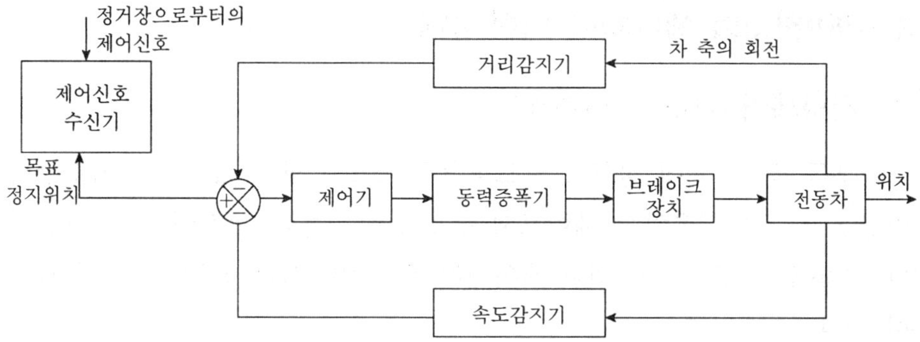

[그림 1-18] 기차 정지시스템

3) 비율제어(proportion control)

목표값이 다른 양과 일정한 비율관계를 가지고 변화하는 경우의 제어로서 보일러의 자동연소와 같이 반응실에서 보내는 수소와 질소의 유량비를 제어하는 것이나 화력 발전소의 자동연소에서 연료공급량과 공기량과의 비율을 제어하는 것 등이 이에 속한다.

대형 보일러-발전기 시스템에 몇 개의 중요한 제어변수를 보여주는 간단한 모형을 [그림 1-19]에 나타내었다.

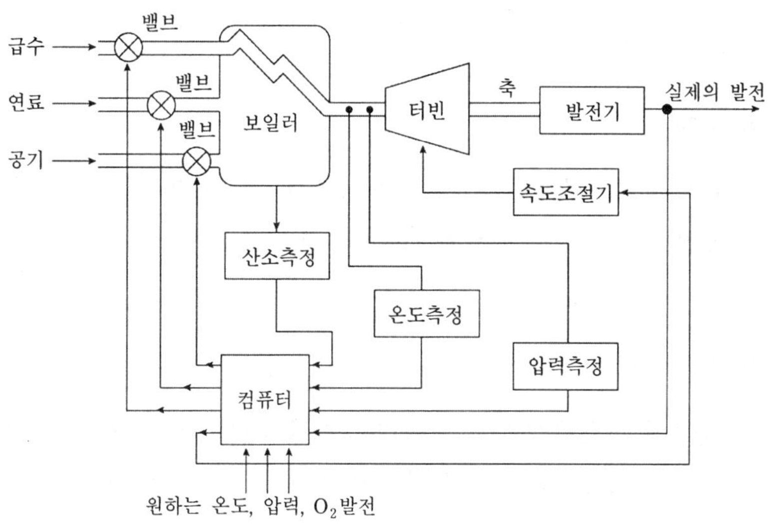

[그림 1-19] 보일러-발전기를 위한 통합 제어시스템

3. 제어장치의 에너지에 의한 분류

(1) 자력제어(direct control)

조작부를 움직이는데 별도로 보조동력을 필요로 하지 않고 조절기로부터의 제어신호 자체를 이용하는 제어로서 구조가 간단하고, 동작이 확실하며 염가이다. 예를 들면 플로트에 의한 액위제어, 바이메탈(bimetal)에 의한 온도제어 등이 있다.

(2) 타력제어(indirect control)

조작부를 움직이는데 별도로 보조동력을 이용하고 있는 제어로서 자력제어에 비하여 구조가 복잡하고 가격이 비싸지만 정보처리, 조작력, 조작속도면에서 자력제어보다 우수한 장점이 있다. 보통 공기, 유압, 전기 등을 보조동력으로 사용하고 있으며 위치서보, 노의 온도제어 등이 이에 속한다.

4. 제어동작에 의한 분류

제어동작이란 어떤 동작신호에 따라 조작량을 제어대상에 주어 제어편차를 감소시키는 동작을 말하며, 이 제어동작에 따라 분류하면 다음과 같다(9-4에서 자세히 설명된다).

(1) 연속동작

제어동작이 연속적으로 행하여지는 제어로서 조작량이 동작신호에 대해서 연속적으로 변화하므로 동작신호와 조작량 사이의 관계에 따라 다음과 같이 분류된다.

1) 비례동작(P 동작 : proportional action, positional control)

이것은 조절부의 전달특성이 비례적인 특성을 가진 제어계로서 조절부의 입력 $x_i(t)$가 주어지고 그 결과로 조절부의 출력 $x_o(t)$가 얻어지면

$$x_o(t) = K_P x_i(t) \qquad \cdots\cdots (1-1)$$

의 관계로 표시된다. 여기서, K_P는 정수로서 비례감도라 하고, 그 역수 $\frac{1}{K_P}$을 비례대(proportional band)라 한다.

2) 미분동작(D 동작 : derivative action, differential action)

이것은 제어편차가 검출될 때 편차가 변화하는 속도에 비례하여 조작량을 가감하도록 하는 동작으로서 편차가 커지는 것을 미연에 방지한다. 조절부 동작을 수식으로 표시하면

$$x_o(t) = K_P T_D \frac{x_i(t)}{dt} \quad \cdots\cdots (1-2)$$

여기서, T_D는 미분시간이며 미분동작의 정도를 나타낸다.

3) 적분동작(I 동작 : integral action, reset control)

편차의 크기와 편차가 발생하고 있는 시간에 둘러싸인 면적, 즉 적분값의 크기에 비례하여 조작부를 제어하는 것으로 잔류편차(off-set)가 없도록 제어할 수 있다. 조절부 동작을 수식으로 표시하면

$$x_o(t) = K_P \frac{1}{T_1} \int x_i(t) \quad \cdots\cdots (1-3)$$

여기서 T_1을 적분시간, $\frac{1}{T_1}$을 리셋률(reset rate)이라 한다.

4) 비례적분동작(PI 동작 : proportional and integral action, proportional reset control)

비례동작에 의해 발생하는 오프셋(off-set)을 소멸시키기 위해 적분동작을 부가시킨 제어동작으로서 제어결과가 진동적으로 되기 쉬우나 잔류편차가 적다. 조절부 동작을 수식으로 표시하면

$$x_o(t) = K_P[x_i(t) + \frac{1}{T_1} \int x_i(t)\,dt] \quad \cdots\cdots (1-4)$$

여기서 T_1을 적분시간, $\frac{1}{T_1}$을 리셋률이라 한다.

5) 비례미분동작(PD 동작 : proportional derivative(differential) action, proportional rate control)

제어결과에 빨리 도달하도록 미분동작을 부가한 동작이다. 응답속응성의 개선에 쓰인다. 조절부 동작을 수식으로 표시하면

$$x_o(t) = K_P\left[x_i(t) + T_D\frac{x_i(t)}{dt}\right] \cdots\cdots (1-5)$$

여기서, T_D는 미분시간이다. 잔류편차가 감소된다.

6) 비례적분미분동작(PID 동작 : proportional integral and derivative action, reset rate control)

이것은 비례적분동작에 미분동작을 더 추가시킨 것으로 조절부 동작을 수식으로 표시하면

$$x_o(t) = K_P\left[x_i(t) + \frac{1}{T_1}\int x_i(t)dt + T_D\frac{x_i(t)}{dt}\right] \cdots\cdots (1-6)$$

여기서 미분동작의 역할은 큰 시정수가 있는 프로세스 제어 등에서 나타나는 오버슈트를 감소시키는 역할을 하고, 적분동작에 의해 잔류편차를 없애는 작용을 가지고 있어 연속동작 중 가장 고급의 제어동작이다.

(2) 불연속동작(floating control)

이것은 제어동작이 목표값에서 어느 양 이상 벗어나면 미리 정해진 일정한 조작량이 제어대상에 가해지는 단속적인 제어동작으로서 제어량 $x(t)$가 목표값의 어떤 값 이상이 되면 조작부의 출력 $y(t)$는 어떤 일정한 값으로 변화한다.

불연속동작에는 일정한 시간간격을 두고 간헐적으로 샘플값 신호에 의해서 제어동작을 하는 샘플값 제어(sampled-data control), 동작신호가 시간적으로

연속일지라도 조작량이 단계적인 값으로 변화하는 on-off, 동작신호의 크기에 따라 조작량이 일정한 속도로 변환하는 속도동작 등이 있다.

5. 제어방식에 의한 분류

(1) 최적제어(optimal control)

제어대상의 상태를 자동적으로 어떤 소요되는 최적 상태로 하려는 제어로서 목표값이 제어공정과 기타의 제한조건에 순응하면서 가능한 한 가장 짧은 시간에 요구되는 최종 상태까지 가도록 설계하는 제어를 말한다.

(2) 적응제어(adaptive control)

제어가 처해진 환경이 변화하여 제어계의 특성이 변화하는 경우 이들 변화에 대응하여 제어장치의 특성을 어떠한 요소조건을 충족하도록 변화시키는 제어를 말한다.

(3) 디지털 제어(digital control)

제어계 내의 신호를 어떤 양자화된 신호로 쓰는 제어를 말한다. 이 경우 공작기계가 대상일 때에는 수치제어(numerical control)라 한다.

연습문제

1. 수동제어와 자동제어를 비교, 설명하여라.

2. 자동제어가 우리 생활에 미치는 영향에 대하여 설명하여라.

3. 정성적 제어와 정량적 제어에 대하여 설명하여라.

4. 자동제어의 역사를 간단히 설명하여라.

5. 우리 실생활에 쓰이고 있는 시퀀스 제어와 귀환제어를 예로 들어라.

6. 사람이 손으로 수도 코크를 개폐하여 물통에 적정량의 물을 받는 경우 블록 선도를 그려서 설명하여라.

7. 귀환제어계의 기본적인 구성요소를 설명하여라.

8. 귀환제어계의 장점과 단점을 열거하여라.

9. 제어량의 종류에 의해 분류하여라.

10. 목표값의 시간적 성질에 의해 분류하여라.

11. 제어동작을 설명하여라.

2장 라플라스 변환

라플라스 변환(Laplace transformation)은 시불변 선형 미분방정식을 풀기 위한 연산자법으로 영국의 공학자 Oliver Heaviside에 의해 개발된 것인데 현대 자동제어 이론은 라플라스 변환을 도입함으로써 체계화가 가능하게 된 것이므로 그 의미는 대단히 중요하다고 하겠다.

이 장에서는 선형 상미분방정식을 시간함수나 복소수를 변수로 한 대수함수로 변환하여 대수연산을 행하므로 미분방정식의 정상해와 과도해를 동시에 구하는 방법을 설명함으로써 제어계의 해석과 설계에 대한 기초를 제공하고자 한다.

2-1 라플라스 변환의 정의

라플라스 변환을 이용하여 시스템의 해법은 고전적인 방법에 비해

① 함수를 간단히 대수적으로 결합할 수 있고

② 한번의 연산으로 완전해가 얻어지며

③ 초기조건은 변환식에 자동적으로 포함되고

④ 스텝(step) 및 임펄스(impulse) 응답을 효과적으로 사용할 수 있는 이점이 있다.

여기서, 라플라스 변환의 정의를 요약하면 **"어느 시간 t에 대한 함수 $f(t)$가 주어졌을 때 이 $f(t)$에 감쇠함수 e^{-st}를 곱하고, 이를 시간에 대해서 0에서부터 ∞까지 적분하면 그 결과를 $f(t)$의 라플라스 변환이라 하며, $F(s)$로 쓴다."** 즉, 주어진 시간함수 $f(t)$의 라플라스 변환을 수학적으로 표시하면 다음과 같다.

$$F(s)=\int_0^{\infty} f(t)e^{-st}dt \qquad (0<t) \cdots\cdots (2-1)$$

일반적으로 라플라스 변환은 $\mathcal{L}$의 기호로 표시하고 있으므로 식 (2-1)은 다음과 같이 표시한다.

$$\mathcal{L}[f(t)]=F(s)=\int_0^{\infty} f(t)e^{-st}dt \cdots\cdots (2-2)$$

라플라스 변환에서 취급하는 시간함수 $f(t)$는 $t=0$ 이전에서는 0이고, $t=0$ 이후에서는 어떤 유한값을 가지는 것으로 한다. 여기서 s는 라플라스 연산자(Laplace operator)라 하며, 복소함수로서 $s=\sigma+j\omega$를 뜻하고, σ는 포락정수(envelope constant)이며, ω는 각주파수이다. 또, $f(t)$를 t함수라 하며, $F(s)$를 s 함수라 하고, s의 함수를 다시 시간함수(t 함수)로 변환시키는 과정을 라플라스 역변환(inverse Laplace transformation)이라 하며 $\mathcal{L}^{-1}$의 기호로 표시한다.

$$\text{시간함수} \underset{\text{라플라스 역변환}}{\overset{\text{라플라스 변환}}{\rightleftarrows}} s\,\text{함수}$$

라플라스 역변환은 다음과 같은 복소적분(complex inversion integral)으로 주어진다.

$$f(t)=\mathcal{L}^{-1}[F(s)]=\frac{1}{2\pi j}\int_{c-j\infty}^{c+j\infty} F(s)e^{st}ds \cdots\cdots (2-3)$$

여기서 c는 정수이다.

식 (2-3)의 계산은 복소함수론에 있어 유수(residue)의 계산이 되지만, 적분계산이 매우 복잡하므로 하나하나 풀 필요없이 라플라스 변환표에 의해서 $f(t)$에 대한 $F(s)$를 찾으면 된다. 기본적인 라플라스 변환을 구하면 다음과 같다.

1. 단위계단함수의 라플라스 변환

단위계단함수(unit step function)는 [그림 2-1]과 같이 $t<0$에서는 $f(t)$가 0이고, $t=0$에서 $f(t)=1$로 된 후 일정한 값을 유지하는 함수를 말하며, 기호는 $u(t)$를 쓰고 식으로 표시하면 다음과 같다.

$$f(t)=u(t)=\begin{cases}0 & (t<0)\\ 1 & (t\geq 0)\end{cases}$$

이 단위계단함수를 식 (2-1)로부터 라플라스 변환을 구하면

$$\mathcal{L}[u(t)]=\mathcal{L}[f(t)]=\int_0^{\infty}1e^{-st}dt=\left[-\frac{1}{s}e^{-st}\right]_0^{\infty}=\frac{1}{s}$$

이므로

$$\mathcal{L}[u(t)]=\frac{1}{s} \quad \cdots\cdots (2-4)$$

단위계단함수는 물리적으로 $t=0$에서 스위치를 넣은 것과 같다.

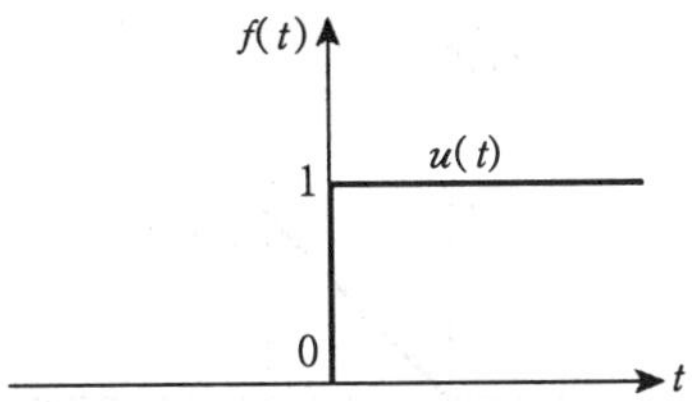

[그림 2-1] 단위계단함수

2. 단위 램프 함수의 라플라스 변환

단위 램프 함수(unit ramp function)는 단위경사함수 또는 등속함수라고도 하며, 단위계단함수를 적분하여 얻을 수 있고 [그림 2-2]와 같이 기울기가 1인 직선이다.

$$f(t)=tu(t)=\begin{cases}0 & (t\leq 0)\\ t & (t>0)\end{cases}$$

이며, 라플라스 변환을 하면

$$\mathcal{L}[f(t)]=\int_0^{\infty} te^{-st}dt$$

이다. 부분적분공식

$$\int udv=uv-v\int du$$

에서 $u=t$, $dv=e^{-st}dt$, $du=dt$, $v=-\frac{1}{s}e^{-st}$를 대입하면 다음과 같다.

$$\int_0^{\infty} te^{-st}dt=\left[-t\frac{e^{-st}}{s}\right]_0^{\infty}-\int_0^{\infty}-\frac{e^{-st}}{s}dt$$

그러므로

$$\mathcal{L}[tu(t)]=\frac{1}{s^2} \quad \cdots\cdots (2-5)$$

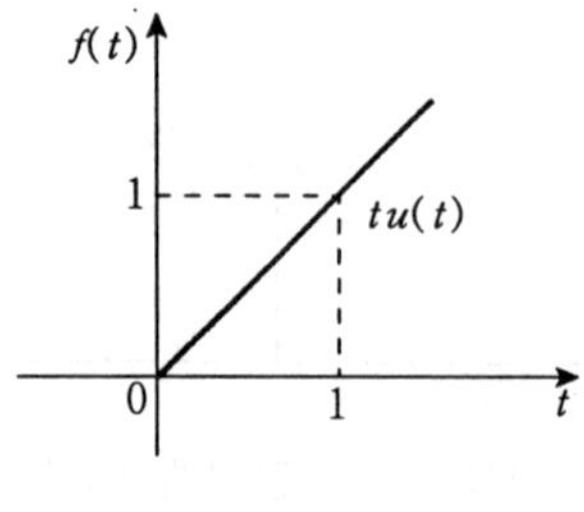

[그림 2-2] 단위 램프 함수

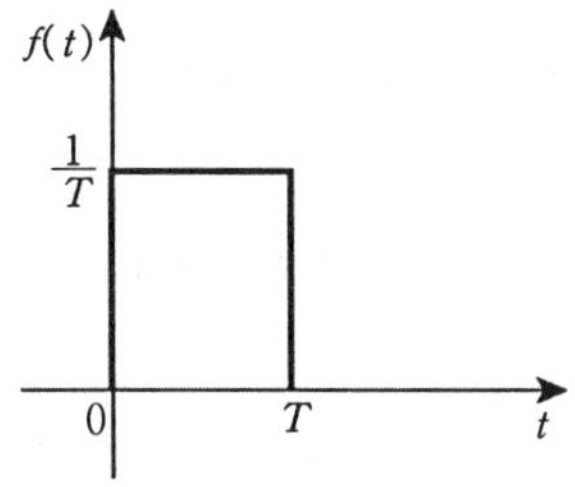

[그림 2-3] 단위 임펄스 함수

3. 단위 임펄스 함수의 라플라스 변환

폭 T, 높이 $\frac{1}{T}$, 면적이 1인 [그림 2-3]과 같은 파형에 대해서 $T \to 0$으로 한 극한 파형을 단위 임펄스 함수(unit impulse function)라 하고, 단위계단함수의 미분으로 얻어지며, $\delta(t)$(delta function)로 표시하고 수학적으로는

$$f(t) = \delta(t) = \begin{cases} 0 & (t \neq 0) \\ \infty & (t = 0) \end{cases}$$

이며, $\int_{-\infty}^{\infty} \delta(t)dt = 1$인 성질을 갖는다.

이 단위 임펄스 함수를 풀기 위하여 [그림 2-4](a)에 표시한 2개의 단위계단함수 $u(t)$와 $-u(t-T)$의 합성을 생각하면 [그림 2-4](b)와 같은 단위펄스가 생긴다.

[그림 2-4](b)는 $t=0$에서 $f(t)$가 1로 된 후 $t=T$ 시간 동안 계속되므로, 이때의 $f(t)$는 다음과 같다.

$$f(t) = u(t) - u(t-T) \quad \cdots\cdots (2-6)$$

여기서, $u(t)$는 단위계단함수이므로 라플라스 변환은 $\frac{1}{s}$이고, $-u(t-T)$의 라플라스 변환은 식 (2-1)의 적분한계의 하한이 T이므로

$$\mathcal{L}[u(t-T)] = \int_T^{\infty} 1e^{-st}dt = \frac{1}{s}e^{-Ts}$$

가 된다. 따라서 이들 두 식의 합은 식 (2-6)을 라플라스 변환한 것으로 다음과 같다.

$$F(s) = \mathcal{L}[u(t) - u(t-T)] = \frac{1}{s}(1 - e^{-Ts}) \quad \cdots\cdots\cdots (2-7)$$

여기서 [그림 2-4](b)와 같은 임펄스를 생각하고 폭이 $T \to 0$으로 된다고 하면 면적은 $T \times \frac{1}{T} = 1$이 되고, 높이는 무한대의 임펄스가 되므로 다음과 같이 된다.

$$\delta(t) = \lim_{t \to 0} \frac{[u(t) - u(t-T)]}{T} \quad \cdots\cdots\cdots (2-8)$$

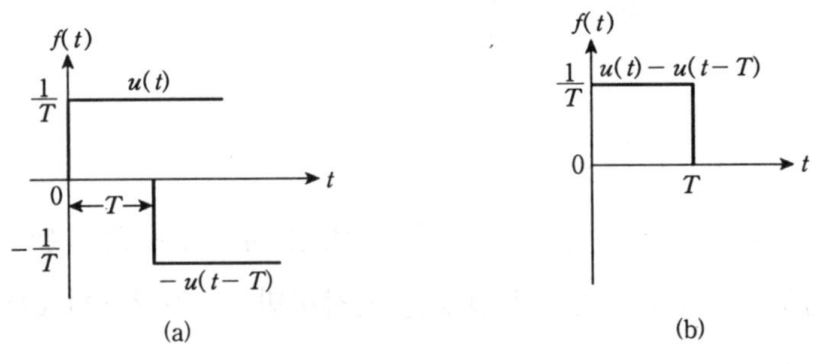

[그림 2-4] 단위 펄스 함수

$1 - e^{-Ts}$은 T가 매우 작을 때에는 다음과 같이 전개된다.

$$1 - e^{-Ts} = 1 - \left(1 - Ts + \frac{T^2s^2}{2!} \cdots\right)$$
$$= Ts - \frac{T^2s^2}{2!} + \frac{T^3s^3}{3!} \cdots \quad \cdots\cdots\cdots (2-9)$$

식 (2-9)를 식 (2-7)에 대입하면

$$F(s)=\frac{1}{s}\left(Ts-\frac{T^2s^2}{2!}+\frac{T^3s^3}{3!}-\cdots\right) \cdots\cdots (2-10)$$

이 되고, 식 (2-8)을 라플라스 변환한 후 식(2-10)을 대입 정리하면

$$\mathcal{L}[\delta(t)]=\lim_{T\to 0}\frac{1}{T}\mathcal{L}[u(t)-u(t-T)]$$

$$=\lim_{T\to 0}\frac{1}{Ts}\left(Ts-\frac{T^2s^2}{2!}+\cdots\right)=1$$

이다. 그러므로

$$\mathcal{L}[\delta(t)]=1 \cdots\cdots (2-11)$$

4. 지수감쇠함수의 라플라스 변환

$f(t)=e^{-at}$의 라플라스 변환은 다음과 같다.

$$\mathcal{L}[f(t)]=\mathcal{L}[e^{-at}]=\int_0^\infty e^{-at}e^{-st}dt=\int_0^\infty e^{-(s+a)t}dt$$

$$=\left[-\frac{1}{s+a}e^{-(s+a)t}\right]_0^\infty=\frac{1}{s+a} \cdots\cdots (2-12)$$

5. 삼각함수의 라플라스 변환

지수함수를 삼각함수로 표시하면 오일러(Euler)의 공식에 의해

$$e^{j\omega t}=\cos\omega t+j\sin\omega t \cdots\cdots (2-13)$$

$$e^{-j\omega t}=\cos\omega t-j\sin\omega t \cdots\cdots (2-14)$$

이 되므로

$$\frac{e^{j\omega t}+e^{-j\omega t}}{2}=\frac{\cos\omega t+j\sin\omega t+\cos\omega t-j\sin\omega t}{2}$$

$$=\cos\omega t$$

$$\therefore \quad \cos\omega t = \frac{e^{j\omega t} + e^{-j\omega t}}{2} \qquad \cdots\cdots (2-15)$$

$$\frac{e^{j\omega t} - e^{-j\omega t}}{2} = \frac{\cos\omega t + j\sin\omega t - \cos\omega t + j\sin\omega t}{2}$$

$$= j\sin\omega t$$

$$\therefore \quad \sin\omega t = \frac{e^{j\omega t} - e^{-j\omega t}}{2j} \qquad \cdots\cdots (2-16)$$

이 된다.

(1) $\cos\omega t$의 라플라스 변환

식 (2-15)에서 $\cos\omega t$는

$$\cos\omega t = \frac{1}{2}(e^{j\omega t} + e^{-j\omega t})$$

이므로, 이에 대한 라플라스 변환은

$$\mathcal{L}[f(t)] = \mathcal{L}[\cos\omega t] = \int_0^\infty (\cos\omega t)e^{-st}dt$$

$$= \frac{1}{2}\int_0^\infty (e^{j\omega t} + e^{-j\omega t})e^{-st}dt$$

$$= \frac{1}{2}\int_0^\infty (e^{-(s-j\omega)t} + e^{-(s+j\omega)t})dt$$

$$= \frac{1}{2}\left(\frac{1}{s-j\omega} + \frac{1}{s+j\omega}\right) = \frac{s}{s^2+\omega^2} \qquad \cdots\cdots (2-17)$$

(2) $\sin\omega t$의 라플라스 변환

식 (2-16)에서 $\sin\omega t$는

$$\sin\omega t = \frac{1}{2j}(e^{j\omega t} - e^{-j\omega t})$$

이므로, 이에 대한 라플라스 변환은

$$\begin{aligned}\mathcal{L}[f(t)] &= \mathcal{L}[\sin\omega t] = \int_0^\infty (\sin\omega t)e^{-st}dt \\ &= \frac{1}{2j}\int_0^\infty (e^{j\omega t} - e^{-j\omega t})e^{-st}dt \\ &= \frac{1}{2j}\int_0^\infty (e^{-(s-j\omega)t} - e^{-(s+j\omega)t})dt \\ &= \frac{1}{2j}\left(\frac{1}{s-j\omega} - \frac{1}{s+j\omega}\right) = \frac{\omega}{s^2+\omega^2} \quad \cdots\cdots\cdots (2-18)\end{aligned}$$

많이 사용되고 있는 중요한 함수들의 라플라스 변환을 나타낸 것이 〈표 2-1〉이다.

〈표 2-1〉

$f(t)$	$F(s)$	파 형	$f(t)$	$F(s)$	파 형
$\delta(t)$	1	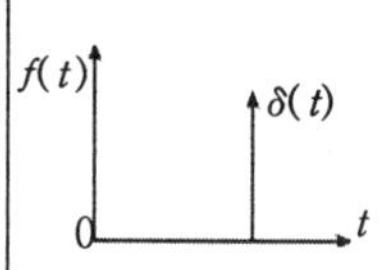	$\sinh at$	$\frac{a}{s^2-a^2}$	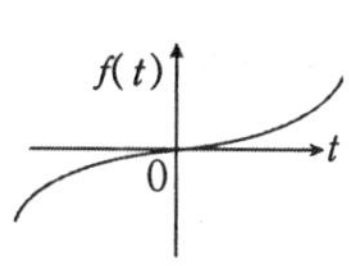
$u(t)$	$\frac{1}{s}$	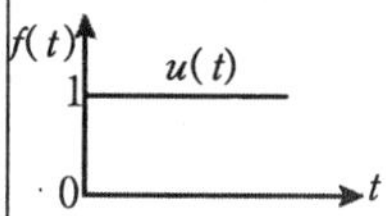	$\cosh at$	$\frac{s}{s^2-a^2}$	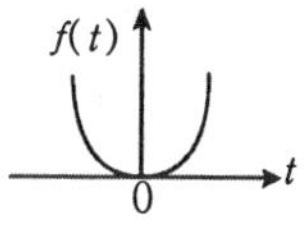
t	$\frac{1}{s^2}$	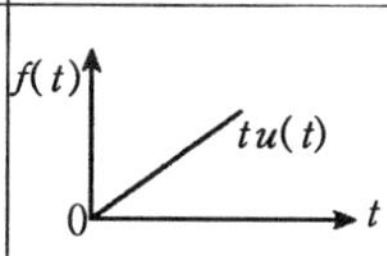	$t^n e^{-at}$	$\frac{n!}{(s+a)^{n+1}}$	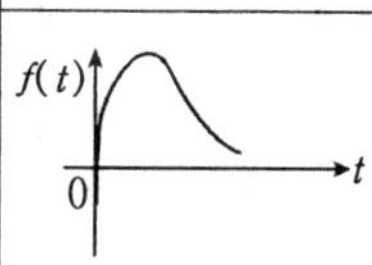
e^{-at}	$\frac{1}{s+a}$	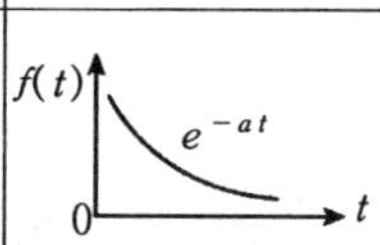	$e^{-at}\sin\omega t$	$\frac{\omega}{(s+a)^2+\omega^2}$	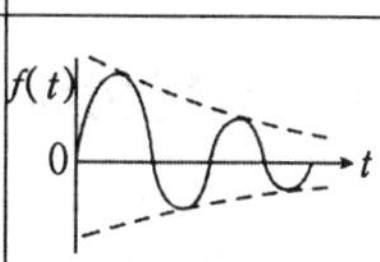
$\sin\omega t$	$\frac{\omega}{s^2+\omega^2}$	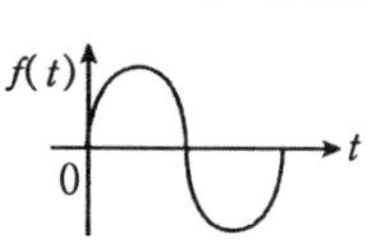	$e^{-at}\cos\omega t$	$\frac{(s+a)}{(s+a)^2+\omega^2}$	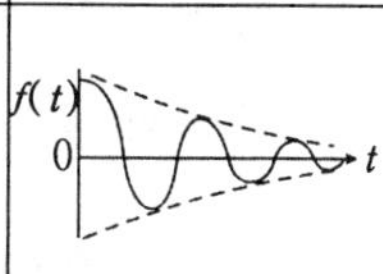
$\cos\omega t$	$\frac{s}{s^2+\omega^2}$	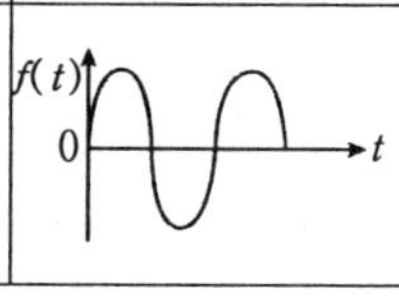	$\frac{1}{\sqrt{t}}$	$\sqrt{\frac{\pi}{s}}$	

2-2 라플라스 변환과 그 역변환에 관한 여러 가지 성질

라플라스 변환과 그 역변환에는 여러 가지 일반적인 성질을 가지고 있어 주어진 함수의 변환식을 간단히 얻는 경우에 유리하다.

1. 선형정리

$f_1(t)$와 $f_2(t)$가 다같이 시간함수로, a와 b가 정수이면

$$\mathcal{L}[af_1(t) \pm bf_2(t)] = aF_1(s) \pm bF_2(s) \quad \cdots\cdots (2-19)$$

가 된다.

(예제 2-1) $f(t) = e^{-t} + e^{-2t}$ 의 라플라스 변환을 구하여라.

(풀이) $\mathcal{L}[f(t)] = \mathcal{L}[e^{-t} + e^{-2t}]$

선형정리에 의해서

$$\mathcal{L}[f(t)] = \mathcal{L}[e^{-t}] + \mathcal{L}[e^{-2t}]$$

$$= \frac{1}{s+1} + \frac{1}{s+2} = \frac{2s+3}{s^2+3s+2}$$

2. 미분정리

$f(t)$의 라플라스 변환이 $F(s)$일 때 그 함수의 미분 $\frac{df(t)}{dt}$의 라플라스 변환은 다음과 같다.

$$\mathcal{L}\left[\frac{df(t)}{dt}\right] = sF(s) - f(0_+) \quad \cdots\cdots (2-20a)$$

$$\mathcal{L}\left[\frac{d^2f(t)}{dt^2}\right] = s^2F(s) - sf(0_+) - f'(0) \quad \cdots\cdots (2-20b)$$

여기서 $f(0_+)$는 $f(t)$의 초기값으로서

$$f(0_+)=\lim_{t\to 0_+} f(t)$$

이다.

(예제 2-2) $\dfrac{dx(t)}{dt}+x(t)=5$의 라플라스 변환을 구하여라. 단 초기값은 0이다.

(풀이) $\mathcal{L}[\dfrac{dx(t)}{dt}+x(t)]=\mathcal{L}[5]$에서 식 (2-20a)를 적용하면

$$sX(s)-x(0_+)+X(s)=\frac{5}{s}$$

여기서, 초기값이 0이므로 $x(0_+)=0$

$$sX(s)+X(s)=\frac{5}{s}$$

$$\therefore\ X(s)=\frac{5}{s(s+1)}$$

3. 적분정리

$F(s)=\mathcal{L}[F(t)]$일 때 정적분 $\int_0^t f(t)dt$의 라플라스 변환은 다음과 같다.

$$\mathcal{L}\left[\int_0^t f(t)dt\right]=\frac{F(s)}{s} \quad \cdots\cdots (2-21)$$

부정적분일 때에는

$$\mathcal{L}[\int f(t)dt]=\frac{1}{s}F(s)+\frac{1}{s}f^{(-1)}(0_+) \quad \cdots\cdots (2-22)$$

이 되고, 여기서 $f^{(-1)}(0_+)$는 t가 정(positive)의 영역으로부터 $t\to 0$으로 접근할 때 $f(t)$의 적분값으로 초기값이 되므로 $\int dt\to\dfrac{1}{s}$로 치환된다.

(예제 2-3) $e_i(t) = Ri(t) + L\frac{d}{dt}i(t) + \frac{5}{C}\int\int i(t)dt^2$에서 모든 초기값을 0으로 하고, 라플라스 변환을 구하여라.

(풀이) $\mathcal{L}[e_i(t)] = \mathcal{L}\left[R_i(t) + L\frac{d}{dt}i(t) + \frac{5}{C}\int\int i(t)dt^2\right]$에서

식 (2-1), (2-20), (2-21)을 이용하여 풀면 다음과 같다.

$$E_i(s) = RI(s) + LsI(s) + \frac{5}{Cs^2}I(s)$$

$$= I(s)\left(R + Ls + \frac{5}{Cs^2}\right)$$

$$\therefore\ I(s) = \frac{Cs^2E_i(s)}{RCs^2 + LCs^3 + 5}$$

4. 상사정리

$\mathcal{L}[f(t)] = F(s)$일 때 $f\left(\frac{t}{a}\right)$의 라플라스 변환은 다음과 같다.

$$\mathcal{L}\left[f\left(\frac{t}{a}\right)\right] = aF(as) \quad \cdots\cdots (2-23)$$

(예제 2-4) $f(t) = e^{-5t}$일 때 상사정리를 이용하여 $F(s)$를 구하여라.

(풀이) $\mathcal{L}[f(t)] = \mathcal{L}[e^{-5t}]$에서 식 (2-23)의 $a = \frac{1}{5}$로 놓으면

$$\mathcal{L}[e^{-5t}] = \frac{1}{5}\left[\frac{1}{\frac{1}{5}s + 1}\right] = \frac{1}{s+5}$$

5. 시간이동정리

$\mathcal{L}[f(t)] = F(s)$이며, $a > 0$이고 $t \leq a$에서 $f(t-a) = 0$인 함수 $f(t-a)$의 라플라스 변환은 다음과 같다.

$$\mathcal{L}[f(t-a)] = e^{-as}F(s) \quad \cdots\cdots (2-24)$$

(예제 2-5) $\mathcal{L}[e^{-1}]=\dfrac{1}{s+1}$ 이고 $f(t)$가 $t>2$에서는 $e^{-(t-2)}$, $t\leq 2$에서는 0인 함수의 라플라스 변환을 구하여라.

(풀이) 여기서, $a=2$이므로 식 (2-24)로부터

$$\mathcal{L}[f(t)]=e^{-2s}\mathcal{L}[e^{-1}]=\frac{e^{-2s}}{s+1}$$

6. 복소이동정리

$\mathcal{L}[f(t)]=F(s)$일 때 $e^{\pm at}f(t)$의 라플라스 변환은 다음과 같다.

$$\mathcal{L}[e^{\pm at}f(t)]=F(s\mp a) \quad \cdots\cdots (2-25)$$

(예제 2-6) $f(t)=e^{-2t}\cos t$의 라플라스 변환을 구하여라.

(풀이) $\mathcal{L}[\cos t]=\dfrac{s}{s^2+1}$ 이고, $a=2$이므로 식 (2-25)에서

s 대신에 $s+a$를 대입하면,

$$\mathcal{L}[e^{-2t}\cos t]=\frac{s+2}{(s+2)^2+1}=\frac{s+2}{s^2+4s+5}$$

7. 복소미분정리

$\mathcal{L}[f(t)]=F(s)$일 때 $\mathcal{L}[t^n f(t)]$의 라플라스 변환은 다음과 같다.

$$\mathcal{L}[t^n f(t)]=(-1)^n\frac{d^n}{ds^n}F(s) \quad \cdots\cdots (2-26)$$

(예제 2-7) $f(t)=te^{-at}\cos\omega t$의 라플라스 변환을 구하여라.

(풀이) 식 (2-26)에 의해서

$$\mathcal{L}[te^{-at}\cos\omega t]=-\frac{d}{ds}\{\mathcal{L}[e^{-at}\cos\omega t]\}$$

$$=-\frac{d}{ds}\left\{\frac{s+a}{(s+a)^2+\omega^2}\right\}$$

$$= -\frac{(s+a)^2+\omega^2-(s+a)\cdot 2(s+a)}{\{(s+a)^2+\omega^2\}^2}$$

$$= \frac{(s+a)^2-\omega^2}{\{(s+a)^2+\omega^2\}^2}$$

8. 복소적분정리

$\mathcal{L}[f(t)] = F(s)$일 때 $\mathcal{L}\left[\frac{f(t)}{t}\right]$의 라플라스 변환은 다음과 같다.

$$\mathcal{L}\left[\frac{f(t)}{t}\right] = \int_s^\infty F(s)ds \quad \cdots\cdots (2-27)$$

(예제 2-8) $f(t) = \frac{e^{-at}}{t}$ 의 라플라스 변환을 구하여라. 단, a는 실수이다.

(풀이) $\mathcal{L}[f(t)] = \mathcal{L}\left[\frac{e^{-at}}{t}\right]$

이므로 식 (2-27)을 이용하면

$$\mathcal{L}\left[\frac{e^{-at}}{t}\right] = \int_s^\infty \frac{1}{s+a}ds = \Big[\ln(s+a)\Big]_s^\infty = -\ln(s+a)$$

9. 초기값정리

$\mathcal{L}[f(t)] = F(s)$일 때 $f(t)$의 초기값 $f(0_+)$는 다음과 같다.

$$f(0_+) = \lim_{t\to 0} f(t) = \lim_{s\to\infty} sF(s) \qquad (t>0) \quad \cdots\cdots (2-28)$$

(예제 2-9) $F(s) = \frac{s^4-6s^2+9s-8}{s(s-2)(s^3+2s^2-s-2)}$ 일 때 $f(t)$의 초기값을 구하여라.

(풀이) 식 (2-28)에 의해서

$$\lim_{t\to 0} f(t) = \lim_{s\to\infty} sF(s) = \lim_{s\to\infty} \frac{s^4-6s^2+9s-8}{(s-2)(s^3+2s^2-s-2)} = 1$$

10. 최종값정리

$\mathcal{L}[f(t)]=F(s)$이고 $\lim_{t\to\infty} f(t)$가 존재하면 $\lim_{t\to\infty} f(t)=f(\infty)$는 다음과 같다.

$$f(\infty)=\lim_{t\to\infty} f(t)=\lim_{s\to 0} sF(s) \qquad (2-29)$$

(예제 2-10) $F(s)=\dfrac{2s+10}{s^3+3s^2+5s}$일 때 $f(t)$의 최종값을 구하여라.

(풀이) 식 (2-29)에 의하여

$$\lim_{t\to\infty} f(t)=\lim_{s\to 0} sF(s)=\lim_{s\to 0} s\frac{2s+10}{s^3+3s^2+5s}=\frac{10}{5}=2$$

〈표 2-2〉는 지금까지 설명한 내용을 정리한 라플라스 변환표이다. 이 표는 완전한 것은 아니지만 이 책의 여러 문제들을 풀 때 적절하게 이용할 수 있으며, 라플라스 변환이나 그 역라플라스 변환 어느 것을 구하는 데도 적절히 이용할 수 있다.

〈표 2-2〉

	정리명	결과
1	선형정리	$\mathcal{L}[af_1(t)\pm bf_2(t)]=aF_1(s)\pm bF_2(s)$
2	미분정리	$\mathcal{L}\left[\frac{df(t)}{dt}\right]=sF(s)-f(0_+)$
3	적분정리	$\mathcal{L}[\int f(t)dt]=\frac{1}{s}F(s)+\frac{1}{s}f^{(-1)}(0_+)$
4	상사정리	$\mathcal{L}\left[f\left(\frac{t}{a}\right)\right]=aF(as)$
5	시간이동정리	$\mathcal{L}[f(t-a)]=e^{-as}F(s)$
6	복소이동정리	$\mathcal{L}[e^{\pm at}f(t)]=F(s\mp a)$
7	복소미분정리	$\mathcal{L}[t^n f(t)]=(-1)^n\frac{d^n}{ds^n}F(s)$
8	복소적분정리	$\mathcal{L}\left[\frac{f(t)}{t}\right]=\int_s^\infty F(s)ds$
9	초기값정리	$f(0_+)=\lim_{t\to 0} f(t)=\lim_{s\to\infty} sF(s)$
10	최종값정리	$f(\infty)=\lim_{t\to\infty} f(t)=\lim_{s\to 0} sF(s)$

2-3 부분분수에 의한 라플라스 역변환

2-2절에서는 라플라스 변환에 의해 미분, 적분이 대수적으로 표시됨을 알았다. 따라서, 상계수 선형 상미분방정식을 라플라스 변환하면 대수방정식으로 변환될 수 있다. 미분방정식의 일반형은 다음과 같다.

$$\left\{a_0\frac{d^n}{dt^n}+a_1\frac{d^{n-1}}{dt^{n-1}}+\cdots\cdots+a_{n-1}\frac{d}{dt}+a_n\right\}f(t)=v(t) \cdots\cdot (2-30)$$

이 방정식을 라플라스 변환하면 s의 다항식으로 된

$$F(s)=\frac{\mathcal{L}[v(t)]\text{초기값}}{a_0s^n+a_1s^{n-1}+\cdots+a_{n-1}s+a_n}=\frac{P(s)}{Q(s)} \cdots\cdots\cdots\cdot (2-31)$$

의 대수방정식이 얻어지지만, 식 (2-30)의 차수가 많으면 상당히 어려운 것이 된다. 지금, 식 (2-31)에서 $P(s)$의 차수가 $Q(s)$보다 높으면 $P(s)$를 $Q(s)$로 나누어 분자의 차수를 $Q(s)$의 차수보다 작게 한 후 부분분수 전개하면 되고, $P(s)$가 $Q(s)$의 차수보다 처음부터 작은 경우에는 바로 부분분수 전개하면 된다. 즉, $Q(s)=0$으로 놓고 구한 방정식의 근을 $P_1, P_2, \cdots\cdots, P_n$이라 하면

$$\begin{aligned}Q(s)&=a_0(s-P_1)(s-P_2)\cdots\cdots(s-P_n)\\&=a_0\prod_{k=1}^{n}(s-P_k) \cdots\cdots\cdots\cdots\cdots\cdots\cdots\cdots\cdots\cdots (2-32)\end{aligned}$$

이 되고, $Q(s)=0$을 만족하는 근에는 ① 전부 단근으로 실수인 경우, ② 전부 단근이지만 공액복소수근을 포함하는 경우, ③ 다중근을 포함하는 경우 등이 있는데, 이들의 계산방법이 다르다.

이들 방법에 대한 부분분수화(partial-fraction expansion)를 살펴보기로 한다.

1. 실수 단근인 경우

$$F(s)=\frac{P(s)}{(s-P_1)(s-P_2)\cdots\cdots(s-P_n)}$$

$$=\frac{K_1}{(s-P_1)}+\frac{K_2}{(s-P_2)}+\cdots+\frac{K_j}{(s-P_j)}+\cdots+\frac{K_n}{(s-P_n)} \quad \cdots\cdots (2-33)$$

단, P_1, P_2 , … P_n은 실수이고, $P(s)\langle n$ 이다.

식 (2-33)을 부분분수화하면 K_1, K_2, …, K_n 중 K_j 값은 다음과 같이 구해진다.

$$K_j=\lim_{s\to p_j}(s-P_j)F(s) \quad \cdots\cdots (2-34)$$

(예제 2-11) $F(s)=\dfrac{s^2+2s+2}{s^2+3s+2}=\dfrac{s^2+2s+2}{(s+2)(s+1)}$의 라플라스 역변환을 구하여라.

(풀이) 식 (2-33)과 같이 부분분수화시킨 후 식 (2-34)의 방법을 쓰면

$$F(s)=\frac{K_1}{s+2}+\frac{K_2}{s+1}$$

$$K_1=\lim_{s\to-2}(s+2)F(s)=\lim_{s\to-2}\frac{s^2+2s+2}{s+1}=-2$$

$$K_2=\lim_{s\to-1}(s+1)F(s)=\lim_{s\to-1}\frac{s^2+2s+2}{s+2}=1$$

$$\therefore\ F(s)=\frac{-2}{s+2}+\frac{1}{s+1}$$

이 된다. 따라서 구하고자 하는 $f(t)$는 다음과 같이 된다.

$$\mathcal{L}^{-1}[F(s)]=f(t)=\mathcal{L}[\frac{-2}{s+2}]+\mathcal{L}[\frac{1}{s+1}]=-2e^{-2t}+e^{-t}$$

2. 공액복소수근을 포함하는 경우

$$F(s)=\frac{P(s)}{\{(s-a)^2+\omega^2\}(s-P_3)(s-P_4)\cdots(s-P_n)}$$

$$= \frac{Cs+D}{(s-a)^2+\omega^2} + \frac{K_3}{(s-P_3)} + \frac{K_4}{(s-P_4)} + \cdots\cdots + \frac{K_n}{(s-P_n)} \quad \cdots\cdots (2-35)$$

K_3, K_4, …, K_n은 실수 단근인 경우와 같은 방법으로 구하고, C, D는 식 (2-36)과 같이 $F(s)$에 $(s-a)^2+\omega^2$을 곱해서 구한다.

$$\lim_{s\to a+j\omega} F(s)\{(s-a)^2+\omega^2\} = \lim_{s\to a+j\omega}(Cs+D) \quad \cdots\cdots (2-36)$$

(예제 2-12) $F(s) = \dfrac{2}{s(s^2+2s+2)}$의 라플라스 역변환을 구하여라.

(풀이) 식 (2-35)와 같이 부분분수화시킨 후 식 (2-36)의 방법을 쓰면

$$F(s) = \frac{2}{s(s^2+2s+2)} = \frac{2}{\{(s+1)^2+1\}s}$$

$$= \frac{Cs+D}{\{(s+1)^2+1\}} + \frac{K_3}{s}$$

$$\lim_{s\to -1+j}\{(s+1)^2+1\}\frac{2}{\{(s+1)^2+1\}s} = \lim_{s\to -1+j}(Cs+D)$$

$$\frac{2}{-1+j} = C(-1+j)+D$$

$$-1-j = -C+D+jC$$

$$-1 = -C+D, \quad -j = jC$$

$$\therefore\ C=-1, \quad D=2$$

또 $K_3 = \lim_{s\to 0} s \cdot \dfrac{2}{\{(s+1)^2+1\}s} = 1$

그러므로

$$F(s) = \frac{-s-2}{(s+1)^2+1} + \frac{1}{s} = \frac{1}{s} - \frac{s+1}{(s+1)^2+1} - \frac{1}{(s+1)^2+1}$$

이 되므로 $f(t)$는 다음과 같이 된다.

$$f(t) = \mathcal{L}^{-1}[F(s)] = 1 - e^{-t}\cos t - e^{-t}\sin t$$

3. 다중근인 경우

$$F(s)=\frac{P(s)}{(s-P_1)(s-P_2)\cdots(s-P_i)^r(s-P_n)}$$

$$=\frac{K_1}{s-P_1}+\frac{K_2}{s-P_2}+\cdots+\frac{K_n}{s-P_n}+\frac{A_1}{(s-P_i)}$$

$$+\frac{A_2}{(s-P_i)^2}+\cdots+\frac{A_r}{(s-P_i)^r} \quad \cdots\cdots (2-37)$$

여기서 K_1, K_2, K_n 등은 실수 단근이므로 식 (2-34)와 같이 구하고, A_1, A_2, … A_r은 중근이므로 다음과 같이 구한다.

$$A_r=\lim_{s\to P_i}[(s-P_i)^r F(s)]$$

$$A_1=\lim_{s\to P_i}\frac{1}{(r-1)!}\frac{d^{r-1}}{ds^{r-1}}R(s) \quad \cdots\cdots (2-38)$$

단, $R(s)=F(s)(s-P_i)^r$

(예제 2-13) $F(s)=\dfrac{s-2}{s(s+1)^3}$를 라플라스 역변환하여라.

(풀이) 식 (2-37)과 같이 부분분수화시킨 후 식 (2-34), (2-38)의 방법을 이용한다.

$$F(s)=\frac{K_1}{s}+\frac{A_1}{(s+1)}+\frac{A_2}{(s+1)^2}+\frac{A_3}{(s+1)^3}$$

$$K_1=\lim_{s\to 0}s\frac{s-2}{s(s+1)^3}=-2$$

$$R(s)=F(s)(s-P_j)^3=\frac{s-2}{s(s+1)^3}(s+1)^3=\frac{s-2}{s}$$

$$A_3=\lim_{s\to -1}\frac{1}{(3-3)!}\frac{d^{3-3}}{ds^{3-3}}\left(\frac{s-2}{s}\right)$$

$$=\lim_{s\to -1}\frac{1}{0!}\left(\frac{s-2}{s}\right)=3 \qquad (0!=1)$$

$$A_2 = \lim_{s \to -1} \frac{1}{(3-2)!} \frac{d^{3-2}}{ds^{3-2}}\left(\frac{s-2}{s}\right) = \lim_{s \to -1} \frac{d}{ds}\left(\frac{s-2}{s}\right)$$

$$= \lim_{s \to -1} \frac{2}{s^2} = 2$$

$$A_1 = \lim_{s \to -1} \frac{1}{(3-1)!} \frac{d^{3-1}}{ds^{3-1}}\left(\frac{s-2}{s}\right) = \lim_{s \to -1} \frac{1}{2!} \frac{d}{ds}\left(\frac{2}{s^2}\right)$$

$$= \lim_{s \to -1}\left(-\frac{2}{s^3}\right) = 2$$

따라서, $F(s)$는 다음과 같이 된다.

$$F(s) = \frac{3}{(s+1)^3} + \frac{2}{(s+1)^2} + \frac{2}{(s+1)} - \frac{2}{s}$$

$$= \frac{3}{(s+1)^3} + 2\left(\frac{1}{(s+1)^2} + \frac{1}{(s+1)} - \frac{1}{s}\right)$$

이를 라플라스 역변환하면 다음과 같다.

$$\mathcal{L}^{-1}[F(s)] = f(t) = \frac{3}{2} t^2 e^{-t} + 2(te^{-t} + e^{-t} - 1)$$

2-4 라플라스 변환에 의한 완전해

2-1절에서 라플라스 변환에 의한 미분방정식의 완전해는 대수적 결합에 의해서 얻을 수 있다는 것을 알았다. 여기서 해법의 순서는 ① 주어진 미분방정식의 초기조건을 고려하면서 변환시키고, ② 대수연산에 의해 구한 변수에 대해 s 영역의 해를 구하고, ③ 그 결과에 라플라스 역변환을 취하면 시간영역에서의 해를 얻을 수 있다. 예를 들어 실제의 해법을 설명하면 다음과 같다.

(예제 2-14) 다음 미분방정식의 해를 구하여라.

$$\frac{d^2y(t)}{dt^2}+3\frac{dy(t)}{dt}+2y(t)=4u(t)$$

여기서 $y(0_+)=1$, $y'(0_+)=0$이다.

(풀이) 양변을 라플라스 변환하면

$$(s^2+3s+2)Y(s)=\frac{4}{s}+sy(0_+)+y'(0_+)+3y(0_+)=\frac{4}{s}+(s+3)$$

초기조건값을 대입하고 $Y(s)$에 대하여 풀면

$$Y(s)=\frac{4}{s(s^2+3s+2)}+\frac{s+3}{s^2+3s+2}$$

특성방정식 $s^2+3s+2=0$의 근이 -1, -2이므로

$$Y(s)=\frac{4}{s(s+1)(s+2)}+\frac{s+3}{(s+1)(s+2)}$$

위식은 실수 단근인 경우이므로 부분분수 전개법에 의한 라플라스 역변환하면

$$\mathcal{L}^{-1}\left[\frac{4}{s(s+1)(s+2)}\right]=2-4e^{-t}+2e^{-2t}\equiv y_1(t)$$

$$\mathcal{L}^{-1}\left[\frac{s+3}{(s+1)(s+2)}\right]=2e^{-t}-e^{-2t}\equiv y_2(t)$$

가 되므로

$$y(t)=y_1(t)+y_2(t)=2-2e^{-t}+e^{-2t}$$

이 된다. 이 해는 2라는 정상상태 해와 $-2e^{-t}+e^{-2t}$로 주어지는 과도해이다. 한편, 어떤 선형 상미분방정식에서 입력이 0일 때 그 미분방정식의 해를 자유응답이라 하고, 미분방정식에 관한 모든 초기조건이 0일 때의 해를 강제응답이라 한다.

(예제 2-15) $\dfrac{d^2y}{dt^2}+3\dfrac{dy}{dt}+2y=x$의 자유응답을 구하여라.

단, 초기조건 $y(0_+)=0$, $y'(0_+)=1$이다.

(풀이) 양변을 라플라스 변환하면

$$[s^2Y(s)-sy(0_+)-y'(0_+)]+3[sY(s)-y(0_+)]+2Y(s)=X(s)$$

자유응답이므로 입력을 0이라 하고, 초기조건을 대입하면

$$s^2Y(s)-1+3sY(s)+2Y(s)=0$$

$Y(s)=\frac{1}{s^2+3s+2}=\frac{1}{(s+1)(s+2)}$

위식도 실수 단근인 경우이므로 부분분수 전개법에 의한 라플라스 역변환하면

$\mathcal{L}^{-1}\left[\frac{1}{(s+1)(s+2)}\right]=e^{-t}-e^{-2t}$

가 되므로

$y(t)=e^{-t}-e^{-2t}$

(예제 2－16) [그림 2-5]에 표시한 $R-L$ 회로에 있어서 $t=0$에서 스위치 S를 닫았을 때에 이 회로에 흐르는 전류를 구하여라. 단, 초기조건은 0이다.

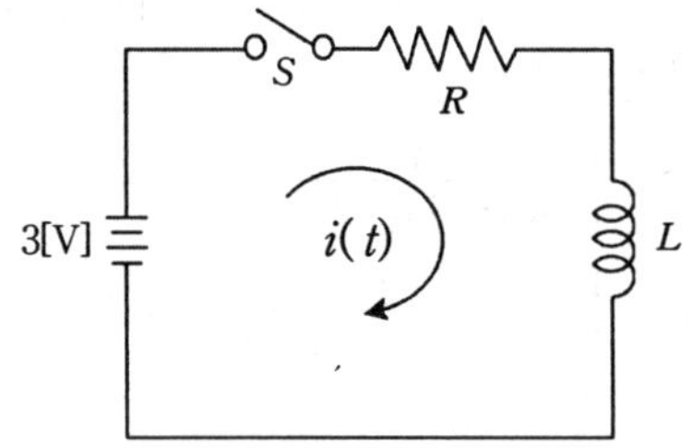

[그림 2-5] $R-L$ 직렬회로

(풀이) [그림 2-5] 회로의 전압방정식을 세우면 다음과 같다.

$Ri(t)+L\frac{di(t)}{dt}=3$

위식의 양변을 라플라스 변환시키면

$RI(s)+L[sI(s)-i(0_+)]=\frac{3}{s}$

초기값 $i(0_+)=0$이므로

$I(s)(R+Ls)=\frac{3}{s}$

$I(s)=\frac{3}{s(R+Ls)}=\frac{\frac{3}{L}}{s\left(s+\frac{R}{L}\right)}$

부분분수로 전개하면 다음과 같다.

$$I(s)=\frac{K_1}{s}+\frac{K_2}{s+\frac{R}{L}}$$

실수 단근이므로

$$K_1=\lim_{s\to 0} sI(s)=\lim_{s\to 0}\frac{\frac{3}{L}}{s+\frac{R}{L}}=\frac{3}{R}$$

$$K_2=\lim_{s\to \frac{R}{L}}(s+\frac{R}{L})I(s)=\lim_{s\to -\frac{R}{L}}\frac{\frac{3}{L}}{s}=-\frac{3}{R}$$

이므로 $I(s)$는

$$I(s)=\frac{\frac{3}{R}}{s}-\frac{\frac{3}{R}}{s+\frac{R}{L}}$$

이 된다. $I(s)$를 라플라스 역변환시켜 $i(t)$를 구하면 다음과 같다.

$$\mathcal{L}^{-1}[I(s)]=i(t)=\frac{3}{R}-\frac{3}{R}e^{-\frac{R}{L}t}$$

$$=\frac{3}{R}\left(1-e^{-\frac{R}{L}t}\right)$$

연습문제

1. 다음 함수를 라플라스 변환하여라.

(1) $f(t) = te^{at}$

(2) $f(t) = 5t + e^{-3t}$

(3) $f(t) = t\sin\omega t$

(4) $f(t) = \delta(t) - be^{-bt}$

(5) $f(t) = e^{at+b}$

(6) $f(t) = \sin\omega(t-a)u(t-a)$

(7) $f(t) = \sin t + 2\cos t$

(8) $f(t) = \cos^2 t$

(9) $f(t) = \cosh at$

(10) $f(t) = te^{-at}\sin\omega t$

2. 다음 함수를 역변환하여라.

(1) $F(s) = \dfrac{1}{s^{n+1}}$

(2) $F(s) = \dfrac{2}{(s+1)(s+3)}$

(3) $F(s) = \dfrac{1}{s(s+1)}$

(4) $F(s) = \dfrac{2s+3}{s^2+3s+2}$

(5) $F(s) = \dfrac{s+2}{(s+1)^2}$

3. 다음 미분방정식을 풀어라.

(1) $\dfrac{d^2}{dt^2}x(t) + 2x(t) = 10$ (초기값 0)

(2) $\dfrac{d^2}{dt^2}x(t) + 2\dfrac{d}{dt}x(t) - 3x(t) = 4$ (초기값 0)

(3) $\dfrac{d^2y(t)}{dt^2} + \omega^2 y(t) = 0$ ($y(0) = A$, $y'(0) = B$, ω는 실수)

(4) $\dfrac{4d^2q}{dt^2} + \dfrac{dq}{dt} = 10\sin t$ (초기값 0)

(5) $\dfrac{d^2x}{dt^2}+3\dfrac{dx}{dt}+2x=5 \quad (x(0)=-1,\ x'(0)=2)$

4. [그림 2-6]과 같은 톱니파의 라플라스 변환을 구하여라.

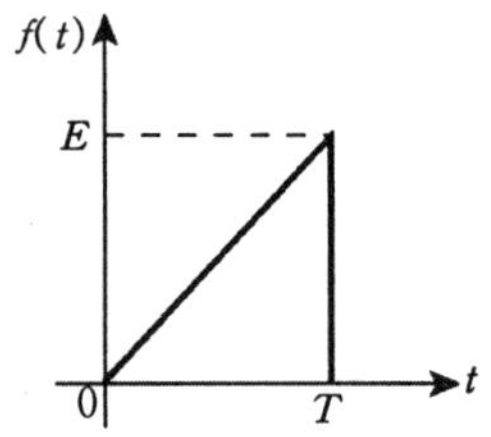

[그림 2-6]

3장 신호의 전달과 선도

귀환제어란 어떤 신호를 자동제어장치에 입력시키면 입력된 신호는 차원(dimension), 크기, 위상 등을 변화시키며, 장치 내의 각 요소를 지나 우리가 희망하는 출력값을 얻게 되는 것으로, 이들 신호가 각 요소를 통해 어떤 모양으로 어떻게 전달되는가를 수학적인 양에 의해 통일적으로 표현할 필요가 있고, 통일적으로 표현하기 위해서는 통일된 표현방법을 사용하여야 한다.

표현방법에는 미분방정식법, 전달함수법, 상태방정식법 등 여러 가지가 있지만, 그 중에서 전달함수(transfer function)법이 가장 많이 사용되고 있다.

이 장에서는 제어계를 구성하는 각 기기, 장치 등을 모두 제어계의 요소로 취급하여 이를 블록으로 표시한 후 입력과 출력 사이의 관계를 전달함수를 이용하여 블록선도나 신호흐름선도로 나타내는 방법을 설명하고자 한다.

3-1 전달함수

전달함수는 제2차 세계대전 중 독일의 올덴부르크(Oldenburg)가 처음으로 생각해낸 것으로, 자동제어계에서 취급하는 모든 물리계 중 선형시불변(linear time-invariant) 시스템에 적용되고 제어계에 가해지는 입력신호(reference input)에 대하여 출력신호(controlled variable)가 어떤 모양으로 나오는가 하는 신호전달특성을 제어요소에 따라 개별적으로 취급한 것으로, 선형미분방정식의 초기값을 0으로 했을 때 입력변수의 라플라스 변환과 출력변수의 라플라스 변환의 비로써 정의된다. 이를 수식으로 표현하면 다음과 같다.

$$\text{전달함수 } G(s) = \frac{\text{초기값을 0으로 한 출력의 라플라스 변환}}{\text{초기값을 0으로 한 입력의 라플라스 변환}}$$

$$= \frac{\mathcal{L}[c(t)]}{\mathcal{L}[r(t)]} = \frac{C(s)}{R(s)} \quad \cdots\cdots (3-1)$$

여기서, 모든 초기값을 0으로 놓은 이유는 자동제어의 모든 변수는 여기(勵起)되기 전에는 휴지상태에 있다고 가정한 것이다.

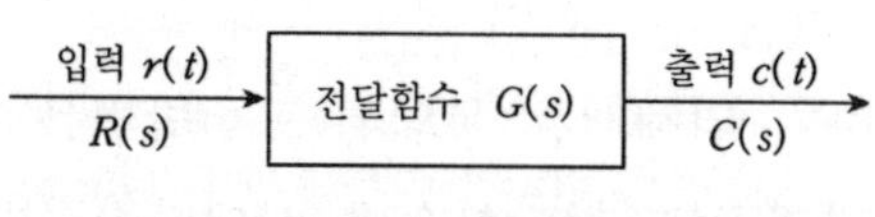

[그림 3-1] 간단한 선형계의 블록선도

식 (3-1)에서 출력 $C(s)$는 다음 식과 같이 입력신호 $R(s)$와 전달함수 $G(s)$의 적(積)으로 된다.

$$C(s) = G(s)R(s) \quad \cdots\cdots (3-2)$$

식 (3-2)를 라플라스 역변환시키면

$$\mathcal{L}^{-1}[C(s)] = \mathcal{L}^{-1}[G(s)R(s)] = g(t)r(t) \quad \cdots\cdots (3-3)$$

가 되는데, 입력 $r(t)$가 단위 임펄스 함수 $\delta(t)$라고 하면 $\mathcal{L}[\delta(t)] = 1$이므로 식 (3-3)은 다음과 같이 된다.

$$\mathcal{L}^{-1}[C(s)] = c(t) = g(t) \quad \cdots\cdots (3-4)$$

이와 같이 입력에 단위 임펄스 함수를 인가했을 때 출력에 나타나는 응답을 임펄스 응답(impulse response)이라 하며, 이때의 라플라스 변환은

$$C(s) = G(s) \quad \cdots\cdots (3-5)$$

가 되므로 식 (3-5)로부터 전달함수는 단위 임펄스 함수를 입력으로 했을 때 출력응답의 라플라스 변환이라 말할 수 있다.

다음에 입력신호로 단위계단함수 $u(t)$가 인가되었다고 생각하면

$\mathcal{L}[u(t)] = \dfrac{1}{s}$이 되며, 출력응답은

$$\mathcal{L}^{-1}[C(s)] = c(t) = \mathcal{L}^{-1}\left[G(s)\frac{1}{s}\right] \quad \cdots\cdots (3-6)$$

가 되고, 이것을 인디셜 응답(indicial response) 또는 단위계단응답(unit step response)이라고 하며, 임펄스 응답과 함께 계의 동특성 시간영역에서의 표현 형식으로 많이 사용된다.

위에서 설명한 전달함수의 특성을 요약하면 다음과 같다.

① 전달함수는 시불변선형계에서만 적용된다.

② 선형계의 초기값은 0으로 가정한다.

③ 전달함수는 입력의 라플라스 변환에 대한 출력의 라플라스 변환의 비로 정의된다.

④ 어떤 계의 전달함수는 그 계에 대한 임펄스 응답의 라플라스 변환과 같다.

⑤ 계의 미분방정식은 전달함수에서 s를 미분연산자 $D \equiv \dfrac{d}{dt}$로 치환함으로써 얻어진다.

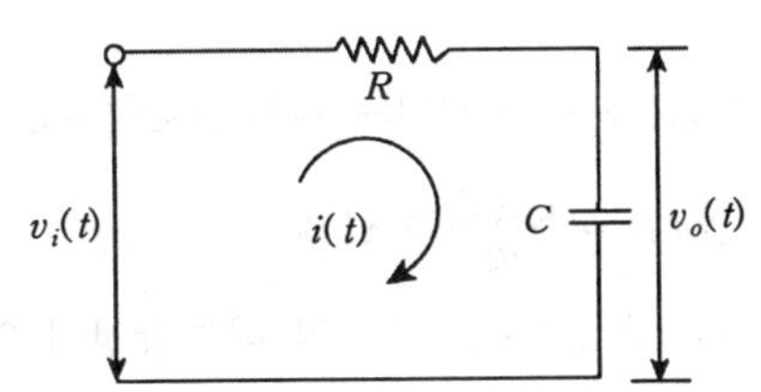

[그림 3-2] $R-C$ 회로

이제까지 설명한 내용을 기초로 [그림 3-2]와 같은 $R-C$ 회로에 대한 전달함수를 구해보기로 한다. 키르히호프의 전압법칙을 적용시키면

$$v_i(t) = Ri(t) + \frac{1}{C}\int i(t)dt$$

$$v_o(t) = \frac{1}{C}\int i(t)dt$$

초기값을 0으로 하고 라플라스 변환하면

$$V_i(s) = \left[R + \frac{1}{Cs}\right]I(s)$$

$$V_o(s) = \frac{1}{Cs}I(s)$$

이므로 위의 두 식으로부터 $I(s)$를 소거하면

$$V_o(s) = \frac{\frac{1}{Cs}}{R + \frac{1}{Cs}} V_i(s)$$

이 되므로 전달함수는

$$G(s) = \frac{V_o(s)}{V_i(s)} = \frac{1}{RCs+1} = \frac{1}{Ts+1} = \frac{\frac{1}{T}}{s+\frac{1}{T}}$$

이며, 이때 $T = RC$는 이 회로의 시정수이다.

(예제 3－1) 다음 미분방정식으로 표시되는 계의 전달함수를 구하여라.

$$\frac{dy(t)}{dt} + 2y(t) = \frac{dx(t)}{dt} + x(t)$$

(풀이) 모든 초기값을 0으로 놓고 위 미분방정식 양변을 라플라스 변환하면

$$(s+2)Y(s) = (s+1)X(s)$$

따라서 전달함수 $G(s)$는

$$G(s) = \frac{Y(s)}{X(s)} = \frac{s+1}{s+2}$$

(예제 3-2) 전달함수 $G(s)=\frac{2s+1}{s^2+s+1}$ 인 계의 미분방정식을 구하여라.

(풀이) $G(s)$에서 s 대신 D로 놓고, 다음에 $D=\frac{d}{dt}$ 로 치환시키면

$y=\left[\frac{2D+1}{D^2+D+1}\right]x$ 또는 $D^2y+Dy+y=2Dx+x$

$\therefore \frac{d^2y}{dt^2}+\frac{dy}{dt}+y=2\frac{dx}{dt}+x$

(예제 3-3) [그림 3-2]에서 입력에 5[V]의 전압이 인가되었을 때 콘덴서의 출력전압 $v_o(t)$를 구하여라. 단, 초기값 $v_o(0)=0$이다.

(풀이) 앞의 보기에서

$$G(s)=\frac{V_o(s)}{V_i(s)}=\frac{1}{RCs+1}$$

이므로

$$V_o(s)=G(s)V_i(s)=\frac{1}{RCs+1}V_i(s)$$

이고 입력이 5[V]이므로

$$V_o(s)=\frac{1}{RCs+1}\cdot\frac{5}{s}$$

이 된다. 부분분수로 전개시키면

$$V_o(s)=\frac{\frac{1}{RC}}{s+\frac{1}{RC}}\cdot\frac{5}{s}=\frac{K_1}{s}+\frac{K_2}{s+\frac{1}{RC}}$$

단수실근이므로

$K_1=5,\ K_2=-5$

$$v_o(s)=\frac{5}{s}-\frac{5}{s+\frac{1}{RC}}$$

라플라스 역변환시키면

$$\mathcal{L}^{-1}[V_o(s)]=v_o(t)=5-5e^{-\frac{1}{RC}t}=5\left(1-e^{-\frac{1}{RC}t}\right)$$

이 된다.

(예제 3-4) [그림 3-3]과 같은 회로의 전달함수를 구하여라.

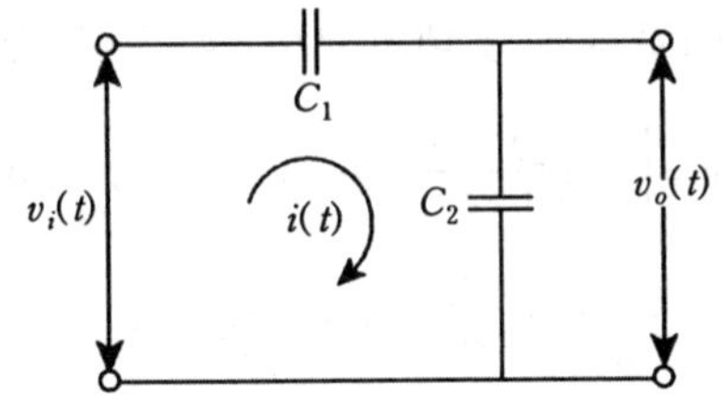

[그림 3-3] $C_1 - C_2$ 결합회로

(풀이) 먼저 입력전압 v_i와 출력전압 v_o에 대한 방정식을 세우면 다음과 같다.

$$v_i(t) = \frac{1}{C_1}\int i(t)dt + \frac{1}{C_2}\int i(t)dt$$

$$v_o(t) = \frac{1}{C_2}\int i(t)dt$$

초기값을 0으로 하고 라플라스 변환하면

$$V_i(s) = \left(\frac{1}{C_1 s} + \frac{1}{C_2 s}\right)I(s)$$

$$V_o(s) = \frac{1}{C_2 s}I(s)$$

가 되므로 전달함수 $G(s) = \dfrac{V_o(s)}{V_i(s)}$는

$$G(s) = \frac{V_o(s)}{V_i(s)} = \frac{\dfrac{1}{C_2 s}}{\dfrac{1}{C_1 s} + \dfrac{1}{C_2 s}} = \frac{C_1}{C_1 + C_2}$$

(예제 3-5) [그림 3-4]는 직류전동기의 회로도이다.

(여기서 L과 R은 전동기 전기자회로의 인덕턴스와 저항이고, T는 발생토크, J는 전동기 전기자와 부하의 합성관성능률, B는 출력축에 작용하는 전점성마찰계수이다)

입력전압 V와 출력축 각 위치 θ간의 전달함수를 구하여라.

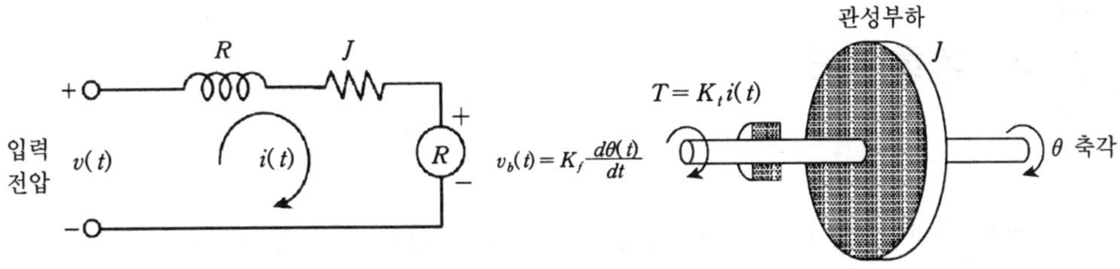

[그림 3-4] 직류전동기

(풀이) 역기전력 $v_b(t)$는 축 회전각속도 $\frac{d\theta(t)}{dt}$에 비례하고 토크(torque) T는 전기자전류 $i(t)$에 비례하므로 미분방정식은 다음과 같다.

$$L\frac{di(t)}{dt}+Ri(t)=v(t)-v_b(t)=v(t)-K_f\frac{d\theta(t)}{dt}$$

$$J\frac{d^2\theta(t)}{dt^2}+B\frac{d\theta(t)}{dt}=K_t i(t)$$

위 두 식에서 초기값을 0으로 하고 라플라스 변환하면

$$(Ls+R)I(s)=V(s)-K_f s\theta(s)$$

$$(Js^2+Bs)\theta(s)=K_t I(s)$$

$$\therefore\ G(s)=\frac{\theta(s)}{V(s)}=\frac{K_t}{(Js^2+Bs)(Ls+R)+K_tK_fs}$$

$$=\frac{K_t}{s(JLs^2+JRs+BLs+BR+K_tK_f)}$$

$$=\frac{K_t/JL}{s\left(s^2+\frac{R}{L}s+\frac{B}{J}s+\frac{BR}{JL}+\frac{K_tK_f}{JL}\right)}$$

3-2 블록선도

자동제어계에서 블록선도(block diagram)란 제어 시스템의 구성요소를 블록으로 표시하고, 신호흐름을 선으로 표시한 그림이라 정의한다. 즉, 자동제어계의 각 요소와 각 부분의 물리량을 인출하여, 그 상호관계를 나타내는 함수(수치)를 블록 안에 써넣고, 각 부분의 물리량의 흐름을 선으로 표시한 것이 블록선도이다.

따라서 블록선도는 제어에 관계되는 신호가 어떠한 모양으로 변하여 어떻게 전달되는가를 표시하는 신호전달 계통도라는 것이다. 그렇기 때문에 블록선도만으로는 전달요소의 물리적 구성이 어떻게 되어 있으며, 에너지가 어떠한 작용으로 전달되고 있는가를 알 수 없다. 따라서, 이것들을 필요로 할 때에는 블록선도 대신에 실제 회로의 기호를 써야 되지만, 이런 경우에는 계의 구성, 동작 및 특성 사이의 관계가 불분명하므로 블록선도를 사용함으로써 계의 구성과 동작 사이의 대응관계를 쉽게 알 수 있다.

1. 블록선도의 심벌

블록선도는 일반적으로 다음과 같이 몇 가지 특정한 모양으로 구성되어 있다.

(1) 전달요소 및 방향표시

[그림 3-5]는 신호전달요소와 신호방향 심벌을 나타낸 것으로, 전달요소는 사각형으로 표시하며, 신호의 흐르는 방향은 화살표로 나타낸다.

여기서, 출력 $C(s)$는 입력신호 $R(s)$의 $G(s)$배가 되는 것을 뜻하며, 식 (3-7)

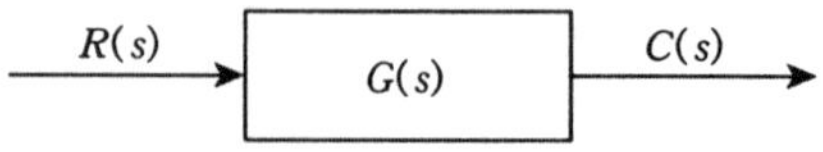

[그림 3-5] 전달요소 및 신호방향 심벌

과 같이 된다.

$$C(s) = G(s)R(s) \quad \cdots\cdots (3-7)$$

(2) 가합점

2가지 이상의 신호가 있을 때 이들 신호의 합과 차를 만드는 가합점은 [그림 3-6]과 같이 나타내며, 화살표 옆에 +, -의 기호를 붙여 합 또는 차를 나타낸다.

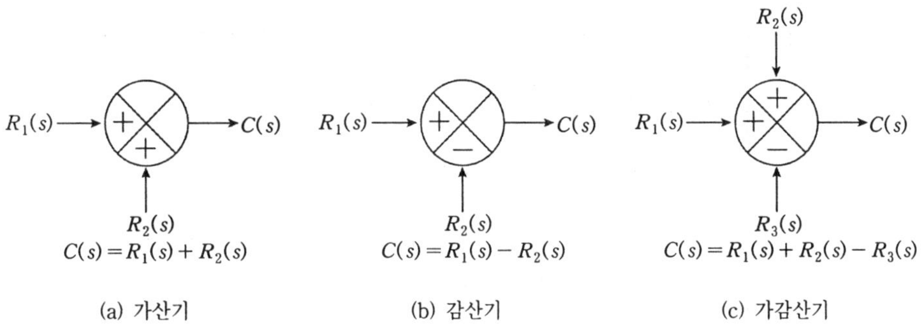

[그림 3-6] 가합점의 심벌

(3) 인출점

한 개의 신호를 두 계통 이상으로 분기하기 위한 인출신호는 [그림 3-7]과 같이 나타낸다. 수식으로 표시하면 다음과 같다.

$$R(s) = C_1(s) = C_2(s) \quad \cdots\cdots (3-8)$$

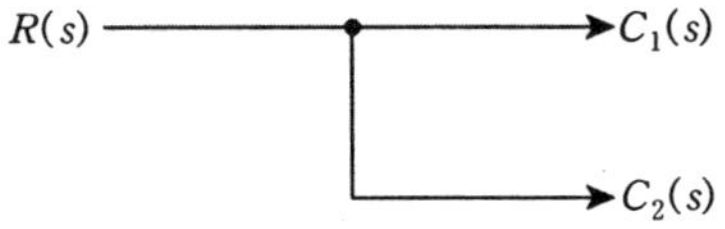

[그림 3-7] 인출신호의 심벌

(예제 3-6) [그림 3-8]과 같은 $R-C$ 회로망의 전달함수를 구하고 블록선도를 그려라.

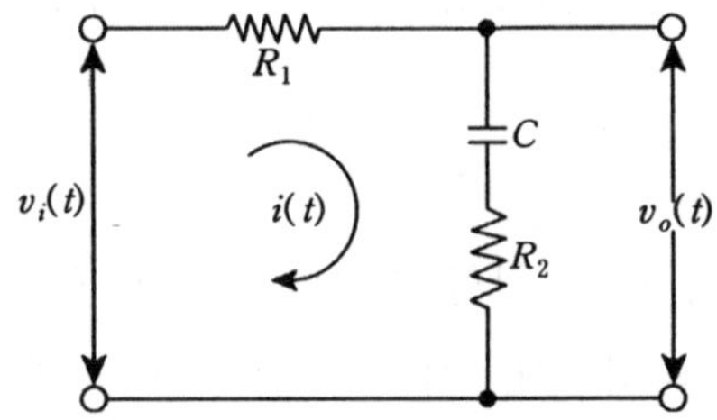

[그림 3-8] $R-C$ 회로망

(풀이) 키르히호프의 제2법칙으로부터 전압방정식을 세우면 다음과 같다.

$$i(t)R_1+\frac{1}{C}\int_0^t i(t)dt+i(t)R_2=v_i(t)$$

$$\frac{1}{C}\int_0^t i(t)dt+i(t)R_2=v_o(t)$$

위 두 식의 초기값을 0으로 하고 라플라스 변환하면 다음과 같다.

$$\left(R_1+R_2+\frac{1}{Cs}\right)I(s)=V_i(s)$$

$$\left(R_2+\frac{1}{Cs}\right)I(s)=V_o(s)$$

전달함수 $G(s)$는 $\frac{V_o(s)}{V_i(s)}$로 하여 구하면 다음과 같다.

$$G(s)=\frac{V_o(s)}{V_i(s)}=\frac{R_2+\frac{1}{Cs}}{R_1+R_2+\frac{1}{Cs}}$$

여기서, 출력 $V_o(s)$를 구하면

$$V_o(s)=\frac{R_2+\frac{1}{Cs}}{R_1+R_2+\frac{1}{Cs}}V_i(s)$$

가 되므로 블록선도를 그리면 [그림 3-9]와 같이 된다.

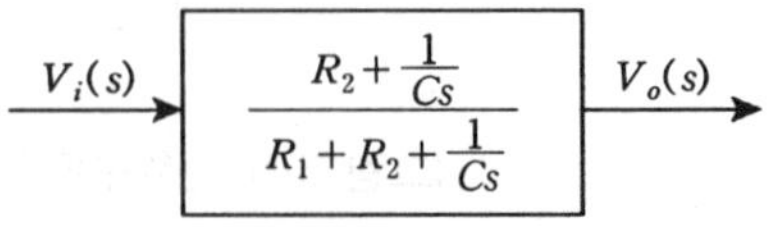

[그림 3-9] 블록선도

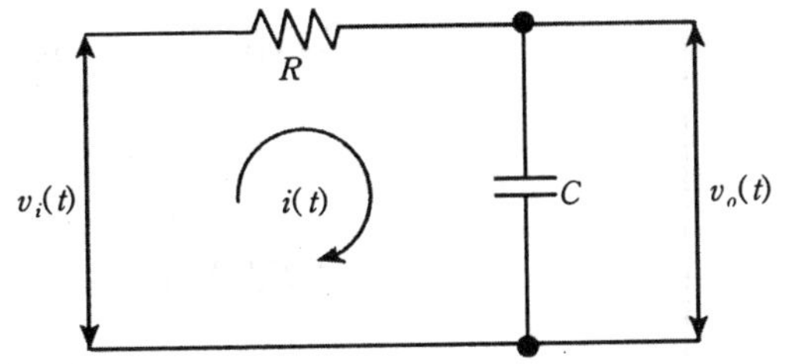

[그림 3-10] $R-C$ 회로망

(예제 3-7) [그림 3-10]과 같은 회로의 블록선도를 그려라.

(풀이) (예제 3-6)과는 다른 방법으로 블록선도를 그리기 위하여 방정식을 세우면 다음과 같다.

$v_o(t) = v_i(t) - Ri(t)$

로부터

$Ri(t) = v_i(t) - v_o(t)$

가 되므로 $i(t)$는

$i(t) = \frac{1}{R}[v_i(t) - v_o(t)]$

가 된다. 또, $v_o(t)$는

$v_o(t) = \frac{1}{C}\int_0^t i(t)dt$

가 된다. 이 두 식을 라플라스 변환하면 다음과 같다.

$I(s) = \frac{1}{R}[V_i(s) - V_o(s)]$ ······①

$V_o(s) = \frac{1}{Cs}I(s)$ ······②

식 ①의 우변을 보면 $V_i(s)$와 $V_o(s)$는 가합점이 있어야 됨을 알 수 있고, 식 ①과 ②는 신호흐름이 $V_i(s)$에서 출발하여 $I(s)$를 거쳐 $V_o(s)$로 출력되고 있으므로 식 ①과 ②의 블록선도를 각각 그리면 [그림 3-11], [그림 3-12]와 같이 된다.

여기서, [그림 3-11]과 [그림 3-12]를 조합하면 식 ①, ②의 블록선도, 즉 [그림 3-10] R-C 회로의 블록선도가 된다. 이를 [그림 3-13]에 나타내었다.

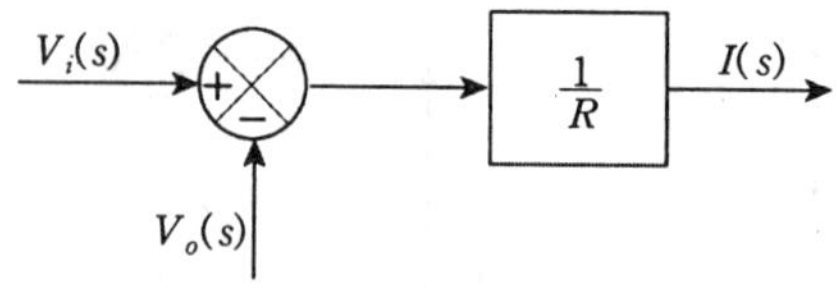

[그림 3-11] 식 ①의 블록선도

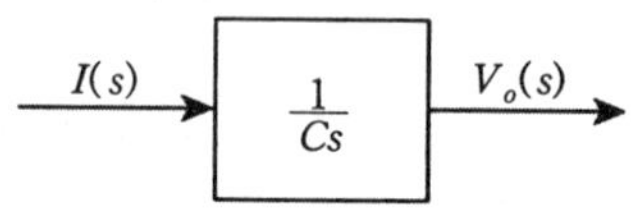

[그림 3-12] 식 ②의 블록선도

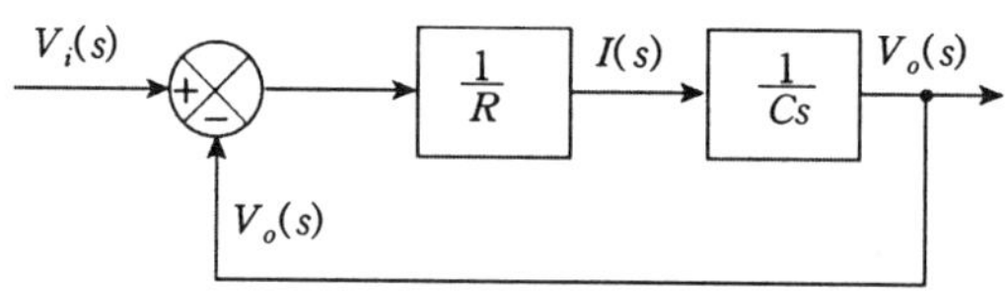

[그림 3-13] $R-C$ 회로망의 블록선도

2. 블록선도의 기본적 결합형식

어떤 자동제어계를 블록선도로 표시하면 매우 복잡하여 계의 상태를 즉시 알아보기 어려울 때가 있다. 이럴 때에는 이들을 서로 결합시켜 등가변환하면 전 계통의 전달함수가 구해져 계의 상태를 쉽게 이해할 수 있게 된다.

(1) 직렬결합

[그림 3-14](a)와 같이 전달함수 $G_1(s)$, $G_2(s)$를 갖는 전달요소 2개가 직렬로 결합되어 있다고 하면, 식 (3-7)로부터 첫째, 둘째 요소는 다음과 같이 된다.

$$\begin{cases} E(s) = G_1(s)R(s) \\ C(s) = G_2(s)E(s) \end{cases} \quad \cdots\cdots (3-9)$$

식 (3-9)를 정리하면

$$C(s)=[G_1(s)G_2(s)]R(s) \quad\cdots\cdots (3-10)$$

와 같이 계산되고, 하나의 전달함수로 변환되어 [그림 3-14](b)와 같이 된다.

$$G=G_1(s)G_2(s) \quad\cdots\cdots (3-11)$$

일반적으로 n개의 전달함수가 직렬로 결합되어 있는 경우에는 다음과 같이 쓸 수 있다.

$$G(s)=G_1(s)G_2(s)G_3(s)\cdots G_n(s)=\prod_{i=1}^{n}G_i(s) \quad\cdots\cdots (3-12)$$

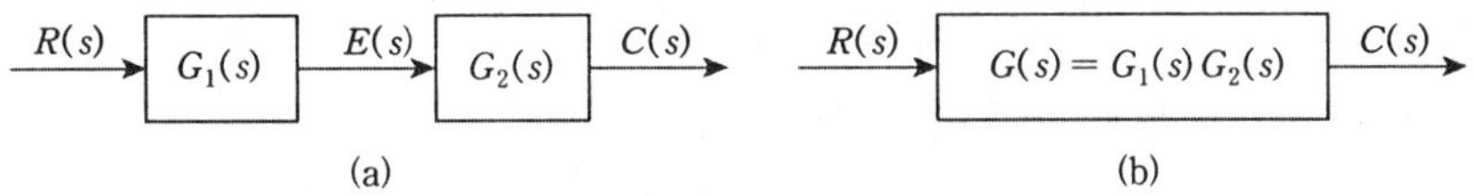

[그림 3-14] 직렬결합된 블록선도의 등가변환

(2) 병렬결합

[그림 3-15](a)와 같이 2개의 요소가 결합되어 있는 것을 병렬결합이라 한다. 여기서 $R_1(s)$, $R_2(s)$는 [그림 3-15](a)로부터 다음과 같이 된다.

$$\begin{cases} R_1(s)=G_1(s)R(s) \\ R_2(s)=G_2(s)R(s) \end{cases} \quad\cdots\cdots (3-13)$$

여기서, 이 식을

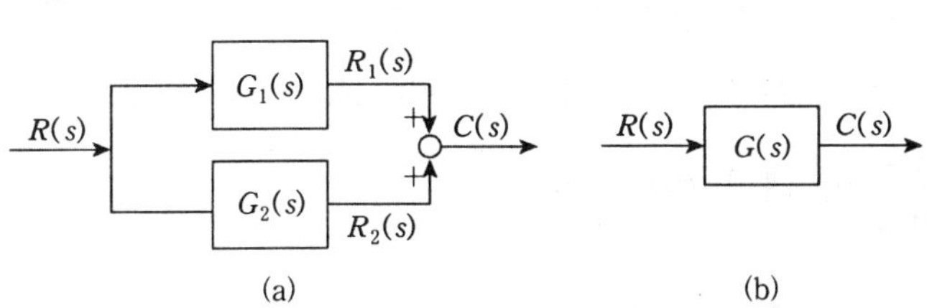

[그림 3-15] 병렬결합된 블록선도의 등가변환

$$C(s) = R_1(s) + R_2(s) \quad \cdots\cdots (3-14)$$

에 대입시키면

$$C(s) = [G_1(s) + G_2(s)]R(s) \quad \cdots\cdots (3-15)$$

와 같이 계산되므로 [그림 3-15](b)와 같이 결합할 수가 있다.

(3) 귀환결합

[그림 3-16](a)는 자동제어계에서 흔히 사용되고 있는 귀환제어계로서 $G(s)$에서 나온 신호가 $H(s)$로 들어가고 $H(s)$에서 나온 신호가 최초의 입력신호와 비교된 후 그 차를 검출하여 $G(s)$에 들어가는 루프(loop)를 만드는 형식으로 되어 있다(이를 표준형이라 한다).

이 [그림 3-16]의 블록선도는 다음과 같은 용어의 정의를 가지고 있다.

$G(s)$: 전향전달함수(forward transfer function)

$H(s)$: 귀환전달함수(feedback transfer function)

$G(s)H(s)$: 개루프 전달함수(open loop transfer function)

$\dfrac{C(s)}{R(s)}$: 폐루프 전달함수(closed loop transfer function) 또는 제어비(control ratio)

$\dfrac{E(s)}{R(s)}$: 동작신호비(actuating signal ratio) 또는 편차비(error ratio)

$\dfrac{B(s)}{R(s)}$: 주귀환비(primary feedback ratio)

다음 식 (3-19), (3-20), (3-21)에서 (+)기호는 정귀환(positive feedback), (-)기호는 부귀환(negative feedback)이라 한다. 여기서, 가장 많이 사용되는 $\dfrac{C(s)}{R(s)}$에 대한 방정식은

$$E(s) = R(s) \pm B(s) = R(s) \pm H(s)C(s) \quad \cdots\cdots (3-16)$$

이며, 출력 $C(s)$는

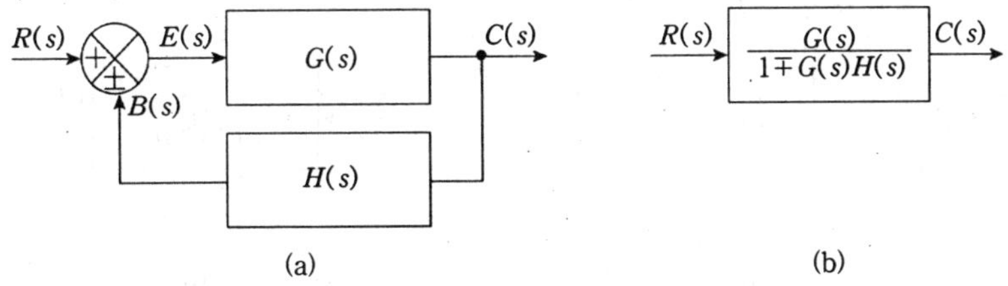

[그림 3-16] 귀환결합된 블록선도의 등가변환

$$C(s) = G(s)E(s) \quad \cdots\cdots \quad (3-17)$$

이므로 식 (3-16)을 (3-17)에 대입하면

$$\begin{aligned} C(s) &= G(s)\{R(s) \pm H(s)C(s)\} \\ &= G(s)R(s) \pm G(s)H(s)C(s) \\ G(s)H(s)C(s) &\mp C(s) = G(s)R(s) \\ C(s)\{G(s)H(s) &\mp 1\} = G(s)R(s) \quad \cdots\cdots \quad (3-18) \end{aligned}$$

가 되며, 전달함수는

$$\frac{C(s)}{R(s)} = \frac{G(s)}{1 \mp G(s)H(s)} \quad \cdots\cdots \quad (3-19)$$

가 되므로 [그림 3-16](b)와 같이 등가변환된다.

참고로 $\frac{E(s)}{R(s)}$, $\frac{B(s)}{R(s)}$에 대한 식을 나타내어 보면 다음과 같다.

$$\frac{E(s)}{R(s)} = \frac{1}{1 \mp G(s)H(s)} \quad \cdots\cdots \quad (3-20)$$

$$\frac{B(s)}{R(s)} = \frac{G(s)H(s)}{1 \mp G(s)H(s)} \quad \cdots\cdots \quad (3-21)$$

(4) 단위귀환결합(직결결합)

[그림 3-17]과 같이 귀환전달함수 $H(s)$가 1인 귀환결합을 단위귀환결합

(unity feedback system) 또는 직결결합이라 하며, 식 (3-19)에서 $H(s)=1$ 이 되므로 전달함수는 다음과 같이 된다.

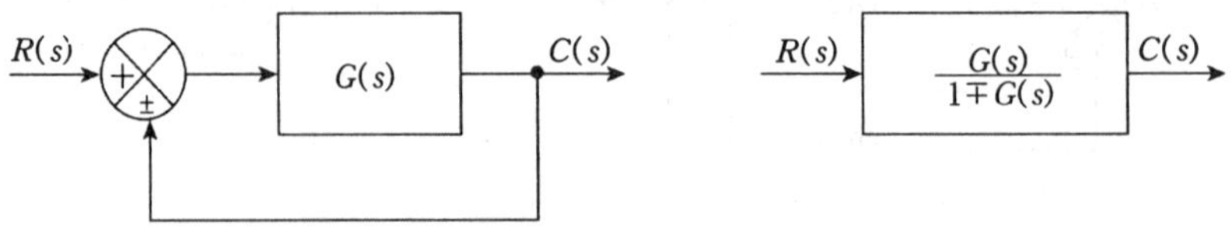

(a) (b)

[그림 3-17] 단위귀환결합된 블록선도의 등가변환

$$\frac{C(s)}{R(s)}=\frac{G(s)}{1\mp G(s)} \quad \cdots\cdots (3-22)$$

3. 블록선도의 변환정리

앞에서 서술한 블록선도의 기본적 결합형식을 이용하여 복잡한 블록선도를 간단한 블록선도로 변환시키기 위한 변환정리표를 만들면 〈표 3-1〉과 같이 표시할 수 있다.

〈표 3-1〉을 이용하면 복잡한 블록선도를 단순화된 블록선도로 감축시키는 기본기법에 필요한 도구로 쓰여진다.

〈표 3-1〉

변 환	방정식	변환 전	변환 후
(1) 직렬결합	$b=(G_1G_2)a$	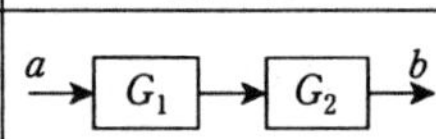	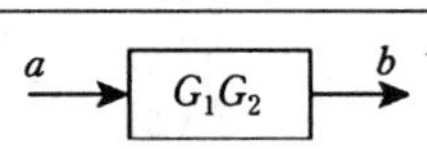
(2) 병렬결합	$b=(G_1a\pm G_2a)$ $=(G_1\pm G_2)a$	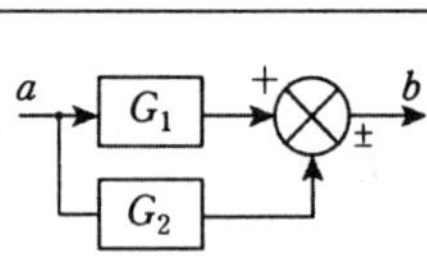	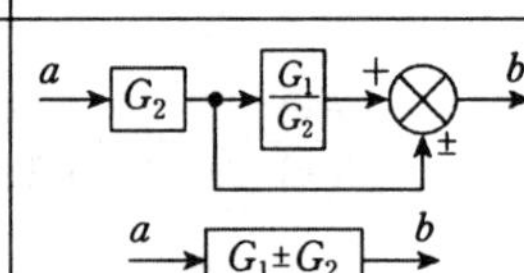
(3) 전달요소의 교환	$b=G_1G_2a$	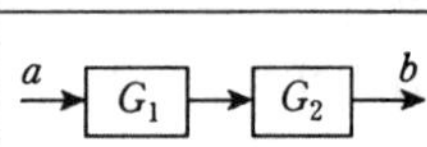	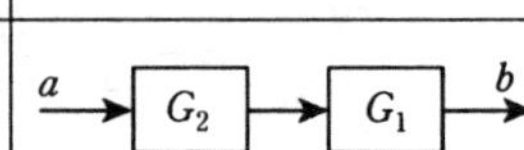
(4) 가합점의 교환	$b=(a\pm c)\pm d$ $=a\pm c\pm d$	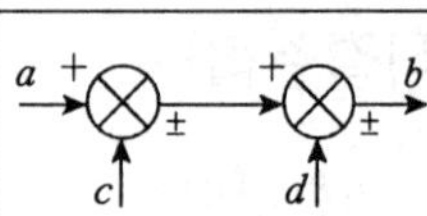	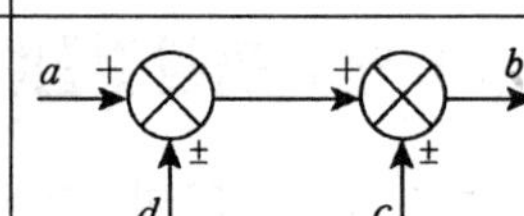

(5) 가합점의 배치치환	$b = a \pm c \pm d$	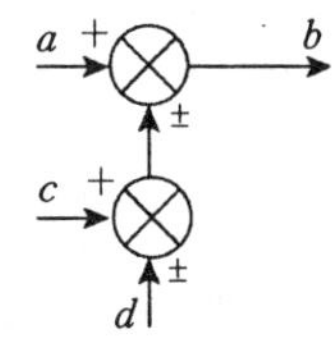	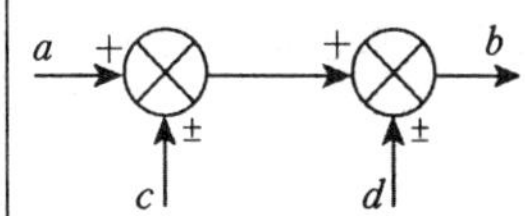
(6) 인출점의 교환	$a = a$	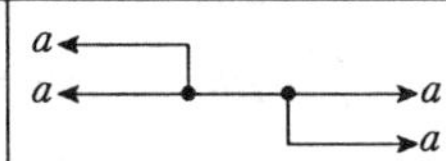	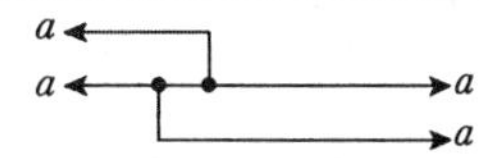
(7) 전달함수 앞에 있는 가합점의 이동	$b = (a \pm c)G$ $= aG \pm cG$	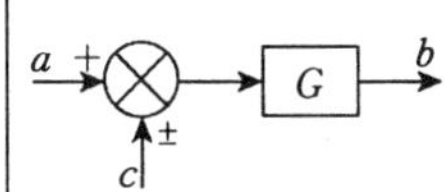	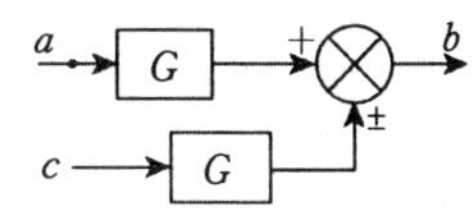
(8) 전달함수 뒤에 있는 가합점의 이동	$b = aG \pm c$ $= \left(a \pm \frac{c}{G}\right)G$	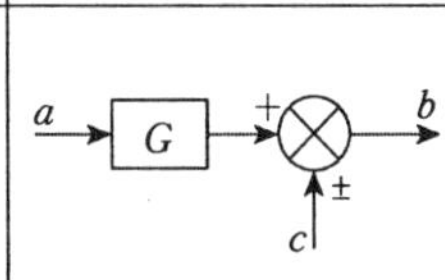	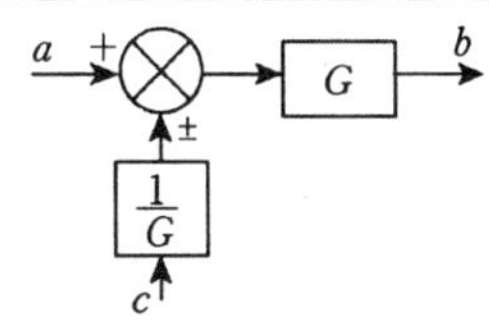
(9) 전달함수 앞에 있는 인출점의 이동	$b = aG$ a	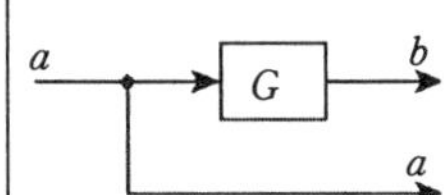	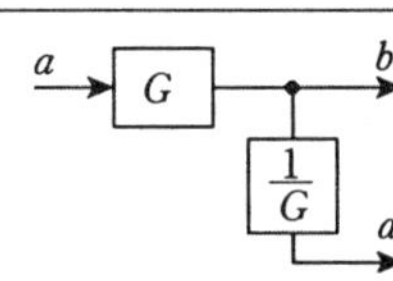
(10) 전달함수 뒤에 있는 인출점의 이동	$b = aG$	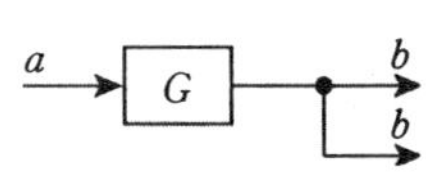	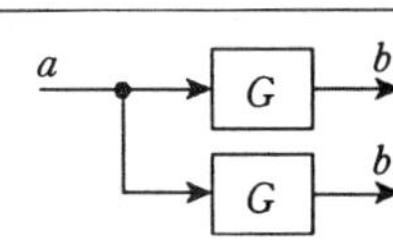
(11) 가합점 앞에 있는 인출점의 이동	$b = a \pm c$ a	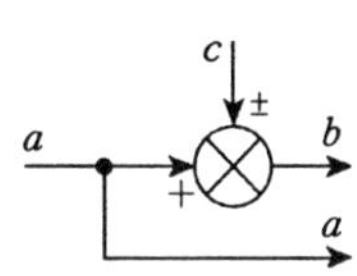	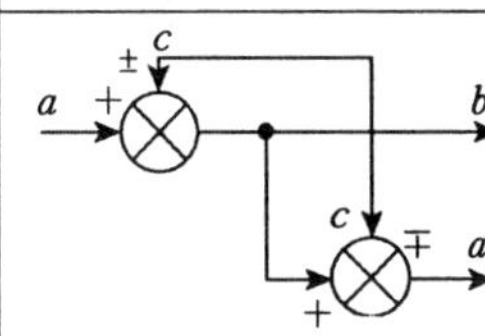
(12) 가합점 뒤에 있는 인출점의 이동	$b = a \pm c$	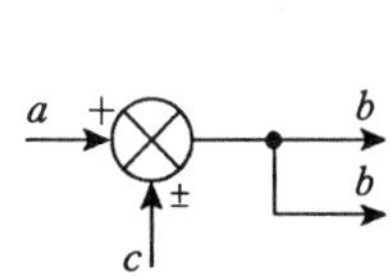	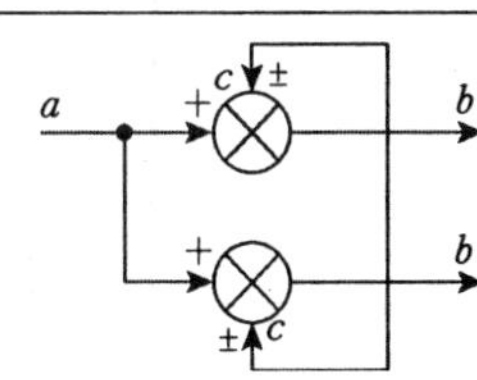
(13) 전달함수의 귀환결합	$b = (a \pm bH)G$ $b = \frac{G}{1 \mp GH}a$	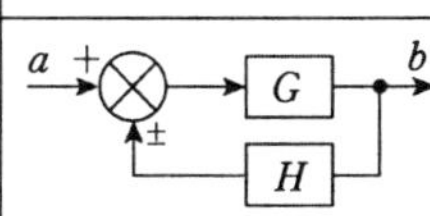	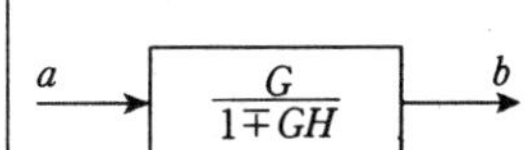
(14) 전달함수의 단위귀환 결합	$b = \frac{G}{1 \mp G}a$	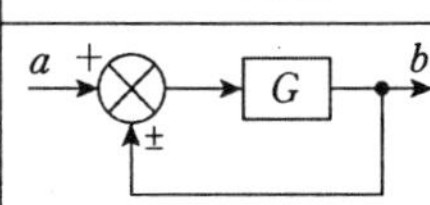	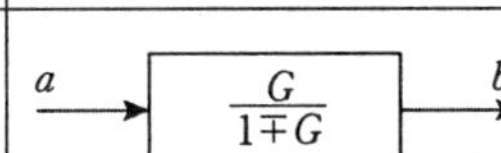

(15) 신호방향이 반대로 될 때	$b=Ga$ $a=\frac{1}{G}b$	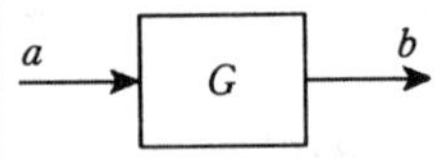	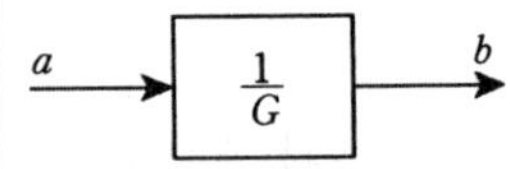
(16) 귀환결합의 신호방향이 반대로 될 때	$b=(a \pm bH)G$ $=aG \pm bHG$ $a=\frac{b}{G} \mp Hb$	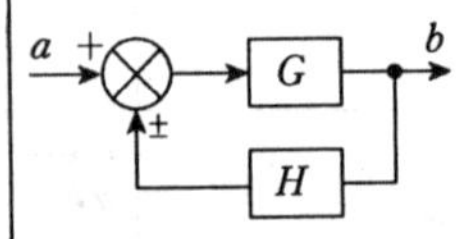	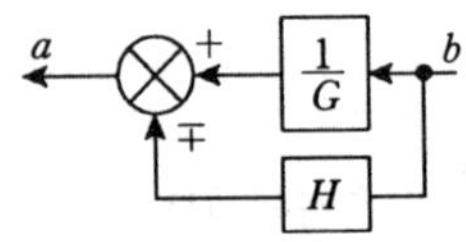

(예제 3-8) [그림 3-18]의 블록선도를 표준형으로 고쳐라.

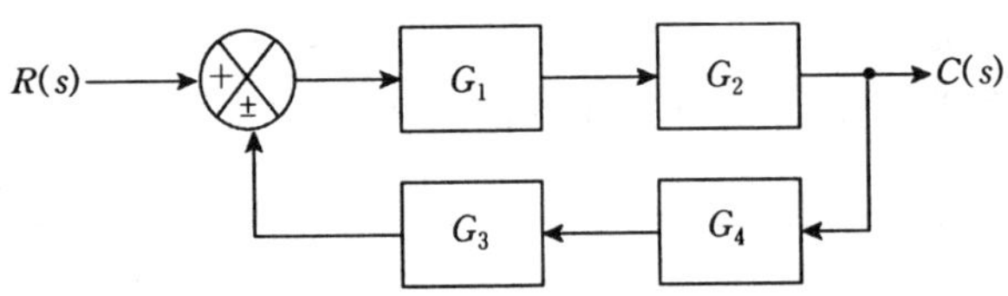

[그림 3-18] 블록선도

(풀이) G_1과 G_2, G_3와 G_4가 각각 직렬결합으로 되어 있으므로 표준형으로 고치면 [그림 3-19]와 같이 되므로 전체의 전달함수는 [그림 3-20]과 같이 된다.

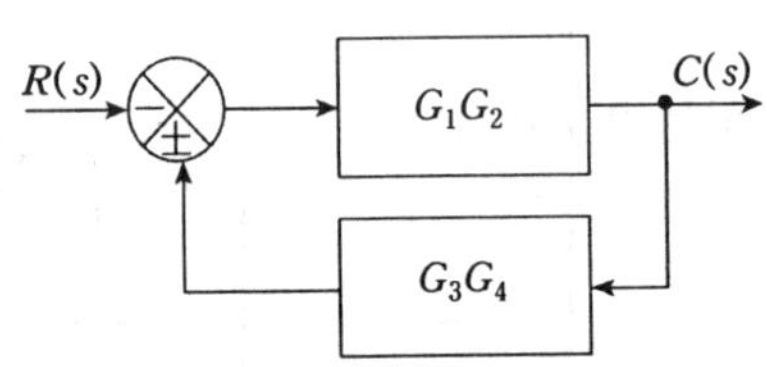

[그림 3-19] 표준형

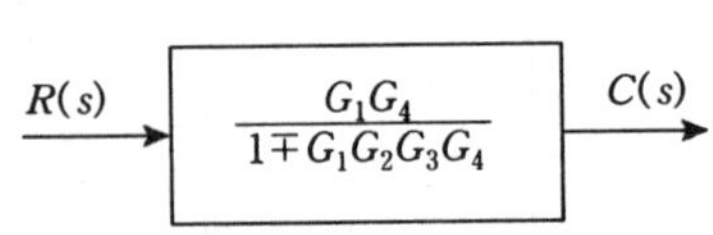

[그림 3-20] 전체의 전달함수

(예제 3-9) [그림 3-21]과 같은 제어계의 블록선도를 표준형으로 고친 후 전체의 전달함수를 구하여라.

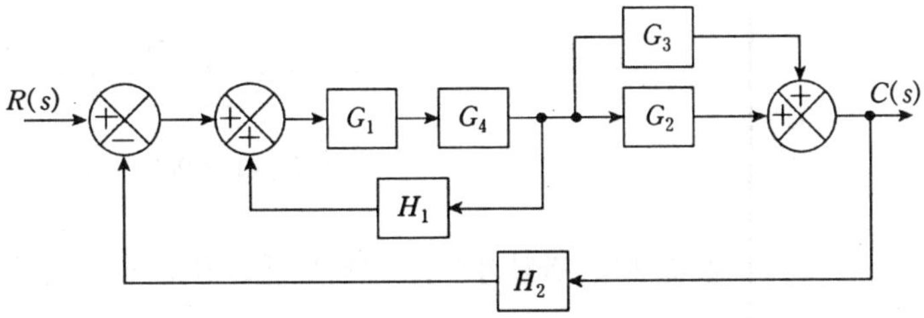

[그림 3-21] 블록선도

(풀이) ① 〈표 3-1〉의 변환정리(1)과 (2)를 이용하여 직렬과 병렬부분을 감축하면 [그림 3-22]와 같이 된다.

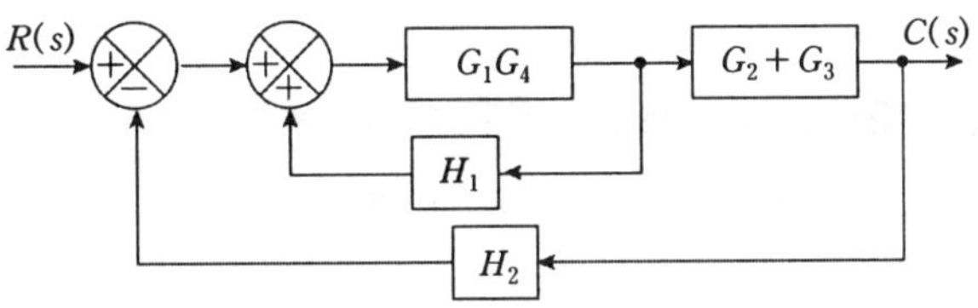

[그림 3-22]

② 〈표 3-1〉의 변환정리(13)을 이용하여 귀환부분을 감축하면 [그림 3-23]과 같이 된다.

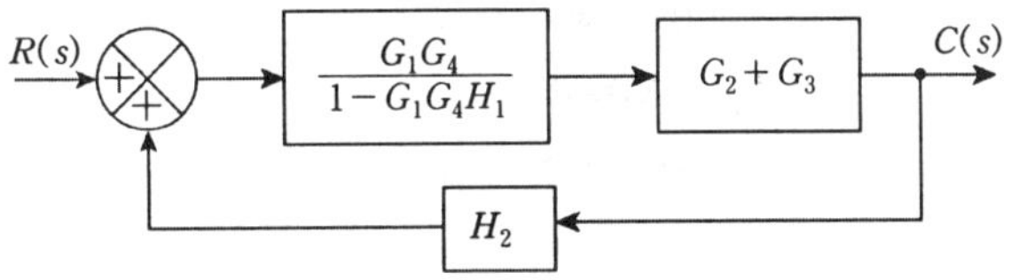

[그림 3-23]

③ [그림 3-23]의 직렬부분을 다시 감축시키면 [그림 3-24]와 같은 표준형이 된다.

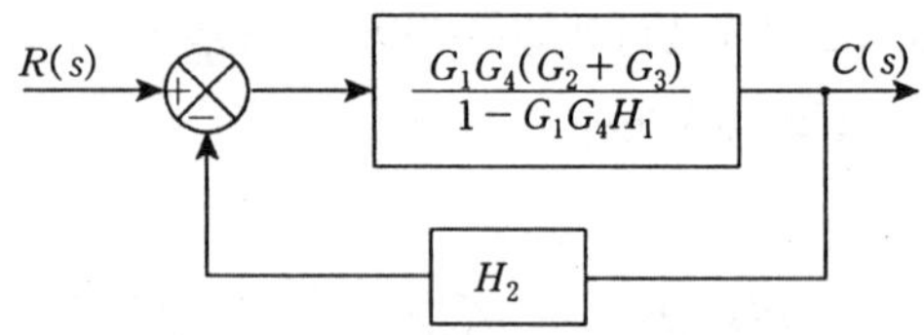

[그림 3-24]

④ 전체의 전달함수를 구하면 [그림 3-25]와 같이 된다.

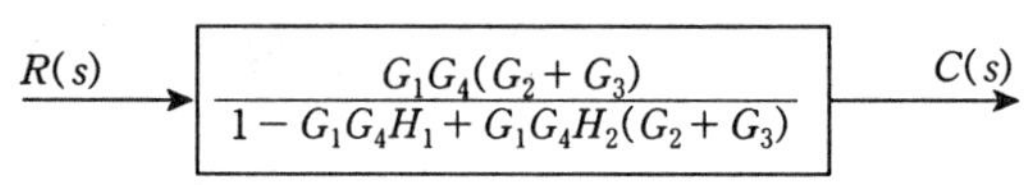

[그림 3-25]

(예제 3-10) [그림 3-26]은 가동코일형 직류전류계이다. 입력전류 $i(t)$를 가한 경우에 출력변위가 $\theta(t)$라 할 때 블록선도와 전달함수를 구하여라.

단, $T_C(t)$: $i(t)$에 의해 가동 코일에 발생하는 구동 토크
K_C : 구동 토크 계수
$T_S(t)$: 스프링에 의한 제어 토크
$\sum T_t$: 합성 토크
K_S : 스프링 토크 계수
$T_D(t)$: 제동 토크
K_D : 제동계수
J : 관성 모멘트

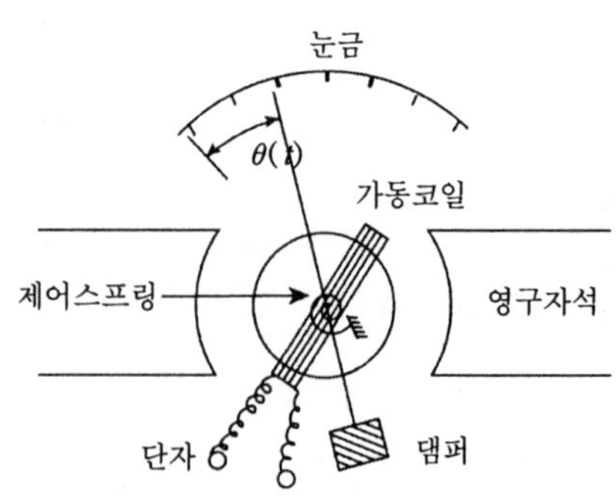

[그림 3-26] 가동코일형 전류계

(풀이) 구동 토크 $T_C(t)$는 입력전류 $i(t)$에 비례하므로

$T_C(t) = K_C i(t)$ ……… ①

이고, 스프링에 의한 제어 토크 $T_S(t)$는 출력변위 $\theta(t)$에 비례한다.

$T_S(t) = K_S \theta(t)$ ……… ②

제동 토크 $T_D(t)$는 각속도 $\frac{d\theta(t)}{dt}$에 비례한다.

$T_D(t) = K_D \frac{d\theta(t)}{dt}$ ……… ③

한편, $\sum T_i$를

$[T_C(t) - T_S(t) - T_D(t)] = \sum T(t)$ ……… ④

라 하면 $\sum T(t)$는 관성 모멘트 J인 가동 코일을 주체로 한 회전부를 가속시키므로

$\sum T(t) = J \frac{d^2\theta(t)}{dt^2}$ ……… ⑤

가 된다. 식 ①~⑤를 라플라스 변환하면 다음과 같이 된다.

$T_C(s) = K_C I(s)$ ……… ⑥

$Ts(s) = K_S \theta(s)$ ……… ⑦

$T_D(s) = K_D s \theta(s)$ ……… ⑧

$\sum T(s) = [T_C(s) - T_S(s) - T_D(s)]$ ……… ⑨

$\sum T(s) = Js^2 \theta(s)$ ……… ⑩

식 ⑥~⑩의 블록선도는 [그림 3-27]과 같이 된다.

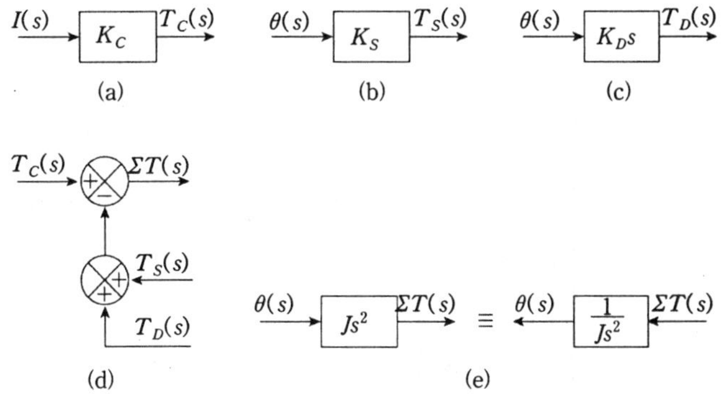

[그림 3-27] 식 ⑥~⑩의 블록선도

[그림 3-27]의 (a), (b), (c), (d), (e)를 결합하면 [그림 3-28]과 같은 블록선도가 된다.

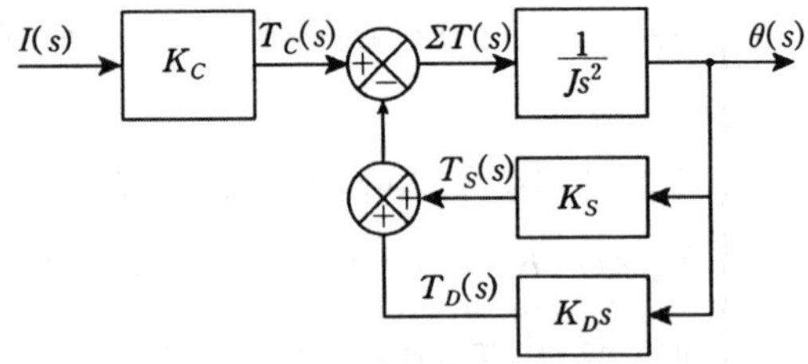

[그림 3-28] 직류전류계의 블록선도

여기서 병렬결합을 〈표 3-1〉의 변환정리 (2)를 이용하여 감축한다.

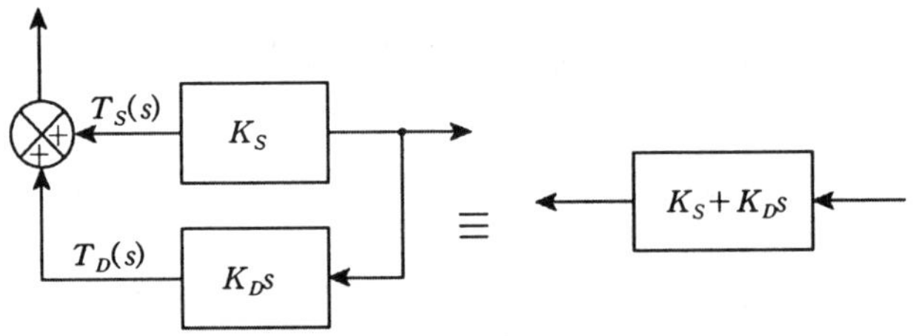

[그림 3-29]

[그림 3-29]에서 감축된 병렬결합을 [그림 3-28]에 결합시키면 [그림 3-30]이 된다.

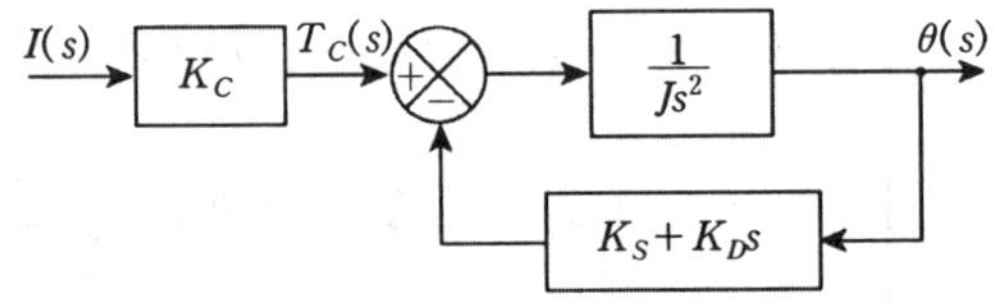

[그림 3-30]

다음에는 귀환루프를 〈표 3-1〉의 변환정리 (13)을 이용하여 감축한다.

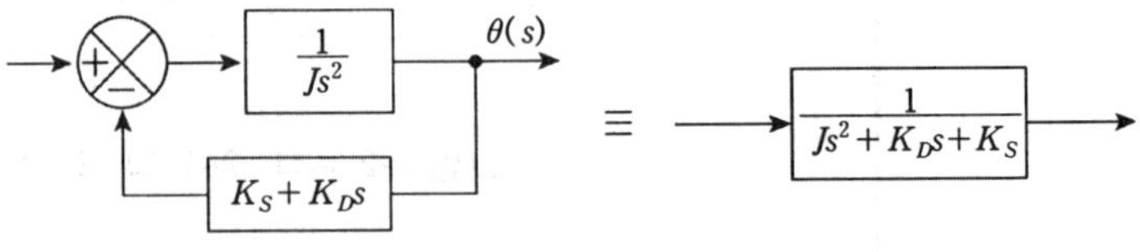

[그림 3-31]

[그림 3-31]을 [그림 3-30]에 결합시키면 [그림 3-32]와 같이 된다.

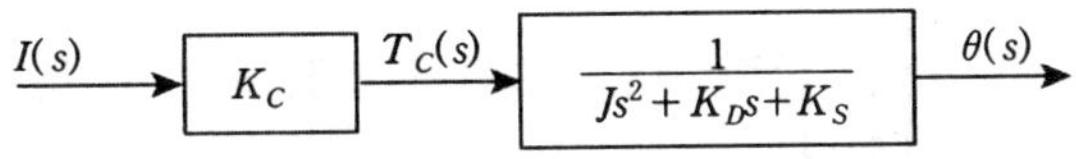

[그림 3-32]

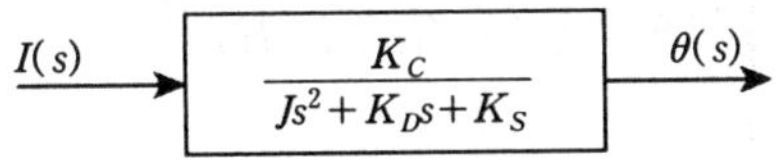

[그림 3-33]

끝으로, 직렬결합을 〈표 3-1〉의 변환정리 (1)을 이용하여 감축시키면 [그림 3-33]과 같이 전체의 전달함수가 구해진다.

$$G(s)=\frac{\theta(s)}{I(s)}=\frac{K_C}{Js^2+K_Ds+K_S} \quad \cdots\cdots ⑪$$

(예제 3-11) [그림 3-34]와 같이 입력이 3개가 있는 블록선도의 출력 C를 구하여라.

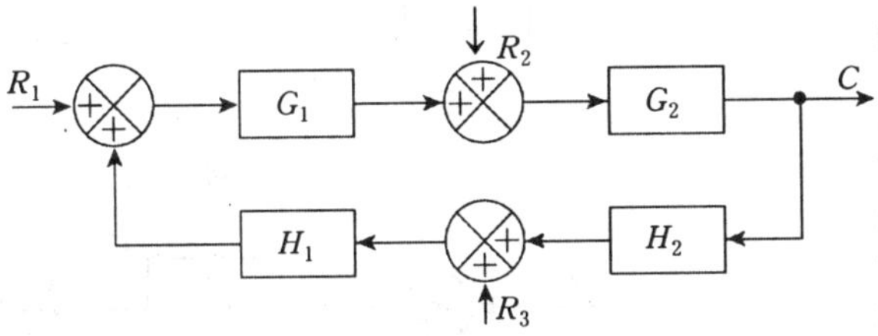

[그림 3-34] 블록선도

(풀이) [그림 3-34]와 같이 제어계에 여러 입력이 동시에 가해지는 경우를 다중입력이라 하며, 이 경우에 각 입력은 다른 입력과 독립적으로 취급하여 다음과 같이 계산한다.

먼저, R_1입력을 제외한 나머지 입력 R_2, R_3를 $R_2=R_3=0$으로 놓고 블록을 직렬결합하면 [그림 3-35]와 같이 되고, 〈표 3-1〉의 변환정리 (13)을 이용하면 C_{R1}이 구해진다. 여기서 C_{R1}은 R_1만에 의한 출력이다.

$$C_{R1}=\left[\frac{G_1G_2}{1-G_1G_2H_1H_2}\right]R_1$$

다음에는 R_2입력을 제외한 나머지 입력 R_1, R_3를 $R_1=R_3=0$으로 놓으면 [그림 3-36]과 같이 되고, 그림에서 C_{R2}은 R_2만에 의한 출력이다. [그림 3-36]을 다시 정리하면 [그림 3-37]과 같이 된다.

〈표 3-1〉의 변환정리 (13)으로부터

$$C_{R2}=\left[\frac{G_2}{1-G_1G_2H_1H_2}\right]R_2$$

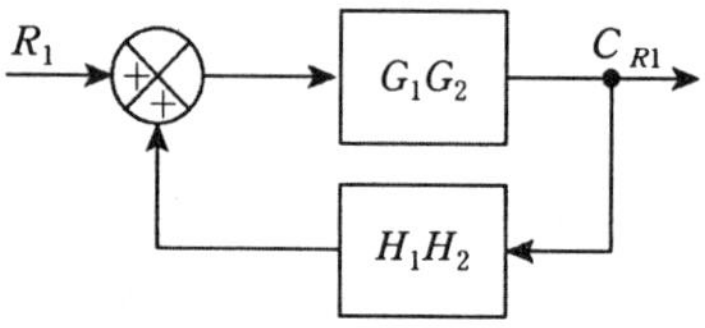

[그림 3-35]

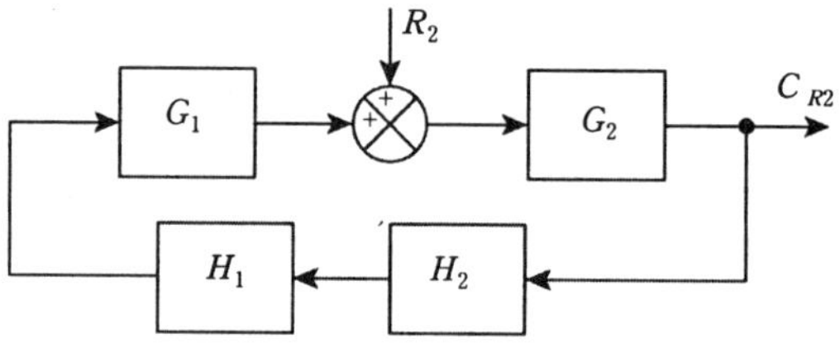

[그림 3-36]

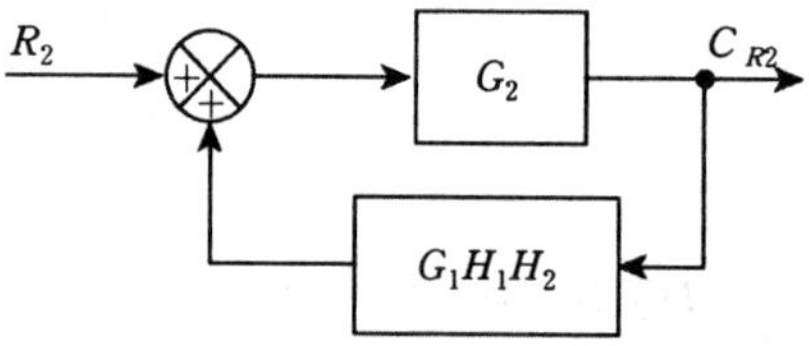

[그림 3-37]

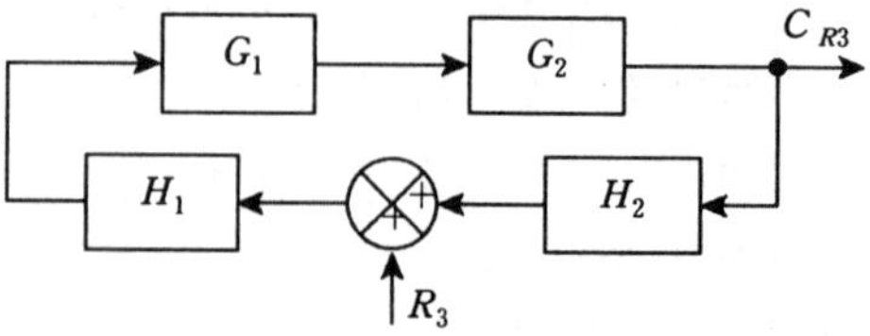

[그림 3-38]

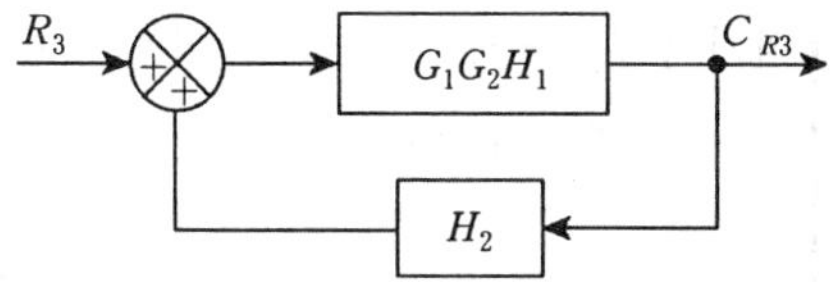

[그림 3-39]

가 되고, 마지막으로 $R_1 = R_2 = 0$으로 놓고, R_3 입력만을 생각하면 [그림 3-38]과 같이 된다. 여기서 C_{R3}은 R_3만에 의한 출력이다. [그림 3-38]을 다시 정리하면 [그림 3-39]와 같이 된다.
[그림 3-39]에서 〈표 3-1〉의 변환정리(13)을 이용하면

$$C_{R3} = \left[\frac{G_1G_2H_1}{1 - G_1G_2H_1H_2}\right]R_3$$

가 된다. 여기서 R_1, R_2, R_3가 동시에 작용하였을 때 출력 C는 C_{R1}, C_{R2}, C_{R3}의 합이 된다.

$$C = C_{R1} + C_{R2} + C_{R3} = \frac{G_1G_2R_1 + G_2R_2 + G_1G_2H_1R_3}{1 - G_1G_2H_1H_2}$$

(예제 3-12) [그림 3-40]은 다중입력, 다중출력의 블록선도이다. 출력 C_1과 C_2를 구하여라.

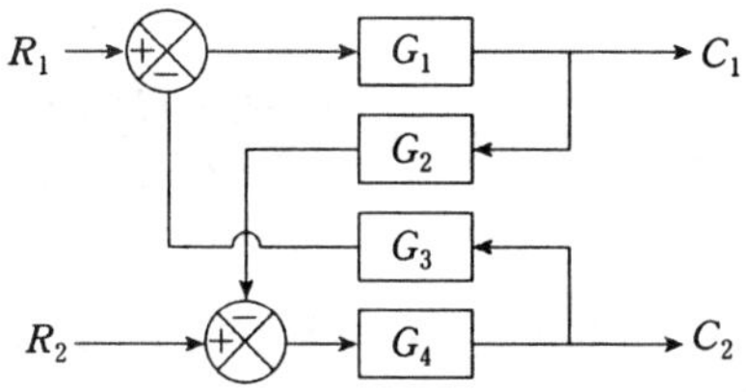

[그림 3-40] 다중입력, 다중출력 블록선도

(풀이) ① C_2를 무시하고 블록선도를 [그림 3-41]과 같이 놓는다.

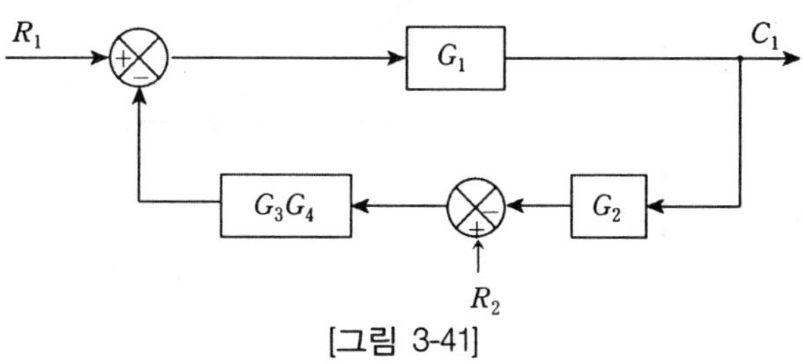

[그림 3-41]

여기서 $R_1 = 0$으로 놓고 가합점을 결합하면 [그림 3-45]와 같이 된다.
여기서 $R_2 = 0$으로 놓고 가합점을 결합하면 [그림 3-42]가 된다.

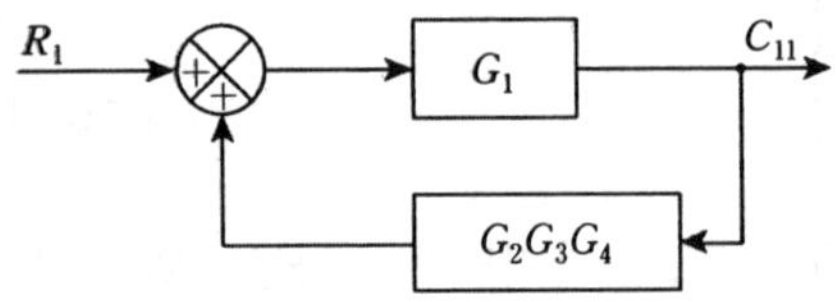

[그림 3-42]

[그림 3-42]로부터 $C_{11} = \dfrac{G_1R_1}{1 - G_1G_2G_3G_4}$이 된다.

다음에 $R_1 = 0$일 때의 블록선도는 [그림 3-43]이 된다.

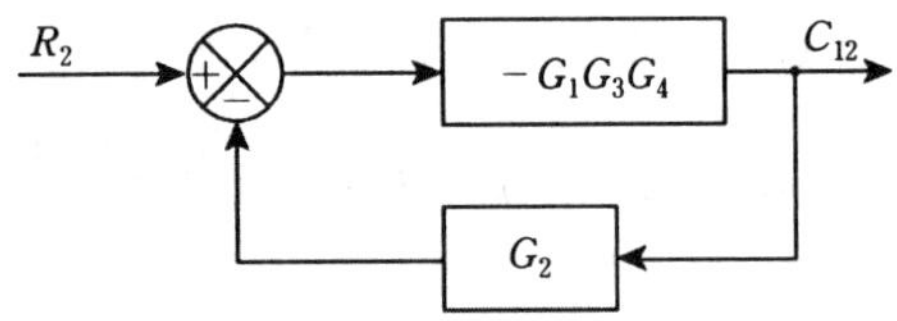

[그림 3-43]

[그림 3-43]으로부터 $C_{12} = \dfrac{-G_1G_3G_4R_2}{1 - G_1G_2G_3G_4}$가 되므로

$$C_1 = C_{11} + G_{12} = \frac{G_1R_1 - G_1G_3G_4R_2}{1 - G_1G_2G_3G_4}$$

이 된다.

② 다음에 C_1을 무시하고 [그림 3-40]의 블록선도를 [그림 3-44]와 같이 놓는다.

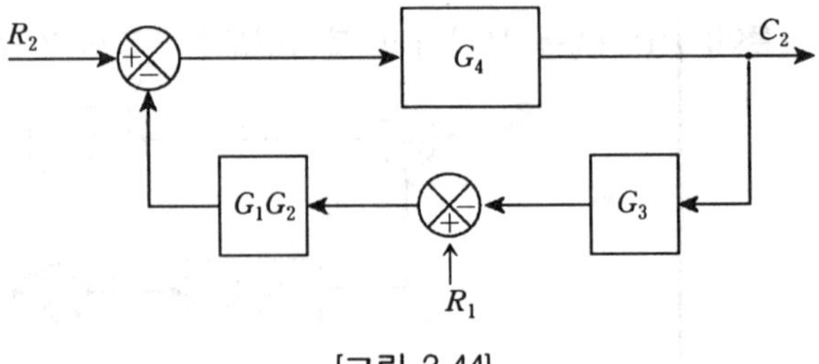

[그림 3-44]

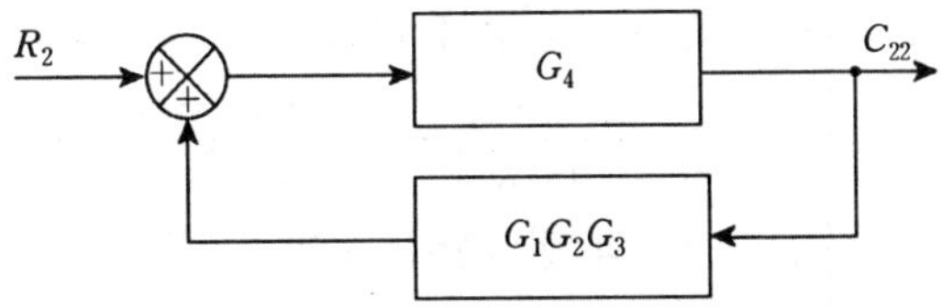

[그림 3-45]

[그림 3-45]로부터 $C_{22}=\dfrac{G_4R_2}{1-G_1G_2G_3G_4}$가 된다.

다음에 $R_2=0$으로 놓으면 [그림 3-46]이 얻어진다.

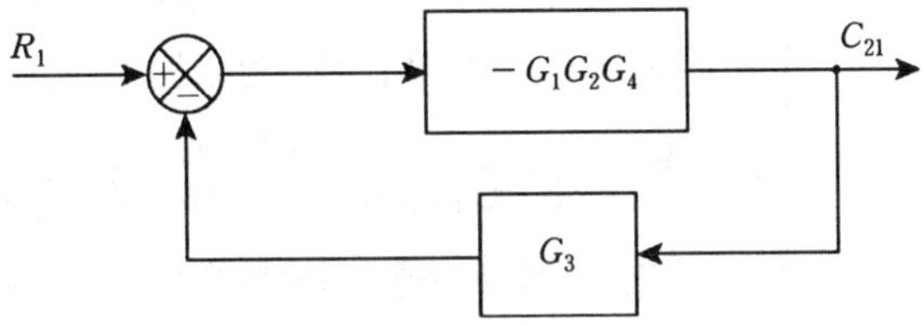

[그림 3-46]

[그림 3-46]으로부터 $C_{21}=\dfrac{-G_1G_2G_4R_1}{1-G_1G_2G_3G_4}$이 되므로

결국 $C_2=C_{21}+C_{22}=\dfrac{G_4R_2-G_1G_2G_4R_1}{1-G_1G_2G_3G_4}$이 된다.

(예제 3-13) [그림 3-47]과 같은 제어계의 전달함수를 구하여라.

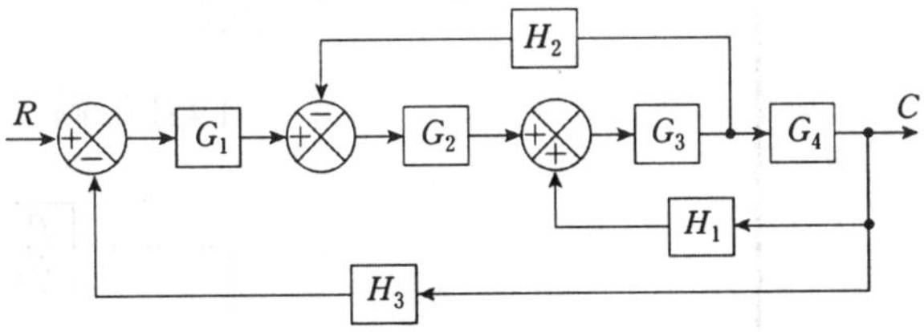

[그림 3-47]

(풀이) (예제 3-13)을 풀기 위해서는 앞에서 배운 감축기법을 이용하여 등가변환시켜 계산하여야 하지만 여기서는 다음과 같은 식을 이용하여 전체의 전달함수를 구해보고 감축기법과 비교하여 같은 결과가 나타

나는가 알아보고자 한다.

$$G=\frac{C}{R}=\frac{\text{전향경로 전달함수의 적}}{1-(\text{각 루프 전달함수의 합})} \quad \cdots\cdots (3-23)$$

전향경로의 전달함수는 입력 R에서 출발하여 출력 C에서 끝나는 전달함수를 말하므로

전향경로 전달함수의 적 $= G_1G_2G_3G_4$

가 되고, 각 루프는 정·부귀환에 따라

$G_3G_4H_1,\ -G_2G_3H_2,\ -G_1G_2G_3G_4H_3$

가 되므로 이들의 합은 다음과 같다.

각 루프 전달함수의 합 $= G_3G_4H_1 - G_2G_3H_2 - G_1G_2G_3G_4H_3$

결국 [그림 3-47]의 전달함수는 식 (3-23)으로부터

$$G=\frac{C}{R}=\frac{G_1G_2G_3G_4}{1-G_3G_4H_1+G_2G_3H_2+G_1G_2G_3G_4H_3}$$

가 된다. 위에서 구한 전달함수를 앞에서 배운 감축기법을 이용하여 풀어보면 다음과 같이 된다.

먼저, G_4 앞에 있는 H_2를 〈표 3-1〉의 변환정리 (9)를 사용하여 G_4 뒤로 이동시키면 [그림 3-48]과 같이 된다.

다음에 내부귀환을 계산함으로써 [그림 3-49]를 얻는다.

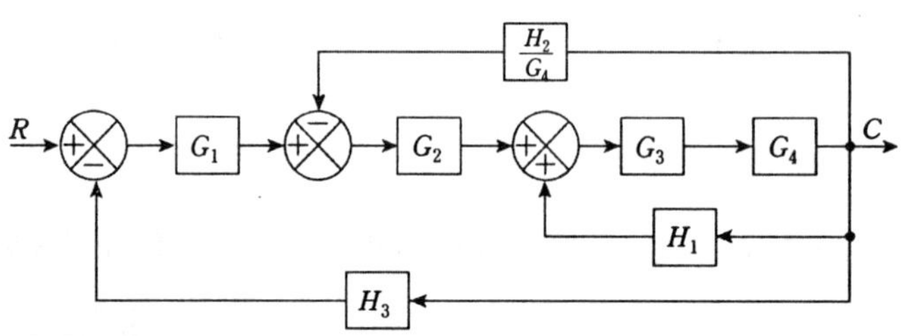

[그림 3-48]

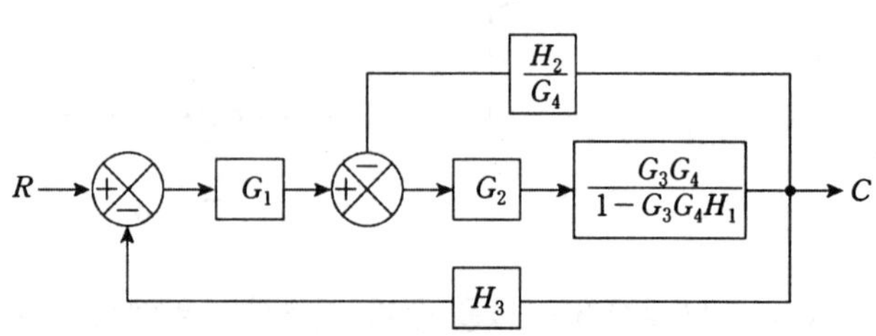

[그림 3-49]

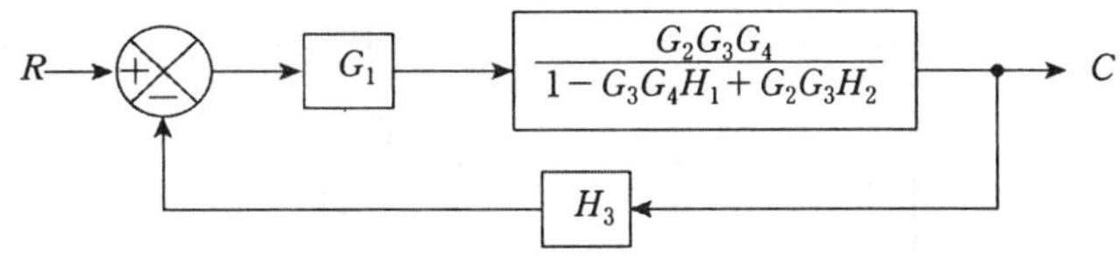

[그림 3-50]

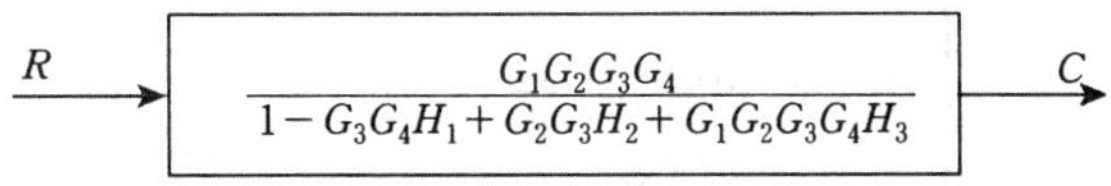

[그림 3-51]

끝으로, H_3를 포함하고 있는 경로를 요약함으로써 [그림 3-50]과 같은 폐경로 시스템의 전달함수를 얻는다.
[그림 3-50]을 다시 계산하면 결국 [그림 3-51]과 같은 블록을 그릴 수 있어 두 방법이 같은 결과가 얻어짐을 알 수 있다.

(예제 3-14) [그림 3-52]는 계자제어 DC 서보 전동기이다. 전달함수 $G(s)$를 구하여라.

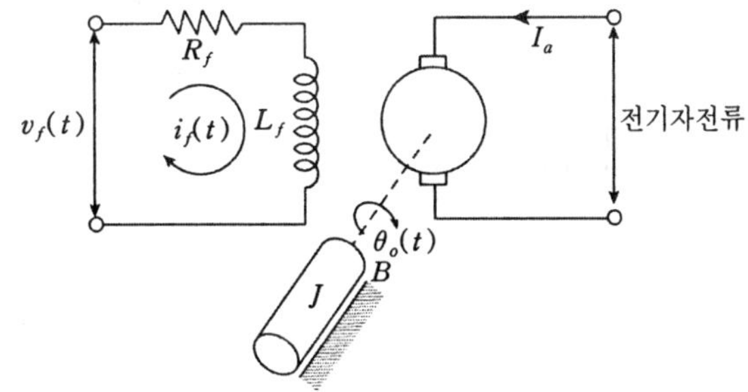

[그림 3-52] 계자제어 DC 서보 전동기

(풀이) 전동기 발생토크 T_D는

$T_D = K_T i_f(t)$ (K_T : 전동기 발생토크 상수)

$$T_D = J\frac{d^2\theta_o(t)}{dt^2} + B\frac{d\theta_o(t)}{dt}$$

이므로 계자전류 $i_f(t)$

$$i_f(t) = \frac{J}{K_T}\frac{d^2\theta_o(t)}{dt^2} + \frac{B}{K_T}\frac{d\theta_o(t)}{dt}$$

이 되며 계자회로의 전압방정식 $v_f(t)$는 다음과 같다.

$$v_f(t) = R_f i_f(t) + L_f \frac{di_f(t)}{dt}$$

$i_f(t)$에 관한 식을 $v_f(t)$대입하고 라플라스 변환하면

$$V_f(s) = (R_f + L_f s)\left(\frac{J}{K_T}s^2 + \frac{B}{K_T}s\right)\theta_o(s)$$

따라서 전달함수는

$$G(s) = \frac{\theta_o(s)}{V_f(s)} = \frac{K_T}{L_f Js^3 + R_f Js^2 + L_f Bs^2 + R_f Bs}$$

여기서 $T_f = \frac{L_f}{R_f}$: 계자정수, $T_m = \frac{J}{B}$: 전동기시정수

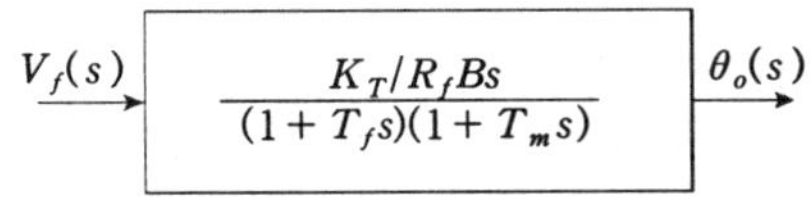

[그림 3-53] DC 서보 전동기 합성 블록선도

이고 [그림 3-53]은 블록선도이다.
지금까지 설명한 블록선도와 앞으로 설명할 신호흐름선도를 확실히 이해하는 것은 중요하다. 왜냐하면 제어계의 설계자는 제어계의 성능을 바꾸거나 개선을 위하여 현재의 블록선도에 블록을 더하거나 빼주는 가능성을 쉽게 예상할 수 있기 때문이다.

3-3 물리계의 등가전기회로

자동제어는 전기계로만 구성되지 않고 각종 물리계의 결합에 의해 이루어지므로, 일반물리계를 전기회로 계산법에 의해 체계화되어 있는 전기계로 등가, 변환하면 취급이 간단해지고, 또 전자계산기에 의해서 해를 구하는 경우에도 편리하다. 〈표 3-2〉는 각종 물리계에 대응한 등가전기회로를 나타낸 것이다.

〈표 3-2〉

전 기 계	기 계 계		유 체 계		열 계
	직선운동계	회전운동계	액 면 계	유 압 계	
전압 E[V]	힘 F[N]	토크 T[N, m]	액위 h[m]	압력 P[kg/m^2]	온도 θ[℃]
전류 i[A]	속도 v[m/s]	각속도 ω[rad/s]	유량 q[m^3/s]	유량 q[m^3/s]	열유량 q[kcal/s]
전기량 q[C]	위치변위 x[m]	각변위 θ[rad]	액체량 V[m^3]	액체량 V[m^3]	열량 Q[kcal]
전기저항 R[Ω] 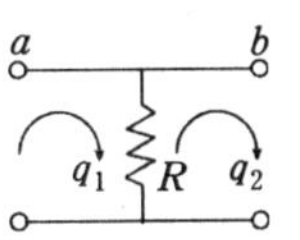 $E_R=R\frac{d(q_1-q_2)}{dt}$	제동마찰계수 B[N/m/s] 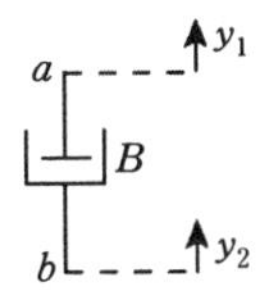 $F=B\frac{d(y_1-y_2)}{dt}$	제동마찰계수 B[N/m/s] 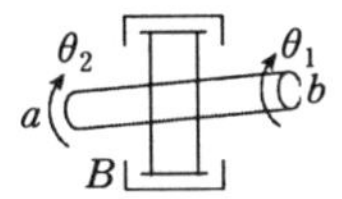 $T=B\frac{d(\theta_1-\theta_2)}{dt}$	출구저항 R[m/m^3/s]	유체저항 R[kg/m^2/m^3/s]	열저항 R[°C/kcal/s] 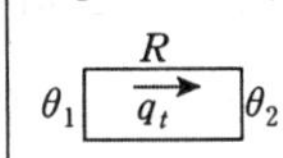 $i=\frac{E_1-E_2}{R}$ $q_t=\int q\cdot dt$
인덕턴스 L[H] 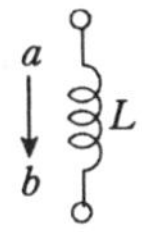 $E_L=L\frac{d^2q}{dt^2}$ $=L\frac{di}{dt}$	질량 M[kg] 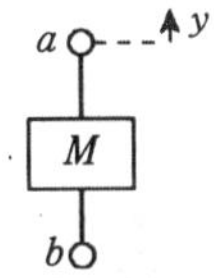 $F=M\frac{d^2y}{dt^2}$	관성 모멘트 J[kg, m^2] 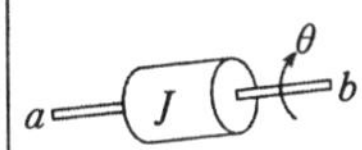 $T=J\frac{d^2\theta}{dt^2}$	–	–	–
용량 C[F] 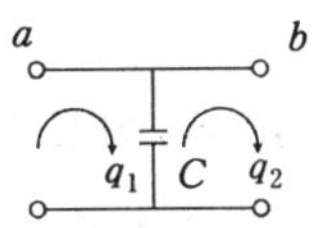 $E_C=\frac{1}{C}(q_1-q_2)$	스프링 상수 (강도) K[N/m] 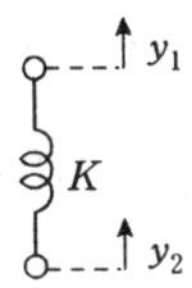 $F=K(y_1-y_2)$	비틀림 강도 K[N·m/rad] 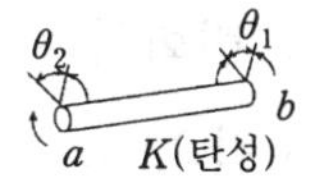 $T=K(\theta_1-\theta_2)$	액면면적 A[m^2]	–	열용량 C[kcal/°C] 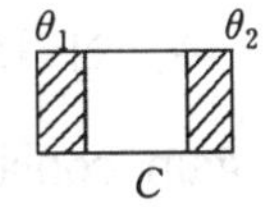 $q=C(\theta_1-\theta_2)$

3-4 전달요소의 종류와 블록선도

요소의 특성을 알기 위해서는 입력과 출력의 관계를 취급하기 쉬운 형태로 종합할 필요가 있다. 그 방법으로는 간단한 대수식이나 미분방정식을 종합하는 방법이다. 이 경우 수식은 근사적인 관계로 되어 있어도 결과에서 큰 오차가 생기지 않는다면 요소의 특성을 아는데 충분하다고 볼 수 있다. 복잡한 제어기기도 다음에 기술하는 것과 같은 기본적인 요소 또는 2개 이상의 요소조합으로 된 경우가 대부분이다.

1. 비례요소(0차 요소)

입력신호 $x(t)$와 출력신호 $y(t)$의 관계가 다음 식으로 표시되는 요소를 비례요소라 한다.

$$y(t) = Kx(t) \quad \cdots\cdots (3-24)$$

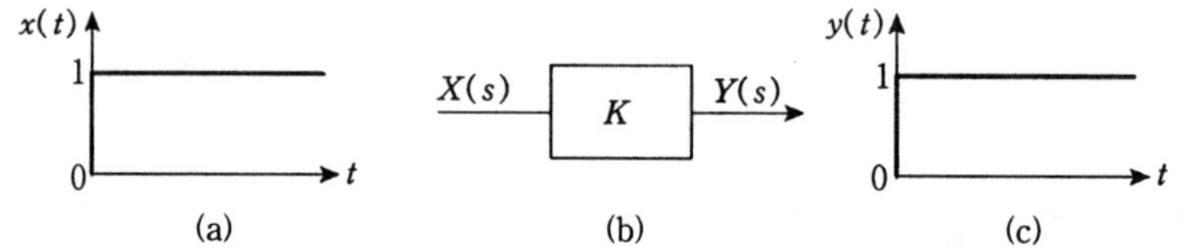

[그림 3-54] 비례요소의 블록선도와 응답

즉, 입력의 변화에 따라 출력도 변화하는 요소다. 여기서 K는 이득정수 (gain constant), $x(t)$, $y(t)$는 시간의 함수이다. 식 (3-24)를 라플라스 변환시키면

$$Y(s) = KX(s) \quad \cdots\cdots (3-25)$$

가 얻어지며, 따라서 전달함수 $G(s)$는

$$G(s) = \frac{Y(s)}{X(s)} = K \quad \cdots\cdots (3-26)$$

가 된다. [그림 3-54]는 입력에 단위계단함수를 가했을 때의 인디셜 응답([그림 3-54](c))과 비례요소의 블록선도([그림 3-54](b))를 나타낸 것이다.

(예제 3-15) [그림 3-55]와 같은 지렛대는 비례요소임을 증명하여라.

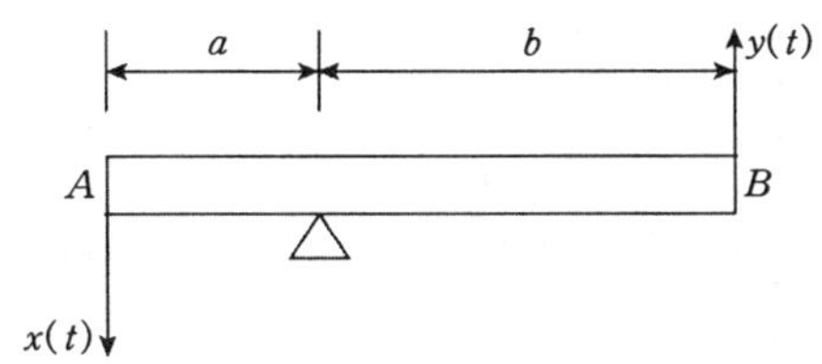

[그림 3-55] 지렛대의 변위

(풀이) [그림 3-55]로부터 A단의 변위를 입력 $x(t)$, B단의 변위를 출력 $y(t)$라 하면

$$\frac{y(t)}{x(t)} = \frac{b}{a}$$

$$y(t) = \frac{b}{a} x(t) = Kx(t) \quad \cdots\cdots (3-27)$$

여기서, $K = \frac{b}{a}$ 이다. 식 (3-27)을 라플라스 변환시키면

$$Y(s) = KX(s)$$

가 얻어지므로, 전달함수 $G(s)$는

$$G(s) = \frac{Y(s)}{X(s)} = K$$

가 되며, 비례요소임이 증명된다.

(예제 3-16) [그림 3-56]은 2개의 기어를 연결한 것으로 A기어의 회전속도를 $x(t)$, B기어의 회전속도를 $y(t)$로 할 때, 두 기어 사이 회전속도는 비례요소임을 나타내어라. 여기서 Z_A, Z_B는 A, B 양 기어의 기어수이다.

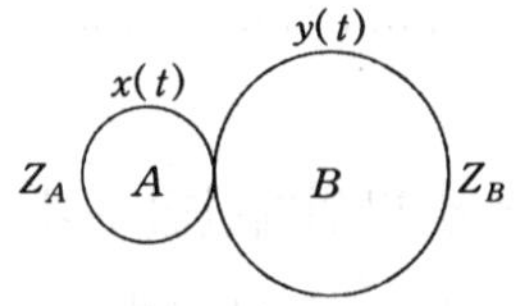

[그림 3-56] 기어의 회전속도

(풀이)

A, B 두 기어의 회전속도는 기어수에 비례하므로 $\dfrac{y(t)}{x(t)} = \dfrac{Z_A}{Z_B}$

$$y(t) = \frac{Z_A}{Z_B}x(t) = Kx(t) \quad \cdots\cdots (3-28)$$

여기서 $K = \dfrac{Z_A}{Z_B}$ 이다. 식 (3-28)을 라플라스 변환시키면

$Y(s) = KX(s)$가 얻어지므로, 전달함수 $G(s)$는

$$G(s) = \frac{Y(s)}{X(s)} = K$$

가 되며, 두 기어 사이의 회전속도는 비례요소이다.

비례요소에는 위에서 예를 든 것 이외에 전위차계, 습동저항, 스프링, 전자증폭관 등이 있으며, 기록계기(recording meter)는 비례요소를 이용하여 만든 계기이다.

2. 미분요소

입력의 시간함수 $x(t)$와 출력의 시간함수 $y(t)$가 다음과 같은 방정식으로 표시되는 요소를 미분요소라 한다.

$$y(t) = K\frac{dx(t)}{dt} \quad \cdots\cdots (3-29)$$

여기서, K는 이득정수로서 출력은 입력의 미분값에 비례하는 요소이다.

식 (3-29)를 라플라스 변환하면

$$Y(s) = KsX(s) \quad \cdots\cdots (3-30)$$

가 얻어지며, 따라서 전달함수 $G(s)$는

$$G(s) = \frac{Y(s)}{X(s)} = Ks \quad \cdots\cdots (3-31)$$

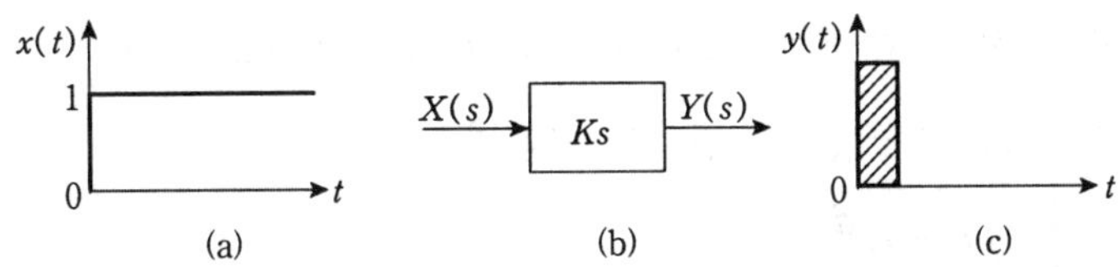

[그림 3-57] 미분요소의 블록선도와 응답

가 된다. [그림 3-57]은 입력에 단위계단함수를 가했을 때의 인디셜 응답([그림 3-57](c))과 미분요소의 블록선도([그림 3-57](b))를 나타낸 것이다.

(예제 3-17) [그림 3-58]과 같은 속도계용 발전기에서 발전기 회전자의 회전각 $\theta(t)$ [rad]와 발전기의 출력전압 $v(t)$ 사이 전달함수는 미분요소임을 나타내어라.

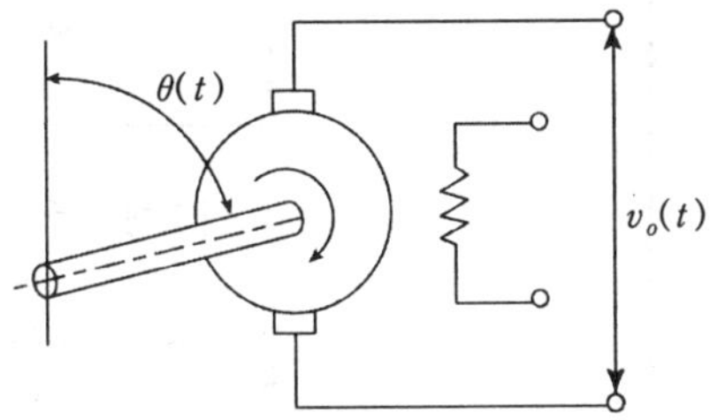

[그림 3-58] 속도계용 발전기

(풀이) 회전각 $\theta(t)$를 입력, 발전기 출력전압 $v_o(t)$를 출력으로 하면, 발전기 회전자의 각속도 $\omega(t)$[rad/sec]는

$$\omega(t) = \frac{d\theta(t)}{dt}$$

로 주어진다. 또한, $v_o(t) = K\omega(t)$(K : 비례상수)이므로, 결국

$$v_o(t) = K\frac{d\theta(t)}{dt}$$

로 된다. 라플라스 변환시키면

$$V_o(s) = Ks\Theta(s)$$

가 되며, 전달함수 $G(s)$는

$$G(s) = \frac{V_o(s)}{\Theta(s)} = Ks$$

이므로 미분요소임을 알 수 있다.

(예제 3−18) [그림 3−59]에서 $i(t)$, $v_o(t)$의 비를 구하여라.

(풀이) $i(t)$와 $v_o(t)$의 관계를 구하면

$$v_o(t) = L\frac{di(t)}{dt}$$

양변을 라플라스 변환시키면

$$V_o(s) = LsI(s)$$

$$G(s) = \frac{V_o(s)}{I(s)} = Ls$$

가 되며 미분요소이다.

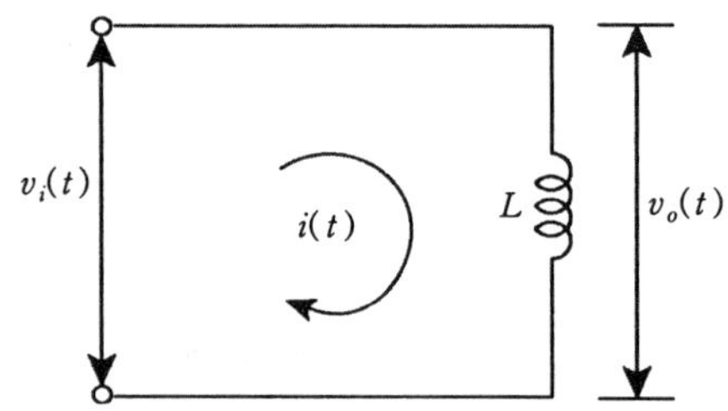

[그림 3-59] 인덕턴스 회로

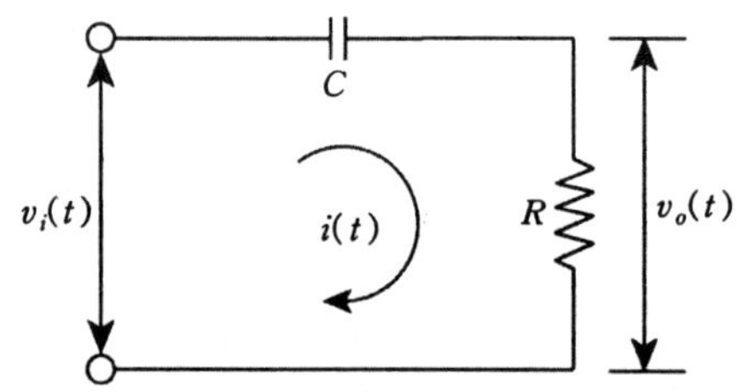

[그림 3-60] $R-C$ 미분회로

(예제 3−19) [그림 3−60]은 $R-C$ 미분회로이다. 인디셜 응답이 임펄스가 됨을 설명하여라.

(풀이) $R-C$ 미분회로의 전압방정식은

$$v_i(t) = Ri(t) + \frac{1}{C}\int i(t)dt$$

$$v_o(t) = Ri(t)$$

이며, 초기값을 0으로 하고 라플라스 변환하면

$$V_i(s) = RI(s) + \frac{I(s)}{Cs}$$

$$V_o(s) = RI(s)$$

가 되고, 이 연립방정식을 풀면

$$V_i(s) = V_o(s) + \frac{V_o(s)}{RCs} = \left(1 + \frac{1}{RCs}\right)V_o(s)$$

$$= \frac{RCs+1}{RCs}\,V_o(s)$$

가 되므로, 출력 $V_o(s)$은

$$V_o(s) = \frac{RCs}{RCs+1}\,V_i(s)$$

로 표시되며, 전달함수 $G(s)$는

$$G(s) = \frac{V_o(s)}{V_i(s)} = \frac{RCs}{RCs+1}$$

로 된다. 여기서 분자 RCs는 미분요소이고, $\frac{1}{RCs+1}$은 1차 지연요소를 나타내고 있으므로 이것을 1차 지연미분요소라고 한다. 그러나 만일 $RC \ll 1$이라고 하면 전달함수 $G(s)$는 근사적으로

$$G(s) \fallingdotseq RCs$$

로 되어 $R-C$ 요소가 $RC \ll 1$에서는 미분요소가 됨을 알 수 있다. 즉, [그림 3-60]은 $RC \ll 1$인 경우에만 미분요소가 된다는 것이다. 지금 이 회로의 입력신호 $v_i(t)$에 단위계단함수를 가했을 때 출력신호 $v_o(t)$를 구하면 $V_i(s) = \frac{1}{s}$이므로

$$V_o(s) = \frac{RCs}{RCs+1} \cdot \frac{1}{s} = \frac{RC}{RCs+1} = \frac{1}{s+\frac{1}{RC}}$$

이 되며, 라플라스 역변환시키면

$$\mathcal{L}^{-1}[V_o(s)] = v_o(t) = e^{-\frac{1}{RC}t}$$

가 얻어진다. [그림 3-61]은 이 응답을 표시한 것이다. $RC \ll 1$인 경우 인디셜 응답을 구하면

$$G(s) = \frac{V_o(s)}{V_i(s)} \fallingdotseq RCs$$

이므로

$$V_o(s) = G(s)\,V_i(s) = RCs \cdot \frac{1}{s} = RC$$

따라서 인디셜 응답 $v_o(t)$는

$$v_o(t) = \mathcal{L}^{-1}[V_o(s)]$$
$$= RC\,\delta(t)$$

가 되며, $RC \ll 1$이면 감쇠가 빨리 진행되어 인디셜 응답은 하나의 임펄스를 나타내게 된다.

미분요소는 예제와 같이 인덕턴스 회로, $R-C$ 미분회로, 속도계용 발전기 등이 있으며, 흔히 신호변화의 속도측정이나 미분파형을 만들어내기 위해 사용되며 근사값으로서 실현된다.

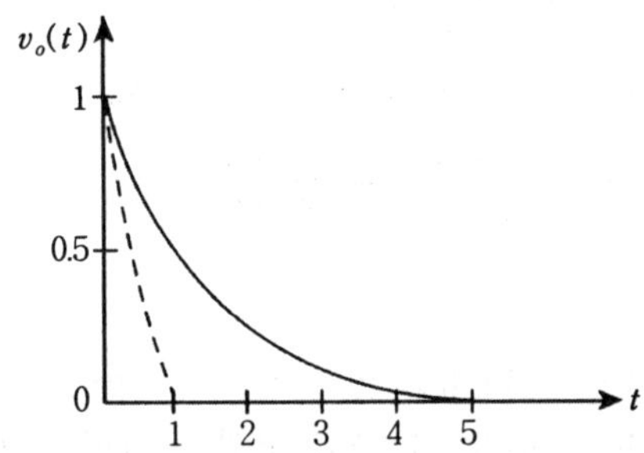

[그림 3-61] $R-C$ 미분회로의 인디셜 응답

3. 적분요소

입력의 시간함수 $x(t)$와 출력의 시간함수 $y(t)$가 다음과 같은 방정식으로 표시되는 요소를 적분요소라 한다.

$$y(t) = K\int_0^t x(t)dt \quad \cdots\cdots (3-32)$$

여기서, K는 이득정수이다. 즉, 출력은 입력의 적분값에 비례하는 요소이다. 식 (3-32)를 라플라스 변환하면

$$Y(s) = \frac{K}{s}X(s) \quad \cdots\cdots (3-33)$$

가 얻어지며, 따라서 전달함수 $G(s)$는

$$G(s) = \frac{Y(s)}{X(s)} = \frac{K}{s} \quad \cdots\cdots (3-34)$$

가 된다. [그림 3-62]는 입력에 단위계단함수를 가했을 때의 인디셜 응답([그림 3-62](c))와 적분요소의 블록선도([그림 3-62](b))를 나타낸 것이다.

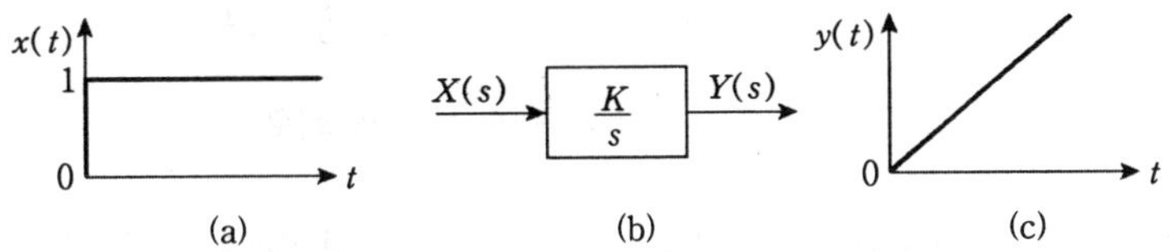

[그림 3-62] 적분요소의 블록선도와 응답

(예제 3-20) [그림 3-63]에 표시한 유압 피스톤에서 단위시간당 기름의 유입량을 $x(t)$, 피스톤의 변위를 $y(t)$라 할 때 전달함수가 적분요소임을 나타내어라. 단, 피스톤의 단면적은 A이다.

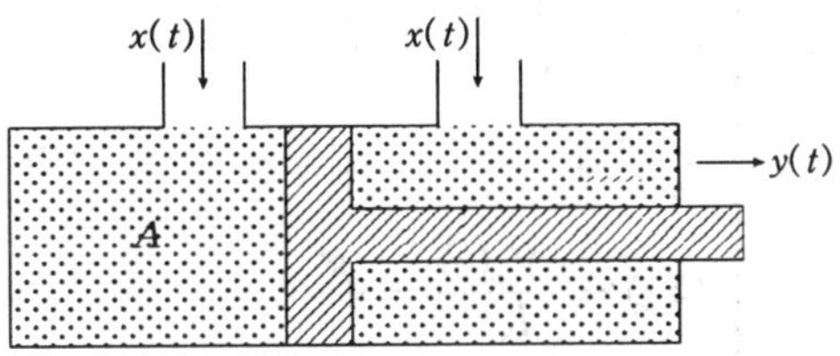

[그림 3-63] 유압 피스톤

(풀이) $0 \sim t$ 시간 동안 실린더에 유입되는 총유입량을 Q라 하면

$$Q = \int_0^t x(t)dt$$

가 되며, 피스톤의 이동거리 $y(t)$는

$$y(t) = \frac{1}{A} Q(t) = \frac{1}{A} \int_0^t x(t)dt = K \int_0^t x(t)dt$$

가 된다. 여기서, $K = \frac{1}{A}$이다. 따라서 피스톤의 전달함수 $G(s)$는

$$G(s) = \frac{Y(s)}{X(s)} = \frac{K}{s}$$

가 되며 적분요소이다.

(예제 3－21) [그림 3－64]와 같은 회로는 전달함수가 적분요소임을 나타내어라.

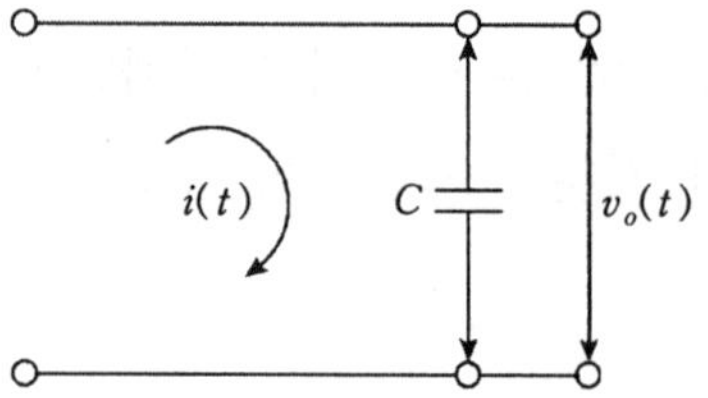

[그림 3-64] 콘덴서 회로

(풀이) [그림 3－64]에서 전류 i를 입력, 콘덴서 양단의 전압을 출력, 콘덴서의 용량을 C, 전하를 Q라 하면 전압 $v_o(t)$는

$$v_o(t) = \frac{Q}{C}$$

가 되고, $0 \sim t$ 시간 동안 콘덴서에 저축되는 전하 Q는

$$Q = \int_0^t i(t)dt$$

가 되므로, 양 식에서 Q를 소거하면

$$v_o(t) = \frac{1}{C}\int_0^t i(t)dt = K\int_0^t i(t)dt$$

가 된다. 여기서 $K = \frac{1}{C}$ 이다. 따라서 전달함수 $G(s)$는

$$G(s) = \frac{V_o(s)}{I(s)} = \frac{K}{s}$$

가 되며 적분요소이다.

(예제 3－22) [그림 3－65]는 액위공정(liquid level processes)을 나타낸 것으로서 전달함수가 적분요소임을 나타내어라.

단, A : 수조의 단면적
h : 수조의 액위
q_i : 유입유량
q_o : 유출유량
Δh : 액위의 변화량

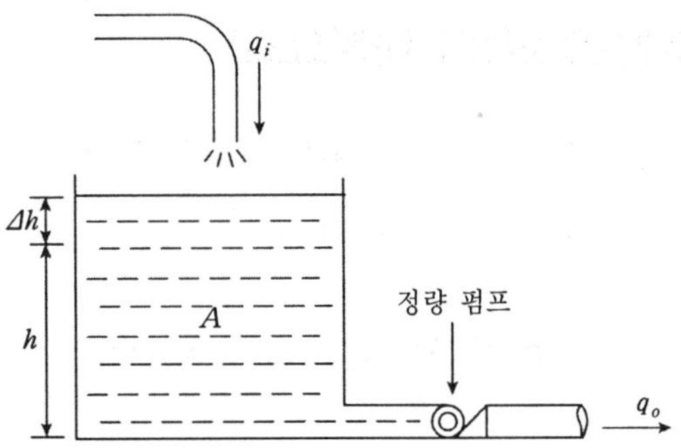

[그림 3-65] 액위공정

(풀이) 수조에는 정량 펌프를 써서 액위에 관계없이 일정량의 유량을 배출시키고 있기 때문에 유입유량이 유출유량과 같으면 액위는 변동하지 않지만 유입유량이 Δq_i만큼 변화하면 이 변화분이 축적되어 액위는 Δh로 변화한다.

여기서, 물질수지를 취하면 $A \cdot \Delta h$(수조 내에 축적된 양) $= \Delta q_i \Delta t$ (Δt 시간에 밖으로부터 들어온 양)가 되고, $0 \sim t$ 시간까지 축적되는 액위 Δh는

$$\Delta h = \frac{1}{A} \int_0^t \Delta q_i dt = K \int_0^t \Delta q_i dt$$

가 된다. 여기서 $K = \frac{1}{A}$ 이다.

따라서, 전달함수 $G(s)$는

$$G(s) = \frac{H(s)}{Q_i(s)} = \frac{K}{s}$$

가 되며 적분요소이다.

적분요소에는 액위계, 전기계, 열계, 유압 피스톤 등이 있으나 엄밀한 의미에서는 순수한 적분요소라 할 수 없다.

왜냐하면, 유압 피스톤의 경우 기름의 압축성, 기름의 누설, 피스톤 자체의 질량을 가지고 있기 때문이다.

그러나 이들 값은 매우 적으므로 무시한 후 적분요소로 생각한 것이다.

4. 1차 지연요소(1차 비례요소)

입력의 시간함수 $x(t)$와 출력의 시간함수 $y(t)$가 다음과 같은 방정식으로 표시되는 요소를 1차 지연요소라 한다.

$$b_1\frac{dy(t)}{dt}+b_0y(t)=a_0x(t) \quad \cdots\cdots (3-35)$$

여기서 a_0, b_0, b_1은 정수(>0)이다.

식 (3-35)를 라플라스 변환하면 다음과 같다.

$$(b_1s+b_0)Y(s)=a_0X(s)$$

$$G(s)=\frac{Y(s)}{X(s)}=\frac{K}{Ts+1} \quad \cdots\cdots (3-36)$$

여기서, $\frac{a_0}{b_0}=K$, $\frac{b_1}{b_0}=T$이다.

[그림 3-66]은 입력에 단위계단함수를 가했을 때의 인디셜 응답([그림 3-66](c))과 1차 지연요소의 블록선도([그림 3-66](b))를 나타낸 것이다.

여기서, [그림 3-66](c)의 인디셜 응답은 식 (3-36)을 다음과 같이 변형시킨 후 라플라스 역변환시켜 구한 것이다.

$$Y(s)=\frac{K}{Ts+1}\cdot X(s)$$

입력은 단위계단함수이므로

$$X(s)=\frac{1}{s}$$

$$Y(s)=\frac{K}{Ts+1}\cdot\frac{1}{s}$$

가 되며, 이 식을 부분분수에 의해 풀면

$$Y(s)=\frac{\frac{K}{T}}{\left(s+\frac{1}{T}\right)s}=\frac{K_1}{s}+\frac{K_2}{s+\frac{1}{T}}$$

$K_1=K$, $K_2=-K$ 이므로

$$Y(s)=K\left(\frac{1}{s}-\frac{1}{s+\frac{1}{T}}\right)$$

로 변형되며, $Y(s)$를 라플라스 역변환시키면 인디셜 응답 $y(t)$은

$$y(t)=\mathcal{L}^{-1}[Y(s)]=K\left(1-e^{-\frac{1}{T}t}\right)$$

가 된다. 여기서 T는 시정수(time constant), K는 이득정수이다.

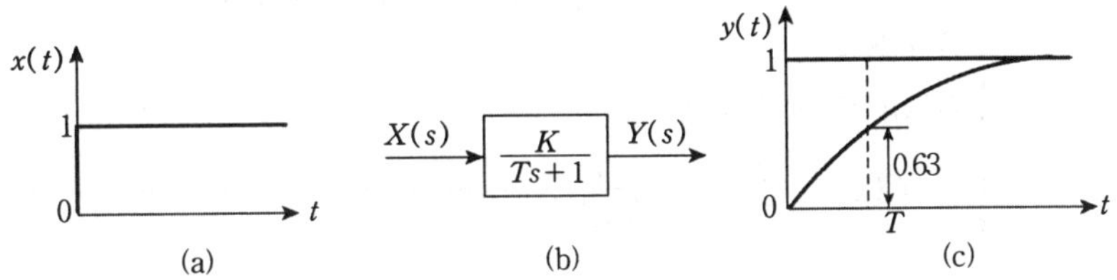

[그림 3-66] 1차 지연요소의 블록선도와 응답

(예제 3-23) [그림 3-67]과 같은 모양을 갖는 수조의 전달함수가 1차 지연요소임을 나타내어라.

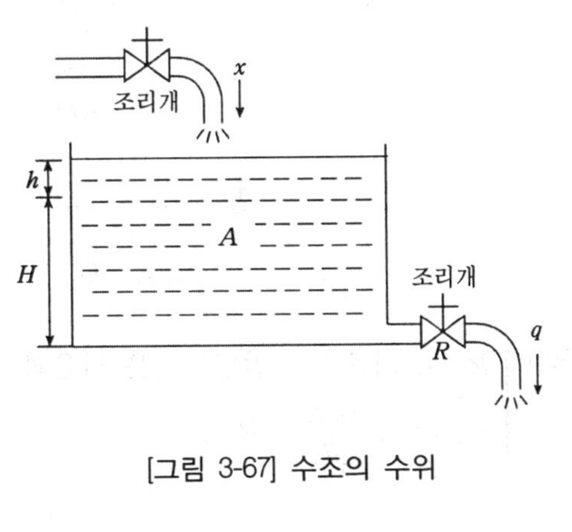

[그림 3-67] 수조의 수위

(풀이) 수조의 단면적을 A, 수조 상부로부터 물을 유입시켜 하부로 유출시킬 때 유입량 X는 입력, 유출량을 Q, 수위 H를 출력, 조리개 저항을 R이라 하고, $X=Q$일 때 수위는 평형상태를 유지하여 변화하지 않으며, $X \neq Q$일 때 수위 H는 변화한다. 지금 수위가 평형상태에서 x가 증가하여 $x > q$로 수위가 상승하였다면

$$x-q=A\frac{dh}{dt} \quad \cdots\cdots ①$$

$$q=\frac{h}{R} \quad \cdots\cdots ②$$

양식에서 q를 소거시키면

$$x-\frac{h}{R}=A\frac{dh}{dt} \quad \cdots\cdots ③$$

양변을 조리개의 저항 R로 곱한 후 정리하면

$$T\frac{dh}{dt}+h=Rx \quad (\text{여기서 } T=AR) \quad \cdots\cdots ④$$

라플라스 변환한 후 전달함수를 구하면 다음과 같이 되므로 1차 지연요소가 된다.

$$H(s)[Ts+1]=RX(s)$$

$$\therefore \; G(s)=\frac{H(s)}{X(s)}=\frac{R}{Ts+1} \quad \cdots\cdots ⑤$$

(예제 3-24) [그림 3-68]과 같은 $R-L$ 회로가 1차 지연요소로서 전달함수가 $\frac{1}{1+Ts}$의 형태임을 나타내어라.

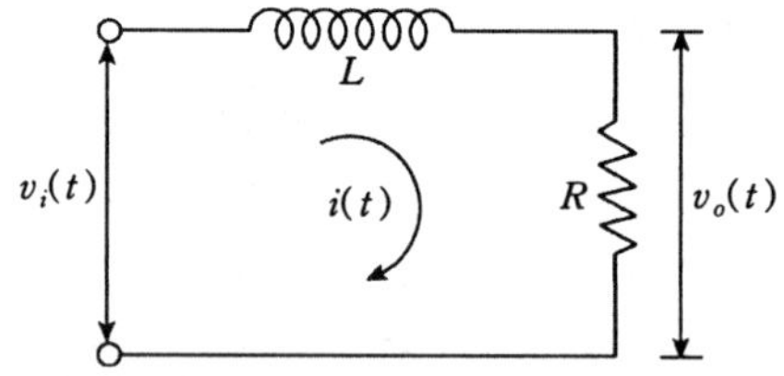

[그림 3-68] $R-L$ 회로

(풀이) $R-L$ 회로의 전압방정식은 다음과 같다.

$$v_i(t)=L\frac{di(t)}{dt}+Ri(t)$$

$v_o(t) = Ri(t)$

라플라스 변환하면

$V_i(s) = [Ls + R]I(s)$

$V_o(s) = RI(s)$

$$G(s) = \frac{V_o(s)}{V_i(s)} = \frac{R}{Ls+R} = \frac{1}{\frac{L}{R}s+1} = \frac{1}{Ts+1}$$

따라서 시정수 $T = \frac{L}{R}$ 이다.

(예제 3-25) [그림 3-69]는 직류발전기의 자동전압조정계의 구성도이다. 전달함수를 블록선도로 표시하여라.

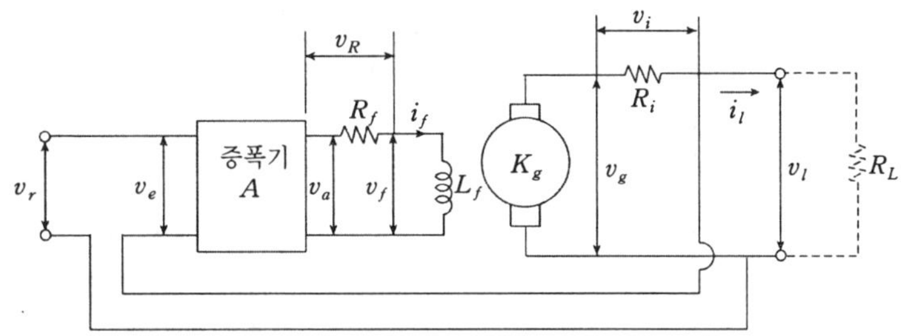

[그림 3-69] 직류발전기의 자동전압 조정계 블록선도

(풀이) 그림에서 회전속도가 일정하다고 가정하고 식을 유도하면

$v_f = v_a - v_R$ ……… ①

$v_f = L_f \frac{di_f}{dt} = L_f s i_f$

$i_f = \frac{1}{L_f s} v_f$ ……… ②

$v_R = R_f i_f$ ……… ③

$v_g = K_g i_f$ (K_g는 비례상수) ……… ④

$v_g = v_i + v_l$

$v_l = v_g - v_i$ ……… ⑤

$v_i = R_i i_l$ ……… ⑥

식 ①~⑥을 블록선도로 정리하면 [그림 3-70]이 된다.

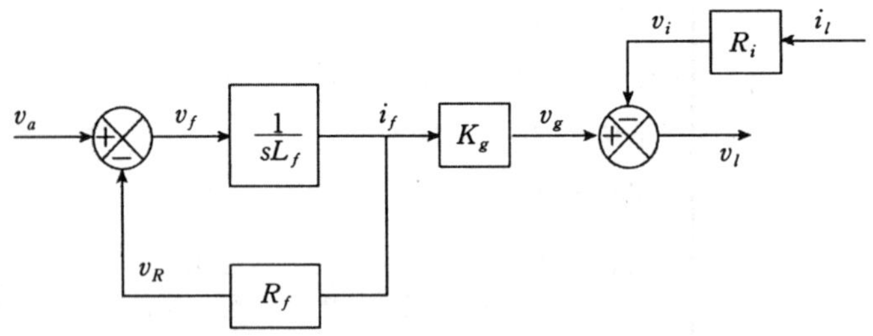

[그림 3-70] 블록선도

[그림 3-70]은 [그림 3-71](a)와 같이 되고, 부하저항 R_L을 포함시켜 이를 다시 정리하면 [그림 3-71](b)와 같이 된다.

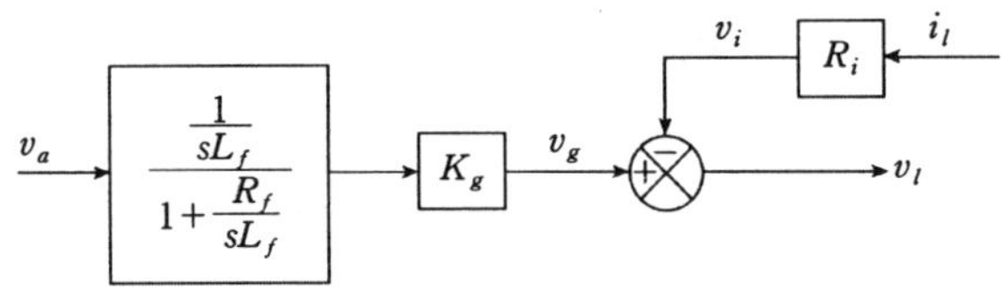

(a)

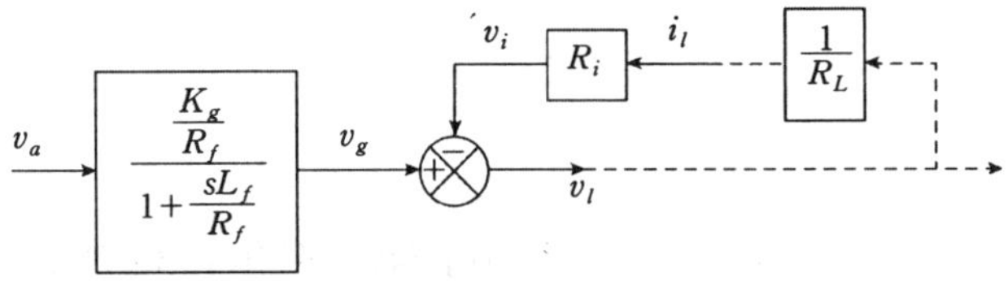

(b)

[그림 3-71] 부하를 연결시킨 블록선도

[그림 3-71]에 [그림 3-69]의 증폭부와 비교부를 포함시키면 [그림 3-72]와 같이 된다.

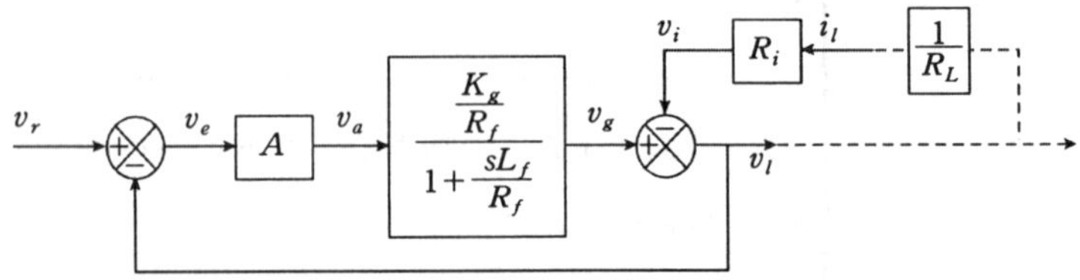

[그림 3-72] 증폭부와 비교부를 포함시킨 블록선도

[그림 3-72]에서 $\frac{L_f}{R_f}=T$, $A\frac{K_g}{R_f}=K$라 놓으면 전향경로 전달함수 $G(s)$는

$$G(s)=\frac{A\frac{K_g}{R_f}}{1+\frac{sL_f}{R_f}}=\frac{K}{1+Ts} \quad \cdots\cdots ⑦$$

이 되며 1차 지연요소가 되고 외란의 전달함수 $T_D(S)=R_i$이므로 [그림 3-72]를 재정리하면 [그림 3-73]이 된다.

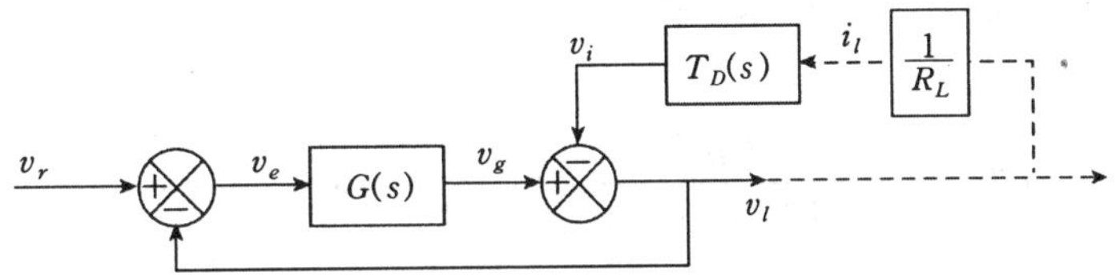

[그림 3-73] 최종 블록선도

1차 지연요소는 자동제어의 가장 기본적인 요소가 되고 수위계, 열계, 전기계 등의 응답이 희망값까지 도달하는 데 시간이 걸리므로 지연요소라는 이름이 붙었다. 한편, $K(Ts+1)$의 형태를 띠는 전달요소를 1차 빠름요소라 하고, 이것은 $(K+KTs)$의 형태이므로 비례+미분요소라고도 한다.

5. 2차 지연요소(2차 비례요소)

입력의 시간함수 $x(t)$와 출력의 시간함수 $y(t)$가 다음과 같은 방정식으로 표시되는 요소를 2차 지연요소라 한다.

$$a_0x(t)=b_2\frac{d^2y(t)}{dt^2}+b_1\frac{dy(t)}{dt}+b_0y(t) \quad \cdots\cdots (3-37)$$

여기서 b_2, b_1, b_0은 >0이며 상수이다. 식 (3-37)을 라플라스 변환하면

$$a_0X(s)=b_2s^2Y(s)+b_1sY(s)+b_0Y(s) \quad \cdots\cdots (3-38)$$

가 되고, 전달함수 $G(s)$은

$$G(s) = \frac{Y(s)}{X(s)} = \frac{a_0}{b_2 s^2 + b_1 s + b_0} \cdots\cdots (3-39)$$

가 되며, 분모, 분자를 b_0로 나누고 $\frac{a_0}{b_0} = K$, $\frac{b_2}{b_0} = T^2$, $\frac{b_1}{b_0} = 2\zeta T$라 놓으면

$$G(s) \frac{K}{1+2\zeta Ts + T^2 s^2} \cdots\cdots (3-40a)$$

이며, $\omega_n = \frac{1}{T}$이라 놓으면

$$G(s) = \frac{K\omega_n^2}{s^2 + 2\zeta\omega_n s + \omega_n^2} \cdots\cdots (3-40b)$$

와 같이 표준형이 되고, 여기서 ζ를 감쇠율(damping factor) 또는 감쇠계수(damping coefficient), ω_n를 비감쇠고유주파수(undamped natural frequency), 또는 비선형 고유주파수라 한다.

[그림 3-74]는 입력에 단위계단함수를 가했을 때의 인디셜 응답([그림 3-74](c))와 2차 지연요소의 블록선도([그림 3-74](b))를 나타낸 것이다.

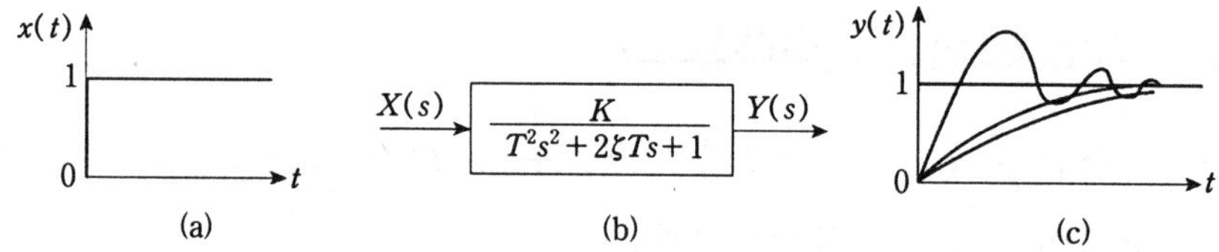

[그림 3-74] 2차 지연요소의 블록선도와 응답

(예제 3-26) [그림 3-75]와 같은 $R-L-C$ 공진회로의 전달함수와 ω_n, ζ를 구하여라.

(풀이) 출력측에 전류의 유출이 없다면

$$v_i(t) - v_o(t) = R_i(t) + L\frac{di(t)}{dt}$$

$$v_o(t) = \frac{1}{C}\int i(t)dt$$

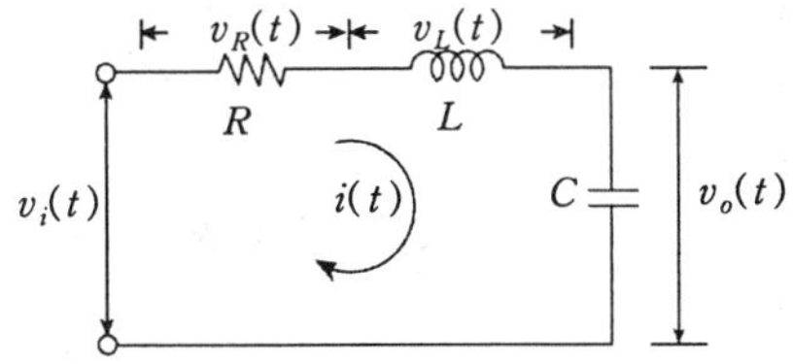

[그림 3-75] $R-L-C$ 공진회로

이 식들의 양변을 초기조건을 0으로 하고 라플라스 변환하면

$$V_i(s) - V_o(s) = RI(s) - LsI(s)$$

$$V_o(s) = \frac{I(s)}{Cs}$$

두 식에서 $I(s)$를 소거하면

$$\frac{V_o(s)}{V_i(s)} = G(s) = \frac{1}{LCs^2 + RCs + 1} = \frac{\frac{1}{LC}}{s^2 + \frac{R}{L}s + \frac{1}{LC}} \cdots\cdots ①$$

가 되고 $\omega_n = \frac{1}{T} = \frac{1}{\sqrt{LC}}$, $\zeta = \frac{R}{2}\sqrt{\frac{C}{L}}$가 되므로

$$G(s) = \frac{1}{T^2s^2 + 2\zeta Ts + 1} = \frac{\omega_n^2}{s^2 + 2\zeta\omega_n s + \omega_n^2} \cdots\cdots ②$$

이 된다. 한편 [그림 3-75]에서

$V_L(s) = LsI(s)$, $I(s) = CsV_o(s)$이므로 다시 정리하면

$$I(s) = \frac{1}{Ls}V_L(s) \cdots\cdots ③$$

$$V_R = RI(s) \cdots\cdots ④$$

$$V_o(s) = \frac{1}{Cs}I(s) \cdots\cdots ⑤$$

$$V_i(s) = V_L(s) + V_R(s) + V_o(s)$$

$$V_L(s) = V_i(s) - V_R(s) - V_o(s) \cdots\cdots ⑥$$

가 된다. 식 ③~⑥을 이용하여 블록선도를 그려보면 [그림 3-76](a)와 같이 되고 이것을 등가변환시킨 것이 그림 (b)이다.

(풀이)

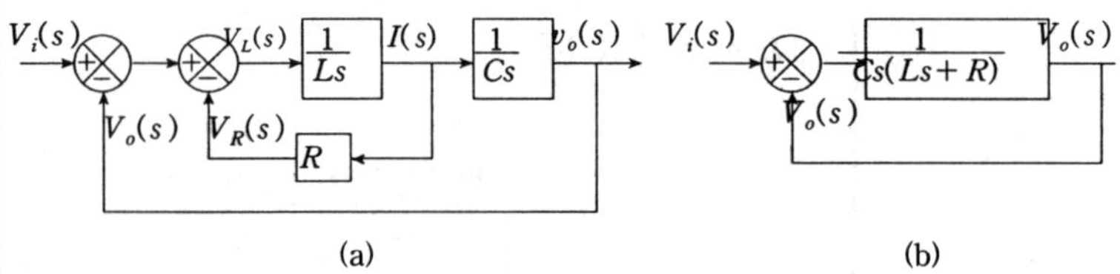

[그림 3-76] $R-L-C$ 공진회로의 블록선도

그림 (b)에서 전달함수

$$G(s)=\frac{V_o(s)}{V_i(s)}=\frac{1}{LCs^2+RCs+1}$$

이므로 [그림 3-77]이 되어 식 ①과 동일하며 이를 정리하면 [그림 3-78]이 되며 식 ②와 동일함을 알 수 있다.

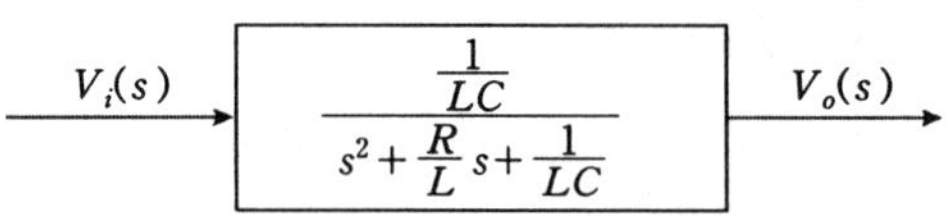

[그림 3-77] 전체의 전달함수

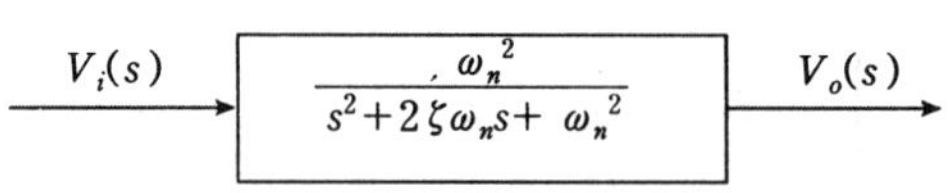

[그림 3-78] 2차 지연요소로 표시

(예제 3－27) [그림 3－79]에 표시한 감쇠진동계의 전달함수와 ω_n, ζ를 구하여라.

단, B : 점성마찰계수

K : 스프링 상수

M : 질량

x : 질량 M에 가하는 힘

y : 질량의 변위

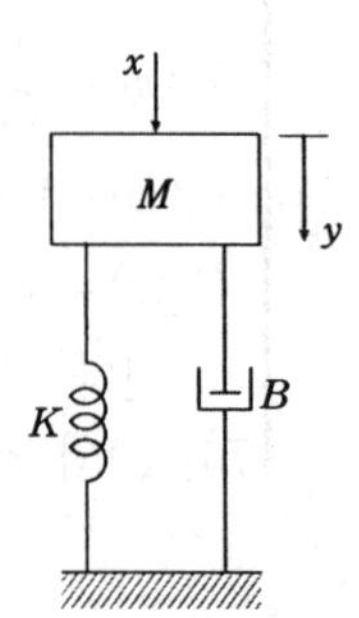

[그림 3-79] 감쇠진동계

(풀이) 물체의 관성력+마찰력+스프링의 힘=외력이므로 운동방정식은

$$M\frac{d^2y}{dt^2}+B\frac{dy}{dt}+Ky=x$$

로 되는데, 초기값을 0으로 하고 라플라스 변환한 후 전달함수를 구하면

$$G(s)=\frac{Y(s)}{X(s)}=\frac{1}{Ms^2+Bs+K}=\frac{\frac{1}{K}}{\frac{M}{K}s^2+\frac{B}{K}s+1}$$

여기서 $\omega_n=\frac{1}{T}=\sqrt{\frac{K}{M}}$, $\zeta=\frac{B}{2\sqrt{KM}}$ 이 되므로

$$G(s)=\frac{1}{T^2s^2+2\zeta Ts+1}=\frac{\omega_n^2}{s^2+2\zeta\omega_n s+\omega_n^2}$$

(예제 3-28) [그림 3-80](a)와 (b)를 블록선도로 표시하고 전달함수를 구하여라.

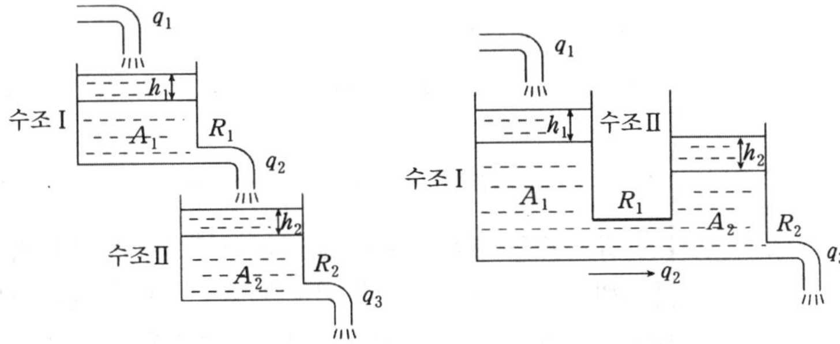

[그림 3-80] 2개의 수조로 된 액위계

(풀이) (1) [그림 3-80](a)의 경우

수조 Ⅰ로부터 흘러나온 유량 q_2는 수조 Ⅱ에 입력으로 들어가나, q_2는 수조 Ⅱ의 상태와는 관계없이 단면적 A_1과 조리개저항 R_1만의 함수로 나타난다. 이러한 계를 비상관계(noninteracting system)라 한다.

그림 (a)에서 초기평형값으로부터 변화한 배수량 q_2, q_3에 의해 수심이 h_1, h_2만큼 변화하고 조리개저항 R_1, R_2가 선형적이라면 q_2, q_3는 h_1, h_2에 거의 비례하고 R_1, R_2에 거의 반비례한다고

볼 수 있으므로, 수조 Ⅰ은 수조 Ⅱ로부터 분리시켜 놓고 하나의 전달요소로 표시할 수 있으며 유입되는 수량에 의해 수심의 증가율에 따른 식을 수립하면

$$A_1\frac{dh_1}{dt}=q_1-q_2 \quad \cdots\cdots ①$$

$$q_2=\frac{h_1}{R_1} \quad \cdots\cdots ②$$

$$A_2\frac{dh_2}{dt}=q_2-q_3 \quad \cdots\cdots ③$$

$$q_3=\frac{h_2}{R_2} \quad \cdots\cdots ④$$

식 ①~④를 라플라스 변환 후 정리하면

$$A_1sH_1(s)=Q_1(s)-Q_2(s)$$

$$H_1(s)=\frac{1}{A_1s}[Q_1(s)-Q_2(s)] \quad \cdots\cdots ⑤$$

$$Q_2(s)=\frac{1}{R_1}H_1(s) \quad \cdots\cdots ⑥$$

$$A_2sH_2(s)=Q_2(s)-Q_3(s)$$

$$H_2(s)=\frac{1}{A_2s}[Q_2(s)-Q_3(s)] \quad \cdots\cdots ⑦$$

$$Q_3(s)=\frac{1}{R_2}H_2(s) \quad \cdots\cdots ⑧$$

식 ⑤~⑧을 블록선도로 표시하면 [그림 3-81]과 같이 된다.

[그림 3-81]에서 점선 왼쪽은 수조 Ⅰ의 블록선도이고, 오른쪽은 수조 Ⅱ의 블록선도이므로 이들의 전달함수를 $G_1(s)$, $G_2(s)$라 하면

$$G_1(s)=\frac{Q_2(s)}{Q_1(s)}=\frac{1}{1+A_1R_1s}$$

$$G_2(s)=\frac{Q_3(s)}{Q_2(s)}=\frac{1}{1+A_2R_2s}$$

이 되며, 총 전달함수 $G(s)$는 아래와 같이 된다.

$$G(s)=G_1(s)G_2(s)=\frac{1}{(1+A_1R_1s)(1+A_2R_2s)}$$

(2) [그림 3-80](b)의 경우

수조 Ⅰ에서 나오는 출력 q_2는 수조 Ⅰ과 수조 Ⅱ의 액위차, 즉 h_1-h_2에 영향받게 된다. 이러한 계를 상관계(interaction system)라 한다. 이런 경우에는 [그림 3-81]과 같이 2개의 전달함수를 분해

할 수 없으므로 전달함수를 구하고자 할 때는 충분히 주의를 해야 한다.

[그림 3-80](a)의 식 ①~④와 같은 요령으로 [그림 3-80](b)에 대하여 풀면 식 ⑨~⑫와 같이 된다.

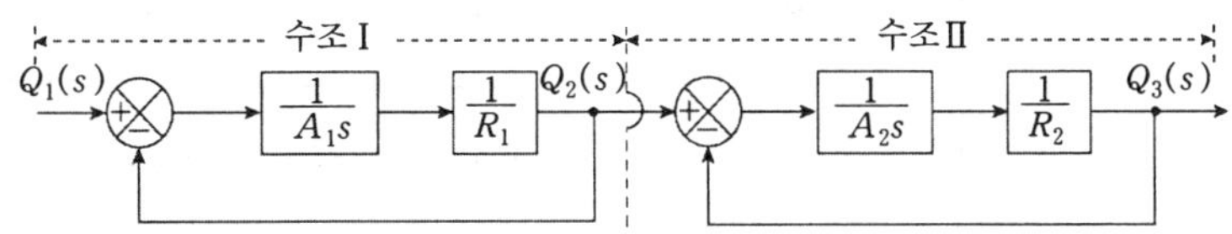

[그림 3-81] 비상관계 블록선도

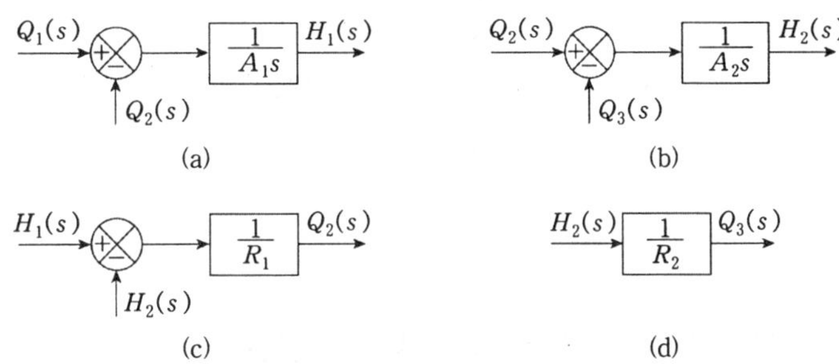

[그림 3-82] 각각의 블록선도

$$A_1 \frac{dh_1}{dt} = q_1 - q_2 \qquad \text{⑨}$$

$$A_2 \frac{dh_2}{dt} = q_2 - q_3 \qquad \text{⑩}$$

$$q_2 = \frac{h_1 - h_2}{R_1} \qquad \text{⑪}$$

$$q_3 = \frac{h_2}{R_2} \qquad \text{⑫}$$

식 ⑨~⑫를 라플라스 변환한 후 정리하면

$$H_1(s) = \frac{1}{A_1 s}[Q_1(s) - Q_2(s)] \qquad \text{⑬}$$

$$H_2(s) = \frac{1}{A_2 s}[Q_2(s) - Q_3(s)] \qquad \text{⑭}$$

$$Q_2(s) = \frac{1}{R_1}[H_1(s) - H_2(s)] \qquad \text{⑮}$$

$$Q_3(s) = \frac{1}{R_2} H_2(s) \qquad \text{⑯}$$

식 ⑬~⑯의 블록선도는 [그림 3-82]와 같이 된다.

[그림 3-82]의 (a), (b), (c), (d)를 입력신호와 출력신호에 따라 결합시키면 [그림 3-83]과 같은 블록선도를 작성할 수 있다.

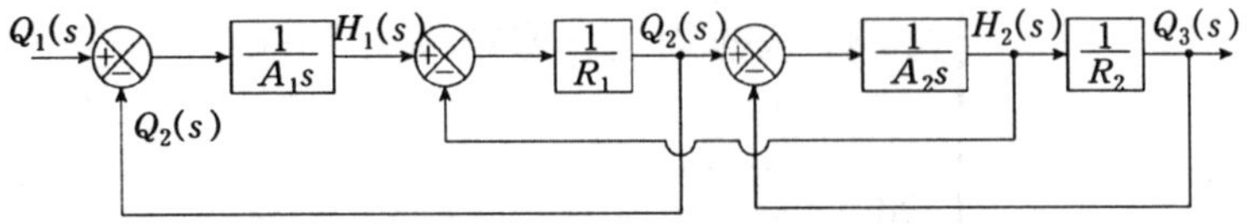

[그림 3-83] 상관계 블록선도

여기서 [그림 3-83]을 가지고 감축법에 의하여 감축시켜 총전달함수 $G(s)=\dfrac{Q_3(s)}{Q_1(s)}$를 구하거나, 식 ⑬~⑯에서 $H_1(s)$, $Q_2(s)$, $H_2(s)$와 같은 중간변수를 소거시켜 $G(s)$를 구하면

$$G(s)=\frac{Q_3(s)}{Q_1(s)}=\frac{1}{1+(A_1R_1+A_1R_2+A_2R_2)s+A_1R_1A_2R_2s^2}$$

와 같이 된다.

6. 부동작 시간요소(낭비시간요소)

입력의 시간함수 $x(t)$와 출력의 시간함수 $y(t)$가 다음과 같은 방정식으로 표시되는 요소를 부동작 시간요소라 한다.

$$y(t)=Kx(t-L) \quad \cdots\cdots (3-41)$$

여기서, K는 정수, L은 불감(부동작)시간이다.

이것은 시간 $t=0$에서 입력에 변화가 생겨도 $t=L$ 시간까지는 출력측에 어떤 변화도 나타나지 않는 요소이며, 식 (3-41)을 테일러(Taylor) 급수로 전개한 후, 초기값을 0으로 놓고 라플라스 변환하면 전달함수는

$$G(s)=\frac{Y(s)}{X(s)}=Ke^{-Ls} \quad \cdots\cdots (3-42)$$

로 된다.

[그림 3-84]는 입력에 단위계단함수를 가했을 때의 인디셜 응답([그림 3-79](c))과 부동작 시간요소의 블록선도([그림 3-79](b))를 나타낸 것이다.

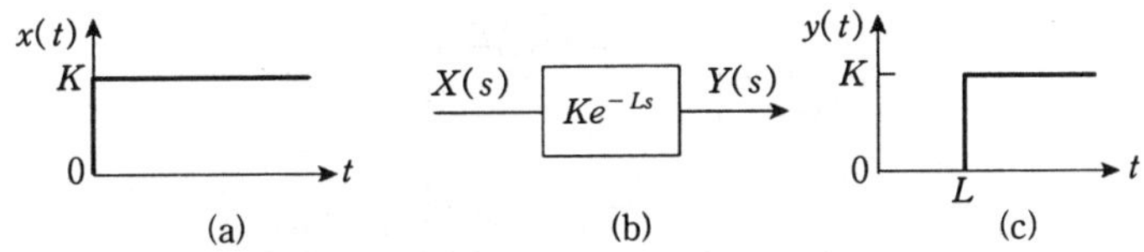

[그림 3-84] 부동작 시간요소의 블록선도와 응답

(예제 3-29) [그림 3-85]는 어떤 유체를 유속 v[m/sec], 길이 l[m]을 통해 보낼 때의 그림이다. 전달함수가 Ke^{-Ls}임을 설명하여라.

(풀이) 유체의 길이가 l, 유체속도가 v이므로 불감시간 L은 다음과 같다.

$$L[\mathrm{s}] = \frac{\text{거리}}{\text{속도}} = \frac{l[\mathrm{m}]}{v[\mathrm{m/s}]}$$

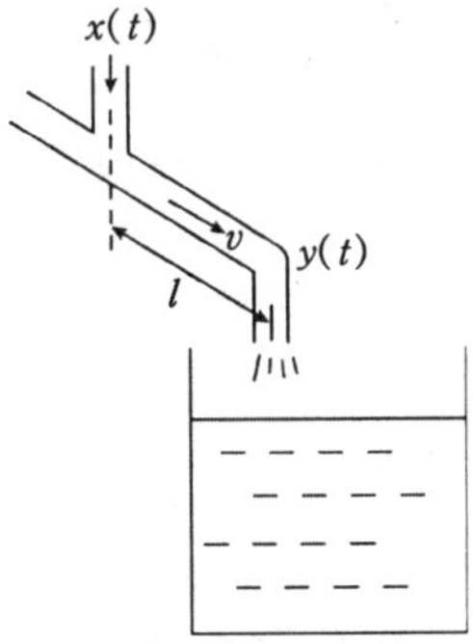

[그림 3-85] 유체가 흐르는 관

식 (3-41)에서의 K를 1이라 하면 전달함수는

$$G(s) = \frac{Y(s)}{X(s)} = e^{-Ls}$$

와 같이 된다.

(예제 3-30) [그림 3-86]은 액체의 온도를 전열기로 제어시켜 더워진 액체가 유속 v[m/sec]로 l[m] 떨어진 온도계의 설치지점까지 이동하는 것을 나타내었다. 전달함수가 e^{-Ls}임을 나타내고 입력 $x(t) = A\sin\omega t$일 때 출력 $y(t)$를 구하여라.

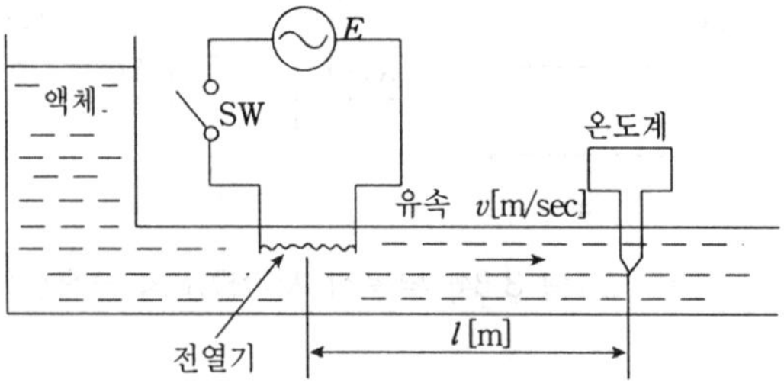

[그림 3-86] 유체의 온도제어

(풀이) (1) 전열기에서 온도계까지 시간 $L=\frac{l}{v}$[sec]만큼 걸리므로 관에서는 열손실이 없는 것으로 하면 다음과 같다.

$y(t)=x(t-L)$

이 식을 라플라스 변환한 후 전달함수를 구하면

$$G(s)=\frac{Y(s)}{X(s)}=e^{-Ls}$$

(2) 다음은 입력 $x(t)=A\sin\omega t$일 때의 출력 $y(t)$를 구하면

$$X(s)=A\frac{\omega}{s^2+\omega^2}$$

이므로

$$Y(s)=X(s)e^{-Ls}$$

로부터

$$Y(s)=A\frac{\omega}{s^2+\omega^2}e^{-Ls}$$

가 된다. 이 식의 양 변을 라플라스 역변환하면

$y(t)=A\sin(\omega t-\omega L)$

로 되어 출력에는 입력과 같은 진폭의 정현파함수가 나타나지만 위상이 ωL[rad]만큼 입력에 비해 늦게 된다.

이상 예제에서 아는 바와 같이 부동작 시간요소는 출력응답까지 L[sec]의 시간이 걸리므로 제지공업을 비롯하여 일반공업 프로세스와 같이 부동작시간이 많이 존재하는 곳에서는 정상제어를 하는데 큰 방해가 된다. 이것의 예로는 우주선을 지상에서 전파로 조정하는 경우, 벨트 컨베이어(belt conveyer)나 스크루 컨베이어(screw conveyer)로 물체를 운반하는 경우, 사무실 난방의 경우 등 실제 기기작동에 부동작시간을 가지고 있는 것이 많다.

지금까지 설명한 제어요소는 서로 결합되어 새로운 요소가 형성되는데, 그 중에서 많이 사용되는 것으로는 비례+적분요소, 비례+미분요소, 비례+적분+미분요소 등이 있다.

3-5 신호흐름선도

신호흐름선도는 블록선도와 같이 제어변수들의 상호관계를 표시하는 것으로 S. J. Mason에 의해 개발되었고, 블록선도보다 그림그리기가 쉽고 취급이 용이하며, 외란의 영향도 판단하기 쉽지만 블록선도보다는 엄격한 수학적 관계에 제약되어 있어 융통성이 적다.

1. 신호흐름선도의 기본적 성질

신호흐름선도는 다음과 같은 선형 대수방정식의 변수들간의 입출력 관계를 도식적으로 표현한다.

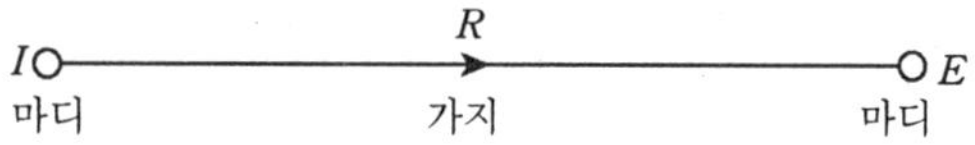

[그림 3-87] $E=RI$의 신호흐름선도

$$Y_i=\sum_{j=0}^{n} A_{ij} Y_j \quad (j=1,\ 2,\ \cdots,\ n) \quad \cdots\cdots (3-43)$$

변수 Y_i, Y_j는 시간이나 복소주파수 또는 다른 양의 함수이고, A_{ij}는 Y_j에서 Y_i를 그릴 때 사용하는 수학적 연산자로 전송함수(transmission function)라 한다.

신호흐름선도를 구성할 때 변수 Y_i와 Y_j를 절 또는 마디(node)로 사용하고, 절의 인과관계를 나타내는 방정식에 따라 가지(branch)라는 선으로 연결시킨다. 절은 ○으로 표시하고 신호는 가지를 통해서 오직 화살표방향을 따라서만 전달된다.

예로서, $E=RI$ (E는 전압, I는 전류, R은 저항)를 신호흐름선도로 나타내면 [그림 3-87]과 같다. 여기서 I는 입력변수가 되고, E는 출력변수, R은 이득 또는 두 변수 사이의 전송함수가 된다.

신호흐름선도의 기본적 성질을 요약하면 다음과 같다.

① 신호흐름선도는 선형 대수방정식에만 사용된다.

② 절은 변수를 나타내며 ○으로 표시하고, 원인과 결과의 순서로 왼쪽부터 오른쪽으로 차례로 배열한다.

③ 신호는 가지의 화살표 방향에 따라 이동한다.

④ 절 Y_i는 절 Y_j에 이득 A_{ij}를 곱해서 나온 값을 뜻한다.

2. 신호흐름선도의 정의

신호흐름선도에서 자주 사용하는 용어를 설명하기 위하여 다음과 같은 일련의 연립대수방정식을 생각한다.

$$y_2 = ay_1 + by_3 \quad \cdots\cdots (3-44)$$

$$y_3 = cy_2 + dy_4 \quad \cdots\cdots (3-45)$$

$$y_4 = ey_2 + fy_3 + gy_4 \quad \cdots\cdots (3-46)$$

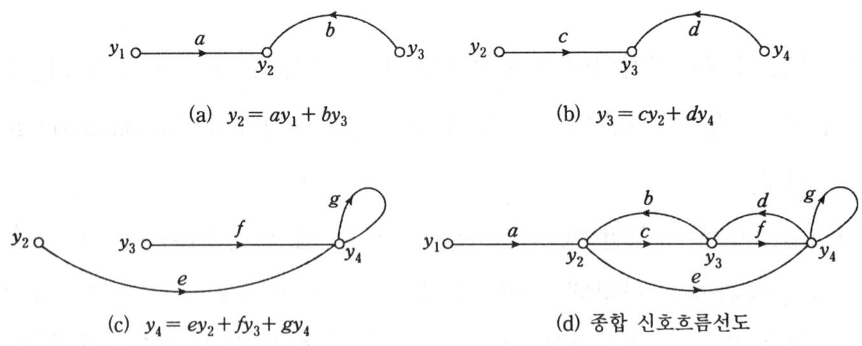

(a) $y_2 = ay_1 + by_3$　(b) $y_3 = cy_2 + dy_4$

(c) $y_4 = ey_2 + fy_3 + gy_4$　(d) 종합 신호흐름선도

[그림 3-88] 식 (3-44)~(3-46)까지의 신호흐름선도의 구성 과정

식 (3-44)는 y_2가 2개의 신호 ay_1과 by_3에 종속됨을 뜻하므로, 이 방정식

이 나타내는 신호흐름선도는 [그림 3-88](a)와 같이 되고, 식 (3-45)는 y_3가 2개의 신호 cy_2와 dy_4에 종속되고 있으므로 [그림 3-88](b)와 같이 되며, 식 (3-46)은 y_4가 3개의 신호 ey_2, fy_3 및 gy_4에 종속되고 있으므로 [그림 3-88](c)와 같이 된다. [그림 3-88](d)는 위 3개를 종합한 것이다.

1) 입력절 또는 원천(input node or source)

밖으로 나가는 가지만 있고 들어오는 가지는 없는 절을 말한다. 예를 들면 [그림 3-88](d)에서 y_1이 입력절이다.

2) 출력절 또는 싱크(output node or sink)

들어오는 가지만 있고 밖으로 나가는 가지는 없는 절을 말한다. [그림 3-88](d)에서는 들어오는 가지와 나가는 가지가 동시에 존재하고 있으므로 출력절의 정의를 만족시키지 못하고 있다. 이러한 경우에는 [그림 3-89]와 같이 y_4에 가상적인 절, 즉 전달함수가 1인 가지를 추가함으로써 이 문제를 해결한다.

3) 경 로(path)

동일한 진행방향을 갖는 연결가지의 집합을 말하며, 한 절을 2번 거치면 안된다. 예를 들면, [그림 3-89]에서 $y_1 \to y_2 \to y_3 \to y_4$, $y_1 \to y_2 \to y_4$, $y_4 \to y_4$이다.

4) 전향경로(forward path)

입력절에서 시작하여 출력절에서 끝나는 경로를 말한다. 이때, 한 번 지난 절을 다시 지나서는 안된다. 예를 들면, [그림 3-89]에서 $y_1 \to y_2 \to y_3 \to y_4$, $y_1 \to y_2 \to y_4$이다.

5) 귀환 루프(feedback loop)

한 절에서 출발하여 그 절에서 끝나는 경로를 말한다. 이때, 절은 한 번 이상 거쳐서는 안된다. 예를 들면, [그림 3-89]에서 $y_2 \to y_3 \to y_2$, $y_3 \to y_4 \to y_3$, $y_4 \to y_4$, $y_2 \to y_4 \to y_3 \to y_2$이다.

6) 경로이득(path gain)

경로를 이루는 가지들의 이득의 곱을 말하며, 예를 들면 [그림 3-89]에서 경로 $y_1 \to y_2 \to y_3 \to y_4$에 대한 경로이득은 acf이다.

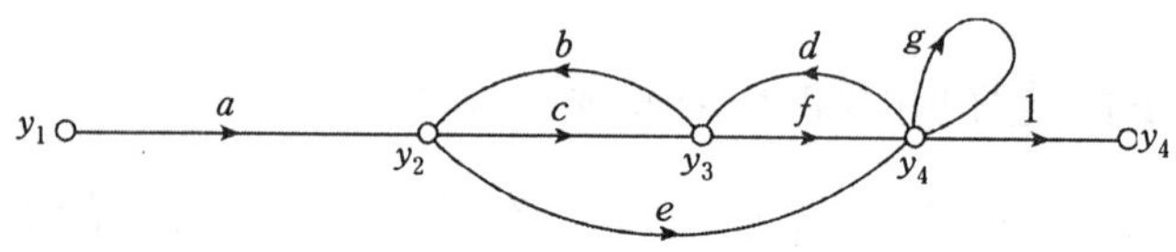

[그림 3-89] 출력절을 추가시킨 신호흐름선도

7) 루프 이득(loop gain)

귀환 루프를 형성하는 가지들의 이득곱을 말하며, 예를 들면 [그림 3-89] 귀환경로 $y_2 \to y_4 \to y_3 \to y_2$에서 루프 이득은 ebd이다.

3. 신호흐름선도의 대수적 계산

신호흐름선도의 성질을 참작하면 계통의 복잡한 신호흐름선도를 감축시킬 수 있다.

(1) 가산법

어떤 절에서의 변수값은 그 절에 들어오는 모든 신호의 합과 같다. 다시 말하면 다음 식으로 표현되는 신호흐름선도는 [그림 3-90]과 같다.

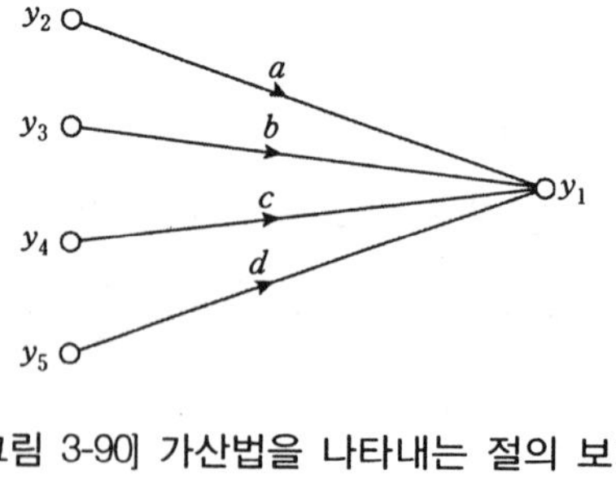

[그림 3-90] 가산법을 나타내는 절의 보기

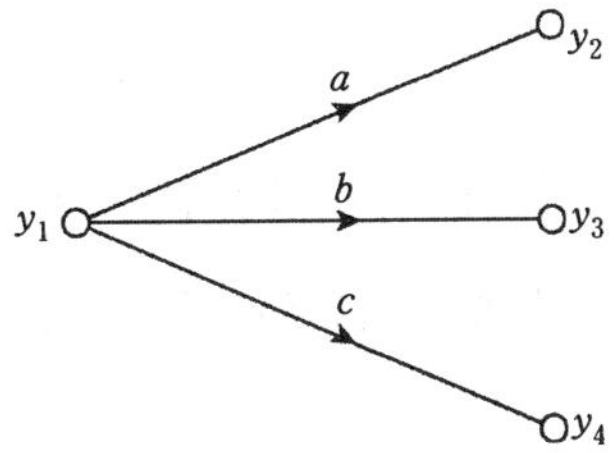

[그림 3-91] 전송법을 나타내는 절의 보기

$$y_1 = ay_2 + by_3 + cy_4 + dy_5$$

(2) 전송법

어떤 절로 표시된 변수의 값은 그 절을 떠나는 방향으로 연결된 모든 가지를 통해 전송된다. 즉, 다음의 대수식은 [그림 3-91]의 신호흐름선도를 나타낸 것이다.

$$y_2 = ay_1$$

$$y_3 = by_1$$

$$y_4 = cy_1$$

(3) 병렬법

두 절 사이에 같은 방향으로 연결된 병렬가지는 병렬로 된 2가지의 이득합과 같은 이득값을 갖는 하나의 가지로 대치할 수 있다. 즉, 다음의 대수식은 [그림 3-92]의 신호흐름선도로 나타낸 것이다.

$$y_2 = (a + b)y_1$$

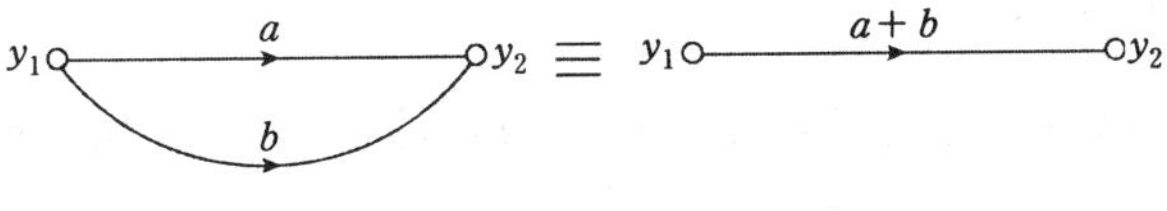

[그림 3-92] 가지들의 병렬경로를 하나의 가지로 단순화시킨 신호흐름선도

(4) 적산법

전송함수 a, b, c를 가진 가지가 직렬접속될 때 [그림 3-93]과 같이 모든 전송함수를 곱한 새로운 1개의 전송함수를 가진 가지로 대치할 수 있다.

$$y_4 = (abc)y_1$$

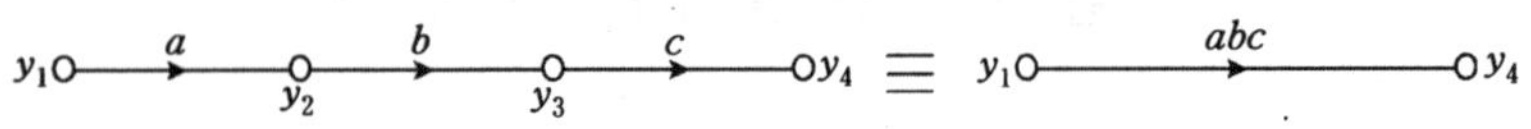

[그림 3-93] 한 방향으로 여러 개의 가지가 직렬연결된 것을 하나의 가지로 단순화시킨 보기

(5) 귀환 루프법

다음 식의 신호흐름선도는 [그림 3-94]와 같이 표현된다. 이는 [그림 3-16]의 블록선도로 표시되는 귀환결합의 신호흐름선도임을 보여준다.

$$\frac{C(s)}{R(s)} = \frac{G(s)}{1+G(s)H(s)}$$

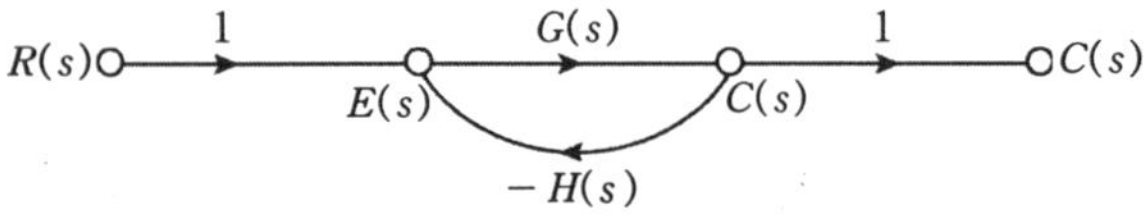

[그림 3-94] 귀환결합의 신호흐름선도 보기

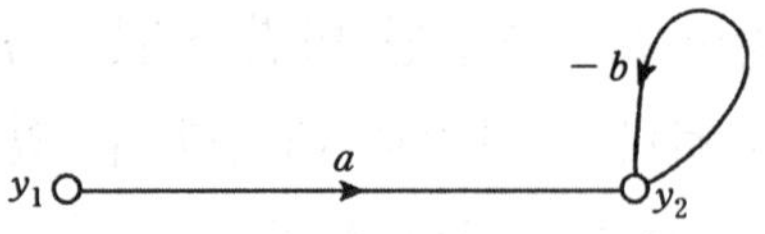

[그림 3-95] 자기 루프 결합의 신호흐름선도 보기

(6) 자기 루프법

다음 식의 신호흐름선도는 [그림 3-95]와 같이 표현된다.

$$y_2 = \frac{a}{1+b}y_1$$

4. 신호흐름선도의 작도

어떤 물리계를 신호흐름선도로 표현하려면 우선 인과관계의 형태로 계의 방정식을 쓰고, 가지는 될 수 있는 한 원인과 결과의 순서로 왼쪽에서 오른쪽으로 연결하며, 만일 필요한 출력절에서 밖으로 나가는 가지가 있는 경우 가상적인 절을 두고 이득이 1인 가지로 연결시켜 작도한다.

(예제 3－31) [그림 3－96]에 표시되는 저항회로망의 신호흐름선도를 그려라.

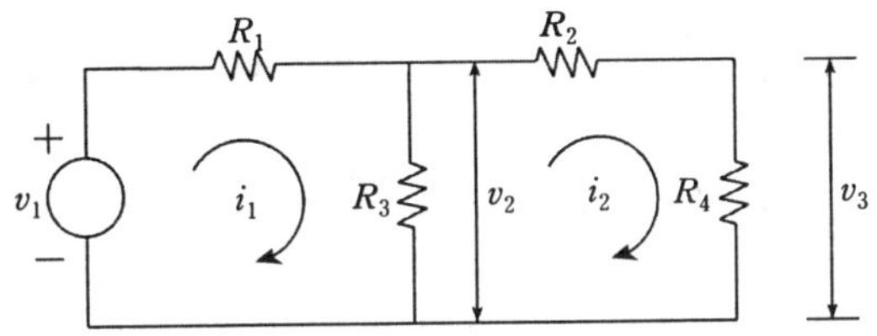

[그림 3-96] 저항회로망

(풀이) 변수로는 v_1, v_2, v_3, i_1 및 i_2의 5개가 있고, v_1은 이미 알고 있는 값이다. 그러므로, v_1을 제외한 4개의 독립된 전압, 전류방정식을 세워야 한다. 회로망에서 왼쪽에서 오른쪽으로 방정식을 세우면 다음과 같다.

$$i_1 = \left(\frac{1}{R_1}\right)v_1 - \left(\frac{1}{R_1}\right)v_2$$

$$v_2 = R_3 i_1 - R_3 i_2$$

$$i_2 = \left(\frac{1}{R_2}\right)v_2 - \left(\frac{1}{R_2}\right)v_3$$

$$v_3 = R_4 i_2$$

v_1을 입력절로 하고, 5개의 절 v_1, i_1, v_2, i_2, v_3를 왼쪽으로부터 오른쪽으로 차례로 배열하면 이 회로망의 신호흐름선도인 [그림 3－97]이 얻어진다.

여기서, v_3를 출력절로 했으므로 이득 1인 가지와 다른 절을 첨가했다.

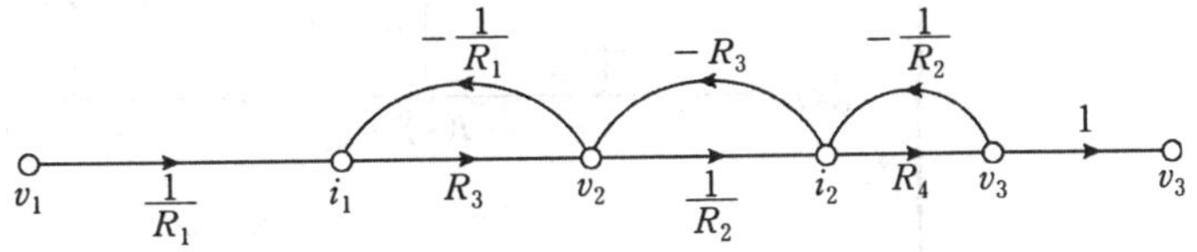

[그림 3-97] 저항회로망의 신호흐름선도

(예제 3－32) [그림 3－98]과 같은 $R-L-C$ 회로망에서 전류 $i(t)$와 전압 $v_o(t)$를 회로망의 종속변수로 하여 신호흐름선도를 그려라.

(풀이) 출력측에 전류의 유출이 없다고 하고, 인덕턴스에 걸리는 전압과 커패시터에 흐르는 전류를 구하면 다음과 같이 된다.

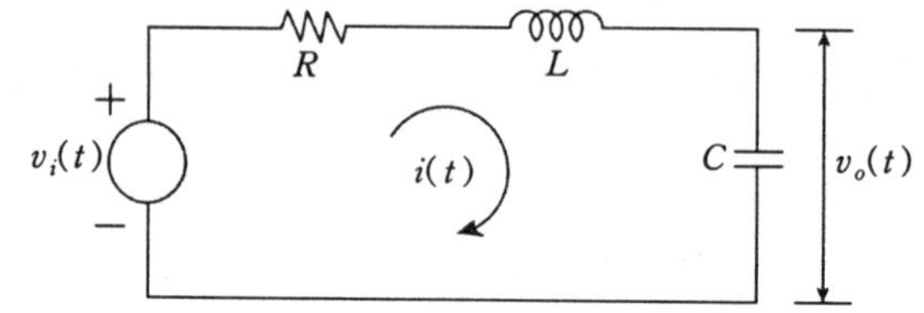

[그림 3-98] $R-L-C$ 회로망

$$v_i(t)=Ri(t)+L\frac{di(t)}{dt}+v_o(t) \quad \cdots\cdots ①$$

$$i(t)=\left(\frac{dv_o(t)}{dt}\right) \quad \cdots\cdots ②$$

이 두 식은 미분방정식이므로 신호흐름선도를 바로 작도할 수 없어서 이 식을 대수방정식으로 변환시키기 위해 $i(0_+)$를 $t=0_+$일 때의 초기전류, $v_o(0_+)$는 초기전압으로 하고 식 ①을 라플라스 변환시킨 후 정리하면

$$V_i(s)=RI(s)+LsI(s)-Li(0_+)+V_o(s)$$

$$I(s)=\frac{1}{R+Ls}V_i(s)+\frac{L}{R+Ls}i(0_+)-\frac{1}{R+Ls}V_o(s) \quad \cdots\cdots ③$$

식 ②를 라플라스 변환시킨 후 정리하면

$$I(s)=CsV_o(s)-(v_o(0_+))$$

$$V_o(s)=\frac{1}{Cs}I(s)+\frac{1}{s}v_o(0_+) \quad \cdots\cdots ④$$

가 되며 식 ③, ④를 사용하면 [그림 3－94]와 같은 신호흐름선도가 그려진다.

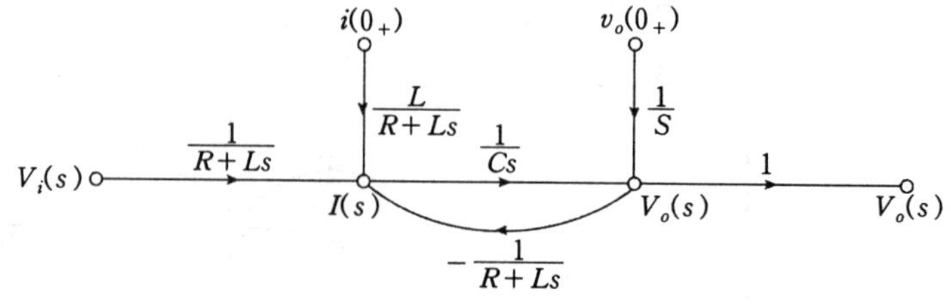

[그림 3-99] $R-L-C$ 회로망의 신호흐름선도

5. 신호흐름선도에 대한 일반 이득공식

앞절에서 복잡한 블록선도를 감축시켜 표준형으로 만드는 방법을 배웠다. 신호흐름선도에서도 감축법과 같은 방법으로 단순화할 수 있지만 매우 지루한 일이다. 다행히도 Mason의 정리라고 하는 공식에 의해 거의 직관적으로 입력과 출력의 상호관계를 구할 수 있다. 즉,

$$G=\frac{C}{R}=\frac{\sum G_i \Delta_i}{\Delta} \qquad \cdots\cdots (3-47)$$

여기서, G_i : i번째 전향경로의 이득

Δ : $1-\sum P_{m1}+\sum P_{m2}-\sum P_{m3}+\cdots$

1-(모든 각각의 루프 이득의 합)+(2개가 서로 접촉하지 않은 루프의 모든 이득곱에 대한 합)-(3개가 서로 접촉하지 않은 루프의 모든 이득곱에 대한 합)+⋯

Δ_i : G_i와 접속하는 모든 루프를 제외한 나머지 부분의 Δ값

Δ는 신호흐름선도의 행렬식 또는 특성함수이고, Δ_i는 전향경로 K의 여인자(餘因子)이다. 서로 접촉하지 않는 루프란 두 루프나 경로 또는 단일 루프나 경로는 서로 공통된 절을 갖지 않는 경우를 말한다.

이 식의 용법을 설명하기 위하여 몇 가지 예를 들어 보겠다.

(예제 3-33) [그림 3-94]의 신호흐름선도에 대하여 식 (3-47)을 적용시켜 $\frac{C(s)}{R(s)}$를 구하여라.

(풀이) 전향경로가 하나뿐이므로

$G_1=G$

$G_2=G_3=\cdots=0$

루프가 하나뿐이므로 루프 이득은

$P_{11}=-G(s)H(s)$

따라서,

$\Delta = 1 - P_{11} = 1 + G(s)H(s)$

$\Delta_1 = 1 - 0 = 1$

식 (3-47)에 의해 이 계의 전달함수는 다음과 같이 얻을 수 있다.

$$G = \frac{C(s)}{R(s)} = \frac{G_1\Delta_1}{\Delta} = \frac{G}{1+G(s)H(s)}$$

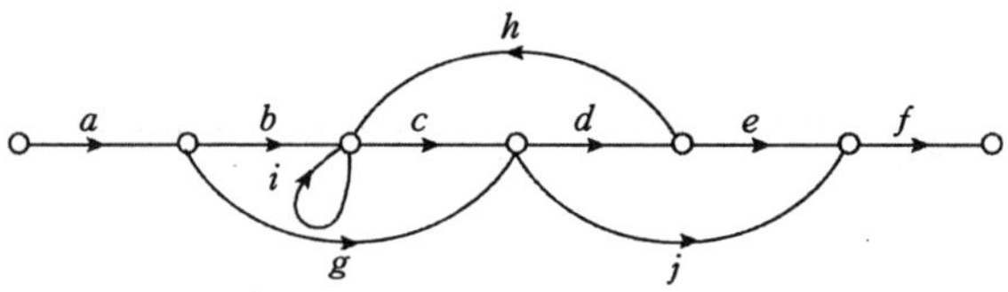

[그림 3-100] 신호흐름선도

(예제 3-34) [그림 3-100]의 신호흐름선도를 식 (3-47)의 이득공식을 사용하여 전달함수를 구하여라.

(풀이) 전향경로는 4개가 있다.

$G_1 = abcedf, \quad \Delta_1 = 1$

$G_2 = agdef, \quad \Delta_2 = 1 - i$

$G_3 = agjf, \quad \Delta_3 = 1 - i$

$G_4 = abcjf, \quad \Delta_4 = 1$

루프는 귀환 루프와 자기 루프가 각각 하나씩 있다.

$P_{11} = i$

$P_{21} = cdh$

따라서,

$\Delta = 1 - (i + cdh)$

식 (3-47)에 의해 계의 전달함수는 다음과 같다.

$$G = \frac{abcdef + agdef(1-i) + agjf(1-i) + abcjf}{1-(i+cdh)}$$

(예제 3-35) [그림 3-101]에서 v_1과 v_3 사이의 함수관계를 일반 이득공식을 써서 구하여라(예제 3-31에서 취급한 저항회로망이다).

(풀이) v_1과 v_3 사이에는 전향경로가 1개 있다.

$$G_1 = \frac{R_3R_4}{R_1R_2}, \quad \Delta_1 = 1$$

3개의 독립 루프가 있으므로 루프 이득은

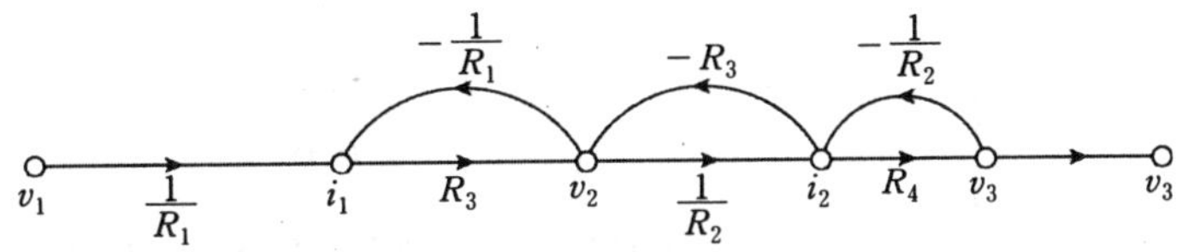

[그림 3-101] 저항회로망의 신호흐름선도

$$P_{11} = -\frac{R_3}{R_1}$$

$$P_{21} = -\frac{R_3}{R_2}$$

$$P_{31} = -\frac{R_4}{R_2}$$

2개가 서로 접속하지 않은 루프가 1개 있다.

$$P_{12} = P_{11} \cdot P_{31} = \frac{R_3R_4}{R_1R_2}$$

따라서,

$$\Delta = 1 - (P_{11} + P_{21} + P_{31}) + P_{12}$$

$$= \frac{R_1R_2 + R_1R_3 + R_1R_4 + R_2R_3 + R_3R_4}{R_1R_2}$$

모든 루프는 전향경로와 접속하므로 $\Delta_1 = 1$이다. 결국

$$G = \frac{v_3}{v_1} = \frac{G_1\Delta_1}{\Delta}$$

$$= \frac{R_3R_4}{R_1R_2 + R_1R_3 + R_1R_4 + R_2R_3 + R_3R_4}$$

(예제 3－36) (예제 3－11)의 문제를 신호흐름선도법으로 풀어라.

(풀이) [그림 3－34]의 블록선도를 신호흐름선도로 바꾸면 [그림 3－102]와 같이 그릴 수 있다.

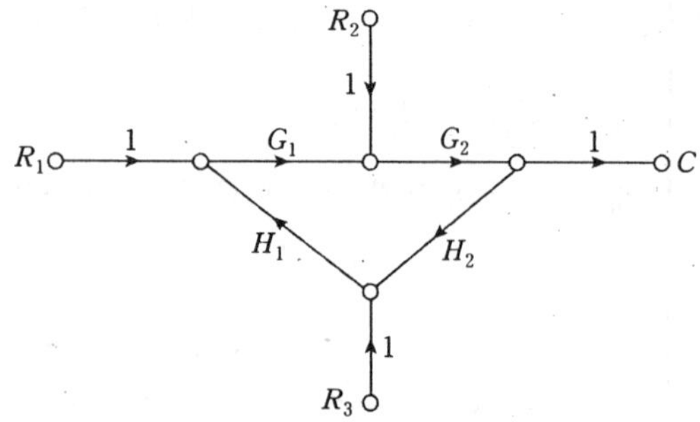

[그림 3-102] [그림 3-34]의 신호흐름선도

① $R_2 = R_3 = 0$이면 신호흐름선도는 [그림 3-35]로부터 [그림 3-103]이 그려진다.

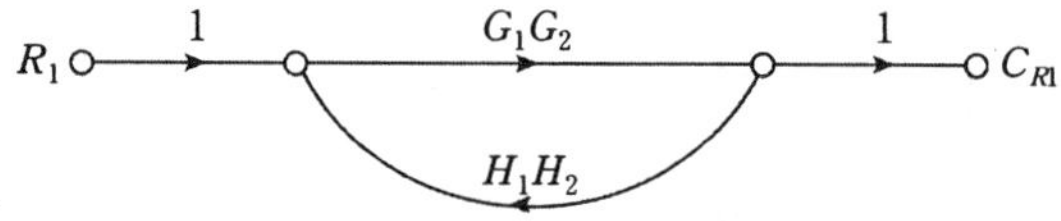

[그림 3-103]

따라서 $G_i = G_1G_2$, $\varDelta_i = 1$, $\sum G_i\varDelta_i = G_1G_2$, $P_{11} = G_1G_2H_1H_2$

$\therefore\ \varDelta = 1 - P_{11} = 1 - G_1G_2H_1H_2$

$$C_{R_1} = \frac{\sum G_i\varDelta_i}{\varDelta} R_1 = \frac{G_1G_2}{1 - G_1G_2H_1H_2} R_1$$

② $R_1 = R_3 = 0$이면 신호흐름선도는 [그림 3-37]로부터 [그림 3-104]가 그려진다.

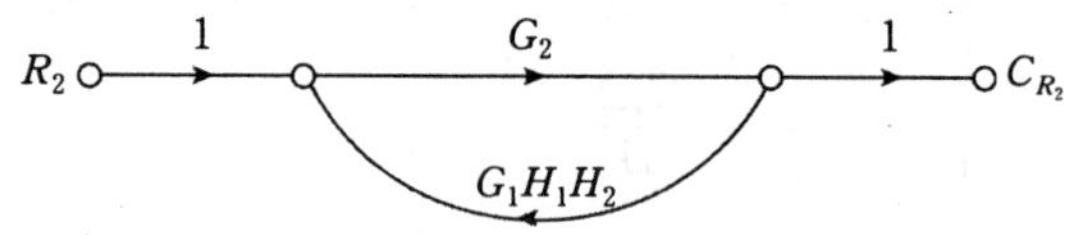

[그림 3-104]

따라서 $G_i = G_2$, $\varDelta_i = 1$, $\sum G_i\varDelta_i = G_2$

$P_{11} = G_1G_2H_1H_2$, $\varDelta = 1 - P_{11} = 1 - G_1G_2H_1H_2$

$$C_{R_2} = \frac{\sum G_i\varDelta_i}{\varDelta} R_2 = \frac{G_2}{1 - G_1G_2H_1H_2} R_2$$

③ $R_1 = R_2 = 0$이면 신호흐름선도는 [그림 3-39]로부터 [그림 3-105]가 그려진다.

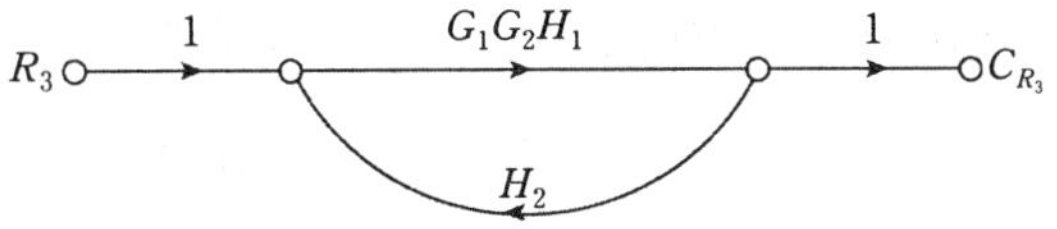

[그림 3-105]

$$G_i = G_1G_2H_1,\ \ \Delta_i = 1,\ \ \sum G_i\Delta_i = G_1G_2H_1$$

$$P_{11} = G_1G_2H_1H_2,\ \ \Delta = 1 - P_{11} = 1 - G_1G_2H_1H_2$$

$$C_{R_3} = \frac{\sum G_i\Delta_i}{\Delta} R_3 = \frac{G_1G_2H_1}{1 - G_1G_2H_1H_2} R_3$$

$$\therefore \text{ 출력 } C = C_{R_1} + C_{R_2} + C_{R_3} = \frac{G_1G_2R_1 + G_2R_2 + G_1G_2H_1R_3}{1 - G_1G_2H_1H_2}$$

6. 블록선도에 일반 이득공식의 적용

선형계의 블록선도가 주어지면 이것에 직접 이득공식을 적용할 수 있지만, 모든 루프들과 서로 접속되지 않은 부분들을 분명히 나타날 수 있게 하기 위해서는 블록선도를 등가 신호흐름선도를 그린 그림에 식 (3-47)을 적용한다. 이때, 인출점과 가합점은 이득 1인 가지로 분리해야 한다.

표준 귀환표현에서 요소 G와 H가 필요할 때 식 (3-47)은 역시 이에 대한 정보를 제공한다. 즉,

직접 전달함수

$$G = \sum G_i\Delta_i \quad \cdots\cdots (3-48)$$

루프 전달함수

$$GH = \Delta - 1 \quad \cdots\cdots (3-49)$$

식 (3-48), (3-49)를 G와 H에 대하여 풀면 이 결과로부터 표준 귀환제어계를 그릴 수 있다.

(예제 3-37) [그림 3-106]과 같은 제어계에 대하여 전달함수 $\frac{C}{R}$의 표준 블록선도를 신호흐름선도의 공식을 이용하여 그려라.

(풀이) 위 블록선도의 신호흐름선도는 [그림 3-107]과 같다.
이 신호흐름선도에는 2개의 전향경로와 3개의 귀환 루프가 있다.

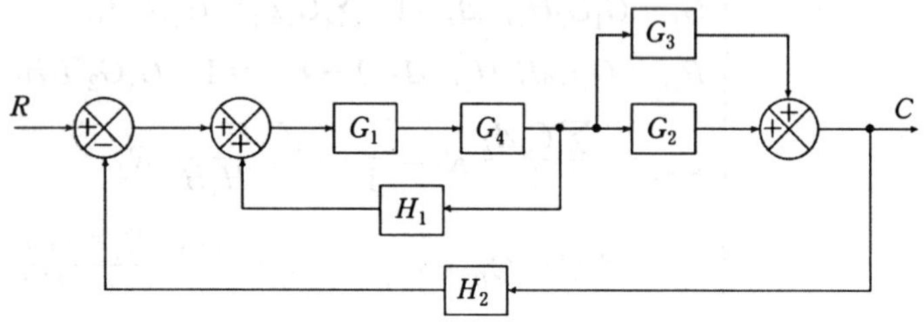

[그림 3-106] 블록선도

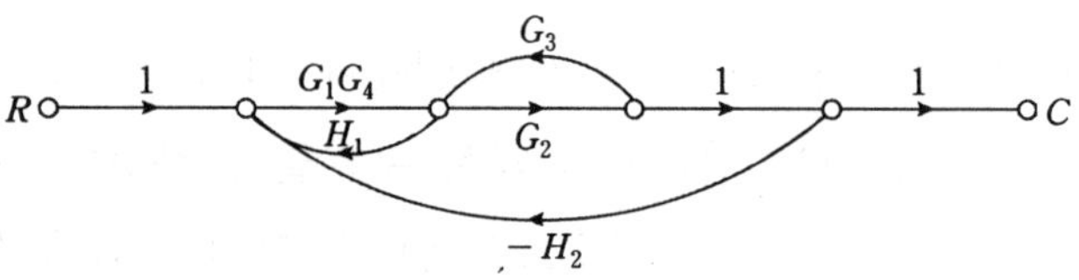

[그림 3-107] 등가인 신호흐름선도

$G_{11}=G_1G_2G_4$, $\Delta_1=1$

$G_{12}=G_1G_3G_4$, $\Delta_2=1$

$P_{11}=G_1G_4H_1$, $P_{21}=-G_1G_2G_4H_2$, $P_{31}=-G_1G_3G_4H_2$

서로 접속하지 않은 루프는 없고, 모든 루프는 2개의 전향경로와 모두 접속한다. 따라서 전달함수는 다음과 같다.

$$G=\frac{C}{R}=\frac{G_{11}\Delta_1+G_{12}\Delta_2}{\Delta}=\frac{G_1G_2G_4+G_1G_3G_4}{1-G_1G_4H_1+G_1G_2G_4H_2+G_1G_3G_4H_2}$$

$$=\frac{G_1G_4(G_2+G_3)}{1-G_1G_4H_1+G_1G_2G_4H_2+G_1G_3G_4H_2}$$

식 (3-48)과 (3-49)에서

$G=G_1G_4(G_2+G_3)$

$GH=G_1G_4(G_3H_2+G_2H_2-H_1)$

이 되므로

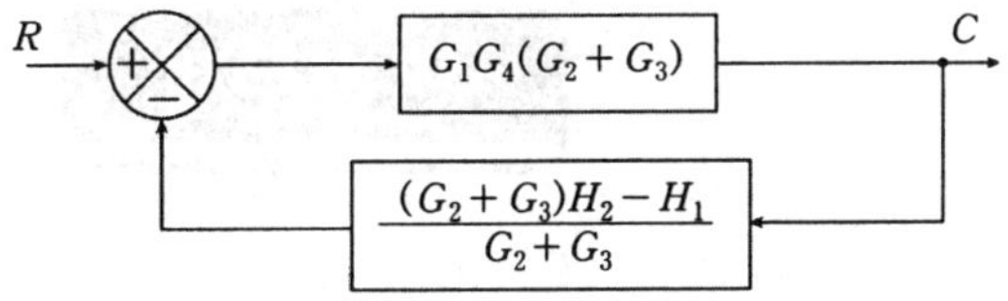

[그림 3-108] 표준 귀환 블록선도

$$H=\frac{GH}{G}=\frac{(G_2+G_3)H_2-H_1}{G_2+G_3}$$

블록선도는 [그림 3-108]과 같다.

연습문제

1. [그림 3-109]의 전달함수를 구하여라.

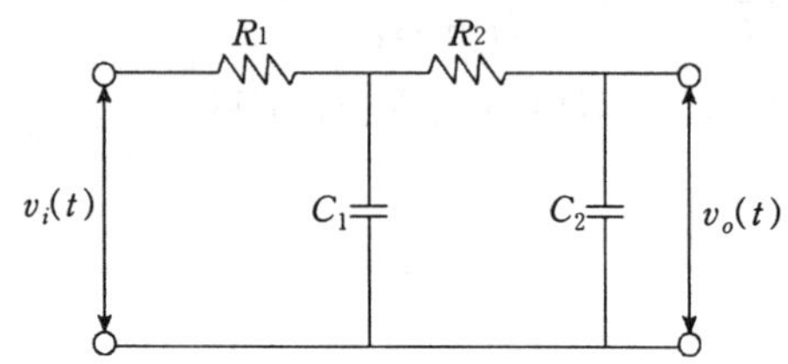

[그림 3-109]

2. 다음 계의 X_n/X_1을 구하여라.

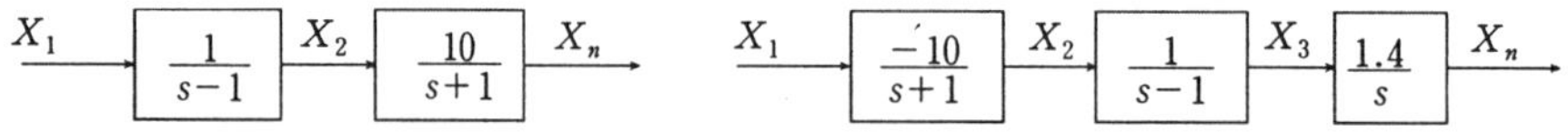

[그림 3-110]

3. [그림 3-111]의 등가전달함수를 구하여라.

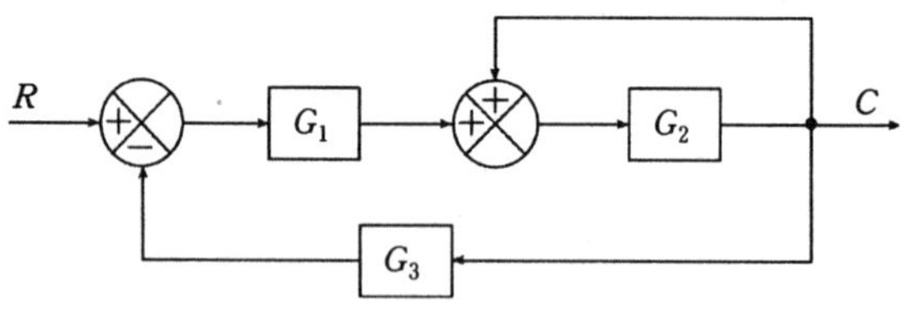

[그림 3-111]

4. $r(t)=2$, $G_1=100$, $H_1=0.01$일 때 $c(t)$를 구하여라.

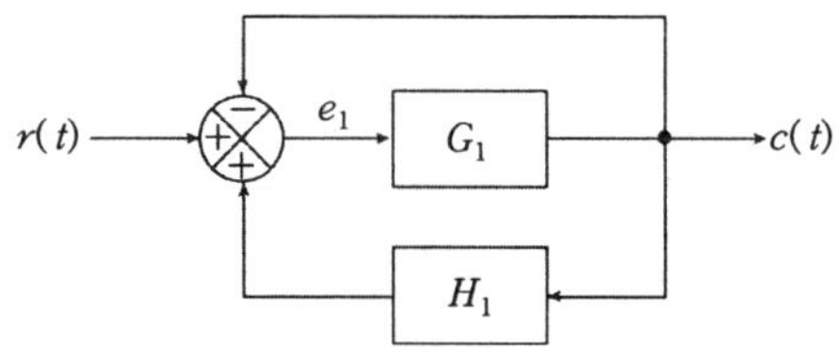

[그림 3-112]

5. [그림 3-113]과 같은 신호흐름선도에서 다음을 정하여라.

(1) 입력절 (2) 출력절
(3) 전향경로 (4) 귀환경로
(5) 자기 루프 (6) 귀환 루프의 루프 이득
(7) 전향경로의 경로이득

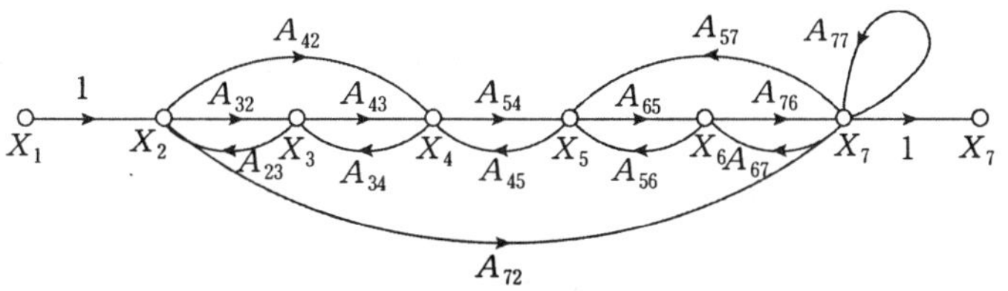

[그림 3-113]

6. [그림 3-114]와 같은 신호흐름선도의 전달함수 $\dfrac{C}{R}$를 구하여라.

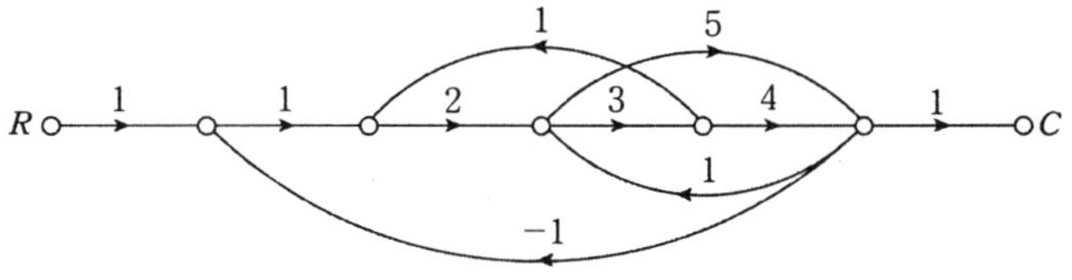

[그림 3-114]

7. 다음 대수방정식의 신호흐름선도를 그려라.

$$3x_1 + x_2 + 5x_3 = 0$$

$$x_1 + 2x_2 - 4x_3 = 2$$

$$-x_2 - x_3 = 0$$

8. [그림 3-115]의 블록선도에 대하여 등가 신호흐름선도를 그려라. 또, 전달 함수 $\dfrac{C(s)}{R(s)}$를 구하여라.

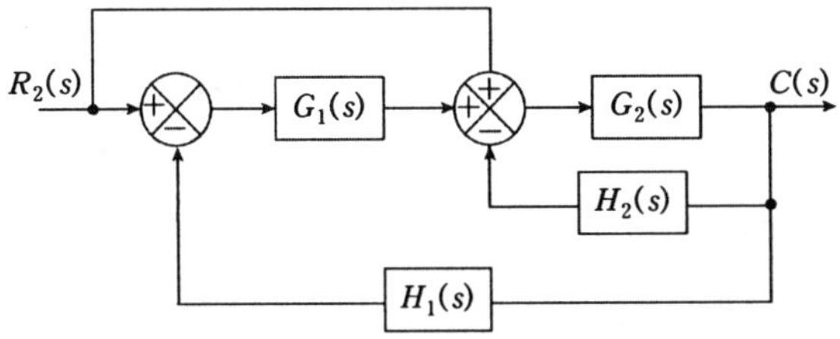

[그림 3-115]

9. 다음과 같은 미분방정식을 신호흐름선도로 나타내어라.

$$\frac{d^2c(t)}{dt^2} + 3\frac{dc(t)}{dt} + 2c(t) = r(t)$$

단, $c(t) = x_1(t)$, $\dfrac{dx_1(t)}{dt} = x_2(t)$, $\dfrac{dx_2(t)}{dt} = x_3(t)$

4장 제어계의 과도응답

일반적으로 어떤 장치의 성질 및 동작을 나타내는 것을 특성이라 하며, 입력신호에 대한 출력신호의 변화를 응답이라고 한다. 제어계에서 이 응답은 과도응답(transient response)과 정상응답(steady-state response)으로 나누어지며 다음과 같이 정의할 수 있다.

과도응답은 제어계에 어떤 입력이 가해졌을 때 출력이 안정한 값으로 될 때까지의 과도기적으로 나타나는 응답으로 결국 시간이 지나면 과도응답이 0이 되지 않으면 그 계는 불안정하게 된다.

입력이 가해진 후 얼마 지나지 않은 시간 동안의 시간응답을 과도특성(transient characteristic)이라 하는데, 이 과도특성의 모양은 주로 과도응답에 의하여 결정되므로 과도특성을 과도응답이라 한다.

모든 제어계는 물리적 성질 때문에 정상상태에 도달하기까지에는 과도특성의 현상을 보인다. 입력신호가 시간에 따라 변화할 때의 특성을 동특성(dynamic characteristic)이라 하고 과도특성도 동 특성의 일종이다.

이 장에서는 동 특성의 일부분으로 정상상태에 도달하기 전까지의 응답과 입력 사이의 편차에 대하여 관찰하고자 한다.

4-1 과도응답에 사용되는 시험용 신호

안정한 제어계에 대하여 특정한 입력신호에 대한 응답은 계를 평가하는 데 있어서 중요한 척도가 되지만, 계의 입력변화나 외란의 변화가 어떻게 될지를 사전에 알 수 없으므로 제어계의 특성이 좋은지 나쁜지를 알아보기 위해서는 대개 대표적인 시험용 입력신호를 선정하게 된다. 이 입력신호에 대한 응답은 실제 동작 조건하에서는 계의 성능과 매우 밀접한 관계가 있으므로, 이러한 해석법은 매우 유용하며 더욱이 제어계의 입력신호는 시험용 신호와 유사한 경우가 많다.

시험용 입력신호로는 ① 계단입력, ② 램프 입력, ③ 포물선입력이 주로 쓰이며, 또한 단위 임펄스 함수도 가끔 입력신호로 쓰인다.

1. 계단응답

계단응답(step response)은 입력이 정상상태에서 갑자기 변환한 후 변환된 상태로 일정하게 유지될 때의 출력에 대한 과도응답으로, 예를 들면 수위가 평형상태에 있는 수조에 물의 유입량이 어떤 일정량만큼 갑자기 증가 또는 감소되거나, 일정속도로 회전하던 축이 갑자기 회전속도를 변경하든가 할 때의 출력의 시간적 변화를 말한다. 특히, 단위계단입력의 입력신호에 대한 응답을 인디셜 응답(indicial response)이라 한다. 이것의 수학적 표현은

$$r(t)=u(t)\begin{cases}1\text{일 때} & t\geq 0\\ 0\text{일 때} & t<0\end{cases} \qquad \cdots\cdots (4-1)$$

라플라스 변환하면

$$R(s)=\frac{1}{s} \qquad \cdots\cdots (4-2)$$

이기 때문에 전달함수를 $G(s)$, 입력신호를 $r(t)$, 출력신호를 $y(t)$라 하면

$y(t)=\mathcal{L}^{-1}[G(s)R(s)]$에 의하여 인디셜 응답은 다음 식과 같다.

$$y(t)=\mathcal{L}^{-1}[Y(s)]=\mathcal{L}^{-1}\left[G(s)\cdot\frac{1}{s}\right] \quad \cdots\cdots (4-3)$$

여기서 사용한 시험용 신호는 [그림 4-1](a)이다.

2. 램프 응답

시험용 신호가 시간에 따라 일정한 비율로 변화하는 경우의 과도응답을 램프 응답(ramp response, step velocity response)이라 하며, 이것의 수학적 표현은

$$r(t)=tu(t)\ \begin{cases} t\text{일 때} & t>0 \\ 0\text{일 때} & t\leq 0 \end{cases} \quad \cdots\cdots (4-4)$$

라플라스 변환하면

$$R(s)=\frac{1}{s^2} \quad \cdots\cdots (4-5)$$

이기 때문에 단위 램프 응답은 다음과 같이 되고, 여기서 사용한 시험용 신호는 [그림 4-1](b)이다.

$$y(t)=\mathcal{L}^{-1}\left[G(s)\cdot\frac{1}{s^2}\right] \quad \cdots\cdots (4-6)$$

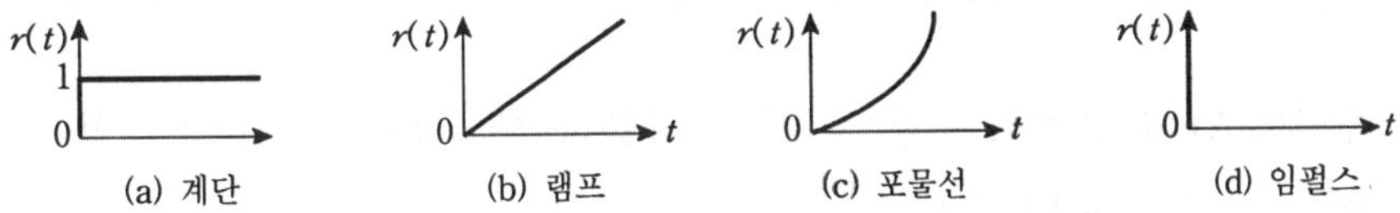

[그림 4-1] 과도응답에 사용되는 시험용 신호들

3. 포물선응답

시험용 신호가 시간의 제곱에 따라 변화하는 경우의 과도응답을 포물선응답(parabola respones)이라 하며, 이것의 수학적 표현은

$$r(t)=\frac{1}{2}t^2u(t)\begin{cases} t^2\text{일 때} & t>0 \\ 0\text{일 때} & t<0 \end{cases} \quad\cdots\cdots\cdots (4-7)$$

라플라스 변환하면

$$R(s)=\frac{1}{s^3} \quad\cdots\cdots\cdots (4-8)$$

이기 때문에 단위 포물선응답은 다음과 같이 되고, 여기서 사용한 시험용 신호는 [그림 4-1](c)이다.

$$y(t)=\mathcal{L}^{-1}\left[G(s)\cdot\frac{1}{s^3}\right] \quad\cdots\cdots\cdots (4-9)$$

4. 임펄스 응답

시험용 신호가 단위 임펄스 함수일 때의 과도응답을 임펄스 응답(impulse response)이라 하며, 중량함수(weighting function)라 한다. 이것의 수학적 표현은

$$r(t)=\delta(t)\begin{cases} 0\text{일 때} & t\neq 0 \\ \infty\text{일 때} & t=0 \end{cases} \quad\cdots\cdots\cdots (4-10)$$

라플라스 변환하면

$$R(s)=1 \quad\cdots\cdots\cdots (4-11)$$

이기 때문에 단위 임펄스 응답 $g(t)$는 다음과 같이 되고, 여기서 사용한 시험용 신호는 [그림 4-1](d)이다.

$$g(t)=\mathcal{L}^{-1}[G(s)] \quad\cdots\cdots\cdots (4-12)$$

임펄스상의 입력을 물리적으로 얻는 일은 실제로 불가능하지만, 펄스상 입력의 펄스폭을 대상으로 하는 계 또는 요소의 시정수에 비해서 극히 단시간일 때는 이것을 임펄스상 입력으로 볼 수가 있다.

4-2 과도응답의 시간특성

응답의 시간특성에는 정상응답과 과도응답으로 구분됨을 알았다. 과도응답은 오직 안정계통일 때만 중요하다. 왜냐하면, 불안정계통에 대한 과도응답은 감소하지도 않고 조절할 수도 없기 때문이다. 제어계통의 과도평가는 단위계단입력을 만드는 것이 쉽기 때문에 계단입력에 대한 응답을 구하는 경우가 많다. 실제의 계 또는 요소의 출력신호는 [그림 4-2]에 표시한 것과 같이 진동하면서 차차로 그 진폭을 감소시켜 희망값에 가까이 가는 경우가 많다. 단위계단에 대한 응답의 대표적인 평가함수는 다음과 같은 양으로 정의된다.

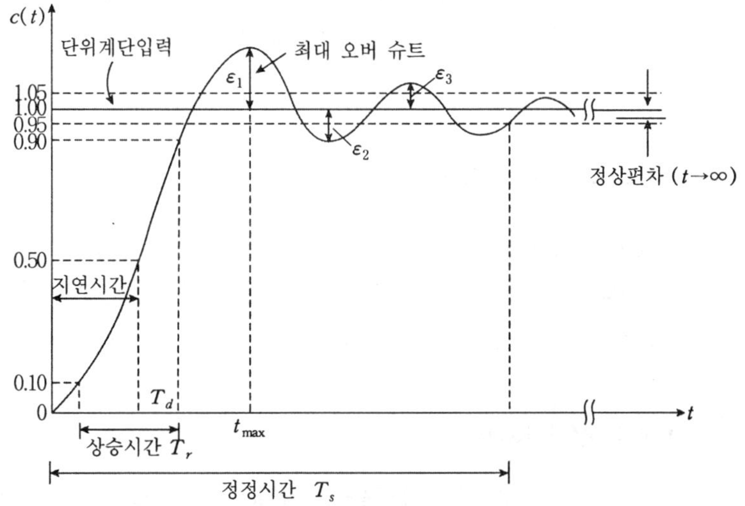

[그림 4-2] 과도응답의 시간특성

(1) 오버 슈트(over shoot)

응답 중에 생기는 입력과 출력 사이의 최대 편차량을 말하고, 이때까지 걸린 시간을 최대 초과시간 또는 과행시간(peak time)이라 한다. 이 양은 제어계의 안전성의 척도가 되고, 최대 오버 슈트는 계단응답의 최종값의 백분율로서 자주 표기된다.

$$\text{백분율 최대 오버 슈트} = \frac{\text{최대 오버 슈트}}{\text{최종 희망값}} \times 100[\%] \quad \cdots\cdots (4-13)$$

(2) 지연시간(delay time) : T_d

응답이 최초로 희망값의 50[%]에 도달하는 데 필요한 시간으로 정의한다. 응답의 속응성을 알 수 있다.

(3) 상승시간(rising time) : T_r

로스 시간이라고도 하며, 응답이 최종 희망값의 10[%]에서 90[%]까지 도달하는 데 필요한 시간으로 정의한다. 최종 희망값의 5[%]로부터 95[%]에 달하는 시간을 취하는 경우도 있고, 최종값의 50[%] 되는 점의 기울기 역수를 취하기도 한다.

(4) 정정시간(setting time) : T_s

응답시간(response time)이라고도 하며 응답이 정해진 허용범위(최종 희망값의 ±5[%]~±2[%]) 이내로 정착되는 시간으로 정의한다. 계단응답에 있어서는 정정시간까지를 과도응답, 정정시간 이후를 정상응답으로 본다.

(5) 감쇠비(decay ratio)

감쇠비는 과도응답의 소멸되는 정도를 나타내는 양으로서, 최대 오버 슈트와 다음 주기에 오는 제2 오버 슈트의 비로 정의하며 보통 $\frac{1}{4}$이 적당하다.

$$\text{감쇠비} = \frac{\text{제2 오버 슈트}(\varepsilon_3)}{\text{최대 오버 슈트}(\varepsilon_1)} \quad \cdots\cdots (4-14)$$

4-3 s-평면의 근의 위치와 과도응답

1. 특성방정식의 영점과 극점

표준 귀환제어의 블록선도는 [그림 4-3]과 같은 형태로 등가변환되므로 계 전체의 전달함수는 다음 식과 같이 된다.

$$\frac{C(s)}{R(s)} = \frac{G(s)}{1+G(s)H(s)} \quad \cdots\cdots (4-15)$$

여기서, $G(s)$와 $H(s)$는 각각 전향 루프와 귀환 루프의 전달함수이다. 식 (4-15)에서 중요한 것은 분모 $1+G(s)H(s)$의 근의 값이다.

여기서, 분모를 0으로 놓은 폐루프 제어계의 특성방정식은

$$F(s) = 1+G(s)H(s) = 0 \quad \cdots\cdots (4-16)$$

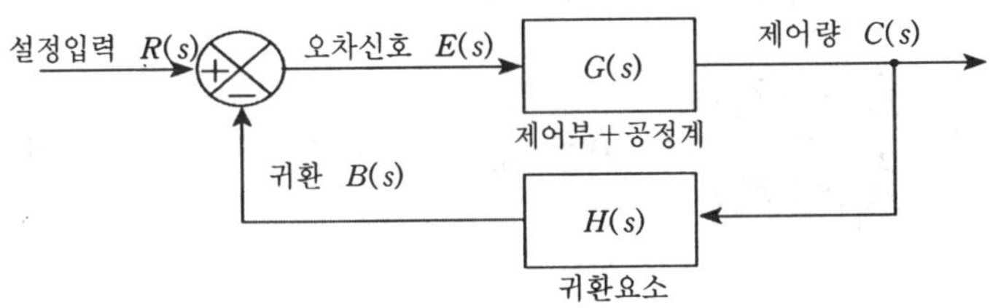

[그림 4-3] 표준 귀환제어계

이며, 식 (4-16)은 상수계수를 갖는 분수유리함수이므로

$$G(s) = \frac{A_1(s)}{B_1(s)}$$

$$H(s) = \frac{A_2(s)}{B_2(s)}$$

라고 나타낼 수 있다. 또한, 일반적으로 분자의 차수는 분모의 차수보다 작다.

따라서 특성방정식은

$$1+G(s)H(s)=1+\frac{A_1(s)}{B_1(s)}\cdot\frac{A_2(s)}{B_2(s)}$$

$$=\frac{A_1(s)A_2(s)+B_1(s)B_2(s)}{B_1(s)B_2(s)}=0$$

으로 되며, 분모와 분자를 각각 인수분해하여

$$\text{분자}=A_1(s)A_2(s)+B_1(s)B_2(s)$$

$$=a_0(s+Z_1)(s+Z_2)\cdots(s+Z_m)$$

$$\text{분모}=B_1(s)B_2(s)$$

$$=b_0(s+P_1)(s+P_2)\cdots(s+P_n)$$

이라 하면

$$F(s)=1+G(s)H(s)$$

$$=K\frac{(s+Z_1)(s+Z_2)\cdots(s+Z_m)}{(s+P_1)(s+P_2)\cdots(s+P_n)}$$

$$=K\frac{\prod_{i=1}^{m}(s+Z_i)}{\prod_{i=1}^{n}(s+P_i)},\qquad K=\frac{a_0}{b_0} \quad\cdots\cdots\cdots\cdots (4-17)$$

로 되며, $F(s)$의 절대값 $|F(s)|$를 0으로 하는 복소수 s를 $F(s)$의 영점(zero)이라고 하고, $|F(s)|$를 무한대로 하는 복소수 s를 $F(s)$의 극점(pole)이라고 한다.

극점과 영점은 2개의 실변수로 정해지는 복소수이며, 한 실수부는 복소수의 실수부를, 나머지는 복소수의 허수부를 나타낸다. 그러므로, 극점과 영점은 직각좌표의 한 점으로 표시할 수 있다. s-평면에서 극점의 위치표시는 (×), 영점의 위치표시는 (○)으로 나타낸다.

식 (4-17)을 라플라스 역변환하면 정상응답과 과도응답이 나타나며, 과도응답은 모두 지수함수를 포함하고 있어 s-평면의 좌반평면에 있는 근은 시간과 함께 소멸되어 안정하나, 우반평면에 있는 근에 대응하는 항은 시간과 함께 진폭이 무한대로 증대되어 계는 불안정하거나 파손된다.

(예제 4-1) $\frac{dx(t)}{dt}+x(t)=1$, $x(0)=x'(0)=0$에서 정상응답과 과도응답을 구하여라.

(풀이)

$$sX(s)-x(0)+X(s)=\frac{1}{s}$$

$$(s+1)X(s)=\frac{1}{s}$$

$$X(s)=\frac{1}{s(s+1)}=\frac{1}{s}-\frac{1}{s+1}$$

$$\therefore\ x(t)=\mathcal{L}^{-1}[X(s)]=1-e^{-t}$$

여기서, 정상응답은 시간이 무한대가 되어도 0이 되지 않는 제1항의 1이고, 과도응답은 $\lim_{t\to\infty}(-e^{-t})=0$이 되는 제2항 $(-e^{-t})$이다.

2. 특성방정식의 근의 위치와 응답

과도응답 중 정의 실근, 즉 s-평면 우반평면에 있는 실근에 대응하는 지수항의 응답은 시간과 함께 증가하는데 이러한 계는 불안정하다. 또한 부의 실근, 즉 s-평면 좌반평면에 있는 실근에 대응하는 지수항의 응답은 시간과 함께 감소하는데 이러한 계는 안정하다.

(예제 4-1)에서의 과도응답은 지수함수적으로 감소하고 있어 안정한 응답이다. 또, 과도응답이 시간과 더불어 소멸되는 정도는 허축에 가까운 근보다는 멀리 있는 근이 빨리 소멸된다.

[그림 4-4]는 여러 경우의 근의 위치에 대응하는 전형적인 계단응답을 그려놓은 것이다.

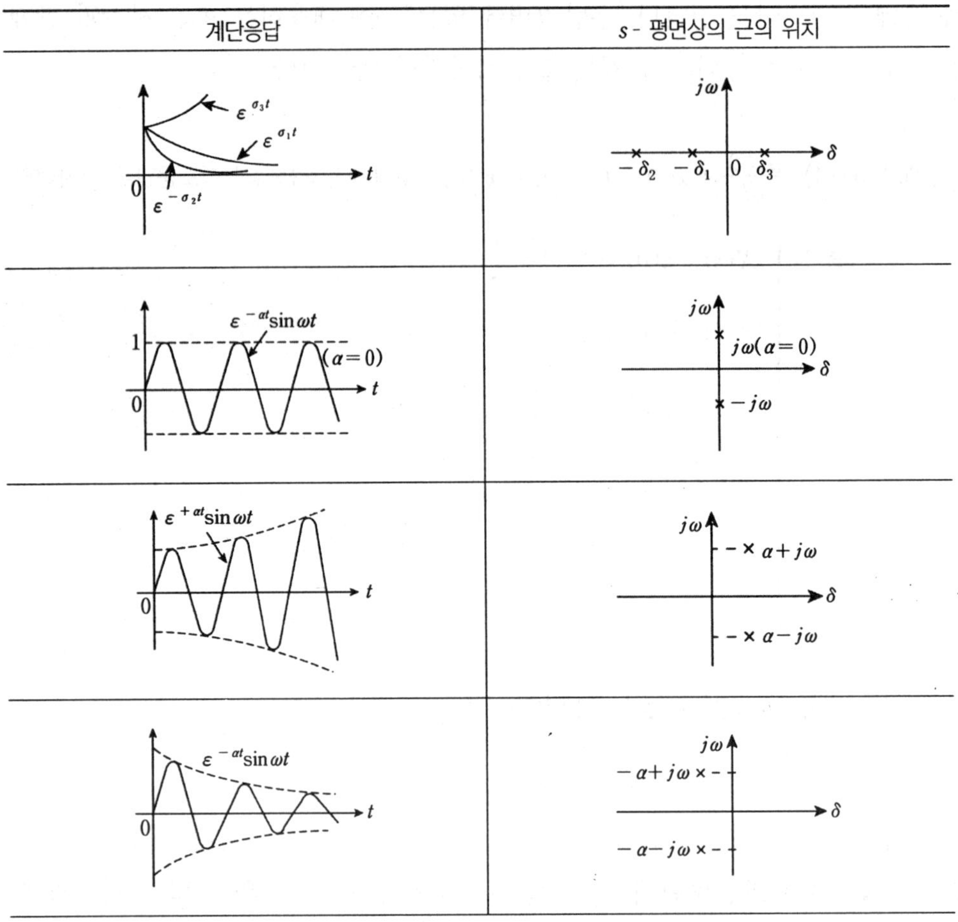

[그림 4-4] s - 평면에서의 근의 위치와 응답

4-4 1차 지연요소의 과도응답

1차 지연요소의 전달함수에 대해서는 이미 제3장에서 설명한 바 있다. 이런 1차 지연요소에서 입력의 특성에 따라 과도응답은 어떻게 되는가를 살펴보기로 한다. 1차 지연요소의 전달함수는 다음 식으로 나타낸다.

$$G(s)=\frac{Y(s)}{X(s)}=\frac{1}{1+Ts}=\frac{\frac{1}{T}}{s+\frac{1}{T}} \quad \cdots\cdots (4-18)$$

1. 계단응답(인디셜 응답)

크기가 A인 계단입력 $X(s)$는

$$X(s)=\frac{A}{s} \quad \cdots\cdots (4-19)$$

이므로 식 (4-18)로부터 출력 $Y(s)$는 다음과 같다.

$$Y(s)=\frac{\frac{1}{T}}{\left(s+\frac{1}{T}\right)}\cdot\frac{A}{s} \quad \cdots\cdots (4-20)$$

식 (4-20)을 부분분수로 전개한 후 라플라스 역변환시키면

$$y(t)=\mathcal{L}^{-1}[Y(s)]=A\left(1-e^{-\frac{t}{T}}\right) \quad \cdots\cdots (4-21)$$

가 되며, 식 (4-21)에서 t의 변화에 따라 〈표 4-1〉을 얻는다.

〈표 4-1〉

t	0	$0.2T$	$0.4T$	$0.8T$	T	$2T$	$3T$	$4T$	$5T$
$y(t)$	0	$0.18A$	$0.33A$	$0.55A$	$0.63A$	$0.86A$	$0.95A$	$0.98A$	$0.993A$

〈표 4-1〉의 결과를 그림으로 표시하면 [그림 4-5]와 같이 된다. 그림으로부터 몇 가지 중요한 사실을 알 수 있다. 즉,

① 시간 $t=0$에서 $y(t)=0$이며, 시간의 경과와 함께 출력이 증대해서 최종값 A에 가까워지고 있다.

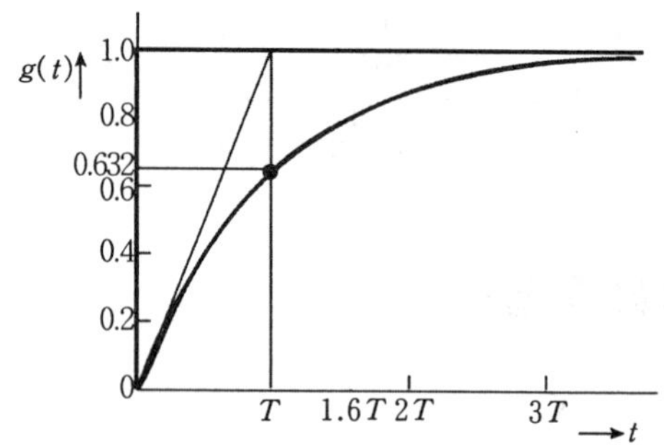

[그림 4-5] 1차 지연요소의 계단응답

② $t=T$ 일 때 $y(t)$의 값은 $t=0$일 때 값의 $\frac{1}{e}=63[\%]$로 되며, 이 T를 시정수라고 한다.

③ 원점에서 응답곡선의 기울기는 1이다(그림에서 실선으로 표시된 것을 참조). 따라서 $t=0$에서 $f(t)$의 접선을 그어 최종 평형값과 교차하는 시간을 시정수라 할 수 있고, T는 응답의 속도를 정량적으로 결정하는 파라미터(parameter)이다.

④ 시정수 T는 $y(t)$를 미분해서도 구할 수 있다.

$$\left.\frac{dy(t)}{dt}\right|_{t=0}=\frac{A}{T}$$

$$\therefore\ \tan\theta=\frac{A}{T} \qquad \cdots\cdots (4-22)$$

가 되어 접선과 최종값을 표시하는 직선과 만날 때의 시정수 T와 같음을 알 수 있다.

실제 이와 같은 인디셜 응답을 실측하는 경우 그 요소의 시정수는 상당히 큰 시간일 때가 많으며, 따라서 최종 평형상태에 도달하기까지의 시간은 매우 길고 실측하기가 곤란하다. 이러한 경우에는 다음과 같이 최종 평형값을 구하는 것이 쉽다. [그림 4-6]을 식으로 나타내면 다음과 같다.

$$y(t)=A\left(1-e^{-\frac{t}{T}}\right)$$

여기서 임의의 시간 t_1에서의 값을 y_1이라 하면

$$y_1 = A\left(1 - e^{-\frac{t_1}{T}}\right)$$

이 되고 $2t_1$의 값을 y_2라 하면

$$y_2 = A\left(1 - e^{-\frac{2t_1}{T}}\right)$$

이 되므로 위 두 식으로부터

$$\left(1 - \frac{y_1}{A}\right) = e^{-\frac{t_1}{T}} \quad \cdots\cdots (4-23)$$

$$\left(1 - \frac{y_2}{A}\right) = e^{-\frac{2t_1}{T}} \quad \cdots\cdots (4-24)$$

이 구해진다.

식 (4-23)을 양변 모두 제곱하면

$$\left(1 - \frac{y_1}{A}\right)^2 = e^{-\frac{2t_1}{T}}$$

가 되어 식 (4-24)와 같아진다.

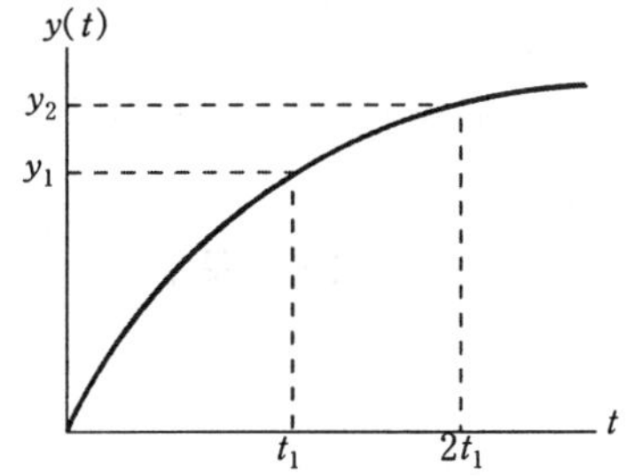

[그림 4-6]

$$\left(1-\frac{y_1}{A}\right)^2=1-\frac{y_2}{A}$$

$$1-\frac{2y_1}{A}+\frac{y_1^2}{A^2}=1-\frac{y_2}{A}$$

$$A^2-2Ay_1+y_1^2=A^2-Ay_2$$

$$y_1^2=2Ay_1-Ay_2=A(2y_1-y_2)$$

그러므로 식 (4-25)와 같이 A를 구할 수 있다.

$$A=\frac{y_1^2}{2y_1-y_2} \quad \cdots\cdots (4-25)$$

(예제 4-2) 0.1[min]의 시정수를 갖는 온도계가 정상상태에서 90[°C]를 유지하고 있다. $t=0$에서 이 온도계를 100[°C]의 수조에 담갔다. 이 온도계의 온도가 98[°C]를 나타내려면 시간이 얼마나 걸리겠는가?

(풀이) 시정수 $T=0.1$[min]

최종 평형값 $A=100-90=10$[°C]

온도계가 최고로 나타낼 수 있는 값은 100[°C]이고, 변화된 양 $y(t)$의 최대값은 $y(\infty)=10$[°C]이다. 온도계의 온도가 98[°C]에 도달하였을 때 $y(t)=8$[°C]이다. 식 (4-21)에서 T, A 및 $y(t)=8$[°C]를 대입하면

$$y(t)=8=10\left(1-e^{-\frac{t}{0.1}}\right)$$

가 되며, $a^y=x$에서 $y=\log_a x$의 공식을 가지고 풀면

$t=0.161$[min]

이다. 이 결과는 [그림 4-5]로부터 $y(t)=0.8$에 대한 $t=1.6$(점선)의 값과 일치한다.

(예제 4-3) 어떤 요소의 인디셜 응답이 $A\left(1-e^{-\frac{t}{T}}\right)$의 형태로 변하여 〈표 4-2〉의 실험결과를 얻었다. 이 요소의 최종 평형값과 시정수를 구하여라.

〈표 4-2〉

t	0	1	2	3	4	5	10	12.5	15
$y(t)$	0	9.0	16.5	22.5	27.5	31.5	43.5	46.0	47.5

(풀이) 〈표 4-2〉로부터 $t_1=5$, $2t_1=10$일 때 $y_1=31.5$, $y_2=43.5$가 되므로 식 (4-25)에 의하여

$$A=\frac{y_1^2}{2y_1-y_2}=\frac{31.5^2}{2\times31.5-43.5}\simeq 50.0$$

이 되므로, $0.63A=31.5$가 $y(t)$의 값이 되는 시간을 구하면 〈표 4-2〉에서 $T=5$임을 알 수 있다. 이렇게 하여 최종 평형값 A는 50, 시정수는 5를 구할 수 있다.

2. 임펄스 응답

식 (4-18)로 나타나는 1차 지연요소에 단위 임펄스 입력을 주면

$$X(s)=1$$

이므로, 출력 $Y(s)$는 다음과 같다.

$$Y(s)=\frac{1}{1+Ts}=\frac{\frac{1}{T}}{s+\frac{1}{T}} \qquad (4-26)$$

식 (4-26)을 부분분수로 전개한 후 라플라스 역변환시키면

$$y(t)=g(t)=\mathcal{L}^{-1}[Y(s)]=\frac{1}{T}e^{-t/T} \qquad (4-27)$$

가 되며, $T=1$이라 하면 식 (4-27)은 t의 변화에 따라 〈표 4-3〉을 얻는다.

〈표 4-3〉

t	0	$0.2T$	$0.4T$	$0.8T$	T	$2T$	$3T$	$4T$	$5T$
$g(t)$	1	0.82	0.67	0.45	0.37	0.135	0.05	0.02	0.007

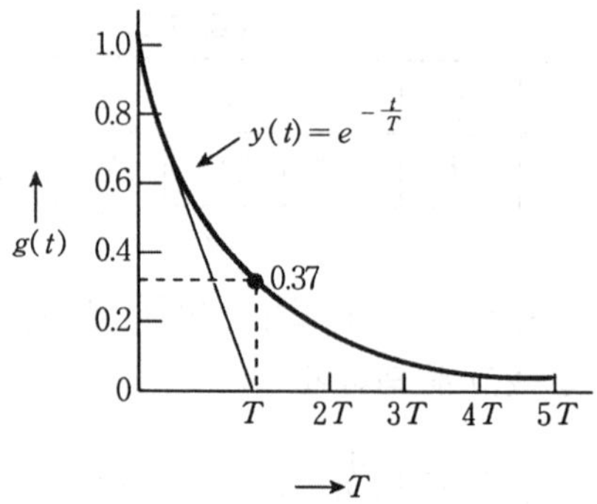

[그림 4-7] 1차 지연요소의 임펄스 응답

〈표 4-3〉을 그림으로 나타내면 [그림 4-7]과 같이 된다.

(예제 4-4) 어떤 선형요소에 단위 임펄스 입력을 가할 때 $y(t)=2e^{-t/2}$로 주어지는 응답곡선이 얻어졌다. 이 요소의 전달함수를 구하여라. 또, 이 요소에 단위계단 입력을 가했을 때 인디셜 응답을 구하여라.

(풀이) 입력 $x(t)$가 단위 임펄스 함수이므로 $X(s)=1$이 되며, 전달함수를 $G(s)$라 하면 $G(s)=Y(s)$가 된다.

$g(t)=\mathcal{L}^{-1}[G(s)]=2e^{-t/2}$

$\therefore\ G(s)=\dfrac{4}{1+2s}$

인디셜 응답은 입력이 $\dfrac{1}{s}$이므로

$\mathcal{L}^{-1}\left[\dfrac{4}{1+2s}\cdot\dfrac{1}{s}\right]=4(1-e^{-t/2})$

로 구해진다. 즉, 인디셜 응답을 미분하면 임펄스 응답이 된다.

3. 램프 응답

식 (4-18)로 나타나는 1차 지연요소의 단위 램프 입력은 $X(s)=\dfrac{1}{s^2}$이므로 출력 $Y(s)$는 다음과 같다.

$$Y(s)=\frac{1}{1+Ts}\cdot\frac{1}{s^2}=\frac{\frac{1}{T}}{\left(s+\frac{1}{T}\right)s^2}$$

부분분수 전개는 중근이 포함되어 있으므로

$$Y(s)=\frac{A_1}{s^2}+\frac{A_2}{s}+\frac{K_1}{\left(s+\frac{1}{T}\right)}$$

여기서 $A_1=1$, $A_2=-T$, $K_1=T$이므로

$$Y(s)=\frac{1}{s^2}-\frac{T}{s}+\frac{T}{s+\frac{1}{T}} \quad \cdots\cdots (4-28)$$

식 (4-28)을 라플라스 역변환시키면

$$y(t)=\mathcal{L}^{-1}[Y(s)]=t-T+Te^{-t/T}=t-T(1-e^{-t/T}) \quad \cdots\cdots (4-29)$$

식 (4-29)에서 출력응답 $y(t)$는 입력 t보다 $T(1-e^{-t/T})$만큼 적고, 시정수 T만큼의 시간지연을 나타내고 있어 이 식은 t의 변화에 따라 〈표 4-4〉를 얻고, 이 표를 그림으로 나타내면 [그림 4-8]이 얻어진다. 그림에서 알 수 있는 바와 같이 출력 $y(t)$는 입력 $x(t)=t$에 대해 시간과 함께 편차가 증가되다가 어느 시간이 지난 다음부터는 입력에 평행한 직선으로 접근한다. 이 편차를 $e(t)$라 하면

$$e(t)=x(t)-y(t)=T(1-e^{-t/T}) \quad \cdots\cdots (4-30)$$

이며, $t=\infty$에서는 $e(\infty)=T$, 즉 정상상태의 출력은 입력보다 T만큼 작아진다. 한편, 식 (4-29)를 시간 t로 미분하면

$$\frac{dy(t)}{dt}=1-e^{-t/T} \quad \cdots\cdots (4-31)$$

로 되므로, 단위 램프 응답을 미분하면 인디셜 응답이 얻어진다.

〈표 4-4〉

t	0	$0.2T$	$0.4T$	$0.8T$	T	$2T$	$3T$	$4T$	$5T$
$y(t)$	0	0.02	0.07	0.25	0.37	1.14	2.0	3.0	4.00

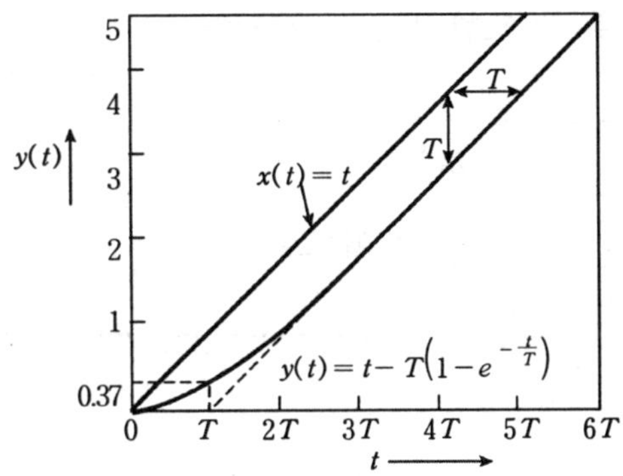

[그림 4-8] 1차 지연요소의 램프 응답

4−5 2차 지연요소의 과도응답

2차 지연요소에서 입력의 특성에 따라 과도응답이 어떻게 변하는가를 살펴보기로 한다. 2차 지연요소의 전달함수는 앞의 3장 식 (3−40a, b)로부터 다음과 같이 나타낸다.

$$G(s)=\frac{Y(s)}{X(s)}=\frac{1}{1+2\zeta Ts+T^2s^2}=\frac{\omega_n^2}{s^2+2\zeta\omega_n s+\omega_n^2} \quad \cdots (4-32)$$

이 계통의 특성방정식은 식 (4−32)의 분모를 0으로 놓음으로써 얻어진다. 즉,

$$s^2+2\zeta\omega_n s+\omega_n^2=0 \quad \cdots\cdots (4-33)$$

이다. 식 (4−33)의 근을 구하면

$$s_1,\ s_2=-\zeta\omega_n \pm j\omega_n\sqrt{1-\zeta^2}=-\alpha \pm j\omega \quad \cdots\cdots (4-34)$$

여기서, α : $\zeta\omega_n$로 시간응답의 상승 및 감쇠율을 조정하며 제동상수 또는 실제제동(damping factor or actual damping)이라 하고, α의 역인 $\frac{1}{\alpha}$은 계통의 시정수에 비례한다.

ω : $\omega_n\sqrt{1-\zeta^2}$으로 실제주파수(actual frequency)이다.

ζ, ω_n : 이것은 계통응답을 특징지어주는 데 매우 중요하며 각각 제동비(damping ratio)와 비감쇠 고유주파수(undamped natural frequency)이다.

특성방정식의 시간영역에서 출력의 완전한 해는 ζ의 값에 달려 있다.

1) $0<\zeta<1$인 경우 : 부족제동(underdamped case)

$$s_1,\ s_2=-\zeta\omega_n\pm j\omega_n\sqrt{1-\zeta^2} \quad \cdots\cdots (4-35)$$

공액복소수근을 가지므로 감쇠진동하고 원점에서 극점까지의 거리가 ω_n과 같다.

2) $\zeta=1$인 경우 : 임계제동(critical damped case)

$$s_1,\ s_2=-\omega_n \quad \cdots\cdots (4-36)$$

특성방정식의 두 근이 실수이므로 진동에서 비진동으로 옮겨가는 임계상태이고, 오버 슈트는 나타나지 않는다.

3) $\zeta>1$인 경우 : 과제동(overdamped case)

$$s_1,\ s_2=-\zeta\omega_n\pm\omega_n\sqrt{\zeta^2-1} \quad \cdots\cdots (4-37)$$

서로 다른 2개의 실근을 가지므로 비진동이고 오버 슈트는 보이지 않으며, $\zeta=1$일 때보다 최종 희망값에 도달하는 데 시간이 더 오래 걸린다.

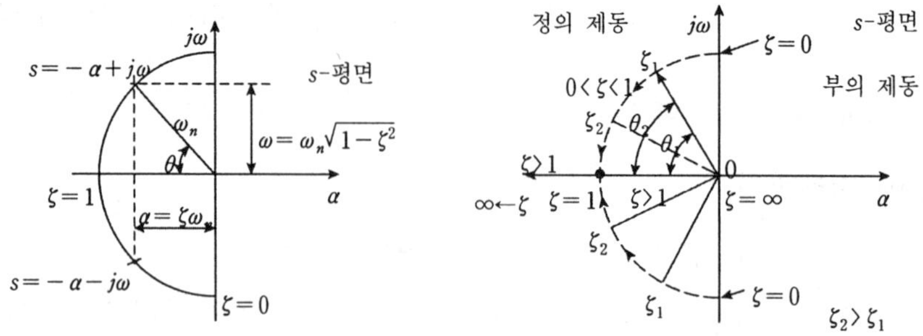

(a) (b)

[그림 4-9] 2차 지연요소의 특성방정식 근과 α, ζ, ω_n, ω간의 관계

4) $\zeta=0$인 경우 : 무제동(undamped case)

$$s_1,\ s_2=\pm j\omega_n \qquad (4-38)$$

특성방정식의 근은 허수가 되므로 일정한 진폭으로 무한히 진동한다. 만일, ω_n을 일정하게 유지하고 제동비 ζ를 0으로부터 ∞까지 변화시키면 근의 위치는 허축을 떠나 반지름을 ω_n으로 하는 원을 따라 이동한 후 $\zeta=1$일 때 $s=-\omega_n$에서 실축과 만난다. 다시 ζ가 증가되면 실축을 따라 원점과 무한대 방향으로 분리되어 이동한다.

[그림 4-9]는 ζ의 값에 따른 각 제동의 근궤적을 나타낸 것이다.

1. 단위계단응답(인디셜 응답)

식 (4-32)로 나타내는 2차계에 단위계단입력을 주면 응답 $Y(s)$는 다음과 같다.

$$Y(s)=\frac{\omega_n^2}{s^2+2\zeta\omega_n s+\omega_n^2}\cdot\frac{1}{s} \qquad (4-39)$$

여기서, 특성방정식 $s^2+2\zeta\omega_n s+\omega_n^2=0$의 근 s_1, s_2는 ζ의 값에 따라 달라지므로 ζ의 값에 대한 응답을 구하기로 한다.

(1) $\zeta = 1$인 경우

$\zeta = 1$일 때 식 (4-36), (4-39)로부터

$$Y(s) = \frac{\omega_n^2}{s(s+\omega_n)^2} \qquad \cdots\cdots (4-40)$$

이 얻어진다. 시간영역응답은 중근이므로 식 (2-38)로부터 구할 수 있다.

식 (4-40)의 부분분수 전개는

$$Y(s) = \frac{K_1}{s} + \frac{A_1}{(s+\omega_n)} + \frac{A_2}{(s+\omega_n)^2} \qquad \cdots\cdots (4-41)$$

여기서

$$K_1 = 1$$

$$A_1 = -1$$

$$A_2 = -\omega_n$$

이므로, 식 (4-41)에 이런 상수들을 대입하면

$$Y(s) = \frac{1}{s} - \frac{1}{(s+\omega_n)} - \frac{\omega_n}{(s+\omega_n)^2} \qquad \cdots\cdots (4-42)$$

이 얻어지고 출력의 시간영역응답 $y(t)$는 라플라스 변환표를 이용하여

$$y(t) = 1 - e^{-\omega_n t} - \omega_n t e^{-\omega_n t}$$

가 된다. 이 경우 근의 위치에 대한 응답의 비교를 [그림 4-10]에 나타내었다.

(2) $\zeta > 1$인 경우

$\zeta > 1$일 때 식 (4-37), (4-39)로부터

$$Y(s)=\frac{\omega_n^2}{s(s+\zeta\omega_n-\omega_n\sqrt{\zeta^2-1})(s+\zeta\omega_n+\omega_n\sqrt{\zeta^2-1})} \quad \cdots\cdot (4-43)$$

이 얻어진다. 시간영역응답은 실수 단근이므로 식 (2-34)로부터 구할 수 있다.

식 (4-43)의 부분분수 전개는

$$Y(s)=\frac{K_1}{s}+\frac{K_2}{s+\zeta\omega_n-\omega_n\sqrt{\zeta^2-1}}+\frac{K_3}{s+\zeta\omega_n+\omega_n\sqrt{\zeta^2-1}}$$

$$=\frac{K_1}{s}+\frac{K_2}{(s-s_1)}+\frac{K_3}{(s-s_2)} \quad \cdots\cdots (4-44)$$

단, $s_1=-\zeta\omega_n+\omega_n\sqrt{\zeta^2-1}$, $s_2=-\zeta\omega_n-\omega_n\sqrt{\zeta^2-1}$

여기서,

$$K_1=1$$

$$K_2=[2(\zeta^2-\zeta\sqrt{\zeta^2-1}-1)]^{-1}$$

$$K_3=[2(\zeta^2+\zeta\sqrt{\zeta^2-1}-1)]^{-1}$$

이므로, 식 (4-44)는

$$Y(s)=s^{-1}+[2(\zeta^2-\zeta\sqrt{\zeta^2-1}-1)]^{-1}(s+\zeta\omega_n-\omega_n\sqrt{\zeta^2-1})^{-1}$$

$$+[2(\zeta^2+\zeta\sqrt{\zeta^2-1}-1)]^{-1}(s+\zeta\omega_n+\omega_n\sqrt{\zeta^2-1})^{-1} \quad \cdots\cdots (4-45)$$

와 같이 쓰여진다. 출력의 시간영역응답 $y(t)$는 라플라스 변환표를 이용하여

$$y(t)=1+[2(\zeta^2-\zeta\sqrt{\zeta^2-1}-1)]^{-1}e^{-(\zeta-\sqrt{\zeta^2-1})\omega_n t}$$

$$+[2(\zeta^2+\zeta\sqrt{\zeta^2-1}-1)]^{-1}e^{-(\zeta+\sqrt{\zeta^2-1})\omega_n t} \quad \cdots\cdots (4-46)$$

와 같이 나타낸다. 이 경우 근은 위치에 대한 응답의 비교를 [그림 4-10]에 나타내었다.

(3) $0<\zeta<1$인 경우

식 (4-39)를 인수분해한 후 부분분수로 전개하면

$$Y(s)=\frac{K_1}{s}+\frac{K_2}{s+\zeta\omega_n-j\omega_n\sqrt{1-\zeta^2}}+\frac{K_3}{s+\zeta\omega_n+j\omega_n\sqrt{1-\zeta^2}}$$

$$=\frac{K_1}{s}+\frac{K_2}{(s-s_1)}+\frac{K_3}{(s-s_2)} \quad\cdots\cdots\cdots (4\text{-}47)$$

단, $s_1=-\zeta\omega_n+j\omega_n\sqrt{1-\zeta^2}$, $s_2=-\zeta\omega_n-j\omega_n\sqrt{1-\zeta^2}$

그러므로

$$K_1=\lim_{s\to 0}\left[s\frac{\omega_n^2}{s(s-s_1)(s-s_2)}\right]=\frac{\omega_n^2}{s_1s_2}=1$$

$$K_2=\lim_{s\to s_1}\left[(s-s_1)\frac{\omega_n^2}{s(s-s_1)(s-s_2)}\right]=\frac{\omega_n^2}{s_1(s_1-s_2)}$$

$$=-\frac{1}{2j}\,\frac{\zeta+j\sqrt{1-\zeta^2}}{\sqrt{1-\zeta^2}} \quad\cdots\cdots\cdots (4-48)$$

$$K_3=\lim_{s\to s_2}\left[(s-s_2)\frac{\omega_n^2}{s(s-s_1)(s-s_2)}\right]=\frac{\omega_n^2}{s_1(s_2-s_1)}$$

$$=\frac{1}{2j}\,\frac{\zeta-j\sqrt{1-\zeta^2}}{\sqrt{1-\zeta^2}} \quad\cdots\cdots\cdots (4-49)$$

이 된다. 여기서, [그림 4-9](a)는 다음과 같은 삼각함수법의 성질을 가지고 있으므로

$$\cos\theta=-\zeta \quad\cdots\cdots\cdots (4-50)$$

$$\sin\theta=\sqrt{1-\zeta^2} \quad\cdots\cdots\cdots (4-51)$$

식 (4-50), (4-51)을 식 (4-48), (4-49)에 대입하여 정리하면

$$K_1=1$$

$$K_2 = \frac{e^{-j\theta}}{2j\sin\theta}$$

$$K_3 = -\frac{e^{j\theta}}{2j\sin\theta}$$

와 같이 표현할 수 있다. 그러므로, 식 (4-47)은

$$Y(s) = \frac{1}{s} + \frac{e^{j\theta}}{2j\sin\theta}\left(s + \zeta\omega_n - j\omega_n\sqrt{1-\zeta^2}\right)^{-1}$$

$$-\frac{e^{j\theta}}{2j\sin\theta}\left(s + \zeta\omega_n + j\omega_n\sqrt{1-\zeta^2}\right)^{-1} \quad \cdots\cdots (4-52)$$

와 같이 쓸 수 있다. 출력의 시간영역응답 $y(t)$는 라플라스 변환표를 이용함으로써 얻을 수 있다.

$$y(t) = 1 + \frac{e^{-j\theta}}{2j\sin\theta}e^{-(\zeta\omega_n - j\omega_n\sqrt{1-\zeta^2})t} - \frac{e^{j}\theta}{2j\sin\theta}e^{-(\zeta\omega_n + j\omega_n\sqrt{1-\zeta^2})t}$$

$$\cdots\cdots (4-53)$$

이것은

$$y(t) = 1 + \frac{e^{-\zeta\omega_n t}}{\sqrt{1-\zeta^2}} \cdot \frac{e^{j(\omega_n t\sqrt{1-\zeta^2}-\theta)} - e^{-j(\omega_n t\sqrt{1-\zeta^2}-\theta)}}{2j}$$

$$\cdots\cdots (4-54)$$

또는,

$$y(t) = 1 + \frac{e^{-\zeta\omega_n t}}{\sqrt{1-\zeta^2}}\sin(\omega_n\sqrt{1-\zeta^2}\,t - \theta) \quad \cdots\cdots (4-55)$$

와 같이 간단히 할 수 있다. 여기서

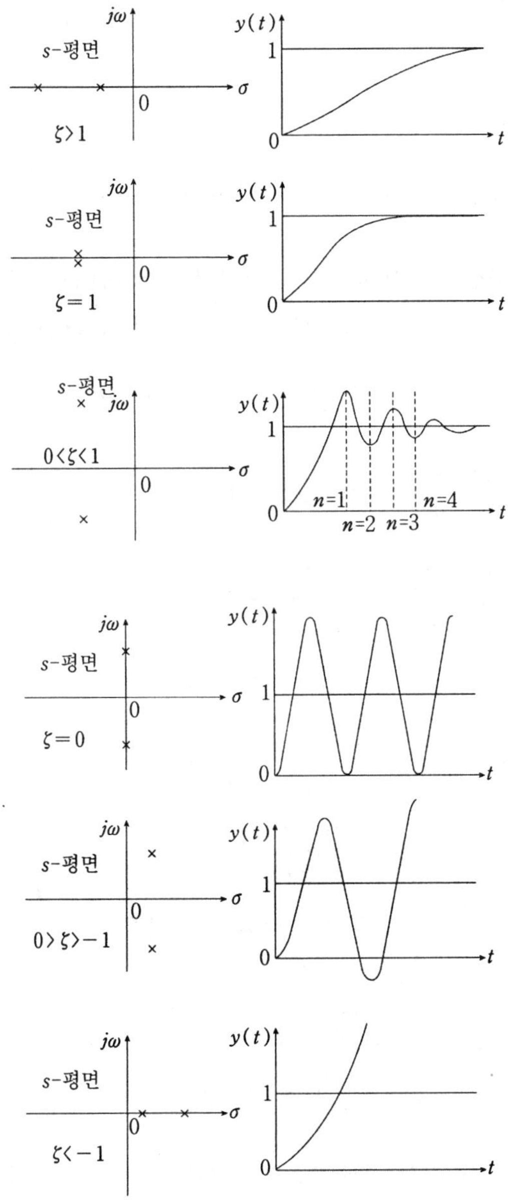

[그림 4-10] 2차 지연요소의 근의 위치에 대한 응답비교

$$\theta = \tan^{-1}\frac{\sqrt{1-\zeta^2}}{\zeta}$$

특히, $\zeta=0$일 때는

$$y(t) = 1 - \cos\omega_n t \quad \cdots\cdots (4\text{-}56)$$

이 근의 위치에 대한 응답비교는 [그림 4-10]에 나타내었다. 여기서, 최대 오버 슈트가 발생하는 시간 t_{max}는 식 (4-55)에서 주어진 $y(t)$를 시간에 대하여 미분하고 도함수를 0으로 놓음으로써 구할 수 있다.

$$\frac{dy(t)}{dt} = -\frac{\zeta\omega_n e^{-\zeta\omega_n t}}{\sqrt{1-\zeta^2}}\sin(\omega t-\theta)$$
$$+\frac{e^{-\zeta\omega_n t}}{\sqrt{1-\zeta^2}}\omega_n\sqrt{1-\zeta^2}\cos(\omega t-\theta)=0 \quad \cdots\cdots (4-57)$$

또 식 (4-57)은 다음과 같이 간단히 된다.

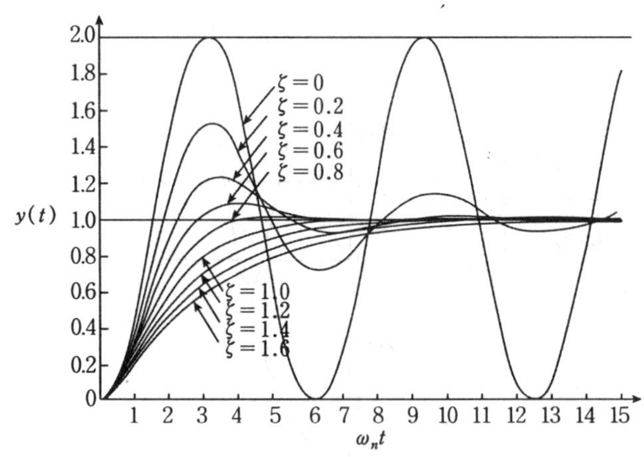

[그림 4-11] 2차 지연요소의 ζ 변화에 대한 인디셜 응답

$$\frac{dy(t)}{dy} = \frac{\omega_n}{\sqrt{1-\zeta^2}}e^{-\zeta\omega_n t}\sin\omega_n\sqrt{1-\zeta^2}\,t=0 \qquad t\geq 1$$

이 도함수는

$$\omega_n\sqrt{1-\zeta^2}\,t=n\pi,\ \ n=1,\ 2,\ 3,\ \cdots,\ n$$

일 때 0이다. 만일, 초기조건이 0이라면 최대 오버 슈트는 0 이후의 첫번째값에서 발생하므로 $n=1$에서 생긴다.

$$t=\frac{n\pi}{\omega_n\sqrt{1-\zeta^2}} \qquad \cdots\cdots (4-58)$$

일반적으로 $n=1,\ 3,\ 5,\cdots$인 n의 모든 값에서 오버 슈트가 생기고, $n=2,\ 4,\ 6,\cdots$에서는 언더 슈트가 생기는 시간이 된다([그림 4-10]의 $0<\zeta<1$인 경우 참조).

[그림 4-11]은 여러 가지 제동비에 대한 $\omega_n t$에 관하여 나타낸 것이다. ζ 값이 작아지면 작아질수록 응답은 더욱 진동적이 됨을 알 수 있다. $\zeta\geq1$일 때는 계단응답에 오버 슈트는 생기지 않는다. 즉, 응답은 결코 기준입력값을 초과하지 않는다.

2. 임펄스 응답

전달함수가 식 (4-32)로 표시되는 2차 지연요소에 임펄스 입력을 주면 응답 $Y(s)$는 다음과 같다.

$$Y(s)=\frac{\omega_n^2}{s^2+2\zeta\omega_n s+\omega_n^2} \qquad \cdots\cdots (4-59)$$

여기서, 특성방정식 $s^2+2\zeta\omega_n s+w_n^2=0$의 근 s_1, s_2는 ζ의 값에 따라 달라지므로 $\zeta=1$, $\zeta>1$, $0<\zeta<1$인 경우에 대해서 응답을 구하기로 한다.

(1) $\zeta=1$인 경우

식 (4-36)과 (4-59)로부터

$$Y(s)=G(s)=\frac{\omega_n^2}{(s+\omega_n)^2} \quad \cdots\cdots (4-60)$$

이 얻어지므로 시간영역의 응답을 얻기 위하여 라플라스 역변환하면

$$g(t)=\mathcal{L}^{-1}[G(s)]=\omega_n^2 te^{-\omega_n t} \quad \cdots\cdots (4-61)$$

가 된다.

(2) $\zeta>1$인 경우

식 (4-37)과 (4-59)로부터

$$Y(s)=G(s)=\frac{\omega_n^2}{(s+\zeta\omega_n-\omega_n\sqrt{\zeta^2-1})(s+\zeta\omega_n+\omega_n\sqrt{\zeta^2-1})} \quad \cdots\cdots (4-62)$$

이 얻어지므로 부분분수로 전개한 후 라플라스 변환표를 이용하여 $g(t)$를 구하면

$$g(t)=\frac{\omega_n}{2\sqrt{\zeta^2-1}}e^{-(\zeta-\sqrt{\zeta^2-1})\omega_n t}-\frac{\omega_n}{2\sqrt{\zeta^2-1}}e^{-(\zeta+\sqrt{\zeta^2-1})\omega_n t}$$

$$=\frac{\omega_n}{\sqrt{\zeta^2-1}}e^{-\zeta\omega_n t}\sinh\left(\omega_n\sqrt{\zeta^2-1}\,t\right)$$

(3) $0<\zeta<1$인 경우

식 (4-35)와 (4-59)로부터

$$Y(s)=G(s)=\frac{\omega_n^2}{(s+\zeta\omega_n-j\omega_n\sqrt{1-\zeta^2})(s+\zeta\omega_n+j\omega_n\sqrt{1-\zeta^2})} \quad \cdots\cdots (4-63)$$

이 얻어지므로 부분분수로 전개한 후 라플라스 변환표를 이용하여 $g(t)$를 구하면

$$g(t) = \frac{\omega_n}{2j\sqrt{1-\zeta^2}}\left[e^{-(\zeta - j\sqrt{1-\zeta^2})\omega_n t} - e^{-(\zeta + j\sqrt{1+\zeta^2})\omega_n t}\right]$$

$$= \frac{\omega_n}{\sqrt{1-\zeta^2}} e^{-\zeta\omega_n t} \sin \omega_n \sqrt{1-\zeta^2}\, t \quad \cdots\cdots (4-64)$$

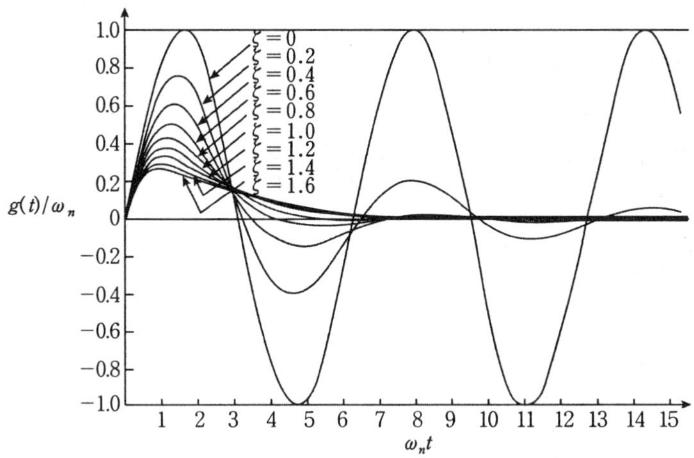

[그림 4-12] 2차 지연요소의 ζ변화에 대한 임펄스 응답

따라서, 응답은 $\zeta=1$인 경우에는 임계제동 상태, $\zeta>1$인 경우에는 과제동 상태, $0<\zeta<1$인 경우 부족제동 상태로 된다. ζ를 파라미터로 하여 임펄스 응답을 나타내면 [그림 4-12]와 같다.

3. 램프 응답

식 (4-32)로 나타내는 2차 지연요소에 램프 입력을 주면 응답 $Y(s)$는 다음과 같다.

$$Y(s) = \frac{\omega_n^2}{s^2 + 2\zeta\omega_n s + \omega_n^2} \cdot \frac{1}{s^2} \quad \cdots\cdots (4-65)$$

여기서, 특성방정식 $s^2 + 2\zeta\omega_n s + \omega_n^2 = 0$의 근 s_1, s_2는 ζ의 값에 따라 달라지므로 ζ의 값에 대한 응답을 구하기로 한다.

(1) $\zeta=1$인 경우

$\zeta=1$일 때 식 (4-36), (4-65)로부터

$$Y(s)=\frac{\omega_n^2}{s^2(s+\omega_n)^2} \quad \cdots\cdots (4-66)$$

이 얻어진다. 부분분수로 전개하면

$$Y(s)=\frac{A_1}{s^2}+\frac{A_2}{s}+\frac{A_3}{(s+\omega_n)^2}+\frac{A_4}{(s+\omega_n)} \quad \cdots\cdots (4-67)$$

이 얻어지고, 여기서

$$A_1=1, \qquad A_2=-\frac{2}{\omega_n}$$

$$A_3=1, \qquad A_4=\frac{2}{\omega_n}$$

이므로 식 (4-67)에 대입하면

$$Y(s)=\frac{1}{s^2}+\frac{-\frac{2}{\omega_n}}{s}+\frac{1}{(s+\omega_n)^2}+\frac{\frac{2}{\omega_n}}{(s+\omega_n)}$$

가 얻어지므로, 시간영역의 응답을 얻기 위하여 라플라스 역변환하면

$$\mathcal{L}^{-1}[Y(s)]=y(t)=t-\frac{2}{\omega_n}+te^{-\omega_n t}+\frac{2}{\omega_n}e^{-\omega_n t}$$

가 된다.

(2) $\zeta>1$인 경우

$\zeta>1$일 때 식 (4-37), (4-65)로부터

$$Y(s)=\frac{\omega_n^2}{s^2\left(s+\zeta\omega_n-\omega_n\sqrt{\zeta^2-1}\right)\left(s+\zeta\omega_n+\omega_n\sqrt{\zeta^2-1}\right)} \quad \cdots\cdots (4-68)$$

이 얻어지고 부분분수로 전개하면

$$Y(s)=\frac{A_1}{s^2}+\frac{A_2}{s}+\frac{K_1}{(s-s_1)}+\frac{K_2}{(s-s_2)} \quad \cdots\cdots (4-69)$$

단, $s_1,\ s_2=-\zeta\omega_n\pm\omega_n\sqrt{\zeta^2-1}$

이다.

$$A_1=1, \qquad A_2=\frac{-2\zeta}{\omega_n}$$

$$K_1=\frac{2\zeta^2-1+2\zeta\sqrt{\zeta^2-1}}{2\omega_n\sqrt{\zeta^2-1}}$$

$$K_2=\frac{-2\zeta^2+1+2\zeta\sqrt{\zeta^2-1}}{2\omega_n\sqrt{\zeta^2-1}}$$

위 결과를 식 (4-69)에 대입한 후 시간영역의 응답을 얻기 위하여 라플라스 역변환하면

$$y(t)=t-\frac{2\zeta}{\omega_n}+\frac{e^{-\zeta\omega_n t}}{\omega_n\sqrt{\zeta^2-1}}\sin h\left(\omega_n t\sqrt{\zeta^2-1}\,t+\phi\right) \cdots\cdots (4-70)$$

단, $\phi=\tan h^{-1}\dfrac{2\zeta\sqrt{\zeta^2-1}}{2\zeta^2-1}=\dfrac{\sin h2\zeta\sqrt{\zeta^2-1}}{\cos h2\zeta^2-1}$

이다.

(3) $0<\zeta<1$인 경우

식 (4-35)와 (4-65)로부터

$$Y(s)=\frac{\omega_n^2}{s^2\left(s+\zeta\omega_n-j\omega_n\sqrt{1-\zeta^2}\right)\left(s+\zeta\omega_n+j\omega_n\sqrt{1-\zeta^2}\right)} \qquad \cdots\cdots (4-71)$$

이 얻어지고, 부분분수로 전개하면

$$Y(s)=\frac{A_1}{s^2}+\frac{A_2}{s}+\frac{K_1}{(s-s_1)}+\frac{K_2}{(s-s_2)} \qquad \cdots\cdots (4-72)$$

단, $s_1,\ s_2=-\zeta\omega_n\pm j\omega_n\sqrt{1-\zeta^2}$

이다.

$$A_1=1, \qquad A_2=\frac{-2\zeta}{\omega_n}$$

$$K_1=\frac{2\zeta\sqrt{1-\zeta^2}-j(2\zeta^2-1)}{2\omega_n\sqrt{1-\zeta^2}}$$

$$K_2=\frac{2\zeta\sqrt{1-\zeta^2}+j(2\zeta^2-1)}{2\omega_n\sqrt{1-\zeta^2}}$$

위 결과를 식 (4-72)에 대입한 후 시간영역의 응답을 얻기 위하여 라플라스 역변환하면

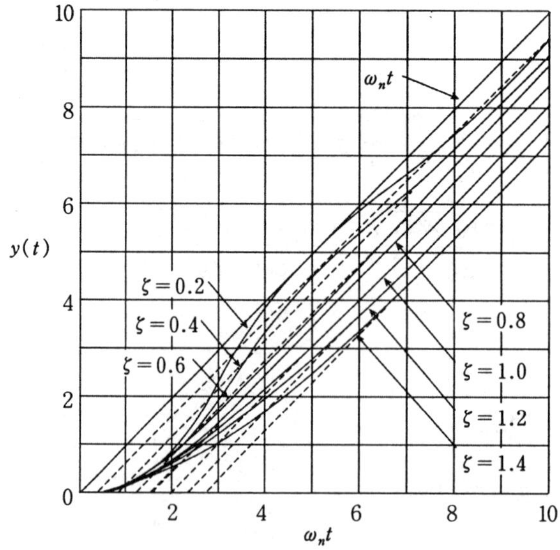

[그림 4-13] 2차 지연요소의 램프 응답

$$y(t)=t-\frac{2\zeta}{\omega_n}+\frac{e^{-\zeta\omega_n t}}{\omega_n\sqrt{1-\zeta^2}}\left[\frac{2\zeta\sqrt{1-\zeta^2}\left(e^{j\omega_n\sqrt{1-\zeta^2}t}+e^{-j\omega_n\sqrt{1-\zeta^2}t}\right)}{2}\right.$$

$$\left.+\frac{(2\zeta^2-1)\left(e^{j\omega_n\sqrt{1-\zeta^2}t}+e^{-j\omega_n\sqrt{1-\zeta^2}t}\right)}{2j}\right]$$

$$=t-\frac{2\zeta}{\omega_n}+\frac{e^{-\zeta\omega_n t}}{\omega_n\sqrt{1-\zeta^2}}\sin\left(\omega_n t\sqrt{1-\zeta^2}+\tan^{-1}\frac{2\zeta\sqrt{1-\zeta^2}}{2\zeta^2-1}\right)$$

$$\cdots\cdots\cdots\cdots\cdots\cdots\cdots\cdots\cdots\cdots (4-73)$$

ζ를 파라미터로 하여 램프 응답을 나타내면 [그림 4-13]과 같이 된다.

연습문제

1. s-평면상 극의 위치가 [그림 4-14]와 같은 위치에 있을 때 이것의 시간 영역응답을 설명하여라.

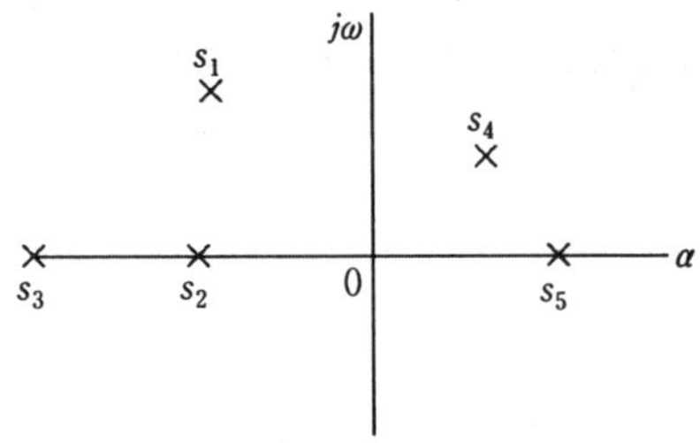

[그림 4-14]

2. s-평면에서 극점배치가 [그림 4-15]와 같을 경우 이 계의 시간영역에서의 동작 $f(t)$를 구하여라.

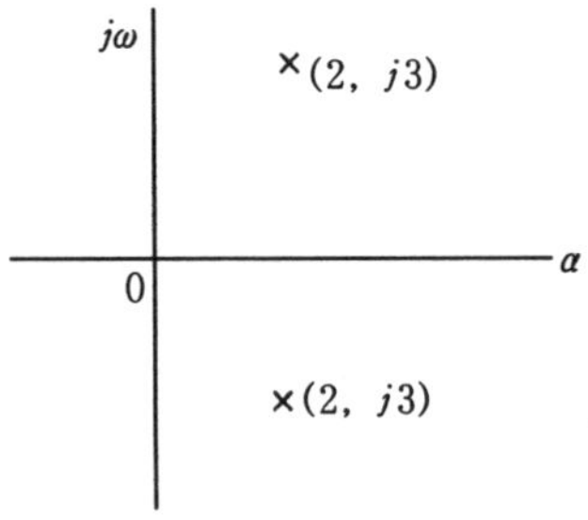

[그림 4-15]

3. 〈표 4-5〉와 같은 실험결과에서 시정수 T를 구하여라.

〈표 4-5〉

t	0	1	2	3	4	5	7.5	10	12.5
$y(t)$	50	41.0	33.5	27.5	22.5	18.5	11.0	6.5	4.0

4. $\dfrac{d^2y}{dt^2}+5\dfrac{dy}{dt}+9y=9x$로 표시되는 2차계에서 고유진동주파수 (ω_n), 감쇠계수 (ζ), 시정수 (T), 감쇠진동주파수 (ω)와 특성방정식을 구하여라. 단 y는 출력, x는 입력이다.

5. $G(s)=\dfrac{1}{s(s+1)}$인 계의 단위계단응답을 구하여라.

6. $G(s)=\dfrac{1}{(s+a)^2}$인 계의 임펄스 응답을 구하여라.

7. $G(s)=\dfrac{\omega_n^2}{s^2+2\zeta\omega_n s+\omega_n^2}$에서 $\omega_n=1$, $\zeta=1$인 경우 단위 임펄스 응답을 구하여라.

8. 주어진 제어계의 인디셜 응답이 $y(t)=1-\frac{7}{3}e^{-t}+\frac{3}{2}e^{-2t}-\frac{1}{6}e^{-4t}$이다. 이 계의 전달함수를 구하여라.

9. $R-L$ 직렬회로의 시정수를 구하여라.

10. 회전체의 운동을 나타내는 방정식 $\omega=\omega_0\left(1-e^{-\frac{t}{T}}\right)$에서 ω가 정상값의 98[%]까지 소요되는 시간을 구하여라.

5장 제어계의 편차와 감도

제어계에 어떤 입력이 가해진 후 시간이 지나 정상상태가 되었을 때의 출력을 정상응답(steady-state response)이라 한다.

이상적인 자동제어계에서는 입력과 응답이 완전히 일치하겠지만, 물리계는 계통의 특수한 성질과 관성, 저항 등을 갖고 있기 때문에 정상상태에서 출력응답은 기준입력과 정확히 일치하지 않기 때문에 허용할 수 있는 정상편차(steady-state error)를 갖게 된다.

이 장에서는 편차상수(error constant)와 감도(sensitivity)의 개념을 다루고자 한다.

5-1 정상상태편차

제어계통에서 정상편차는 피할 수 없지만 제어계의 설계시 중요한 문제는 이 정상편차를 어떻게 하면 최소로, 또는 어떤 허용된 값 이하로 줄일 수 있는가 하는 일이다.

예를 들면, 기준입력 $r(t)$와 제어출력 $c(t)$가 동일한 수준이거나 또는 동일한 차수의 진폭을 갖는 경우이면 편차신호는 다음과 같이 간단히 표기된다.

$$e(t) = r(t) - c(t) \quad \cdots\cdots (5-1)$$

그러나 입력과 출력의 차원이 다른 경우에는 식 (5-1)은 의미가 없어지게 되므로 [그림 5-1]과 같이 단위가 없는 요소 $H(s)$가 삽입된 전송기를 설치하며 이 경우 편차는 다음 식과 같이 된다.

$$e(t) = r(t) - b(t) \quad \cdots\cdots (5-2)$$

$$E(s) = R(s) - B(s) = R(s) - H(s)C(s) \quad \cdots\cdots (5-3)$$

예를 들면 100[V]의 전압원을 조절하기 위해서 10[V]의 기준입력을 사용했다면 H는 정수가 0.1이 된다.

$$e(t) = 10 - 0.1 \times 100 = 0$$

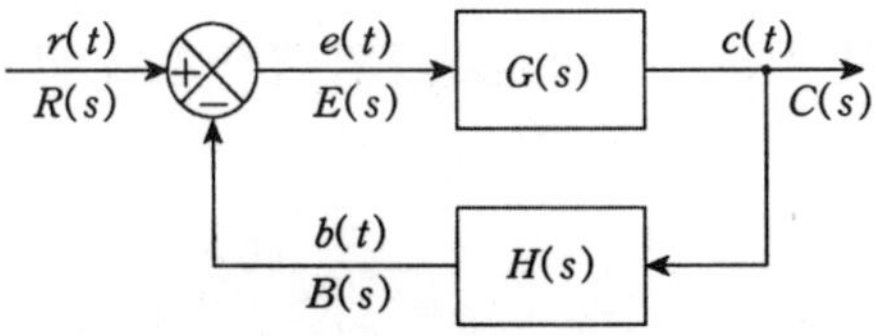

[그림 5-1] 단위가 없는 귀환제어계

귀환제어계에서 정상편차는 잔류편차(off-set)라고도 하며, 이는 시간을 무한대로 할 때 나타나는 편차로 정의한다. 즉

$$\text{정상편차} = e_{ss} = \lim_{t \to \infty} e(t) \quad \cdots\cdots (5-4)$$

[그림 5-1]에서 라플라스 변환을 취한 편차함수는 다음 식이 된다.

$$\begin{aligned} E(s) &= R(s) - B(s) = R(s) - H(s)C(s) \\ &= R(s) - \frac{G(s)H(s)R(s)}{1 + G(s)H(s)} = \frac{R(s)}{1 + G(s)H(S)} \quad \cdots\cdots (5-5) \end{aligned}$$

식 (2-29)의 최종값정리를 사용하면 제어계의 정상편차는 다음 식이 된다.

$$e_{ss}=\lim_{t\to\infty}e(t)=\lim_{s\to 0}sE(s) \quad\cdots\cdots (5-6)$$

여기서 $sE(s)$는 허축상이나 s-평면 우반평면에 극을 갖지 않는다고 가정하고 식 (5-5)를 식 (5-6)에 대입시키면

$$e_{ss}=\lim_{t\to\infty}e(t)=\lim_{s\to 0}s\frac{R(s)}{1+G(s)H(s)} \quad\cdots\cdots (5-7)$$

이 되며 이 식은 정상편차가 기준입력 $R(s)$와 귀환전달함수 $G(s)H(s)$에 따라 변하고 있음을 보여주고 있으나 보통의 경우는 해석을 간단히 하기 위하여 $H(s)=1$로 한 단위귀환계로 계산한다.

$$e_{ss}=\lim_{t\to\infty}e(t)=\lim_{s\to 0}s\frac{R(s)}{1+G(s)} \quad\cdots\cdots (5-8)$$

(예제 5-1) [그림 5-2]와 같은 단위 귀환제어계에 100[V]의 전압을 가했을 때의 정상 편차를 구하여라.

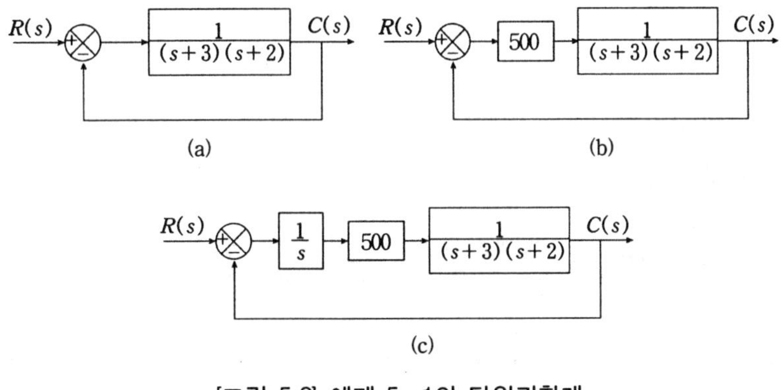

[그림 5-2] 예제 5-1의 단위귀환계

(풀이) 식 (5-8)을 이용하여 정상편차를 구하면

① [그림 5-2](a)인 경우

$$e_{ss}=\lim_{t\to\infty}e(t)=\lim_{s\to 0}s\frac{1}{1+\frac{1}{(s+3)(s+2)}}\cdot\frac{100}{s}=85.71\,[\mathrm{V}]$$

② 그림 (b)인 경우

$$e_{ss}=\lim_{t\to\infty}e(t)=\lim_{s\to 0}s\frac{1}{1+\frac{500}{(s+3)(s+2)}}\cdot\frac{100}{s}=1.186\,[\mathrm{V}]$$

③ 그림 (c)인 경우

$$e_{ss}=\lim_{t\to\infty}e(t)=\lim_{s\to 0}s\frac{1}{1+\frac{500}{s(s+3)(s+2)}}\cdot\frac{100}{s}=0\,[\mathrm{V}]$$

[그림 5-2](a)에서는 정상편차가 85.71[V]이나 그림 (b)와 같이 증폭률 500인 증폭기를 제어기로 사용하면 정상편차가 1.186[V]로 감소하고, 그림 (c)와 같이 적분요소를 첨가하면 정상편차가 0이 됨을 알 수 있다.

5-2 형에 의한 귀환계의 분류

[그림 5-1]의 표준귀환계에서 계의 개루프 전달함수는 일반적으로 다음과 같이 표기된다.

$$G(s)H(s)=\frac{K(s+Z_1)(s+Z_2)\cdots(s+Z_m)}{(s+P_1)(s+P_2)\cdots(s+P_n)}$$

$$=\frac{\prod_{i=1}^{m}K(s+Z_i)}{\prod_{i=1}^{n}K(s+P_i)} \qquad (5-9)$$

여기서, K는 전향경로의 이득, $-Z_i$, $-P_i$는 각각 $G(s)H(s)$의 유한 0점과 극점이다.

$G(s)H(s)$는 유리함수이므로 $(s+Z_i)$는 분자다항식의 인수이고, $(s+P_i)$는 분모다항식의 인수이다. $F(s)$의 절대값 $|F(s)|$를 0으로 하는 복소수 s를 $F(s)$의 0(zero)점이라 정의하고, $|F(s)|$를 무한대로 하는 복소수 s를 $F(s)$의 극(pole)점이라 한다. 식 (5-9)에 a개의 0점과 b개의 극이 원점에 있다면

$$G(s)H(s)=\frac{Ks^a(s+Z_1)(s+Z_2)\cdots(s+Z_m)}{s^b(s+P_1)(s+P_2)\cdots(s+P_n)}$$

$$=\frac{Ks^a\prod_{i=1}^{m}K(s+Z_i)}{s^b\prod_{i=1}^{n}K(s+P_i)} \quad \cdots\cdots (5-10)$$

가 된다. 이 장에서는 $b\geq a$인 계만 다루며, $N=b-a$라 놓으면 개루프 전달함수는 다음과 같이 표시되며, 이 계를 N형계라 한다.

$$G(s)H(s)=\frac{K(s+Z_1)(s+Z_2)\cdots(s+Z_m)}{s^N(s+P_1)(s+P_2)\cdots(s+P_n)}$$

$$=\frac{K}{s^N}\left(\frac{1+a_1s+a_2s^2+\cdots+a_ms^m}{1+b_1s+b_2s^2+\cdots+b_ns^n}\right) \quad \cdots\cdots (5-11)$$

식 (5-11)에서 아는 바와 같이 계의 정상상태편차는 $s=0$에서 $G(s)H(s)$의 값에 지배되므로, 계의 형을 결정하는 데는 원점에서의 극 $s^N(N=0,\ 1,\ 2,\cdots)$의 수, 즉 N의 값에 의존한다고 볼 수 있다.

$$\lim_{s\to 0}G(s)H(s)=\frac{K}{s^N} \quad \cdots\cdots (5-12)$$

이와 같은 이유로 식 (5-12)를 다음과 같이 분류한다.

s^0일 때 : 0형 제어계

s^1일 때 : 1형 제어계

s^2일 때 : 2형 제어계

⋮

(예제 5－2) 다음 블록선도로 표시되는 [그림 5－3]계의 형을 구분하여라.

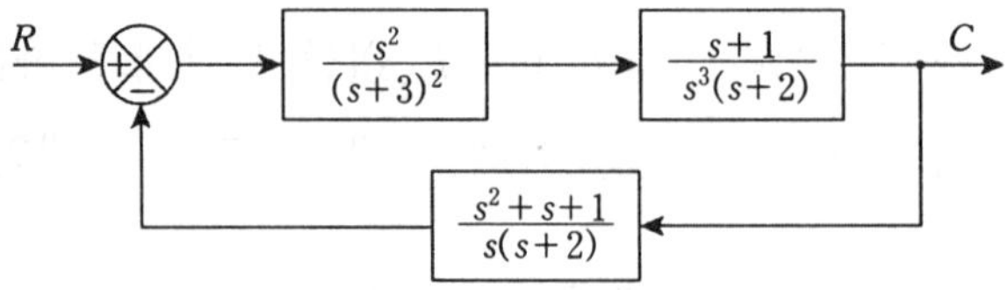

[그림 5-3] 블록선도

(풀이) 개루프 전달함수는 다음과 같이 되므로

$$GH = \frac{s^2(s+1)(s^2+s+1)}{s^4(s+2)^2(s+3)^2} = \frac{(s+1)(s^2+s+1)}{s^2(s+2)^2(s+3)^2}$$

이 계는 2형 제어계이다.

5－3 시험입력에 대한 정상상태편차

단위귀환 페루프계의 편차에 대한 식 (5－5)를 보면 계의 편차는 기준입력 $R(s)$와 계의 루프 전달함수 $G(s)$에 의해 결정되는 것을 알 수 있으므로 이것들에 대하여 논의하기로 한다. 제어계에서 흔히 사용되는 기준입력으로는 계단입력, 램프 입력, 포물선 입력이 있으며, 계의 루프 전달함수는 식 (5－12)와 같이 $\frac{K}{s^N}$이므로 식 (2-29)의 최종값정리로부터

$$e(\infty) = \lim_{t\to\infty} = \lim_{s\to 0} sE(s)$$

$$= \lim_{s\to 0}\frac{sR(s)}{1+G(s)} = \lim_{s\to 0}\frac{sR(s)}{1+\frac{K}{s^N}} \quad \cdots\cdots (5-13)$$

이 되고, 이 식 (5-13)을 귀환제어계의 정상상태 편차(정상편차)라 한다.

1. 정상위치편차(계단입력)

크기 R인 계단입력 $r(t)=Ru(t)$를 입력으로 가했을 때의 정상편차를 정상위치편차라고 한다. 이때, $r(t)$의 라플라스 변환 $R(s)$는 $\frac{R}{s}$이므로 정상위치편차 e_{sp}는 식 (5-13)으로부터

$$e_{sp}=\lim_{s\to 0}\frac{sR(s)}{1+G(s)}=\lim_{s\to 0}\frac{s\frac{R}{s}}{1+G(s)}=\lim_{s\to 0}\frac{R}{1+G(s)}$$

$$=\frac{R}{1+\lim\limits_{s\to 0}G(s)}=\frac{R}{1+\lim\limits_{s\to 0}\frac{K}{s^N}} \quad \cdots\cdots (5-14)$$

가 되므로 $G(s)$가 0형 $(N=0)$이면

$$e_{sp}=\frac{R}{1+\lim\limits_{s\to 0}\frac{K}{s^0}}=\frac{R}{1+K_P} \quad (K_p=K=\lim_{s\to 0}(G(s)) \quad \cdots\cdots (5-15)$$

$G(s)$가 1형 $(N=1)$ 이상이면

$$e_{sp}=\frac{R}{1+\lim\limits_{s\to 0}\frac{K}{s^1}}=0 \quad (K_p=\infty)$$

로 된다. 여기서 K_p를 위치편차상수(positional error constant)라 하며, 정상응답의 최종값(희망값)이 된다.

식 (5-15)에서 K_p를 구하면

$$K_p=\frac{R-e_{sp}}{e_{sp}} \quad \cdots\cdots (5-16)$$

다시 말하면

$$위치편차상수 = \frac{희망값 - 허용정상편차}{허용정상편차} \quad \cdots\cdots (5-17)$$

이다. 식 (5-17)은 희망하는 위치응답값(희망값)과 허용정상편차가 주어지면 K_p값을 계산할 수 있음을 말해주고 있다. 만일, K_p의 값이 계산되면 $s=0$에서 요구하는 $G(s)$의 성질을 결정할 수 있다.

[그림 5-4]는 1차 지연요소의 계단응답에 대한 정상위치편차를 나타낸 것이다.

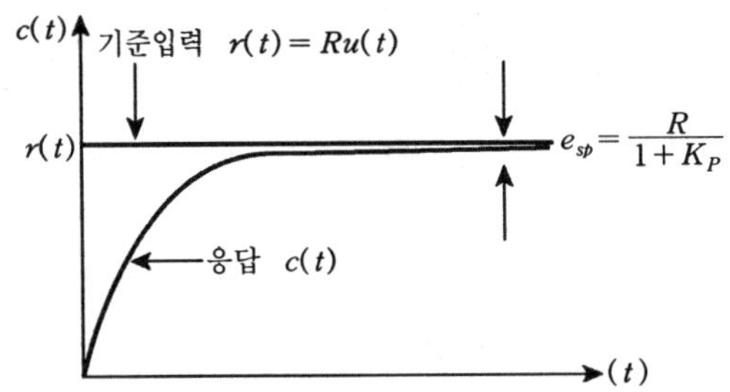

[그림 5-4] 정상위치편차

2. 정상속도편차(램프 입력)

제어계에 램프 입력 $r(t)=Rtu(t)$를 입력으로 했을 경우의 정상편차를 정상속도편차라고 한다. $Rtu(t)$의 라플라스 변환은 $\frac{R}{s^2}$이므로 정상속도편차 e_{ST}는 식 (5-13)으로부터

$$e_{sv} = \lim_{s\to0}\frac{sR(s)}{1+G(s)} = \lim_{s\to0}\frac{s\frac{R}{s^2}}{1+G(s)} = \lim_{s\to0}\frac{\frac{R}{s}}{1+G(s)}$$

$$= \frac{R}{\lim\limits_{s\to0}sG(s)} = \frac{R}{\lim\limits_{s\to0}s\frac{K}{s^N}} \quad \cdots\cdots (5-18)$$

$G(s)$가 0형 $(N=0)$이면

$$e_{sv} = \frac{R}{\lim_{s \to 0} s \frac{K}{s^0}} = \infty \qquad (K_v = 0) \quad \cdots\cdots (5-19)$$

$G(s)$가 1형 $(N=1)$이면

$$e_{sv} = \frac{R}{\lim_{s \to 0} s \frac{K}{s^0}} = \infty \qquad (K_v = k = \lim_{s \to 0} sG(s)) \quad \cdots\cdots (5-20)$$

$G(s)$가 2형 $(N=2)$ 이상이면

$$e_{sv} = \frac{R}{\lim_{s \to 0} s \frac{K}{s^2}} = 0 \qquad (K_v = \infty) \quad \cdots\cdots (5-21)$$

로 된다. 여기서 K_v를 속도편차상수(velocity error constant)라 하고, 정상응답의 최종값(희망값)이 된다. 식 (5-20)에서 K_v를 구하면

$$K_v = \frac{R}{e_{sv}} = \frac{\text{최종출력속도}}{\text{정상속도편차}} \quad \cdots\cdots (5-22)$$

여기서의 속도편차라 함은 물리학에서 말하는 속도가 아니고, 램프 입력 $r(t) = Rtu(t)$를 가했을 때의 변위로서의 편차이며, 최종출력속도는 램프 입력을 가했을 때의 희망하는 응답의 기울기 R을 의미한다.

[그림 5-5]는 입력이 램프 함수일 때의 전형적인 e_{sv}의 그림이다.

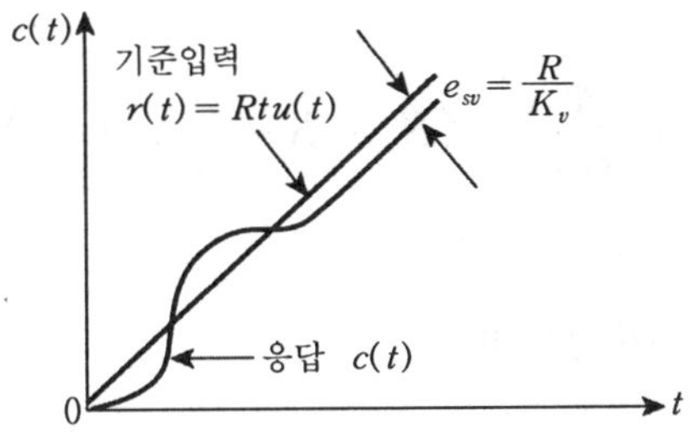

[그림 5-5] 정상속도편차

3. 정상가속도편차(포물선 입력)

제어계에 포물선 입력 $r(t)=\frac{1}{2}Rt^2u(t)$를 입력으로 했을 경우의 정상편차를 정상가속도편차 또는 가속도편차(acceleration error)라고 한다. $\frac{1}{2}Rt^2u(t)$를 라플라스 변환하면 $\frac{R}{s^3}$이므로 가속도편차 e_{sa}는 식 (5-13)으로부터

$$e_{sa}=\lim_{s\to 0}\frac{sR(s)}{1+G(s)}=\lim_{s\to 0}\frac{s\frac{R}{s^3}}{1+G(s)}=\lim_{s\to 0}\frac{\frac{R}{s^2}}{1+G(s)}$$

$$=\frac{R}{\lim\limits_{s\to 0}s^2G(s)}=\frac{R}{\lim\limits_{s\to 0}s^2\frac{K}{s^N}} \quad\cdots\cdots (5-23)$$

$G(s)$가 0형 $(N=0)$이면

$$e_{sa}=\frac{R}{\lim\limits_{s\to 0}s^2\frac{K}{s^0}}=\infty \qquad (K_a=0) \quad\cdots\cdots (5-24)$$

$G(s)$가 1형 $(N=1)$이면

$$e_{sa}=\frac{R}{\lim\limits_{s\to 0}s^2\frac{K}{s^1}}=\infty \qquad (K_a=0) \quad\cdots\cdots (5-25)$$

$G(s)$가 2형 $(N=2)$이면

$$e_{sa}=\frac{R}{\lim\limits_{s\to 0}s^2\frac{K}{s^2}}=\frac{R}{K_a} \qquad (K_a=K=\lim_{s\to 0}s^2G(s)) \quad\cdots\cdots (5-26)$$

$G(s)$가 3형 $(N=3)$ 이상이면

$$e_{sa}=\frac{R}{\lim_{s\to 0} s^2\frac{K}{s^3}}=0 \qquad (K_a=\infty) \quad \cdots\cdots (5-27)$$

로 된다. 여기서 K_a를 가속도 편차상수(acceleration error constant)라 하고, 정상응답의 최종값(희망값)이 된다. 식 (5-26)에서 K_a를 구하면

$$K_a=\frac{R}{e_{sa}}=\frac{\text{최종출력가속도}}{\text{정상가속도편차}} \quad \cdots\cdots (5-28)$$

이고, 여기서의 가속도편차는 포물선 입력에 대한 변위로서의 편차를 말한다.

[그림 5-6]은 입력이 포물선함수일 때의 전형적인 e_{sa}의 그림이다.

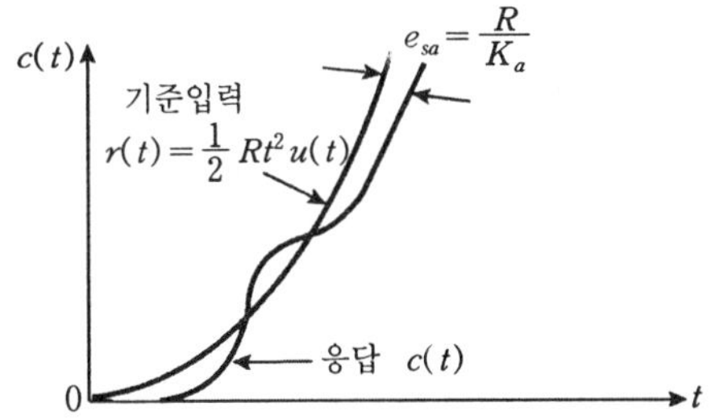

[그림 5-6] 정상가속도편차

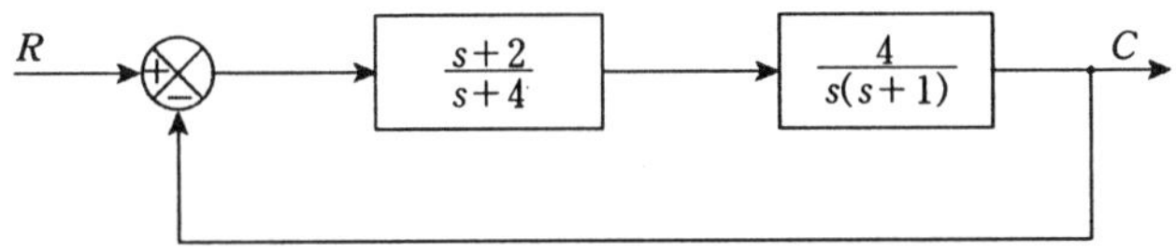

[그림 5-7] 블록선도

(예제 5-3) [그림 5-7]의 계에서 위치, 속도 및 가속도 편차상수를 구하여라.

(풀이) 위치편차상수 $K_p=\lim_{s\to 0}G(s)=\lim_{s\to 0}\frac{4(s+2)}{s(s+1)(s+4)}=\infty$

속도편차상수 $K_v=\lim_{s\to 0}sG(s)=\lim_{s\to 0}\frac{4s(s+2)}{s(s+1)(s+4)}=2$

가속도 편차상수 $K_a=\lim_{s\to 0}s^2G(s)=\lim_{s\to 0}\frac{4s(s+2)}{(s+1)(s+4)}=0$

(예제 5-4) (예제 5-3)에서 단위계단함수, 단위 램프 함수, 단위 포물선함수를 입력으로 주었을 때의 정상편차를 구하여라.

(풀이)

$$e_{sp}=\frac{1}{1+K_p}=\frac{1}{1+\infty}=0$$

$$e_{sv}=\frac{1}{K_v}=\frac{1}{2}$$

$$e_{sa}=\frac{1}{K_a}=\frac{1}{0}=\infty$$

지금까지 설명한 단위귀환계에서 계단, 램프 및 포물선입력에 대한 정상편차를 종합하면 〈표 5-1〉과 같다.

〈표 5-1〉

계통의 형	K_p	K_v	K_a	계단입력 $e_{sp}=\frac{R}{1+K_p}$	램프 입력 $e_{sv}=\frac{R}{K_v}$	포물선입력 $e_{sa}=\frac{R}{K_a}$
0	K	0	0	$\frac{R}{1+K}$	∞	∞
1	∞	K	0	0	$\frac{R}{K}$	∞
2	∞	∞	K	0	0	$\frac{R}{K}$
3	∞	∞	∞	0	0	0

5-4 귀환계의 외란

제어계에서 귀환의 중요한 역할 중의 하나는 외부에서 규칙적이든 불규칙적이든 어떠한 상태로 제어량을 변동시키는 어떤 요인이 주위조건에 의해 들어왔을 때, 이 외적인 요인에 의한 영향을 억제시키는 데 있다. 제어계에는 계가 부정확한 출력을 만드는 원인이 되는 외부로부터의 외적 신호를 받기 쉽다.

전자증폭기들은 IC나 트랜지스터 내부에서 고유의 잡음을 발생시키고, 레이더, 안테나는 돌풍의 영향을 받고 또 대부분의 제어계는 비선형 요소들에 의해 불필요한 비틀림 신호를 발생시킨다. 귀환제어계는 이와같은 비틀림, 조임, 불필요한 외란 등을 효과적으로 감소시킬 수 있다.

[그림 5-8]은 외란 $d(t)$가 외부로 들어왔을 때를 표시한 블록선도이다. 이 선도로 표시되는 자동제어계의 $R(s)$, $C(s)$, $D(s)$ 사이의 관계는 다중입력인 경우가 되므로 식 (5-29)와 같이 쓸 수 있다. 여기서 $D(s)$는 외란 $d(t)$를 라플라스 변환시킨 것이다.

$$C(s) = \frac{G_1(s)G_2(s)}{1+G_1(s)G_2(s)}R(s) + \frac{G_2(s)}{1+G_1(s)G_2(s)}D(s) \quad \cdots\cdots (5-29)$$

오차 $E(s) = R(s) - C(s)$였으므로

$$E(s) = \frac{1}{1+G_1(s)G_2(s)}R(s) - \frac{G_2(s)}{1+G_1(s)G_2(s)}D(s) \quad \cdots\cdots (5-30)$$

와 같이 표시된다.

식 (5-30)으로부터 우리는 오차 $E(s)$를 적게 하려면 $G_1(s)G_2(s)$를 크게 해야겠다는 것을 알 수 있다. 그러나 $G_2(s)$를 크게 하면 외란의 영향이 커지게 되므로 외란의 영향을 적게 받고 계의 편차를 적게 하려면 $G_2(s)$에 비하여 $G_1(s)$를 충분히 크게 할 필요가 있다. 외란에 대한 정상편차는

$$e_d(\infty) = \lim_{t\to\infty} e_d(t) = \lim_{s\to 0}\frac{sG_2(s)}{1+G_1(s)G_2(s)}D(s) \quad \cdots\cdots (5-31)$$

로 된다.

여기서, 불필요한 외란을 받는 귀환계의 한 예로서 [그림 5-9]에 표시한 강판압연기의 속도제어계를 생각해 보자.

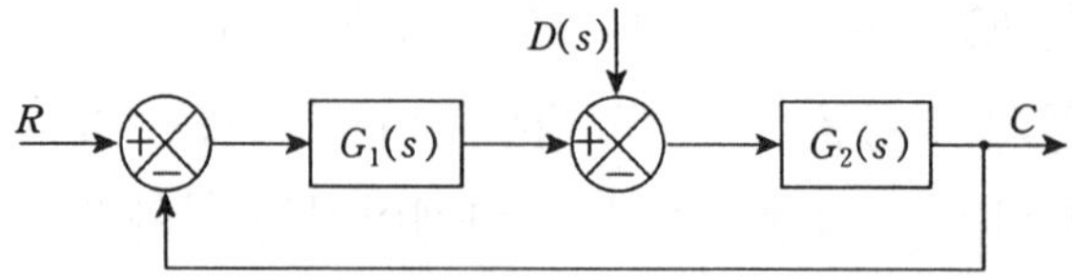

[그림 5-8] 외란이 있는 제어계의 블록선도

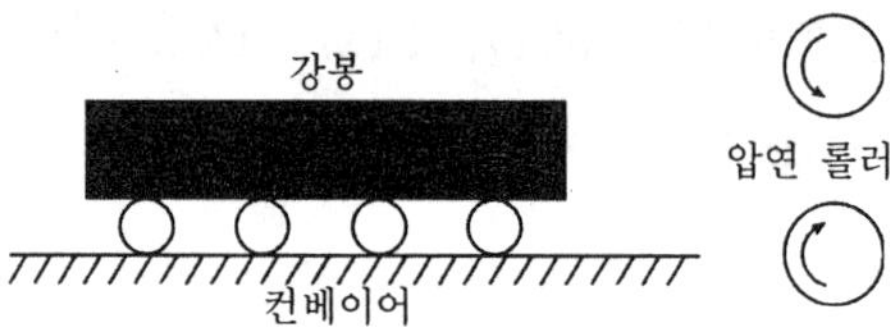

[그림 5-9] 강판압연공작

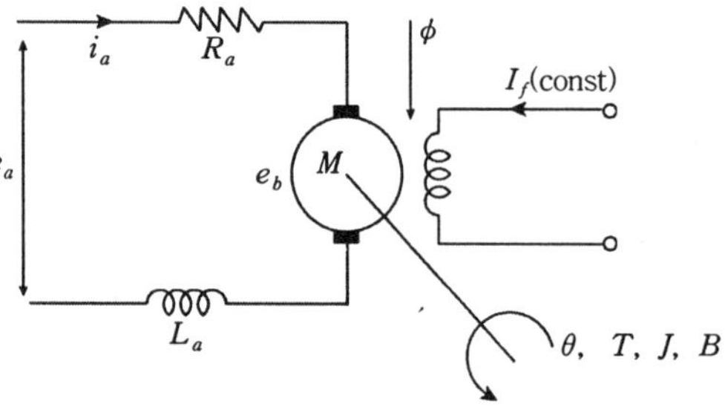

[그림 5-10] 전기자제어 직류전동기의 결선도

강봉이 롤러에 접근할 때 롤러는 부하가 안 걸린 상태로 회전하지만 강봉이 롤러에 물리는 순간에 부하는 즉시 큰 값으로 증가한다. 지금 롤러의 제어동작은 타여자 직류전동기의 전기자제어([그림 5-10])라 하고, 히스테리시스라 한다.

단, R_a, L_a : 전기자회로의 저항 및 인덕턴스

$T(t)$: 전동기에 의해 발생된 토크

J : 회전자관성

B : 점성마찰계수

θ : 회전자의 각변위

$e_b(t)$: 역기전력

$i_a(t)$, $e_a(t)$: 전기자전류, 전압

$I_f(t)$: 계자전류

K_a : 전기자부분의 상수

K_f : 계자부분의 상수

브러시에서의 전압강하를 무시하여 실제 전동기에 대한 선형근사시키면 전동기에서 발생되는 토크는 전기자전류와 비례하므로 비례상수 K_m을 이용하면 식 (5-32)와 같이 된다.

$$T(t)=(K_a K_f I_f)i_a(t)=K_m i_a(t) \quad\cdots\cdots (5-32)$$

전기자전류는 다음과 같이 전기자에 주어진 입력전압과 관계되므로 전기자회로의 전압방정식은

$$e_a(t)=R_a i_a(t)+L_a\frac{di_a(t)}{dt}+e_b(t) \quad\cdots\cdots (5-33)$$

여기서, 역기전력 $e_b(t)$는 각속도 $\omega(t)$에 비례하므로

$$e_b(t)=K_b\omega(t) \quad\cdots\cdots (5-34)$$

가 되고, 식 (5-32), (5-33), (5-34)를 라플라스 변환하면

$$T(s)=K_m I_a(s) \quad\cdots\cdots (5-35)$$

$$E_a(s)=R_a I_a(s)+L_a s I_a(s)+E_b(s) \quad\cdots\cdots (5-36)$$

$$E_b(s)=K_b\,\omega(s) \quad\cdots\cdots (5-37)$$

식 (5-36), (5-37)로부터 전기자전류 $I_a(s)$는

$$I_a(s) = \frac{E_a(s) - E_b(s)}{(R_a + L_a s)} = \frac{E_a(s) - K_b\omega(s)}{(R_a + L_a s)} \quad \cdots\cdots (5-38)$$

한편, 부하 토크 $T_L(s)$는

$$T_L(s) = Js^2\theta(s) + Bs\theta(s), \quad \theta(s) = \frac{T_L(s)}{Js^2 + Bs} \quad \cdots\cdots (5-39)$$

이고, $\omega(s) = s\theta(s)$이므로

$$\omega(s) = \frac{T_L(s)}{Js + B} \quad \cdots\cdots (5-40)$$

가 되고, 전동기에서 발생된 토크는 부하에 전달된 토크와 같으므로 외란 토크를 $T_d(s)$라 하면

$$T(s) = T_L(s) + T_d(s) \quad \cdots\cdots (5-41)$$

$$T_L(s) = T(s) - T_d(s) \quad \cdots\cdots (5-42)$$

외란 토크 T_d의 값이 적을 때에는 무시할 수 있다.

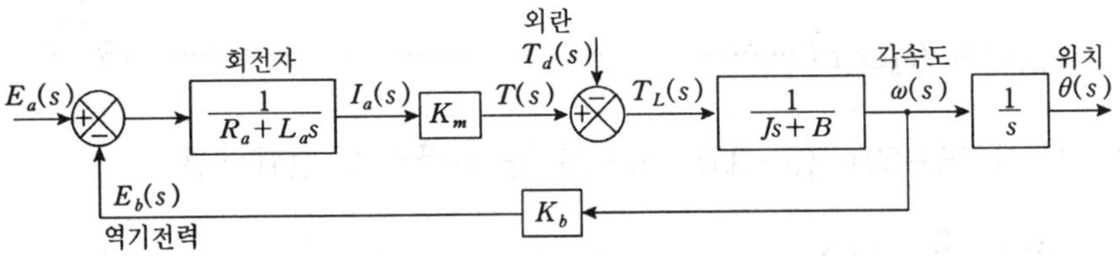

[그림 5-11] 전기자제어 직류전동기의 블록선도

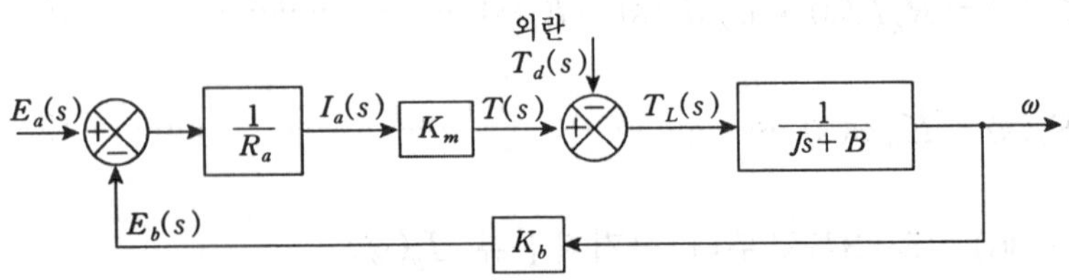

[그림 5-12] 각속도를 출력으로 한 블록선도

식 (5-35), (5-37), (5-38), (5-40), (5-42)를 사용하여 전기자제어 직류전동기를 블록선도로 표시한 것이 [그림 5-11]이다.

여기서 L_a를 무시하고 각속도를 출력으로 한 블록선도를 표시하면 [그림 5-12]와 같이 된다.

이 그림에서 식 (5-31)을 사용하여 외란에 대한 정상편차를 구하면

$$e_d(\infty)=\lim_{s\to 0}\left(\frac{-1}{Js+B+\left(\frac{K_mK_b}{R_a}\right)}\right)T_d(s)$$

부하 토크 $T_d(s)=\frac{D}{s}$에 의한 속도의 정상편차는

$$e_{ds}=\lim_{s\to 0}s\left(\frac{-1}{Js+B+\left(\frac{K_mK_b}{R_a}\right)}\right)\frac{D}{s}=\frac{-D}{Js+B+\left(\frac{K_mK_b}{R_a}\right)}$$

와 같이 된다.

5-5 감 도

전달함수 $G(s)$로 표현되는 물리소자들은 항상 주위환경에 따라 또는 세월이 지나면 특성이 변하므로 제어계의 정수 파라미터들도 변한다. 예를 들면, 전동기는 장시간 사용하면 온도상승에 의해 권선저항이 변한다. 개루프계의 경우에는 이러한 변화 및 오차가 그대로 출력에 나타나지만, 폐루프계에서는 이러한 변화에 따라 출력의 변화를 항상 검출하여 출력을 수정하려고 한다.

그러므로, 계의 감도란 그 계의 전달함수 중 한 파라미터가 지정값에서 벗어

났을 때 전달함수가 지정값에서 벗어난 양의 크기를 말한다. 즉, 계를 구성하는 한 요소의 특성변화가 계전체의 특성변화에 미치는 영향 정도를 감도(sensitivity)라 한다. 폐루프 제어계의 장점 중 하나는 바로 이런 감도를 줄여줄 수 있다는 점이다.

[그림 5-14]에서 K를 변할 수 있는 파라미터라 하고, K의 변화에 대한 전체계의 전달함수를 T라 하면 감도는 다음과 같이 된다.

$$S_K^T = \frac{dT/T}{dK/K} = \frac{K}{T} \cdot \frac{dT}{dK} \quad \cdots\cdots (5-43)$$

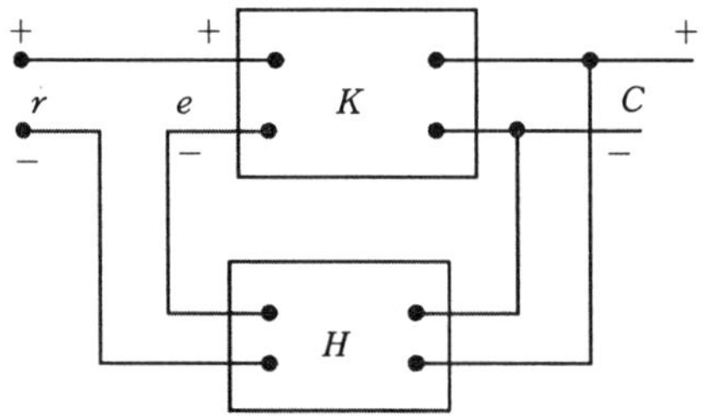

[그림 5-13] 귀환제어계

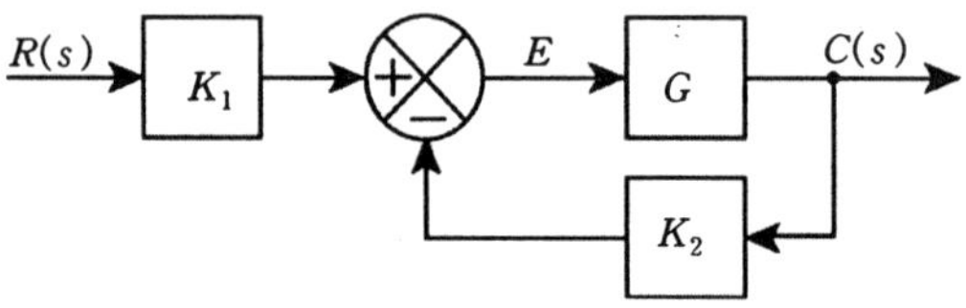

[그림 5-14] 귀환제어계의 감도

(예제 5-5) [그림 5-14]와 같은 계통의 특성이 $K_1 = 10\,[\text{V/rad}]$, $K_2 = 10\,[\text{V/rad}]$, $G(s) = \dfrac{100}{s(s+1)}$일 때 출력변환기 K_2에 대한 계통의 전달함수 T의 감도 $S_{K_2}^T$를 구하여라.

여기서 K_1 : 입력변환기의 전달함수

K_2 : 귀환변환기의 전달함수

G : 귀환제어계 전향경로에 있는 증폭기, 안정화 회로망, 전동기, 그리고 톱니바퀴열이 조합된 전달함수이다.

(풀이) 전달함수 T는

$$T=\frac{C}{R}=\frac{GK_1}{1+GK_2}$$

감도공식 $S_{K_2}^{T}=\frac{K_2}{T}\cdot\frac{dT}{dK_2}$에서

$$\frac{dT}{dK_2}=\frac{d}{dK_2}\cdot\frac{GK_1}{1+GK_2}=\frac{-K_1G^2}{(1+GK_2)^2}=\frac{-K_1^2G^2}{K_1(1+K_2G)^2}$$

이므로

$$S_{K_2}^{T}=\frac{K_2}{T}\cdot\frac{-K_1^2G^2}{K_1(1+K_2G)^2}=\frac{-K_2T^2}{TK_1}=\frac{-K_2G}{1+K_2G}$$

주어진 조건 $K_1=10$, $K_2=10$, $G(s)=\frac{100}{s(s+1)}$을 대입하면

$$S_{K_2}^{T}=\frac{-K_2G}{1+K_2G}=\frac{-10\cdot\frac{100}{s(s+1)}}{1+10\frac{100}{s(s+1)}}$$

$$=-\frac{1}{10^{-3}s^2+10^{-3}s+1}$$

(예제 5-6) 폐루프 전달함수 $T=\frac{C}{R}=\frac{A_1+KA_2}{A_3+KA_4}$인 계에서 K에 대한 T의 감도 S_K^T를 구하여라. 여기서, K는 파라미터이고, A_1, A_2, A_3, A_4는 s의 다항식이다. 파라미터 K와 전달함수 T간의 이런 형식의 종속관계는 이 책에서 취급하는 모든 계에 해당된다.

(풀이) $S_K^T=\frac{K}{T}\cdot\frac{dT}{dK}$에서

$$\frac{K}{T}=\frac{K}{\frac{A_1+KA_2}{A_3+KA_2}}=\frac{K(A_3+KA_4)}{A_1+KA_2}$$

$$\frac{dT}{dK}=\frac{d}{dK}\cdot\frac{A_1+KA_2}{A_3+KA_4}=\frac{-A_1A_4+A_2A_3}{(A_3+KA_4)^2}$$

$$\therefore\ S_K^T = \frac{K(A_3+KA_4)}{A_1+KA_2} \cdot \frac{-A_1A_4+A_2A_3}{(A_3+KA_4)^2}$$

$$= \frac{K(A_2A_3-A_1A_4)}{(A_1+KA_2)(A_3+KA_4)}$$

(예제 5－7) [그림 5－15]는 진상회로망이고 전달함수는 다음과 같다. 커패시턴스 C에 대한 감도 S_C^T를 구하여라.

$$T = \frac{V_o}{V_i} = \frac{1+RCs}{2+RCs}$$

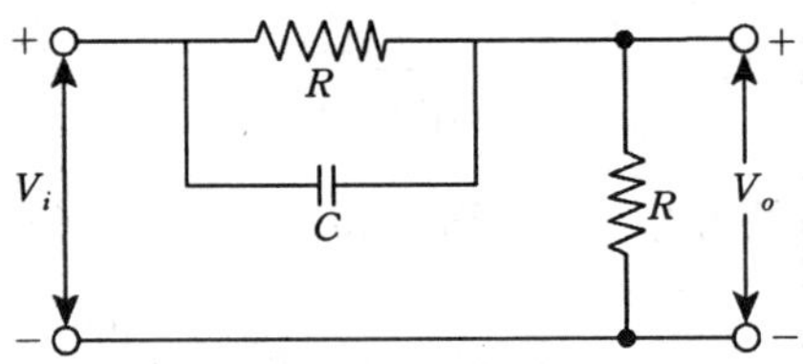

[그림 5-15] 진상회로망

(풀이) 만일 커패시턴스 C를 파라미터로 취급하면 감도공식 (5-43)

$S_K^T = \frac{K}{T} \cdot \frac{dT}{dK}$ 로부터

$$S_C^T = \frac{\frac{1}{Cs}}{\frac{1+RCs}{2+RCs}} \cdot \frac{d}{dC}\frac{1+RCs}{2+RCs}$$

$$= \frac{\frac{1}{Cs}}{\frac{1+RCs}{2+RCs}} \frac{RC(2+RCs)-(1+RCs)RC}{(2+RCs)^2}$$

$$= \frac{R}{s(1+RCs)(2+RCs)}$$

가 된다.

연습문제

1. 다음 식과 같은 단위귀환인 제어계에 대해서 위치편차상수, 속도편차상수 및 가속도 편차상수를 구하여라.

$$G(s)=\frac{50}{(1+0.1s)(1+2s)}$$

2. [그림 5-16]과 같은 블록선도로 표시되는 제어계는 몇 형인가?

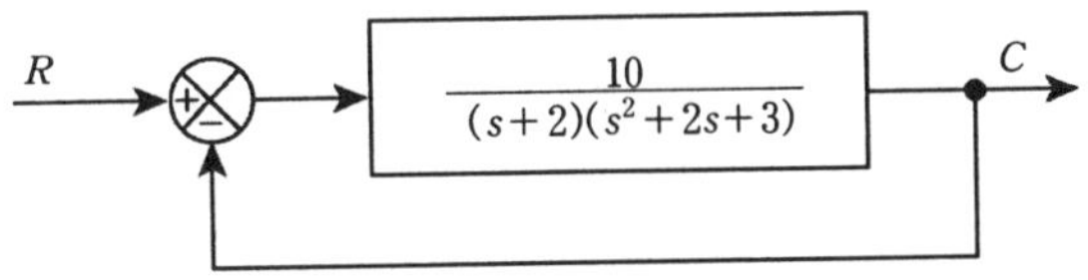

[그림 5-16]

3. [그림 5-17]과 같은 블록선도로 표시되는 제어계의 가속도편차를 구하여라.

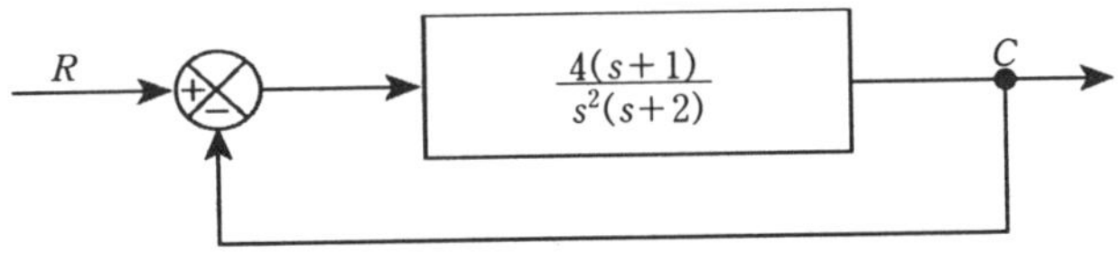

[그림 5-17]

4. 계의 귀환전달함수가 $G(s)=\dfrac{20(1+5s)}{s(1+0.5s)(1+s)}$ 로 주어질 때 각 편차상수와 정상편차를 구하여라.

5. [그림 5-18]과 같은 제어계에 외란 D가 주어졌을 때 외란 D에 의한 정상상태 편차는? 단, 외란은 단위계단함수이다.

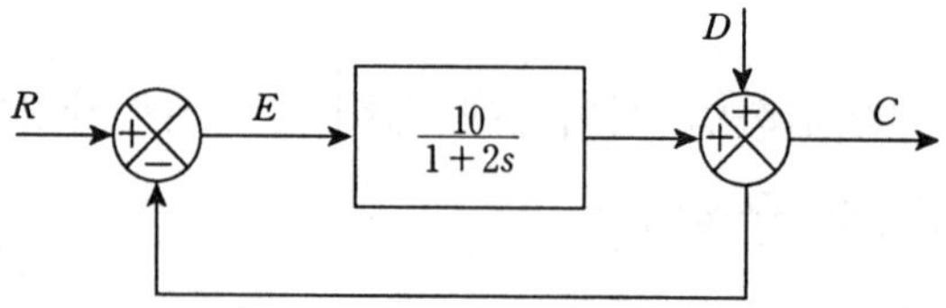

[그림 5-18]

6장 제어계의 주파수응답

어느 전달요소 또는 제어계에 사인파 입력신호를 가한 경우의 출력신호 정상치를 입력신호에 대한 주파수응답(frequency response)이라 한다.

주파수응답의 이점은 주파수와 진폭의 다양한 범위에 대하여 사인파 시험신호를 쉽게 이용할 수 있고, 제어계의 전달함수 $G(s)$에서 s 대신 $j\omega$를 대입하여 주파수 전달함수를 얻을 수 있다는 것이다.

이 장에서는 이러한 주파수응답을 이용하여 벡터 궤적, 보드 선도 이득-위상선도를 구하는 방법에 대해 설명하겠다.

6-1 주파수응답의 기초

일반적으로 어떤 계나 요소의 특성을 알려면 계나 요소의 내부구조를 조사해야 하지만 내부구조를 하나의 상자(black box)로 생각하고, 평형상태에 있는 상자에 정현파 주파수를 입력시키면 처음에는 과도적인 응답이 나타나 출력의 파형은 불규칙한 것이 되지만, 어느 정도 시간이 지난 후 정상상태로 되면 출력도 일정한 정현파로 된다. 이때, 출력파형과 입력파형에 주목하여 입력측의 주파수만을 변화시킬 때 입력과 출력의 진폭비 및 위상차가 어떠한가의 특성을 표시하는 것이 주파수응답법이다.

[그림 6-1](a)와 같이 입력의 변화를 $A_i e^{j\omega t}$, 출력에 나타나는 변화를 $A_o e^{j(\omega t+\phi)}$로 나타내고, 입출력의 비를 $G(j\omega)$로 나타내면 식 (6-1)과 같이 된다.

$$G(j\omega)=\frac{A_o e^{j(\omega t+\phi)}}{A_i e^{j\omega t}}=\frac{A_o}{A_i}e^{j\phi} \quad \cdots\cdots (6-1)$$

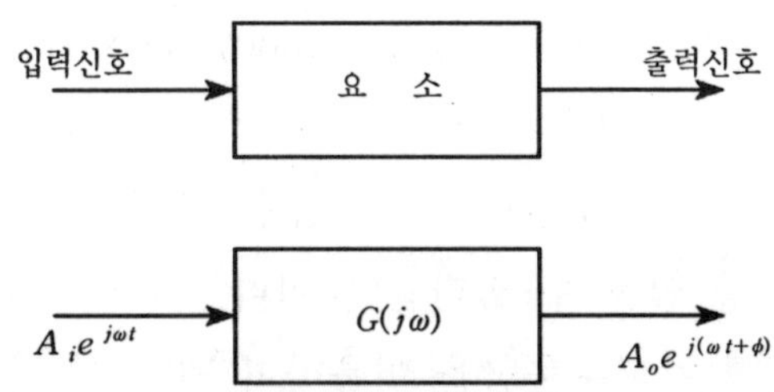

(a) 요소의 입출력

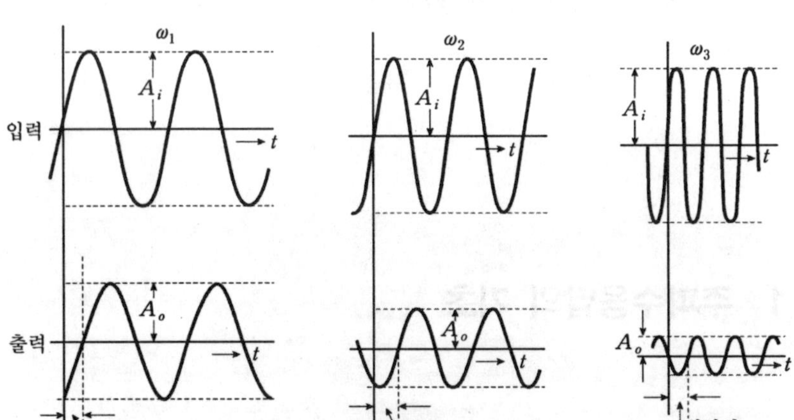

(b) 주파수응답법

[그림 6-1] 입력과 출력의 변화

여기서, $\frac{A_o}{A_i}$를 진폭비라 하며 이득이 되고, ϕ는 위상차를 나타낸다. [그림 6-1](b)에 나타낸 것처럼 진폭 A_i를 일정하게 하고 입력정현파의 각주파수 ω만을 여러 가지로 가변해 보면 출력정현파의 진폭 A_o와 위상차가 변화하므로 진폭비와 위상차는 ω의 함수가 되고 이것을 주파수특성이라 한다.

이상 설명한 것으로부터 $G(j\omega)$는 라플라스 변환의 s를 $j\omega$로 바꾸어 넣으면 된다는 것을 알 수 있다. 즉, 라플라스 변환과 마찬가지로 입력신호와 출력신호 사이의 관계를 표시하는 미분방정식은 $(j\omega)$를 포함한 대수방정식으로 변환시킬 수 있다. 그 결과를 구하여 역변환하면 시간 t에 대한 함수가 되므로 계의 응답을 구할 수 있다. 그리고 s 대신에 $j\omega$를 대입한 $G(j\omega)$를 주파수 전달함수라 한다.

6-2 극좌표에서 복소수 작도법

주파수 전달함수 $G(j\omega)$는 복소수이므로 주파수응답을 이해하려면 복소수를 이해해야 한다.

복소수를 복소평면에 표시하면 [그림 6-2]와 같다.

$$Z = x + jy \quad \cdots\cdots (6-2)$$

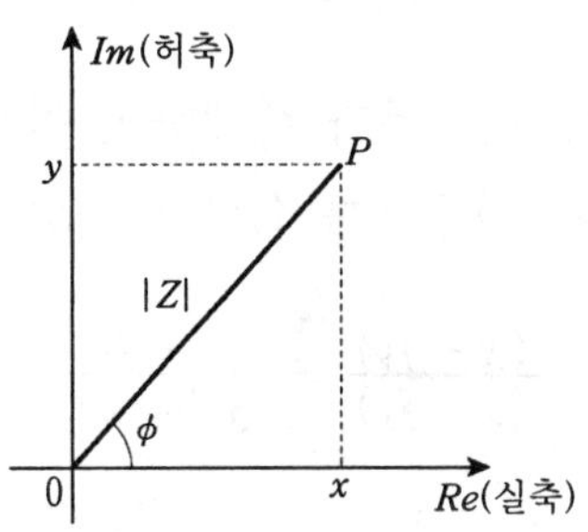

[그림 6-2] 복소수의 작도

그림에서

$$|Z|=\sqrt{x^2+y^2}$$

그리고 위상각 $\phi=\tan^{-1}\frac{y}{x}$ 이므로 복소수를 극좌표상에 작도하려면

$$Z=|Z|\angle\phi \quad \cdots\cdots (6-3)$$

또 복소수를 직접 계산에 이용하려면

$$Z=|Z|e^{j\phi} \quad \cdots\cdots (6-4)$$

$$Z=|Z|(\cos\phi+j\sin\phi) \quad \cdots\cdots (6-5)$$

여기서

$$e^{j\omega}=\cos\phi+j\sin\phi$$

또, 복소수의 더하기(+), 빼기(-)시에는 복소수들의 실수부는 실수부대로 허수부는 허수부대로 가감한다.

$$\begin{aligned} Z_1+Z_2&=(x_1+jy_1)+(x_2+jy_2)\\ &=(x_1+x_2)+j(y_1+y_2) \quad \cdots\cdots (6-6)\end{aligned}$$

복소수를 곱할 때에서 실수부와 허수부끼리 처리된다.

$$Z_1\cdot Z_2=|Z_1|e^{j\phi_1}\cdot|Z_2|e^{j\phi_2}=|Z_1||Z_2|e^{j(\phi_1+\phi_2)} \quad \cdots\cdots (6-7)$$

복소수 계산시 분모에 허수부가 존재하면 이것의 공액근(conjugate root)을 곱하여 줌으로써 분모의 허수부를 없앨 수 있다.

$$\begin{aligned} Z&=\frac{1}{(x+jy)}\cdot\frac{(x-jy)}{(x-jy)}=\frac{x-jy}{x^2+y^2}\\ &=\frac{x}{x^2+y^2}-j\frac{y}{x^2+y^2} \quad \cdots\cdots (6-8)\end{aligned}$$

$$\therefore \quad |Z| = \frac{1}{\sqrt{x^2+y^2}}, \quad \phi = \tan^{-1}\frac{y}{x} \quad \cdots\cdots (6-9)$$

6-3 벡터 궤적

주파수응답의 도시방법에는 보통 벡터 궤적(vector locus), 보드 선도, 이득-위상선도 등이 주로 사용된다. 여기서는 우선 벡터 궤적에 대하여 설명한다. 이것은 $G(j\omega)$를 복소평면상의 벡터로 나타낸 크기 $|G(j\omega)|$, 편각 $\angle G(j\omega)$에서 각주파수 ω를 $0 \sim \infty$까지 변화시켰을 때 그려진 궤적을 주파수 벡터 궤적 또는 나이퀴스트(Nyquist) 선도라 한다.

1. 비례요소

비례요소의 방정식은

$$y(t) = Kx(t)$$

이다.

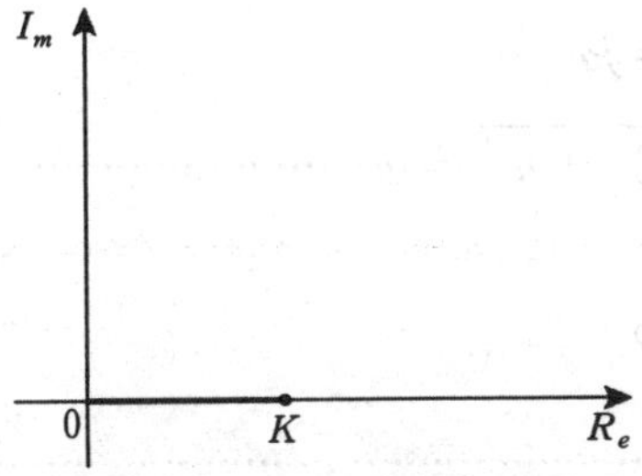

[그림 6-3] 비례요소의 벡터 궤적

$$G(s)=K$$

이므로 비례요소의 주파수 전달함수는

$$G(j\omega)=K+j0$$

$$\therefore\ |G(j\omega)|=\sqrt{K^2+0^2}=K$$

$$\tan\phi=\frac{0}{K}=0 \quad \cdots\cdots (6-10)$$

$$\therefore\ \phi=0° \quad \cdots\cdots (6-11)$$

로 되어, $|G(j\omega)|$와 ϕ는 ω에 관계없이 항상 K와 0°이므로 벡터 궤적은 [그림 6-3]과 같이 실축상 K의 위치에 단 하나의 점으로 나타난다.

2. 미분요소

미분요소의 방정식은

$$y(t)=\frac{dx(t)}{dt}$$

이다.

$$G(s)=\frac{Y(s)}{X(s)}=s$$

이므로 미분요소의 주파수 전달함수는

$$G(j\omega)=0+j\omega=j\omega$$

$$\therefore\ |G(j\omega)|=\sqrt{0^2+\omega^2}=\omega \quad \cdots\cdots (6-12)$$

$$\tan\phi=\frac{\omega}{0}=\infty$$

$$\therefore\ \phi=90° \quad \cdots\cdots (6-13)$$

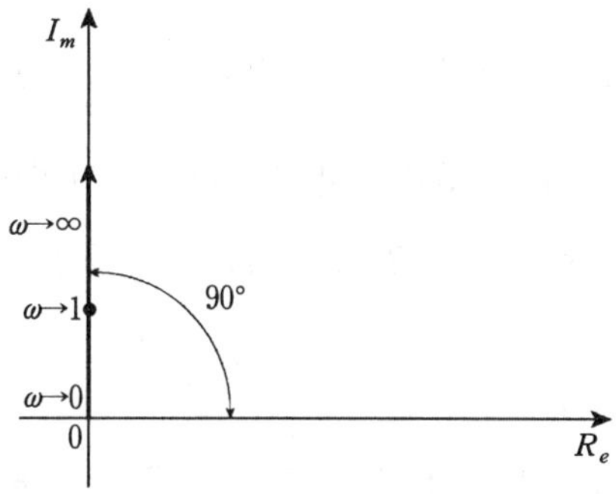

[그림 6-4] 미분요소의 벡터 궤적

로서 순허수부뿐으로 $\lim_{\omega\to 0} G(j\omega)=0\angle 90^\circ$, $\lim_{\omega\to\infty} G(j\omega)=\infty\angle 90^\circ$ 에 수렴하므로 벡터 궤적은 [그림 6-4]와 같이 ω가 증가함에 따라 0에서 ∞로 올라가는 직선이 되고 편각은 ω에 관계없이 90°이다.

3. 적분요소

적분요소의 방정식은

$$y(t)=\int_0^1 x(t)\,dt$$

이다.

$$G(s)=\frac{Y(s)}{X(s)}=\frac{1}{s}$$

이므로 적분요소의 주파수 전달함수는

$$G(j\omega)=0+\frac{1}{j\omega}=0-j\frac{1}{\omega}=-j\frac{1}{\omega}$$

$$\therefore\ |G(j\omega)|=\sqrt{0+(-\frac{1}{\omega})^2}=\frac{1}{\omega} \quad \cdots\cdots (6-14)$$

$$\phi=-90^\circ \quad \cdots\cdots (6-15)$$

로서 순허수부뿐으로 $\lim_{\omega \to 0} G(j\omega) = \infty \angle -90^\circ$, $\lim_{\omega \to \infty} G(j\omega) = 0 \angle -90^\circ$ 에 수렴하므로 벡터 궤적은 [그림 6-5]와 같이 ω가 증가함에 따라 허축상 $-\infty$에서 0으로 올라오는 직선이 되고 편각은 ω에 관계없이 -90°이다.

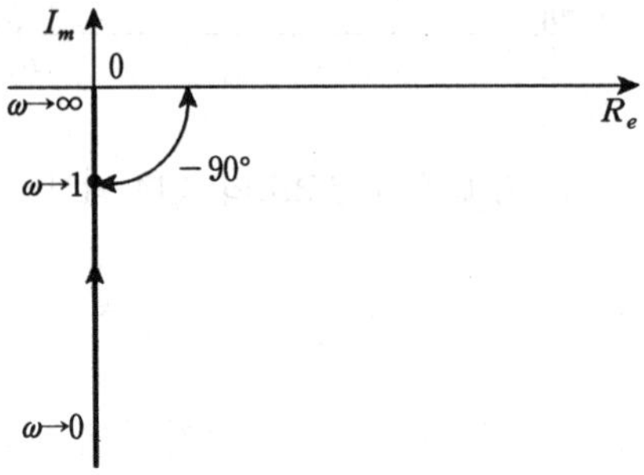

[그림 6-5] 적분요소의 벡터 궤적

4. 비례미분요소

비례미분요소의 방정식은

$$y(t) = b_1 \frac{dx(t)}{dt} + b_0 x(t)$$

이다.

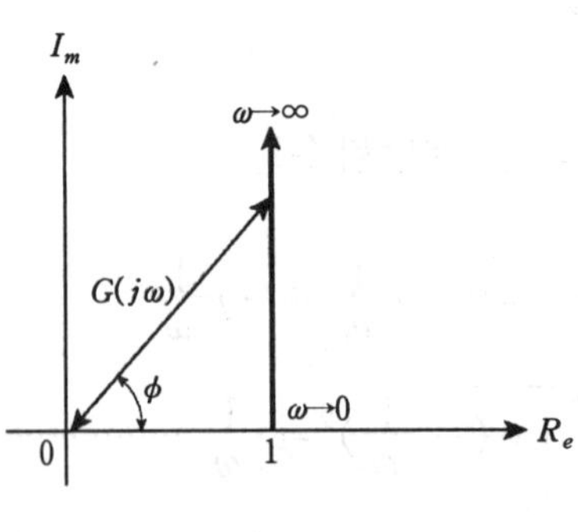

[그림 6-6] 비례미분요소의 벡터 궤적

$$G(s) = \frac{Y(s)}{X(s)} = 1 + Ts$$

이므로 비례미분요소의 주파수 전달함수는

$$G(j\omega) = 1 + j\omega T \quad \cdots\cdots (6-16)$$

$$\therefore \quad |G(j\omega)| = \sqrt{1 + \omega^2 T^2} \quad \cdots\cdots (6-17)$$

$$\phi = \tan^{-1} \omega T$$

로서 ω의 변화에 따라 $\lim_{\omega \to 0} G(j0) = 1 + j0 = 1\angle 0°$, $\lim_{\omega \to \infty} G(j\omega) = 1 + j\infty = \infty \angle 90°$ 로 변하므로 벡터 궤적은 [그림 6-6]과 같이 (1, $j0$)인 점에서 올라가는 직선이 된다.

5. 1차 지연요소

1차 지연요소의 방정식은

$$b_1 \frac{dy(t)}{dt} + b_0 y(t) = a_0 x(t)$$

이다.

$$G(s) = \frac{Y(s)}{X(s)} = \frac{1}{1 + Ts}$$

이므로 1차 지연요소의 주파수 전달함수는

$$G(j\omega) = \frac{1}{1 + j\omega T}$$

$$= \frac{1}{1 + \omega^2 T^2} - j\frac{\omega T}{1 + \omega^2 T^2} \quad \cdots\cdots (6-18)$$

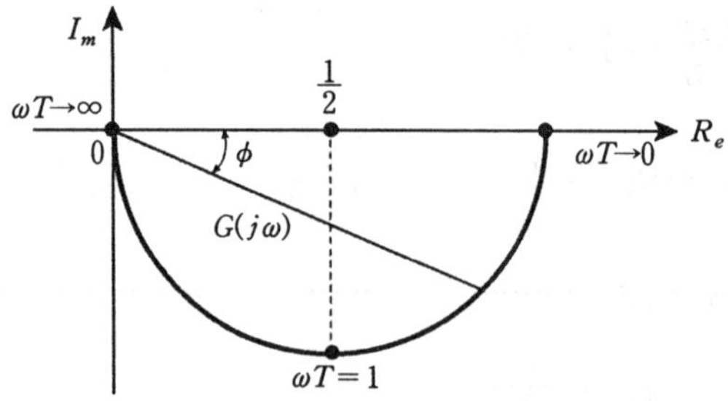

[그림 6-7] 1차 지연요소의 벡터 궤적

〈표 6-1〉

	$\omega T=0$	$\omega T=1$	$\omega T=\infty$
$\lvert G(j\omega)\rvert$	1	$\frac{1}{\sqrt{2}}$	0
ϕ	0°	−45°	−90°

이므로 식 (6−9)를 적용시키면

$$|G(j\omega)| = \frac{1}{\sqrt{1+\omega^2 T^2}} \quad \cdots\cdots (6-19)$$

$$\phi = -\tan^{-1}\omega T \quad \cdots\cdots (6-20)$$

따라서, $|G(j\omega)|$와 ϕ를 $\omega T = 0 \to \infty$까지 변화시키면 〈표 6−1〉과 같이 되어 이것으로 벡터 궤적을 그리면 [그림 6−7]에서 보는 바와 같이 하반원을 나타낸다.

이 요소의 벡터 궤적은 다음과 같이 해석적으로도 구할 수 있다. 식 (6−18)에서

$$X = \frac{1}{1+\omega^2 T^2}, \quad Y = \frac{\omega^2 T^2}{1+\omega^2 T^2}$$

라 하면

$$X^2 + Y^2 = \frac{1}{(1+\omega^2 T^2)^2} + \frac{\omega^2 T^2}{(1+\omega^2 T^2)^2}$$

$$= \frac{1}{1+\omega^2 T^2} = X$$

의 관계가 성립되므로

$$X^2 + Y^2 - X = 0$$

이 되어

$$\left(X - \frac{1}{2}\right)^2 + Y^2 = \left(\frac{1}{2}\right)^2 \quad \cdots\cdots (6-21)$$

을 얻는다. 이것은 중심 $\left(\frac{1}{2},\ j0\right)$, 반지름이 $\frac{1}{2}$인 원을 나타낸다. 여기서, $\frac{Y}{X}$는 항상 음의 수이므로 [그림 6-7]과 같은 반원이며, 출력신호의 위상은 입력신호에 비해 뒤진다. 이런 의미에서 지연요소라 한다.

6. 2차 지연요소

2차 지연요소의 방정식은

$$b_2 \frac{d^2 y(t)}{dt^2} + b_1 \frac{dy(t)}{dt} + b_0 y(t) = a_0 x(t)$$

이다.

$$G(s) = \frac{Y(s)}{X(s)} = \frac{1}{T^2 s^2 + 2\zeta T s + 1} = \frac{\omega_n^2}{s^2 + 2\zeta\omega_n s + \omega_n^2}$$

이므로 2차 지연요소의 주파수 전달함수는

$$G(j\omega) = \frac{{\omega_n}^2}{(j\omega)^2 + j2\omega\zeta\omega_n + \omega_n^2} = \frac{{\omega_n}^2}{\omega_n^2 - \omega^2 + j2\omega\zeta\omega_n}$$

$$= \frac{1}{1-\left(\frac{\omega}{\omega_n}\right)^2 + j2\zeta\frac{\omega}{\omega_n}}$$

여기서, $\frac{\omega}{\omega_n} = \lambda$라 놓으면

$$G(j\omega) = \frac{1}{(1-\lambda^2)+j2\zeta\lambda} \quad \cdots\cdots (6-22)$$

이 되므로 식 (6-9)를 적용시키면

$$|G(j\omega)| = \frac{1}{\sqrt{(1-\lambda^2)^2+(2\zeta\lambda)^2}} \quad \cdots\cdots (6-23)$$

$$\phi = -\tan^{-1}\frac{2\zeta\lambda}{1-\lambda^2} \quad \cdots\cdots (6-24)$$

가 된다. 따라서 $|G(j\omega)|$와 ϕ를 $\lambda = 0 \to \infty$까지 변화시키면 〈표 6-2〉와 같이 되므로 ζ의 변화에 따라 궤적이 그려진다.

〈표 6-2〉

	$\lambda=0$	$\lambda=1$	$\lambda=\infty$
$\lvert G(j\omega)\rvert$	1	$\frac{1}{2\zeta}$	0
ϕ	0	-90	-180

〈표 6-3〉은 $\zeta = 0.25$, 1, 2일 때 $|G(j\omega)|$와 $\phi[^\circ]$를 나타낸 것이고, [그림 6-8]은 벡터 궤적을 그린 것이다.

〈표 6-3〉

ζ \ λ		0	1	∞
0.25	$\lvert G(j\omega)\rvert$	1	2	0
	ϕ	0°	−90°	−180
1	$\lvert G(j\omega)\rvert$	1	0.5	0
	ϕ	0°	−90°	−180°
2	$\lvert G(j\omega)\rvert$	1	0.25	0
	ϕ	0°	−90°	−180°

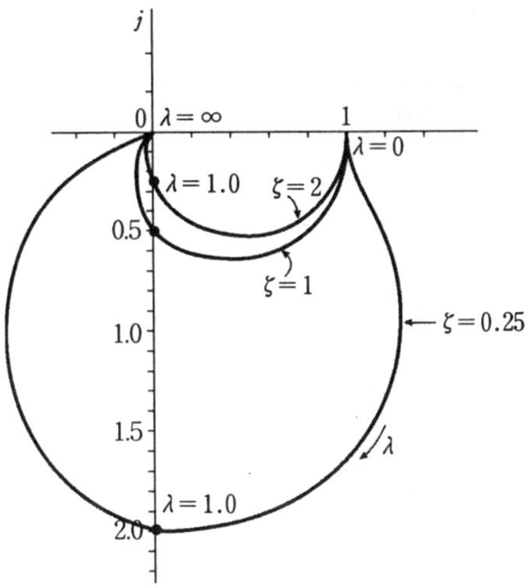

[그림 6-8] 〈표 6-3〉에 대한 2차 지연요소의 벡터 궤적

7. 부동작 시간요소

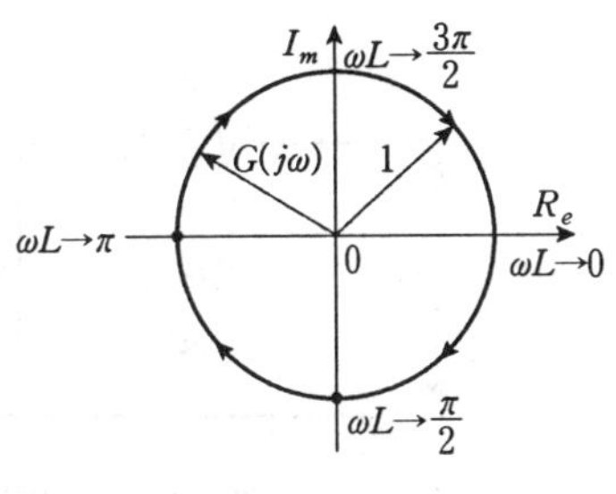

[그림 6-9] 부동작 시간요소의 벡터 궤적

부동작 시간요소의 방정식은 $y(t)=x(t-L)$이다.
시간이동정리를 적용시키면

$$G(s)=\frac{Y(s)}{X(s)}=e^{-Ls}$$

이므로, 주파수 전달함수는

$$G(j\omega)=e^{-j\omega L}=\cos\omega L-j\sin\omega L$$

$$\therefore\ |G(j\omega)|=\sqrt{(\cos\omega L)^2+(\sin\omega L)^2}=1 \quad \cdots\cdots (6-25)$$

$$\phi=-\tan^{-1}\frac{\sin\omega L}{\cos\omega L}=-\omega L\,[\mathrm{rad}] \quad \cdots\cdots (6-26)$$

로서 ω의 변화에 따라

$$\lim_{\omega L\to 0}G(j\omega)=1\angle -0^\circ$$

$$\lim_{\omega L\to \frac{\pi}{2}}G(j\omega)=1\angle -90^\circ$$

$$\lim_{\omega L\to \frac{3\pi}{2}}G(j\omega)=1\angle -270^\circ,$$

로 되므로 벡터 궤적은 [그림 6-9]와 같이 길이 1로 (-) 방향으로 회전한다.

(예제 6-1) [그림 6-10]은 간단한 $R-C$ 필터 회로이다. 벡터 궤적을 그려라.

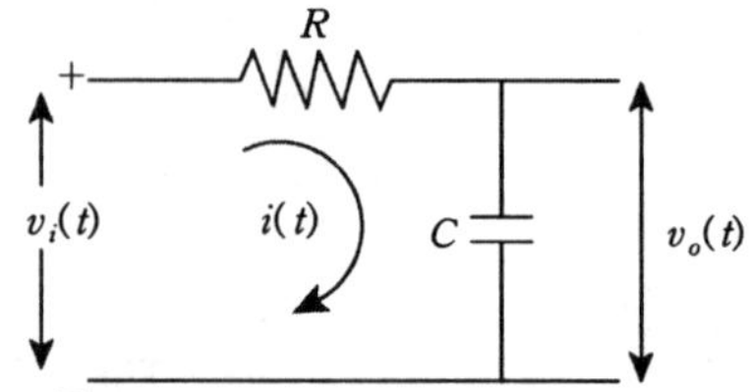

[그림 6-10] $R-C$ 필터 회로

(풀이) 이 필터 회로의 전달함수는 다음과 같다.

$$G(s)=\frac{V_o(s)}{V_i(s)}=\frac{1}{1+RCS}$$

주파수 전달함수는

$$G(j\omega)=\frac{V_o(j\omega)}{V_i(j\omega)}=\frac{1}{1+j\omega RC}$$

이므로, $|G(j\omega)|$와 ϕ는

$$|G(jw)|=\frac{1}{\sqrt{1+(\omega RC)^2}},\quad \phi=-\tan^{-1}\omega RC$$

와 같이 되고, $|G(j\omega)|$와 ϕ를 $\omega=0\to\infty$까지 변화시키면 〈표 6-4〉와 같이 되어 [그림 6-11]을 얻는다.

〈표 6-4〉

ωRC	$\lvert G(j\omega)\rvert$	ϕ
0	1	0°
1	0.707	-45°
∞	0	-90°

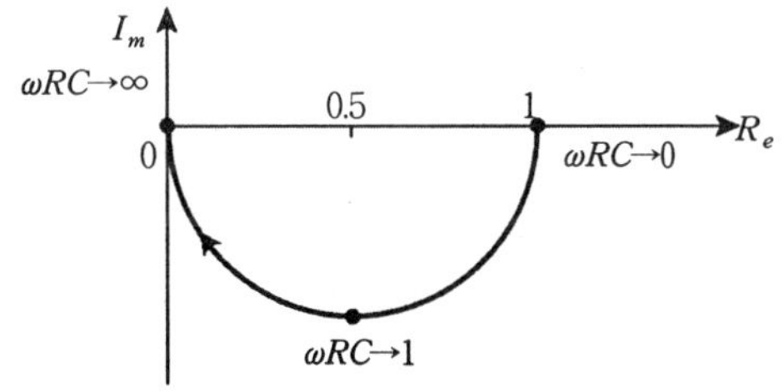

[그림 6-11] $R-C$ 필터 회로의 벡터 궤적

(예제 6-2) [그림 6-12]에서 입력전압 $v(t)$, 출력을 회로의 전류인 $i(t)$로 할 때 벡터 궤적을 그려라.

(풀이) $R-L$ 직렬회로이므로

$$V(s)=I(s)(Ls+R)$$

$$\therefore\ G(s)=\frac{I(s)}{V(s)}=\frac{1}{Ls+R}$$

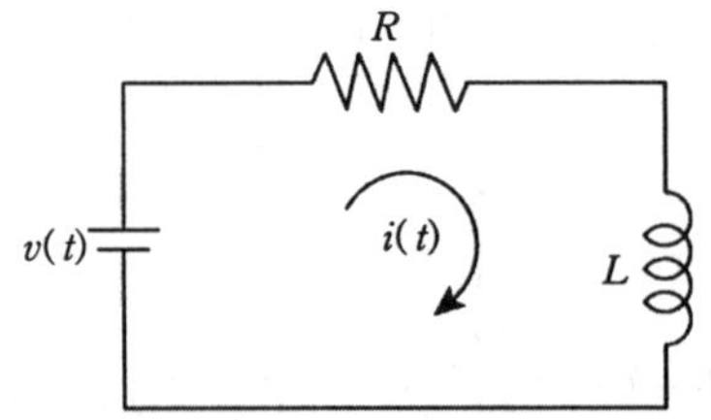

[그림 6-12] $R-L$ 직렬회로

따라서, 주파수 전달함수 $G(j\omega)$는

$$G(j\omega)=\frac{1}{j\omega L+R}=\frac{\frac{1}{R}}{1+j\omega T}$$

단, $T=\frac{L}{R}$이다. 여기에 $R=0.2[\Omega]$, $L=4[\mathrm{H}]$, $T=20[\mathrm{sec}]$를 대입하면 $|G(j\omega)|$와 ϕ는

$$G(j\omega)=\frac{5}{1+j\omega 20}$$

$$|G(j\omega)|=\frac{5}{\sqrt{1+400\omega^2}}$$

$$\phi=-\tan^{-1}20\omega$$

와 같이 되고 $|G(j\omega)|$와 ϕ를 $\omega=0\to\infty$까지 변화시키면 〈표 6-5〉와 같이 되며, [그림 6-13]을 얻는다. 이 그림에서는 ω 대신에 ωT로 기입했기 때문에 이것을 ω로 변환시키려면 ωT값을 시정수 $T=20$으로 나누면 된다.

〈표 6-5〉

ω	$\|G(j\omega)\|$	ϕ
0	5	0°
0.005	4.9	-5.7°
0.025	4.5	-26.6°
0.05	3.5	-45°
0.1	2.2	-63.43°
∞	0	-90°

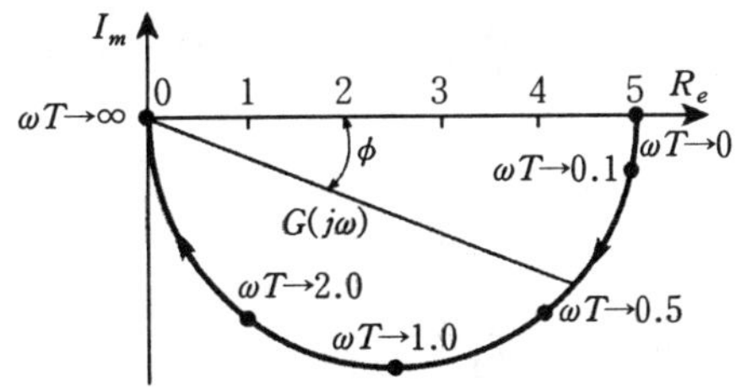

[그림 6-13] $\frac{5}{1+j20\omega}$의 벡터 궤적

(예제 6-3) $G(j\omega)=\frac{1+j0.5\omega}{1+j3\omega}$의 벡터 궤적을 구하여라.

(풀이) 원식의 절대값과 위상은 다음과 같다.

$$|G(j\omega)| = \frac{\sqrt{1+(0.5\omega)^2}}{1+(3\omega)^2}$$

〈표 6-6〉

ω	$\|G(j\omega)\|$	ϕ
0	1	0°
0.1	0.96	-14°
1	0.35	-45°
10	0.169	-9.4°
∞	0.166	-0°

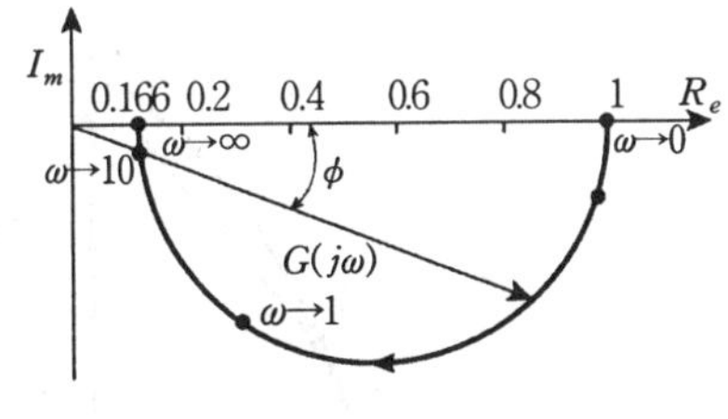

[그림 6-14] $\frac{30}{1+j0.5\omega}$의 벡터 궤적

$$\phi = \tan^{-1}0.5\omega - \tan^{-1}3\omega$$

위 두 식을 $\omega=0\to\infty$까지 변화시키면서 $|G(j\omega)|$와 ϕ를 계산하면 〈표 6-6〉을 얻고 이 표에 의해 벡터도를 그리면 [그림 6-14]가 얻어진다.

(예제 6-4) $G(s) = \dfrac{K}{s(1+Ts)}$인 요소의 벡터 궤적을 그려라.

(풀이) $s = j\omega$로 놓으면

$$G(j\omega) = \frac{K}{j\omega(1+j\omega T)}$$

이 되고, $|G(j\omega)|$와 ϕ를 구하면

$$|G(j\omega)| = \frac{K}{\sqrt{1+\omega^2 T^2}}$$

$$\phi = -90 - \tan^{-1}\omega T$$

이 되고 $|G(j\omega)|$와 ϕ를 $\omega = 0 \to \infty$까지 변화시키면 〈표 6-7〉과 같이 되어 [그림 6-15]를 얻는다.

결국 [그림 6-15]는 적분요소+1차 지연요소가 된다.

〈표 6-7〉

ω	$\lvert G(j\omega)\rvert$	ϕ
0	∞	-90
$\frac{1}{T}$	$\frac{TK}{2}$	-135
∞	0	-180

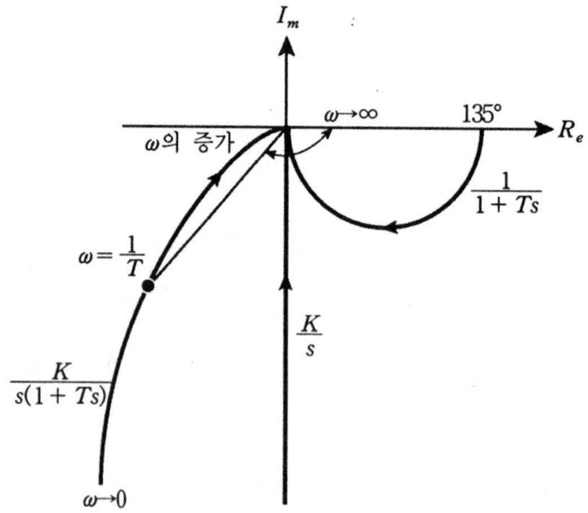

[그림 6-15] $\dfrac{K}{s(1+Ts)}$ 의 벡터 궤적

6-4 보드 선도

벡터 궤적은 요소 또는 계가 복잡하게 되면 궤적을 그리기가 곤란하기 때문에 실제 문제에서는 적용하기가 곤란한 경우가 있다. 여기서는 가로축에 각주파수 ω를 대수눈금으로 취하고, 세로축에 이득 $|G(j\omega)|$를 대수량 $20\log_{10}|G(j\omega)|$로 나타내고, 위상도 같은 세로축에 나타내어 한 조의 곡선으로 주파수특성을 표시한 선도를 보드 선도(bode diagram or corner plot)라 한다. 가로축에 ω, 세로축에 $20\log_{10}|G(j\omega)|$를 취하여 그린 선도를 이득곡선(gain characteristics curve), 가로축에 ω, 세로축에 $\underline{/G(j\omega)}$를 취하여 그린 선도를 위상곡선(phase characteristics curve)이라 한다.

이득의 단위는 데시벨(decibel, [dB])을 쓰고, 제어계의 요소가 입력신호의 각주파수 ω에 대하여 어떠한 특성을 갖고 있는가를 한 눈에 알아볼 수 있는 이점이 있다.

1. 비례요소

주파수 전달함수가

$$G(j\omega) = K + j0$$

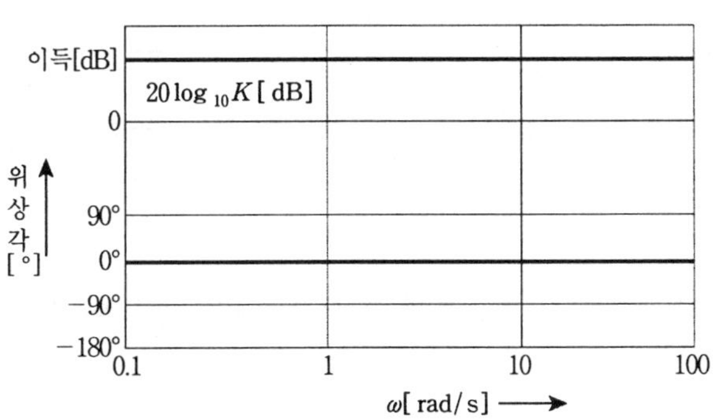

[그림 6-16] 비례요소의 보드 선도

이므로, 이득 G는

$$G = 20\log_{10}|G(j\omega)| = 20\log K\ [\text{dB}] \quad \cdots\cdots (6-27)$$

이고, 위상각 ϕ는

$$\phi = 0° \quad \cdots\cdots (6-28)$$

이다. 정수 K는 데시벨 이득과 위상각 선도로 나타내면 [그림 6-16]과 같이 표시된다.

2. 미분요소

주파수 전달함수가

$$G(j\omega) = (j\omega)^n$$

일 때 이득 G는

$$G = 20\log|G(j\omega)| = 20n\log\omega\ [\text{dB}] \quad \cdots\cdots (6-29)$$

이고, 위상각 ϕ는

$$\phi = n90° \quad \cdots\cdots (6-30)$$

로서 ω를 변화시켜 G와 ϕ를 구하면 〈표 6-8〉과 같다.

〈표 6-8〉

	$\omega=0.1$	$\omega=1$	$\omega=10$	$\omega=100$
G[dB]	$-20n$	0	$+20n$	$+40n$
ϕ[°]	$n90$	$n90$	$n90$	$n90$

[그림 6-17]은 $n=1, 2, 3$인 경우의 보드 선도이다.

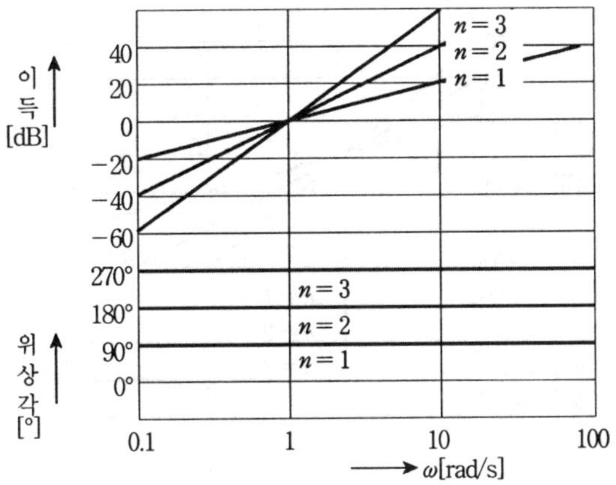

[그림 6-17] 미분요소의 보드 선도

3. 적분요소

주파수 전달함수가

$$G(j\omega)=(j\omega)^{-n}$$

일 때 이득 G는

$$G=20\log|G(j\omega)|=-20n\log\omega\ [\mathrm{dB}] \quad\cdots\cdots\cdots (6-31)$$

이고, 위상각 ϕ는

$$\phi=-n90° \quad\cdots\cdots\cdots (6-32)$$

로서 ω를 변화시켜 G와 ϕ를 구하면 〈표 6-9〉와 같다.

[그림 6-18]은 $n=1, 2, 3$인 경우의 보드 선도이다.

〈표 6-9〉

	$\omega=0.1$	$\omega=1$	$\omega=10$	$\omega=100$
G[dB]	$20n$	0	$-20n$	$-40n$
ϕ[°]	$-n90$	$-n90$	$-n90$	$-n90$

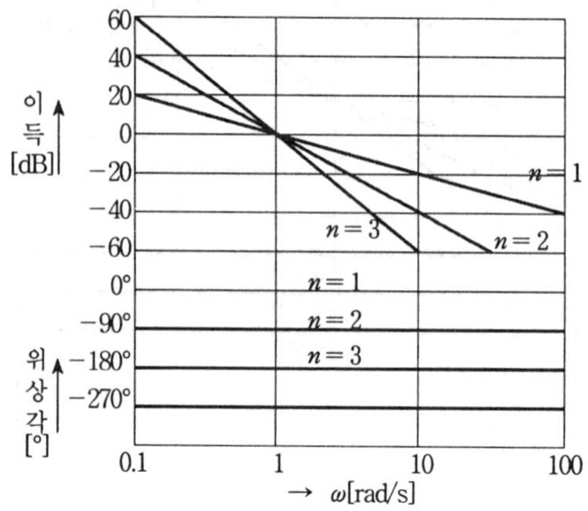

[그림 6-18] 적분요소의 보드 선도

4. 1차 지연요소와 비례미분요소

주파수 전달함수가

$$G(j\omega)=\frac{1}{1+j\omega T}$$

일 때 이득 G는

$$G=20\log|G(j\omega)|=20\log\frac{1}{\sqrt{1+(\omega T)^2}}$$

$$=-20\log\sqrt{1+(\omega T)^2}\ [\mathrm{dB}] \quad \cdots\cdots (6-33)$$

이고 위상각 ϕ는

$$\phi=-\tan^{-1}\omega T \quad \cdots\cdots (6-34)$$

가 되므로 극히 낮은 주파수에서는 $\omega T \ll 1$이므로

$$G=20\log|G(j\omega)| \fallingdotseq -20\log 1=0\ [\mathrm{dB}] \quad \cdots\cdots (6-35)$$

$$\phi=0 \quad \cdots\cdots (6-36)$$

극히 높은 주파수에서는 $\omega T \gg 1$이므로

$$G = 20\log|G(j\omega)| \fallingdotseq -20\ \log\sqrt{\omega^2 T^2} = -20\ \log \omega T$$
$$= -20\ \log\omega - 20\log T \quad \cdots\cdots (6-37)$$

$$\phi = -90°\text{에 접근} \quad \cdots\cdots (6-38)$$

또, $\omega T = 1$일 때에는

$$G = 20\log|G(j\omega)| = -20\ \log\sqrt{2} = -3[\text{ dB}] \quad \cdots\cdots (6-39)$$

$$\phi = -45° \quad \cdots\cdots (6-40)$$

가 되어 〈표 6-10〉을 얻는다.

〈표 6-10〉

	ωT ≪	1	≪ ωT
G[dB]	0	−3	−20[dB/dec]에 접근
ϕ[°]	0	−45°	−90°에 접근

〈표 6-11〉

ωT	G[dB]	ϕ[°]
0.01	0	−0.5
0.1	−0.043	−5.7
0.5	−1.0	−26.6
1.0	−3.0	−45.0
2.0	−7.0	−63.4
5.0	−14.2	−78.7
10.0	−20.3	−84.3
100	−40.0	−90.0

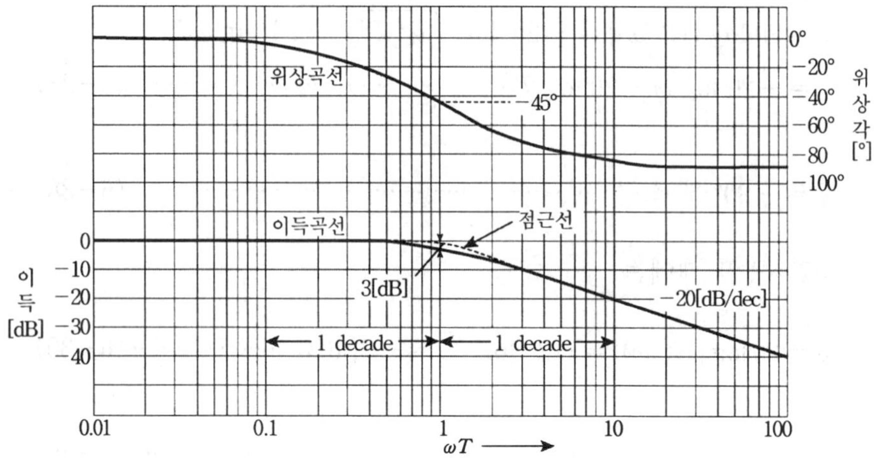

[그림 6-19] 1차 지연요소의 보드 선도

한편, 식 (6-33)과 식 (6-34)의 ωT에 특별한 몇 개의 주파수에서 실제의 크기와 위상각을 계산하여 놓은 것이 〈표 6-11〉이다.

따라서 이득곡선은 [그림 6-19]와 같이 가로축에 평행인 직선과 $\omega T \gg 1$에서 직선의 기울기가 -20[dB/dec]인 점근선을 가진다.

여기서, 1디케이드(decade)란 가로축 대수눈금에서 각주파수가 1 : 10의 간격을 말하며 1[dec]라 하고, 또한 각주파의 간격이 1:2인 경우를 1옥타브(octave)라 한다. 디케이드수와 옥타브수 사이에는 다음과 같은 관계가 된다.

$$\text{옥타브수} = \frac{1}{\log 2}[\text{dec}] = \frac{1}{0.301}[\text{dec}] = 3.33[\text{dec}] \quad \cdots\cdots (6-41)$$

이므로

$$\pm 20n[\text{dB/dec}] = \pm 20n \times 0.301[\text{dB/oct}] \fallingdotseq 6n[\text{dB/oct}] \quad \cdots\cdots (6-42)$$

즉,

$$20[\text{dB/dec}] = 6[\text{dB/oct}]$$

1차 지연요소의 보드 선도가 가지는 특징은 다음과 같다.

① 이득곡선은 $\omega T \ll 1$에서 평행인 직선과 $\omega T \gg 1$에서 -20[dB/dec]의 경사를 가지면 $\omega T = 1$에서 교차한다. 이 교점을 절점(break point)이라 하고 $\omega T = 1$, 즉 $\omega = \frac{1}{T}$인 각주파수를 절점각주파수(positive corner frequency)라 한다.

② 절점각주파수에서의 이득은 절점의 이득보다 약 3[dB] 적다. 또한, 절점각주파수의 위상각은 $-45°$이다.

③ 위상곡선은 절점각주파수를 중심으로 좌우대칭으로 $0° \sim -90°$ 사이까지 변화한다. 비례미분요소에서는 $G(j\omega) = 1 + j\omega T$이므로 1차 지연요소와는 역의 관계가 있어 〈표 6-12〉와 [그림 6-20]이 얻어짐을 알 수 있다.

〈표 6-12〉

	ωT	$\ll$	1	$\ll$	ωT
G[dB]	0		3		20[dB/dec]
ϕ[°]	0		45°		90

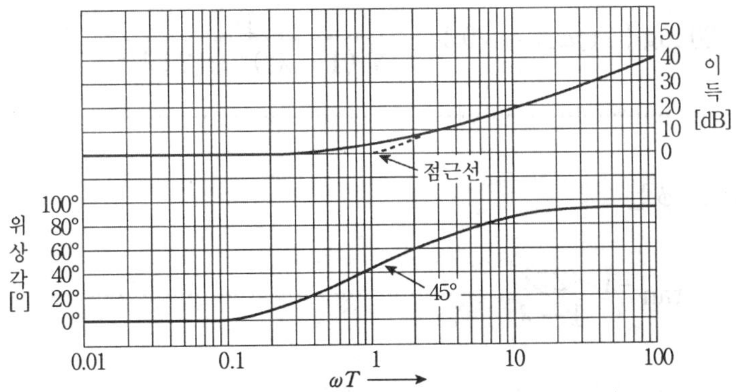

[그림 6-20] 비례미분요소의 보드 선도

5. 2차 지연요소

전달함수가 $\frac{\omega_n^2}{s^2+2\zeta\omega_n s+\omega_n^2}$ 이므로 주파수 전달함수는

$$G(j\omega)=\frac{\omega_n^2}{(j\omega)^2+j2\omega\zeta\omega_n+\omega_n^2}=\frac{1}{1-\left(\frac{\omega}{\omega_n}\right)^2+j2\zeta\frac{\omega}{\omega_n}}$$

여기서 $\frac{\omega}{\omega_n}=\lambda$라 놓으면

$$G(j\omega)=\frac{1}{(1-\lambda^2)+j2\zeta\lambda}$$

이 되므로 식 (6-9)를 적용시키면

$$|G(j\omega)|=\frac{1}{\sqrt{(1-\lambda^2)^2+(2\zeta\lambda)^2}}$$

이 되고, 이득 G는

$$G=20\log|G(j\omega)|=20\log\frac{1}{\sqrt{(1-\lambda^2)^2+(2\zeta\lambda)^2}}\ [\mathrm{dB}] \quad \cdots\cdots (6-43)$$

이고, 위상각 ϕ는

$$\phi=-\tan^{-1}\frac{2\zeta\lambda}{1-\lambda^2} \quad \cdots\cdots (6-44)$$

가 되므로, 극히 낮은 주파수에서는 $\lambda\ll1$이므로

$$G=20\log|G(j\omega)|=-20\log=0\,[\mathrm{dB}] \quad \cdots\cdots (6-45)$$

$$\phi=0° \quad \cdots\cdots (6-46)$$

로 되어 2차 인수의 저주파수 점근선은 기울기가 0인 직선이 되고 극히 높은 주파수에서는 $\lambda \gg 1$이므로

$$G = 20\log|G(j\omega)| = -20\ \log\sqrt{[1-(\lambda)^2]^2+(2\zeta\lambda)^2}$$
$$\simeq -20\ \log\sqrt{(\lambda)^4} = -40\ \log\lambda[\text{ dB}] \quad \cdots\cdots (6-47)$$

$$\therefore\ \ \phi = -180° \quad \cdots\cdots (6-48)$$

에 접근되며 편대수 좌표계에서는 기울기가 −40[dB/dec]를 갖는 직선이 된다. 또 $\lambda = 1$일 때에는

$$G = 20\log|G(j\omega)| = -20\ \log\ (2\zeta)$$
$$= -20\ \log 2 - 20\ \log\zeta \quad \cdots\cdots (6-49)$$

$$\phi = -90° \quad \cdots\cdots (6-50)$$

로 되어 이득 G는 ζ의 값에 따라 달라진다.

이상의 결과를 종합하면 〈표 6-13〉이 얻어진다.

〈표 6-13〉

	λ ≪	1	≪ λ
G[dB]	0	ζ의 값에 따라 다르다.	−40[dB/dec]에 접근
ϕ[°]	0°	−90°	−180°에 접근

두 점근선의 교점은 식 (6-45)와 (6-47)을 등식시켜 얻어진다. 즉,

$$-40\ \log\lambda = 0\ [\text{dB}] \quad \cdots\cdots (6-51)$$

로부터

$$\omega = \omega_n[\text{ rad/sec}] \quad \cdots\cdots (6-52)$$

식 (6-52)로부터 2차 인수의 절점주파수는 $\omega = \omega_n$이라고 생각된다.

〈표 6-14〉

λ	$\zeta=0.05$		$\zeta=1$	
	G[dB]	ϕ[°]	G[dB]	ϕ[°]
0.01	0	0	0	−1
0.1	0	−0.6	0	−11
1	20	−90	−6	−90
10	−40	−179	−40	−169
100	−80	−180	−80	−179

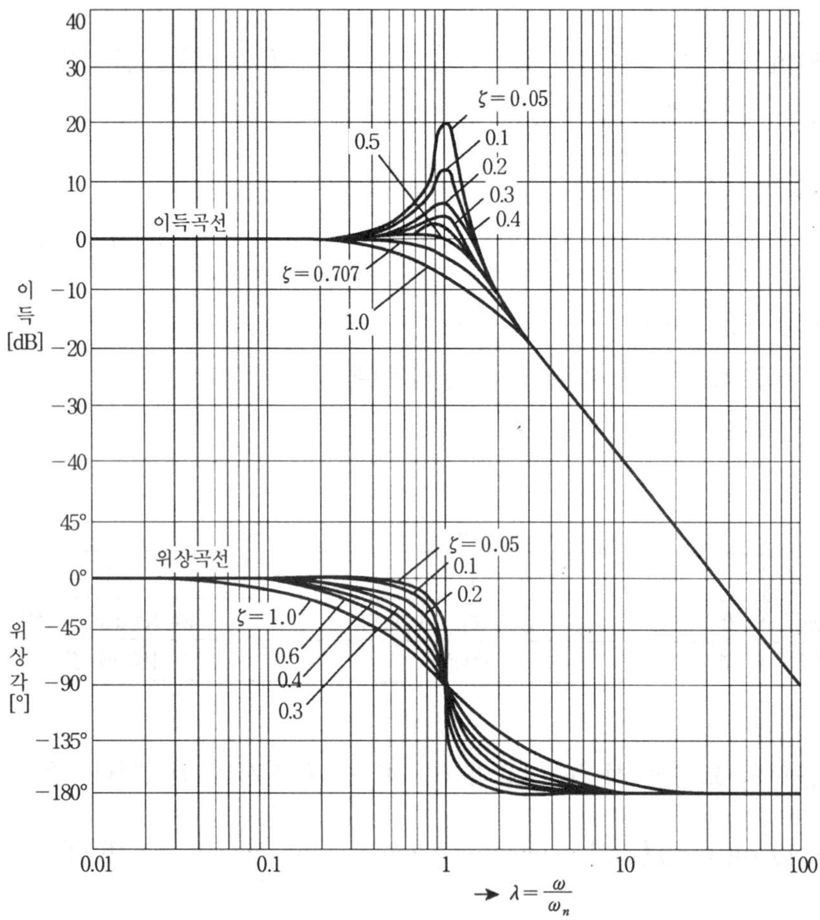

[그림 6-21] 2차 지연요소의 주파수 대 위상각 보드 선도

2차계의 경우 실제 크기곡선은 점근선과 현저하게 편의된다. 그 이유는 크기곡선과 위상각곡선은 절점주파수 ω_n에만 영향을 받는 것이 아니라 제동비 ζ에도 영향을 받기 때문이다.

〈표 6-14〉는 $\zeta=0.05$, $\zeta=1$인 경우의 이득 G와 위상 ϕ의 값을 구해본 것이다.

[그림 6-21]에서 위의 그림은 실제 크기곡선을 그린 것이고, 아래 그림은 실제 위상곡선을 그린 것이다.

6. 부동작 시간요소

주파수 전달함수가

$$G(j\omega)=e^{-j\omega L}=\cos\omega L-j\sin\omega L$$

일 때 이득 G는

$$\begin{aligned}G&=20\log|G(j\omega)|\\&=20\log\sqrt{(\cos\omega L)^2+(\sin\omega L)^2}=0\,[\mathrm{dB}]\end{aligned} \quad\cdots\cdots\cdots\cdots\cdots (6-53)$$

이고, 위상각 ϕ는

$$\phi=-\omega L\,[\mathrm{rad}]=-\frac{180}{\pi}\omega L\,[°] \quad\cdots\cdots\cdots\cdots\cdots (6-54)$$

로서 크기 보드 선도는 모든 ω에 대하여 0[dB]이고, ω의 변화는 L이 일정하다면 ωL의 변화와 같으므로 ω의 변화에 대한 〈표 6-15〉를 얻을 수 있다.

[그림 6-22]는 편대수 좌표계에 ωL에 대한 위상 및 이득곡선을 그린 것이다.

〈표 6-15〉

ωL	ϕ [°]
0.1	−5.7
0.2	−11.4
0.4	−23
0.5	−28.7
0.8	−45.8
1	−57
4	−229
5	−287
8	−458
10	−573

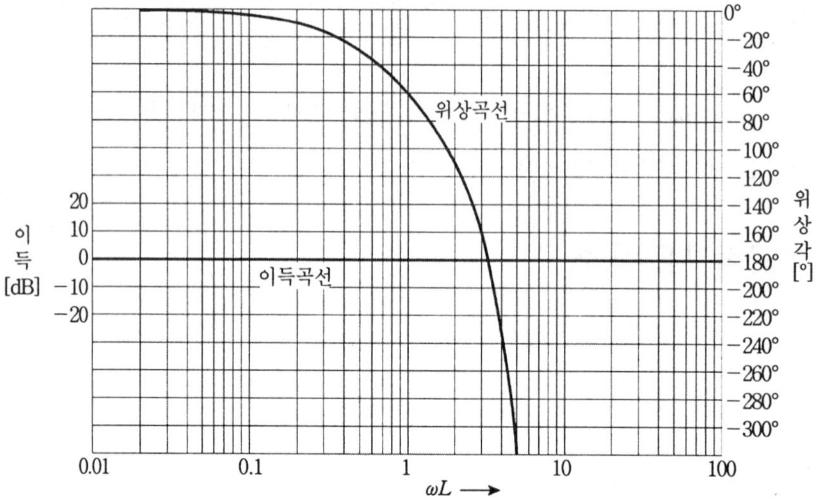

[그림 6-22] 부동작 시간요소의 보드 선도

7. 결합계의 보드 선도

$G_1(s)$와 $G_2(s)$가 직렬결합되어 있는 경우는 식 (6−6)으로부터

$$G[\text{dB}] = G_1[\text{dB}] + G_2[\text{dB}] \quad \cdots\cdots (6-55)$$

$$\phi = \phi_1 + \phi_2\,[°] \quad \cdots\cdots (6-56)$$

로 되므로 보드 선도상에서 용이하게 합성할 수 있다.

(예제 6−5) $G(s) = K\dfrac{1+T_1 s}{s(1+T_2 s)}$의 보드 선도를 그려라. 단 $K=5$, $T_1=\dfrac{4}{3}$, $T_2=0.5$이다.

(풀이) 요소를 $G_1(s) = \dfrac{K}{s}$, $G_2(s)=1+T_1 s$, $G_{3(s)}=\dfrac{1}{1+T_2 s}$의 직렬결합이라고 생각하여 $G[\text{dB}]$과 ϕ를 구하면

$$G[\text{dB}] = G_1[\text{dB}] + G_2[\text{dB}] + G_3[\text{dB}]$$

$$= 20\log\frac{K}{\omega} + 20\log\sqrt{1+(\omega T_1)^2} - 20\log\sqrt{1+(\omega T_2)^2}$$

$\phi = \phi_1 + \phi_2 + \phi_3 = -90° + \tan^{-1}\omega T_1 - \tan^{-1}\omega T_2$

가 되므로 이득 G_1[dB], G_2[dB], G_3[dB] 값과 위상 ϕ_1, ϕ_2, ϕ_3값을 몇 개의 주파수에 따라 구하면 〈표 6-16〉과 같이 되고, 이 표에 따라 개개의 이득 [dB]과 위상[°]에 의해 합성이득과 위상을 [그림 6-23]에 나타내었다.

〈표 6-16〉

ω	G_1[dB]	G_2[dB]	G_3[dB]	G[dB]	ϕ_1[°]	ϕ_2[°]	ϕ_3[°]	ϕ[°]
0.1	33.9	0.71	−0.01	34.6	−90	7.6	−2.9	−85.3
1	13.9	4.43	−1.93	16.4	−90	53	−26.6	−63.6
10	−6.1	12.73	−14.15	−7.52	−90	85.7	−78.7	−83

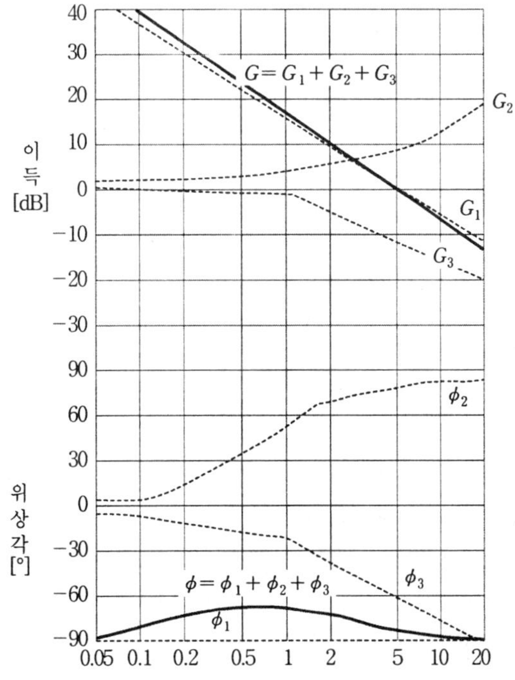

[그림 6-23] $G(s) = K\dfrac{1 + T_1 s}{s(1 + T_2 s)}$ 의 보드 선도

(예제 6－6) 그림은 조절계의 연산회로이다. 보드 선도를 그려라.

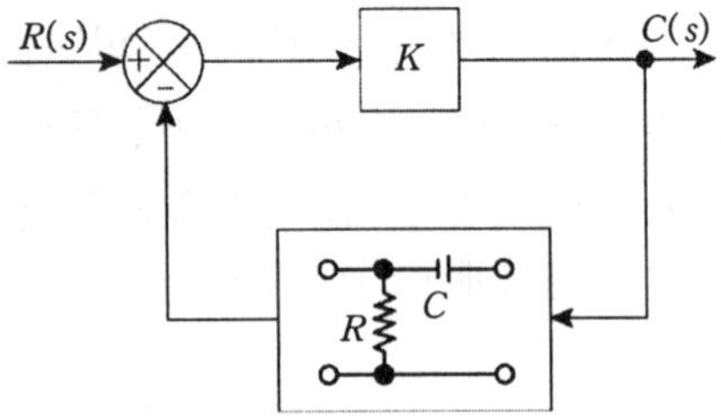

[그림 6-24] 비례적분요소

(풀이) 귀환요소의 주파수 전달함수 G_f를 구하면

$$G_f(j\omega) = \frac{R}{\frac{1}{j\omega C} + R} = \frac{j\omega RC}{1 + j\omega RC}$$

따라서, 전체의 주파수 전달함수 $G(j\omega)$는

$$G(j\omega) = \frac{C(j\omega)}{R(j\omega)} = \frac{K}{1 + K\frac{j\omega CR}{1 + j\omega CR}} = \frac{1}{\frac{1}{K} + \frac{j\omega CR}{1 + j\omega CR}}$$

K가 매우 크다고 하면

$$G(j\omega) = \frac{1 + j\omega CR}{j\omega CR}$$

로 되어 비례미분+적분형태를 보인다.

$G_1(j\omega) = 1 + j\omega CR$

$G_2(j\omega) = \frac{1}{j\omega CR}$ 이라 하면

$$G[\text{dB}] = G_1[\text{dB}] + G_2[\text{dB}]$$
$$= 20\log\sqrt{1 + (\omega CR)^2} - 20\log\omega CR$$

$\phi = \phi_1 + \phi_2 = \tan^{-1}\omega CR - 90°$

이들 $G_1[\text{dB}]$, $G_2[\text{dB}]$와 위상 ϕ_1, ϕ_2를 몇 개의 주파수에 따라 구하면 〈표 6－17〉과 같이 되고, 이 표에 따라 보드 선도를 그리면 [그림 6－25]와 같다.

〈표 6-17〉

ωRC	$G_1[\text{dB}]$	$G_2[\text{dB}]$	$G[\text{dB}]$	$\phi_1[°]$	$\phi_2[°]$	$\phi[°]$
0.1	0	20	20	0	−90	−90
1	3	0	3	45	−90	−45
10	20	−20	0	90	−90	0

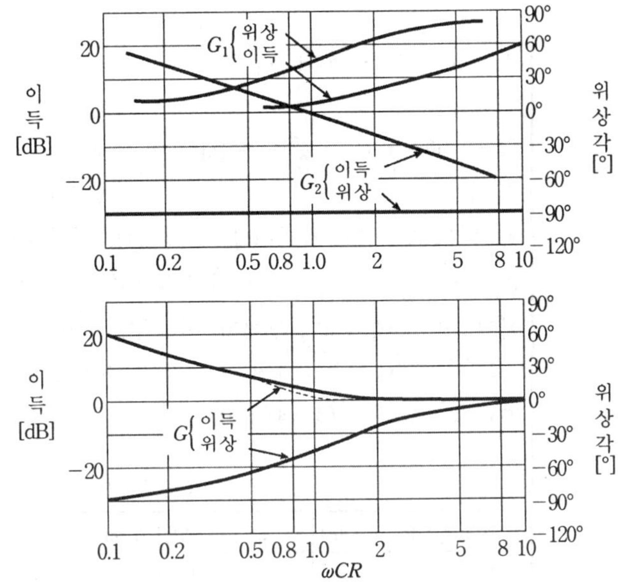

[그림 6-25] 연산회로의 보드 선도

(예제 6−7) $G(j\omega)=\dfrac{1+j\dfrac{\omega}{2}-\left(\dfrac{\omega}{2}\right)^2}{j\omega\left(1+j\dfrac{\omega}{0.5}\right)\left(1+j\dfrac{\omega}{4}\right)}$ 인 주파수 전달함수의 점근 보드 선도를 그려라.

(풀이) 주파수 전달함수를

$$G_1=\frac{1}{j\omega},\qquad G_2=\frac{1}{1+j\dfrac{\omega}{0.5}},$$

$$G_3=1+j\frac{\omega}{2}-\left(\frac{\omega}{2}\right)^2,\qquad G_4=\frac{1}{1+j\dfrac{\omega}{4}}$$

의 직렬결합이라 생각하여 $G[\text{dB}]$와 $\phi[°]$를 구하면

$$G[\text{dB}]=G_1[\text{dB}]+G_2[\text{dB}]+G_3[\text{dB}]+G_4[\text{dB}]$$

$$=20\log\frac{1}{\omega}-20\log\sqrt{1+\left(\frac{\omega}{0.5}\right)^2}$$

$$+20\log\sqrt{\left(1-\frac{\omega^2}{4}\right)^2+\left(\frac{\omega}{2}\right)^2}-20\log\sqrt{1+\left(\frac{\omega}{4}\right)^2}$$

$$\phi = \phi_1 + \phi_2 + \phi_3 + \phi_4$$

$$= -90 - \tan^{-1}\frac{\omega}{0.5} + \tan^{-1}\frac{\frac{\omega}{2}}{1-\left(\frac{\omega}{2}\right)^2} - \tan^{-1}\frac{\omega}{4}$$

이 되므로 이득 G_1[dB], G_2[dB], G_3[dB], G_4[dB]값과 위상 ϕ_1, ϕ_2, ϕ_3, ϕ_4값을 몇 개의 주파수에 따라 구한 것이 〈표 6-18〉이고 이 표에 따라 개개의 이득[dB], 합성이득[dB] 보드 선도가 [그림 6-26] (a), (b)이고, 개개의 위상 [°], 합성 위상[°], 보드 선도는 [그림 6-27] (a), (b)이다.

〈표 6-18〉

ω	G_1[dB]	G_2[dB]	G_3[dB]	G_4[dB]	G[dB]	ϕ_1[°]	ϕ_2[°]	ϕ_3[°]	ϕ_4[°]	ϕ[°]
0.5	6	−3	0	0	3	−90	−45	15	−7	−127
1.0	0	−7	−0.8	0	−7.8	−90	−63	33	−14	−134
2.0	−6	−12	0	−1	−19	−90	−76	90	−27	−103
4.0	−12	−18	−15	−3	−18	−90	−83	146	−45	−72

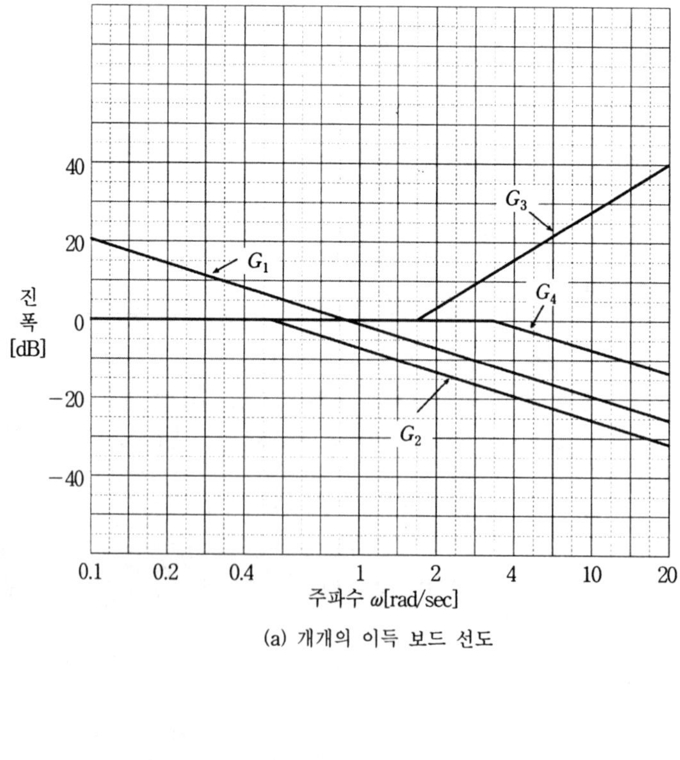

(a) 개개의 이득 보드 선도

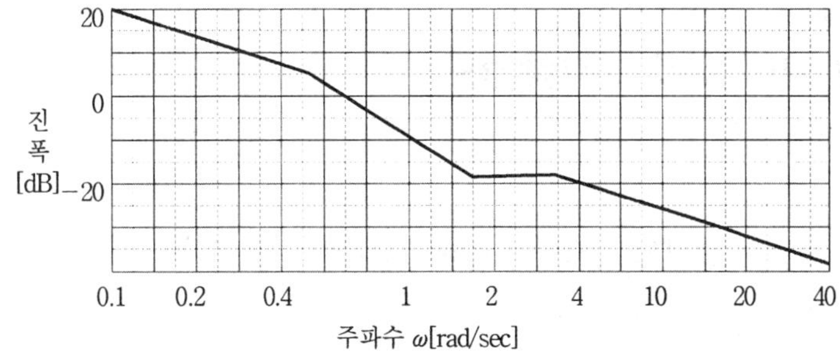

(b) 합성이득 보드 선도

[그림 6-26] $G(j\omega)=\dfrac{1+j\dfrac{\omega}{2}-\left(\dfrac{\omega}{2}\right)^2}{j\omega\left(1+j\dfrac{\omega}{0.5}\right)\left(1+j\dfrac{\omega}{4}\right)}$ 의 이득 보드 선도

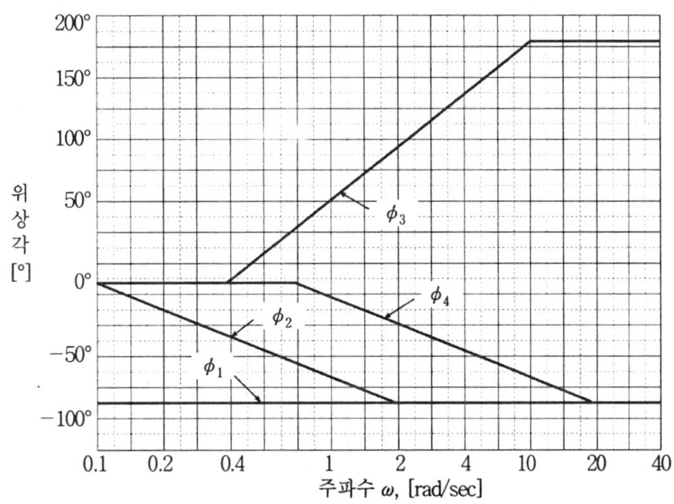

(a) 개개의 위상 보드 선도

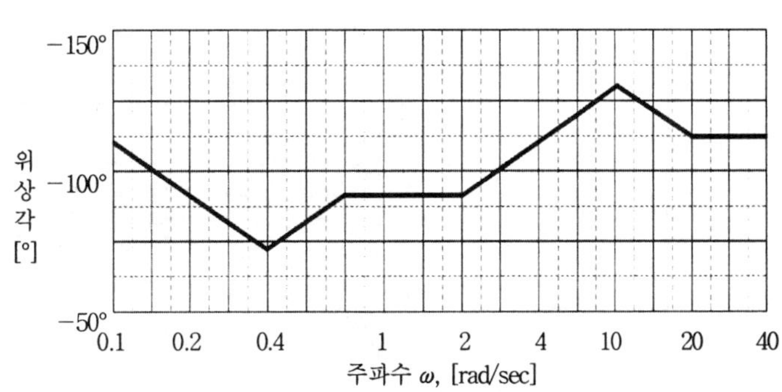

(b) 합성위상 보드 선도

[그림 6-27] $G(j\omega)=\dfrac{1+j\dfrac{\omega}{2}-\left(\dfrac{\omega}{2}\right)^2}{j\omega\left(1+j\dfrac{\omega}{0.5}\right)\left(1+j\dfrac{\omega}{4}\right)}$ 의 위상 보드 선도

6-5 이득-위상선도

이득-위상선도(gain-phase diagram)란 보드 선도의 이득곡선, 위상곡선을 1개의 곡선으로 나타낸 것으로, 세로축에 이득의 G [dB]을, 가로축에 위상 ϕ[°]를 취하여 주파수 ω를 파라미터로 나타낸 것이다. 이 선도는 앞으로 설명할 니콜스 선도와 밀접한 관계가 있고, 제어계를 설계할 때 보드 선도와 함께 자주 사용된다.

(예제 6-8) 전달함수 $G(s)=\dfrac{30}{1+0.5s}$의 이득-위상선도를 그려라.

(풀이) 주파수 전달함수가

$$G(j\omega)=\frac{30}{1+0.5\omega}$$

〈표 6-19〉

ω	$\sqrt{\dfrac{30}{1+(0.5\omega)^2}}$	G[dB]	ϕ[°]
0	30	29.5	0
0.1	29.3	29.3	-2.9
1	26.8	28.6	-26.5
5	11.2	21.0	-68.2
10	5.9	15.4	-78.7
50	1.2	1.6	-86.7
100	0.6	-4.5	-88.2

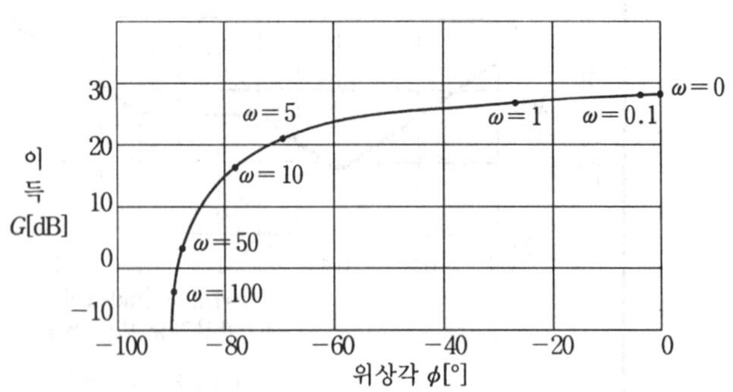

[그림 6-28] $G(s)=\dfrac{30}{1+0.5s}$의 이득-위상선도

일 때 이득 G는

$$G = 20\log|G(j\omega)| = 20\log\frac{30}{\sqrt{1+(0.5\omega)^2}}$$

$$= 20\log 30 - 20\log\sqrt{1+(0.5\omega)^2}$$

$$= 29.5 - 10\log\{1+(0.5\omega)^2\}$$

위상각 ϕ는

$$\phi = -\tan^{-1}0.5\omega$$

이므로 ω를 변화시켜 G와 ϕ를 구하면 〈표 6-19〉와 같이 되고, 이것으로 이득-위상선도를 나타내면 [그림 6-28]과 같다.

이상은 주파수응답 특성곡선으로 사용되고 있는 벡터 궤적, 보드 선도, 이득-위상선도에 대하여 설명한 것이고 〈표 6-20〉은 이들 선도들의 대요를 나타낸 것이다.

〈표 6-20〉

	주파수 전달함수	이득 G[dB]	위상 ϕ[°]	벡터 궤적	보드 선도	이득-위상선도
비례요소	K	K	0°	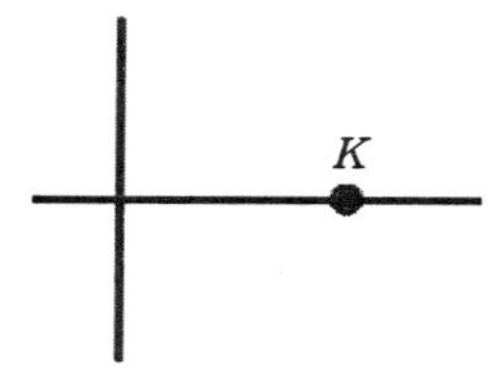	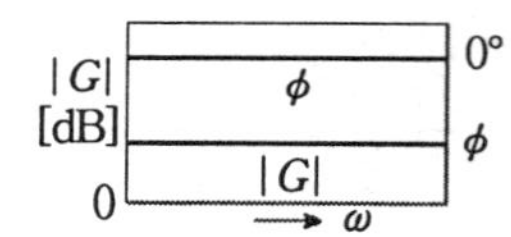	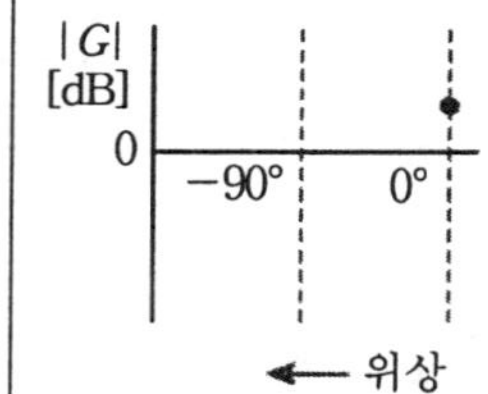
1차 지연요소	$\frac{K}{1+j\omega T}$	$\frac{K}{\sqrt{1+\omega^2T^2}}$	$-\tan^{-1}(\omega T)$	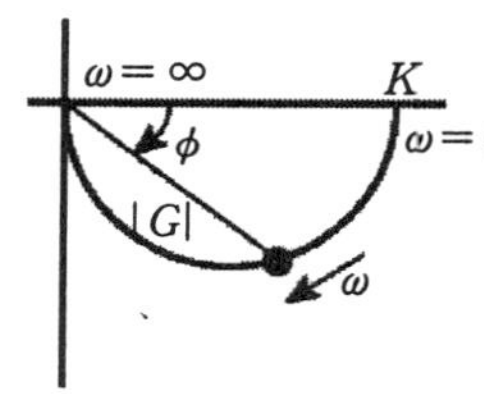	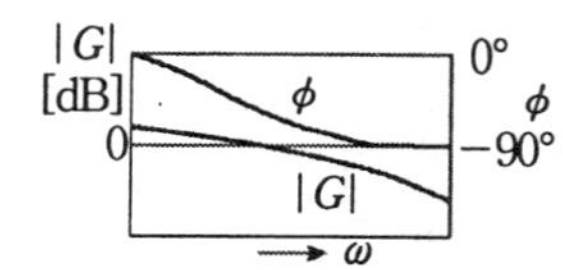	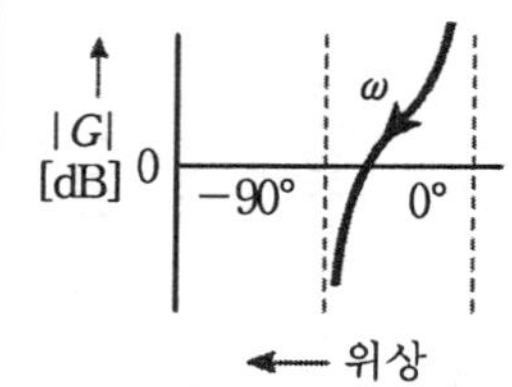
적분요소	$\frac{1}{j\omega T}$	$\frac{1}{\omega T}$	-90°	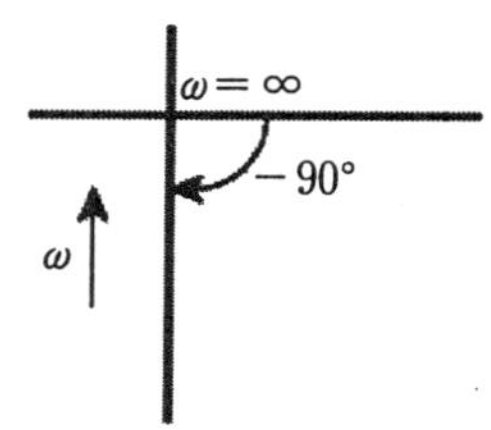	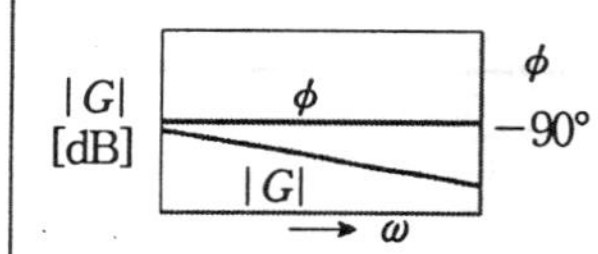	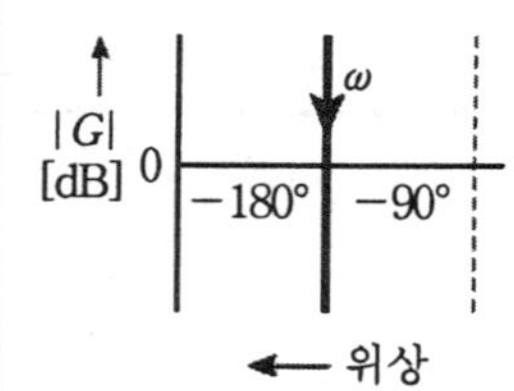

미분요소	$j\omega T$	ωT	$90°$	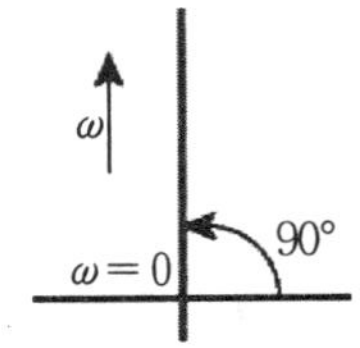	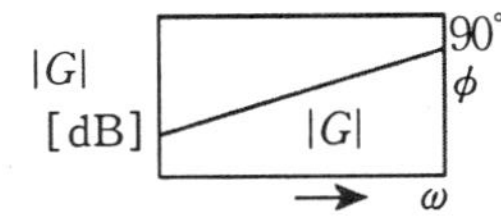	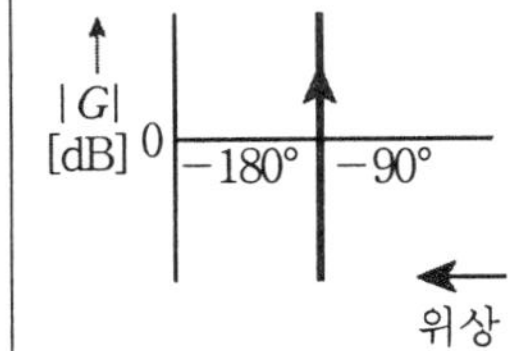
1차 미분요소	$\dfrac{j\omega T}{1+j\omega T}$	$\dfrac{\omega T}{\sqrt{1+\omega^2 T^2}}$	$-\tan^{-1}\dfrac{1}{\omega T}$	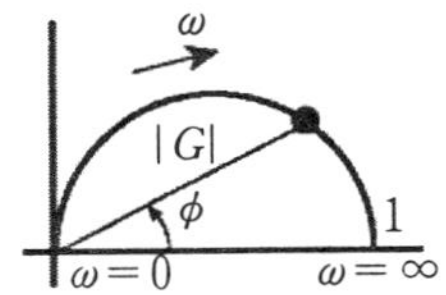	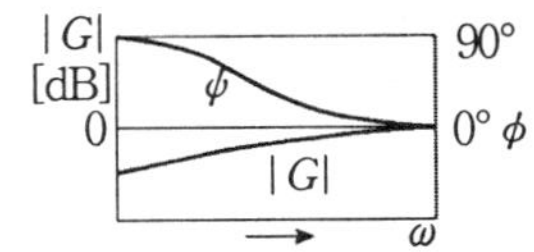	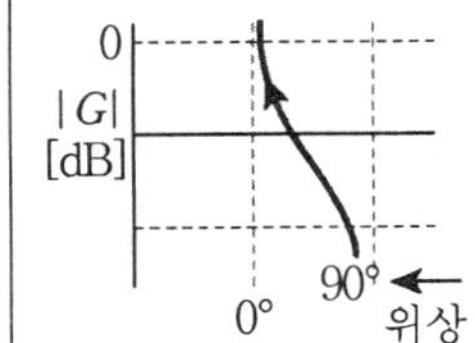
2차 지연요소	$\dfrac{K}{(1-\lambda^2)+j2\zeta\lambda}$	$\dfrac{K}{\sqrt{(1-\lambda^2)^2+(2\zeta\lambda)^2}}$	$\dfrac{2\zeta\lambda}{1-\lambda^2}$	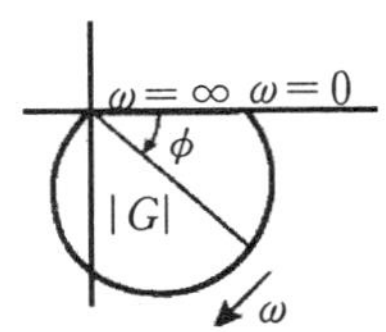	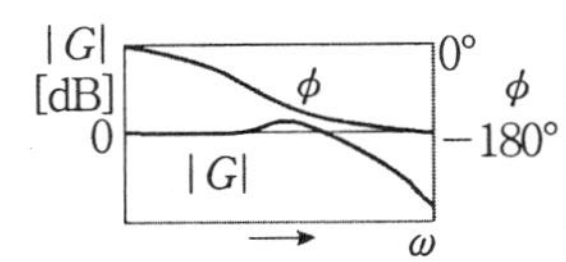	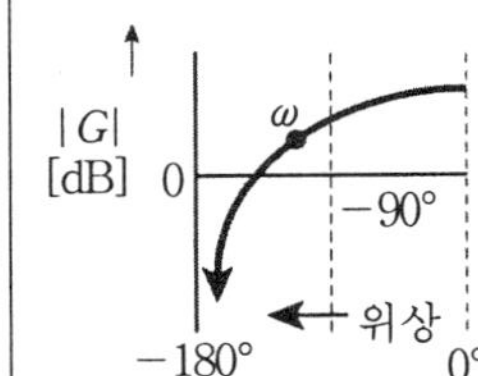
부동작 시간요소	$Ke^{-j\omega L}$	K	$-\omega L$	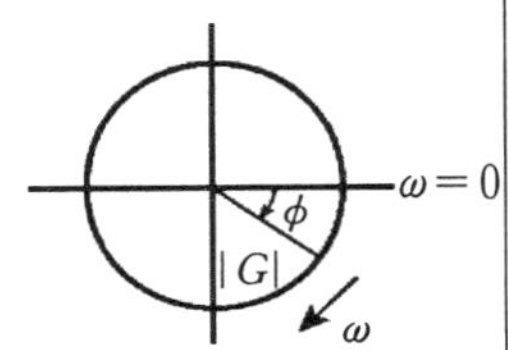	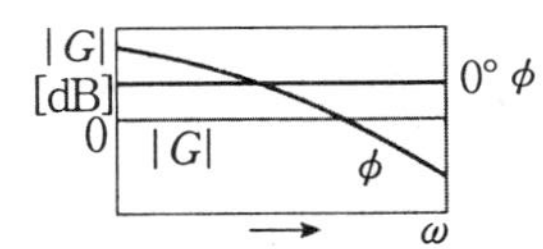	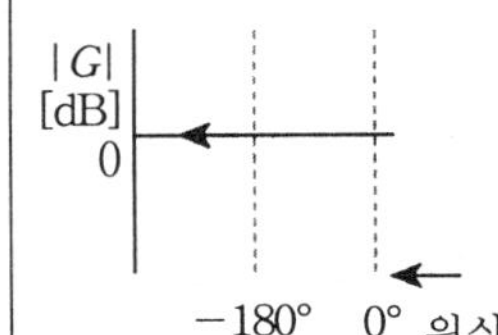

6-6 폐회로 주파수특성

어떤 계의 시간응답을 해석적으로 구하기는 매우 어렵다. 특히 고차계일수록 어렵다. 그러나 주파수영역에서는 적용할 수 있는 도시적 방법이 풍부하며, 이 모든 방법들은 선형귀환계의 해석이나 설계에 쓰일 수 있다. 여기서는 [그림 6-29]와 같은 단위귀환계의 주파수 특성을 가지고 취급한다. 왜냐하면, 선형계에서는 중첩의 원리가 성립되므로 기본적인 기법을 익히면 나머지 변수에도 쉽게 확장시켜 적용할 수 있기 때문이다.

단위귀환계의 폐루프 전달함수는 다음과 같다.

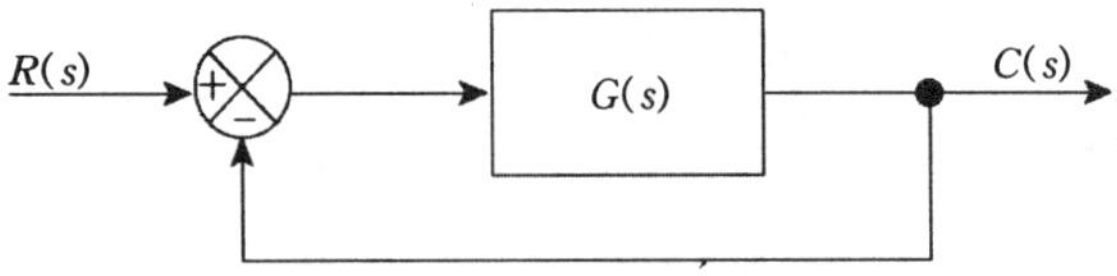

[그림 6-29] 단위귀환계

$$M(s) = \frac{C(s)}{R(s)} = \frac{G(s)}{1+G(s)}$$

정상상태에서의 주파수 전달함수는

$$M(j\omega) = \frac{C(j\omega)}{R(j\omega)} = \frac{G(j\omega)}{1+G(j\omega)} \quad \cdots\cdots (6-57)$$

또는

$$\frac{C(j\omega)}{R(j\omega)} = Me^{j\phi} \quad \cdots\cdots (6-58)$$

여기서, M을 폐회로제어계의 배율(magnification)이라 한다. $G(j\omega)$의 크기와 위상각을 각각 A, ϕ라 하면

$$G(j\omega) = Ae^{j\phi} = A(\cos\phi + j\sin\phi) \quad \cdots\cdots (6-59)$$

식 (6-59)를 (6-57)에 대입하면

$$M(j\omega) = \frac{A(\cos\phi + j\sin\phi)}{1 + A\cos\phi + jA\sin\phi} \quad \cdots\cdots (6-60)$$

$M(j\omega)$의 크기와 위상을 각각 M, ϕ_m이라 하면

$$M = |M(j\omega)| = \frac{A}{\sqrt{(1 + A\cos\phi)^{2} + A^{2}\sin^{2}\phi}}$$

$$= \frac{1}{\sqrt{1 + \frac{2\cos\phi}{A} + \frac{1}{A^{2}}}}$$

$$= \frac{1}{\sqrt{\left[1 + \left(\frac{\cos\phi}{A}\right)\right]^{2} + \left(\frac{\sin\phi}{A}\right)^{2}}} \quad \cdots\cdots (6-61)$$

$$\phi_m = \tan^{-1}\left[\frac{\sin\frac{\phi}{A}}{1 + \left(\frac{\cos\phi}{A}\right)}\right] \quad \cdots\cdots (6-62)$$

즉, 식 (6-61), (6-62)를 사용하여 폐회로의 주파수 응답의 M과 ϕ_m을 직접 계산할 수 있다. 따라서 A 및 ϕ의 값을 알면 M, ϕ_m은 쉽게 구해진다. 여기서, 이득 A를 데시벨값으로 취한 후 세로축으로 하고, ϕ[°]를 가로축으로 한 직교좌표계를 취하여 M=일정, ϕ_m=일정의 조건을 유지하면서 그린 그래프를 니콜스(Nichols) 선도라 하는데 구체적인 것은 7장의 7-6절에서 취급하기로 한다.

6-7 주파수특성에 관한 제정수

자동제어계의 주파수 영역 내에서 성능을 평가하는 용어들은 다음과 같은 정수들을 자주 사용한다.

(1) 첨두공진점 (peak resonance) : M_P

첨두공진점 M_P는 식 (6-61)의 최대값을 말하며, 일반적으로 귀환제어계의 상대안정도를 가늠하는 한 척도로 쓰인다. 즉, M_P값이 크면 계단응답에 큰 오버 슈트가 생기는 것을 암시한다. 제어계에서 최적한 M_P의 값은 대략 1.1에서 1.5 사이로 설계한다.

(2) 공진주파수(resonce frequency) : ω_P

공진주파수 ω_P는 첨두공진점이 일어나는 주파수를 말하며, ω_P의 값이 높으면 주기는 적다.

(3) 대역폭(bandwidth) : BW

제어계는 대개 저역주파수 통과특성을 가지고 있다. 대역폭은 M의 크기가 영주파수 레벨의 70.7[%]로 떨어지는 해당 주파수 또는 영주파수 레벨에서 3[dB] 떨어지는 해당주파수로서 정의한다. 대역폭은 계 응답의 속성을 나타내는 한 기준이 되기도 한다. 즉, 큰 대역폭은 보다 빠른 상승시간을 갖는다. 왜냐하면 대역폭이 작으면 낮은 주파수 신호만이 통과되므로 시간응답은 느리고 완만하게 된다.

(4) 영이득(zero gain) : M_0

영주파수에서의 이득을 말하며 정상 값이다. 따라서, $1-M_0=$오차를 나타낸다. 적분동작을 포함하는 물리계는 항상 $M_0=1$이 된다.

(5) 분리도(cutoff rate)

신호와 잡음을 구별하는 데에 대역폭만으로는 계의 특성을 나타내는 것이 적합하지 못한 경우가 많다. 경우에 따라서는 고주파에서의 주파수응답의 분리비율을 규정할 필요가 생긴다. 일반적으로 예리한 분리특성은 큰 M_P를 동반하므로 불안정하기가 쉽다. 큰 M_P는 그만큼 안정의 여유가 낮아진다.

[그림 6-30]은 위에서 정의한 용어들에 대한 그림이다.

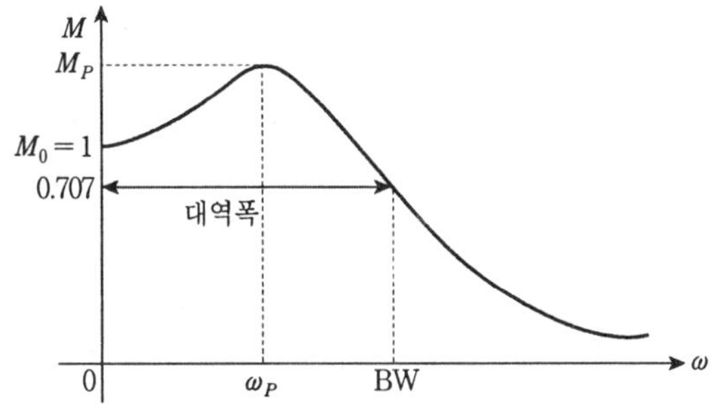

[그림 6-30] 제어계의 전형적인 주파수응답곡선

6-8 2차계에서의 M_P와 ω_P

2차 자동제어계에 대한 첨두공진값 M_P와 공진주파수 ω_P는 계의 제동비 ζ와 고유주파수 ω_n의 값과 관계를 가지고 있다. 2차계 전달주파수

$$M(j\omega)=\frac{\omega_n^2}{(j\omega)^2+2\zeta\omega_n(j\omega)+\omega_n^2}$$

$$=\frac{1}{1-\left(\frac{\omega}{\omega_n}\right)^2+j\frac{2\zeta\omega_n}{\omega_n}} \quad \cdots\cdots (6-63)$$

를 생각하고 $\frac{\omega}{\omega_n}=\lambda$라 놓아 단순화시키면 $|M(j\omega)|$는

$$M=|M(j\omega)|=\frac{1}{[(1-\lambda^2)^2+(2\zeta\lambda)^2]^{1/2}} \quad \cdots\cdots (6-64)$$

$$\underline{/M(j\omega)}=\phi_m=-\tan^{-1}\frac{2\zeta\lambda}{1-\lambda^2} \quad \cdots\cdots (6-65)$$

2차계의 공진주파수 ω_P는 식 (6-64)를 λ로 미분하여 0으로 놓음으로써 구할 수 있다. 즉

$$\frac{dM}{d\lambda}=-\frac{1}{2}(\lambda^4-2\lambda^2+1+4\zeta^2\lambda^2)^{-3/2}(4\lambda^3-4\lambda+8\lambda\zeta^2)$$
$$=0 \quad \cdots\cdots (6-66)$$

식 (6-66)로부터

$$4\lambda^3-4\lambda+8\lambda\zeta^2=0$$

이므로

$$\lambda_P=\sqrt{1-2\zeta^2}=\frac{\omega_P}{\omega_n} \quad \cdots\cdots (6-67)$$

따라서, 공진주파수 ω_P는

$$\omega_P=\omega_n\sqrt{1-2\zeta^2} \quad \cdots\cdots (6-68)$$

을 얻는다. 이 조건은 식 (6-68)으로부터 $1-2\zeta^2\geq 0$에 대해서만 유효하므로

$$\zeta\leq\frac{1}{\sqrt{2}}=0.707 \quad \cdots\cdots (6-69)$$

을 얻는다. 식 (6-69)가 가지는 의미는 $\zeta>0.707$에서는 주파수 ω 대 M 곡선상에서는 공진점이 나타나지 않는다는 뜻이다.

식 (6-67)을 식 (6-64)에 대입하면 공진정점 M_P를 얻는다.

$$M_P = \frac{1}{\{[1-(1-2\zeta^2)]^2 + 4\zeta^2(1-2\zeta^2)\}^{1/2}}$$

$$= \frac{1}{2\zeta\sqrt{1-\zeta^2}} \quad \cdots\cdots (6-70)$$

[그림 6-31]은 M_P와 ζ, [그림 6-32]는 λ와 ζ의 상호관계를 나타낸 것이다.

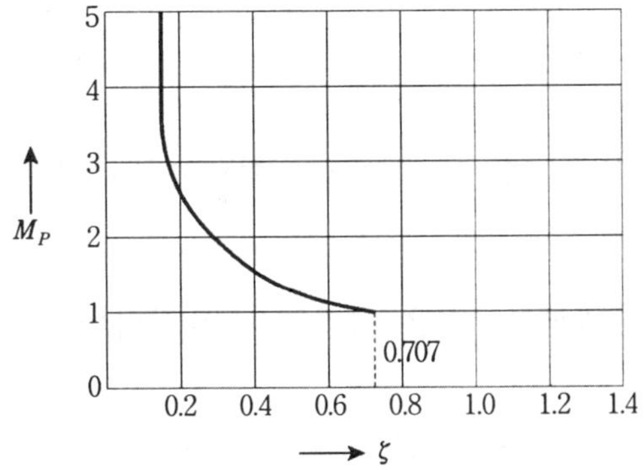

[그림 6-31] 2차계의 M_P와 ζ의 관계곡선

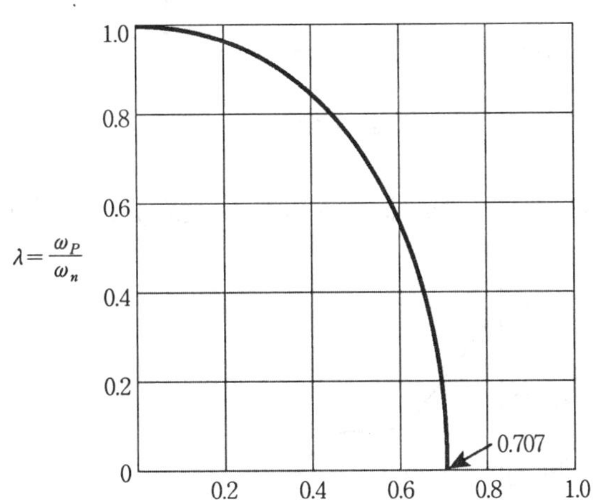

[그림 6-32] 2차계의 λ대 ζ의 관계곡선

연습문제

1. 다음 전달함수들에 대한 주파수응답의 벡터 궤적을 그려라.

(1) $G(s)=\dfrac{1}{(1+0.5s)+(1+2s)}$ (2) $G(s)=\dfrac{(1+0.5s)}{s^2}$

(3) $G(s)=\dfrac{(s+3)}{(s^2+4s+16)}$ (4) $G(s)=\dfrac{30(s+8)}{s(s+2)(s+4)}$

2. 문제 1에서 주어진 전달함수들에 대한 주파수응답의 보드 선도를 그려라.

3. [그림 6-33] 회로에서 $\dfrac{V_2}{V_1}$을 극좌표로 표시하여라.

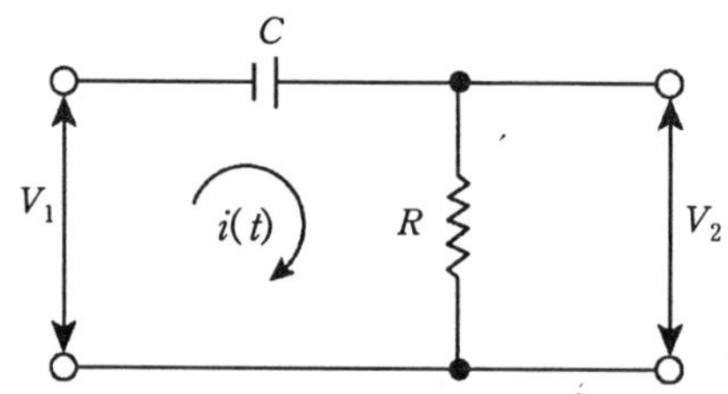

[그림 6-33]

4. [그림 6-33]과 같은 보드 선도에서 전달함수 $G(s)$를 구하여라.

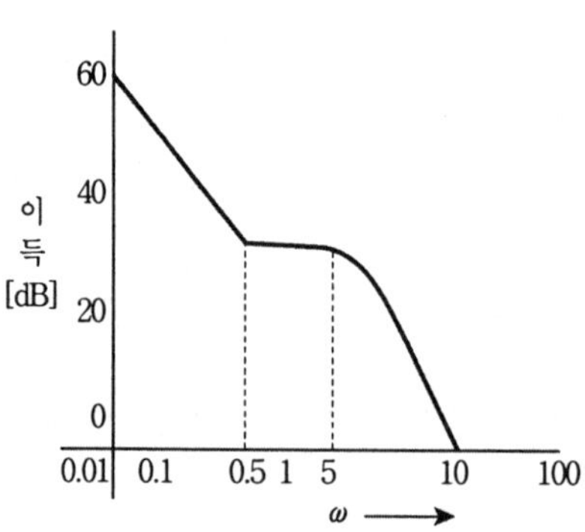

[그림 6-34]

5. [그림 6-35]와 같은 블록선도에서 자동제어계의 배율 M과 위상각 ϕ_m를 계산하여라. 단, 입력주파수는 2[rad/sec], 1차계 요소의 시정수는 $\frac{1}{2}$[sec]이다.

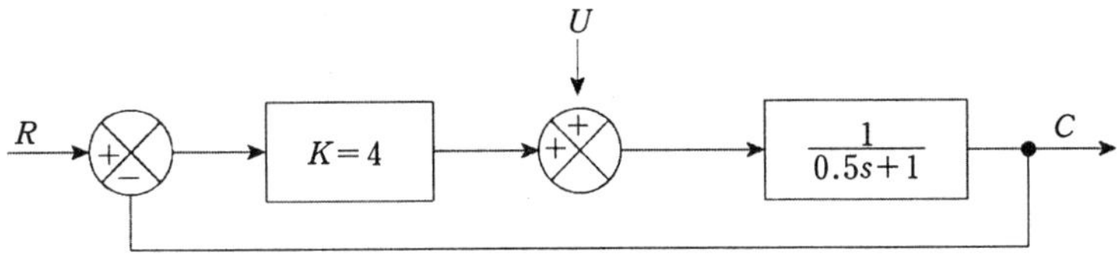

[그림 6-35]

6. 전달함수 $\dfrac{C(s)}{R(s)} = \dfrac{25}{s^2+6s+25}$ 인 2차계의 과도진동주파수 ω_0를 구하여라.

7. 폐회로 전달함수의 극-영점의 위치가 [그림 6-36]과 같이 있을 때 이 계의 대역폭을 계산하여라.

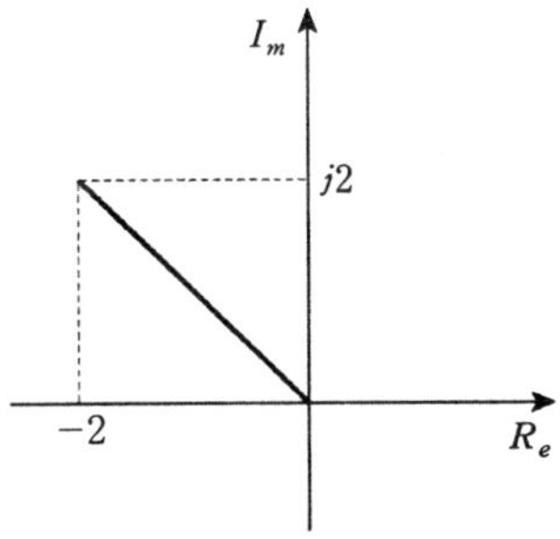

[그림 6-36]

7장 제어계의 안정도

4장에서 제어계의 과도응답은 특성방정식의 근의 위치에 따라 변화함을 배웠다. 제어계 설계에서 중요한 것은 먼저 안정인가 불안정인가의 규명이 있어야 하고, 계통이 안정한 것으로 확인되면 그 계통이 얼마나 안정한가를 결정해야 한다. 이 장에서는 폐루프 제어계의 안정조건과 그 판별법에 대하여 설명하고자 한다.

7-1 안정도의 개념

제어계에서 가장 요구되는 가장 기본적인 특성은 안정한 작동을 하는 것이다. 즉, 목표값에 어떤 변동이 생기거나 제어대상에 외란이 가해져 제어계의 작동에 변동이 생겨도 목표값의 변화와 외란이 없어지게 되면 단시간 내에 오차는 다시 0으로 되돌아와야 한다. 이와 같은 특성이 강할수록 그 제어계는 안정하다고 한다.

일반적으로 계가 다음의 2가지 조건을 만족하는 경우는 안정하다.

① 계의 유한입력(bounded input)에 대해서 유한출력(bounded output)을 얻는다.

② 입력이 없는 경우 초기값에 관계없이 출력은 0으로 된다.

첫번째 조건은 입력의 영향을 받은 계에 관한 것이고, 두번째 조건은 입력이 없는 계의 과도응답에 관한 것이다. 만약, 어떤 제어계가 유한한 입력에 대해 유한하지 않은 응답을 얻었다면 그 제어계는 불안정한 계이다. 이러한 계는 언젠가는 파괴될 것이다.

안정도의 개념은 상공간(phase plane)에 놓여 있는 구의 평형점을 가지고 설명할 수 있다. [그림 7-1]과 같이 평형점에 있는 구의 좌우 어느 방향으로 외력을 가하면 구는 평형점에서 이동되었다가 시간이 경과한 후 제자리에 돌아오는 경우는 안정하고, 다시는 되돌아오지 않는 경우는 불안정하며, 이동운동을 계속하는 경우는 안정한계에 있는 경우이다.

한편, **어떤 계가 안정하다면 어느 정도 안정한가, 즉 불안정한 상태에 얼마나 가까이 있는가를 다룰 때 이를 상대안정도**(relative stability)**라 하고, 상대안정도와 대응하여 계의 안정과 불안정만을 다루는 것은 절대안정도**(absolute stability)**라 한다.**

안정도를 판별하는 방법에는 Routh-Hurwitz 안정도 판별법, 나이퀴스트 안정도 판별법, 보드 선도 및 니콜스 선도에 의한 판별법 등이 있다.

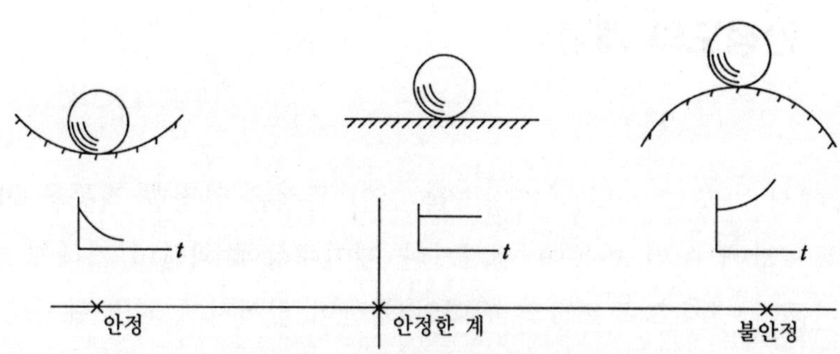

[그림 7-1] s-평면상의 안정도

7-2 Routh-Hurwitz의 안정도 판별법

이 방법은 계의 절대안정도를 판별하는 대수적인 방법이다. 이 방법은 특성방정식의 근을 구하지 않아도 특성방정식의 근 중 몇 개의 근이 불안정 영역인 s-평면 우반평면에 있는가를 알려준다.

1. Routh의 안정도 판별법

일반적으로 선형 자동제어계의 특성방정식은

$$\begin{aligned} F(s) &= 1 + G(s)H(s) \\ &= a_0 s^n + a_1 s^{n-1} + a_2 s^{n-2} + \cdots + a_{n-1} s + a_n = 0 \quad \cdots\cdots (7-1) \end{aligned}$$

와 같이 주어진다. 식 (7-1)이 정의 실수부를 갖지 않는 필요조건은

① 계수 a_0, a_1, …, a_n가 모두 존재할 것

② 계수 a_0, a_1, …, a_n은 모두 동부호일 것

이는 충분조건이 아니며, 이 조건의 어느 하나도 만족하지 않으면 계는 불안정하다.

안정도를 판별하기 위하여 특성방정식을 다음과 같이 Routh 배열시킨다. 여기서는 6차 방정식인 경우에 대하여 작성한 것이다.

$$\begin{array}{c|cccc} s^6 & a_0 & a_2 & a_4 & a_6 \\ s^5 & a_1 & a_3 & a_5 & 0 \\ s^4 & b_1 & b_2 & b_3 & \\ s^3 & c_1 & c_2 & c_3 & \\ s^2 & d_1 & d_2 & & \\ s^1 & e_1 & e_2 & & \\ s^0 & f_1 & & & \end{array}$$

$$b_1 = -\frac{1}{a_1}\begin{vmatrix} a_0 & a_2 \\ a_1 & a_3 \end{vmatrix} = \frac{a_1a_2 - a_0a_3}{a_1}$$

$$b_2 = -\frac{1}{a_1}\begin{vmatrix} a_0 & a_4 \\ a_1 & a_5 \end{vmatrix} = \frac{a_1a_4 - a_0a_5}{a_1}$$

$$c_1 = -\frac{1}{b_1}\begin{vmatrix} a_1 & a_3 \\ b_1 & b_2 \end{vmatrix} = \frac{a_1b_3 - a_1b_2}{b_1}$$

$$c_2 = -\frac{1}{b_1}\begin{vmatrix} a_1 & a_5 \\ b_1 & b_3 \end{vmatrix} = \frac{a_1b_5 - a_1b_3}{b_1}$$

....

$$f_1 = -\frac{1}{e_1}\begin{vmatrix} d_1 & d_2 \\ e_1 & e_2 \end{vmatrix} = \frac{e_1d_2 - d_1e_2}{e_1}$$

이 배열에서 제1열의 각 요소부호가 전부 같지 않은 경우에는 제1열에서 부호가 변하는 횟수와 같은 수만큼 특성근이 복소평면의 우반평면에 존재하고 있는 것을 나타낸다.

(예제 7-1) 특성방정식이 $F(s) = s^4 + 2s^3 + 3s^2 + s + 5 = 0$으로 주어지는 계의 안정성을 판별하여라.

(풀이) 계가 안정하기 위한 1차 요건은 갖추어졌으므로 충분조건을 알기 위해 Routh 배열을 구성하면

$$\begin{array}{c|ccc} s^4 & 1 & 3 & 5 \\ s^3 & 2 & 1 & 0 \\ s^2 & b_1 & b_2 & \\ s^1 & c_1 & c_2 & \\ s^0 & d_1 & & \end{array}$$

$$b_1 = \frac{-\begin{vmatrix} 1 & 3 \\ 2 & 1 \end{vmatrix}}{2} = \frac{6-1}{2} = 2.5, \qquad b_2 = \frac{-\begin{vmatrix} 1 & 5 \\ 2 & 0 \end{vmatrix}}{2} = 5$$

$$c_1 = \frac{-\begin{vmatrix} 2 & 1 \\ b_1 & b_2 \end{vmatrix}}{b_1} = \frac{-\begin{vmatrix} 2 & 1 \\ 2.5 & 5 \end{vmatrix}}{2.5} = -3, \qquad c_2 = 0$$

$$d_1 = \frac{-\begin{vmatrix} 2.5 & 5 \\ -3 & 0 \end{vmatrix}}{-3} = 5$$

따라서 Routh 배열은 다음과 같이 변환한다.

$$\begin{array}{c|ccc} s^4 & 1 & 3 & 5 \\ s^3 & 2 & 1 & 0 \\ s^2 & 2.5 & 5 & \\ s^1 & -3 & 0 & \\ s^0 & 5 & & \end{array}$$

표에서 보는 바와 같이 제1열에서 부호가 (+)2.5에서 (-)3으로, (-)3에서 (+)5로 2번 바뀌므로 복소평면의 우반평면에 2개의 근을 가지고 있어 이 제어계는 불안정하다.

(예제 7-2) 특성방정식이 $F(s) = s^3 + 3s^2 + 3s + 10 = 0$에 대한 안정성을 판별하여라.

(풀이) Routh 배열을 구성하면

$$\begin{array}{c|ccc} s^3 & 1 & 3 & 0 \\ s^2 & 3 & 10 & 0 \\ s^1 & b_1 & b_2 & \\ s^0 & c_1 & & \end{array}$$

$$b_1 = \frac{-\begin{vmatrix} 1 & 3 \\ 3 & 10 \end{vmatrix}}{3} = -\frac{1}{3}, \qquad b_2 = 0$$

$$c_1 = \frac{-\begin{vmatrix} 3 & 10 \\ -\frac{1}{3} & 0 \end{vmatrix}}{-\frac{1}{3}} = 10$$

따라서, Routh 배열은 다음과 같이 변화한다.

$$\begin{array}{c|ccc} s^3 & 1 & 3 & 0 \\ s^2 & 3 & 10 & 0 \\ s^1 & -\frac{1}{3} & 0 & \\ s^0 & 10 & 0 & \end{array}$$

제 1열의 부호는 (+)→(-)→(+)로 2번 변화하므로 특성방정식의 근은 복소평면의 우반평면에 2개의 근을 가지고 있어 이 계는 불안정하다.

2. Hurwitz의 안정도 판별법

식 (7-1)의 특성방정식을 다음과 같이 배열한다.

$$\left.\begin{array}{l} D_1 = a_1,\ D_2 = \begin{vmatrix} a_1 & a_3 \\ a_0 & a_2 \end{vmatrix},\ D_3 = \begin{vmatrix} a_1 & a_3 & a_5 \\ a_0 & a_2 & a_4 \\ 0 & a_1 & a_3 \end{vmatrix} \\ \cdots\cdots\cdots \\ D_n = \begin{vmatrix} a_1 & a_3 & a_5 & \cdots & a_{2n-1} \\ a_0 & a_2 & a_4 & \cdots & a_{2n-2} \\ 0 & a_1 & a_3 & \cdots & a_{2n-3} \\ 0 & a_0 & a_2 & \cdots & a_{2n-4} \\ 0 & 0 & a_1 & \cdots & a_{2n-5} \\ \cdots & \cdots & \cdots & \cdots & \cdots \\ 0 & 0 & 0 & \cdots & a_n \end{vmatrix} \end{array}\right\} \quad \cdots\cdots\cdots\cdots (7\text{-}2)$$

여기서 $n=1,\ 2,\ 3,\ \cdots,\ (n-1)$이고, 또 n은 특성방정식의 차수이다.

이상의 결과에서 특성방정식 $F(s)=0$의 근 전부가 s-평면 좌반평면에만 존재할 필요하고도 충분한 안정조건은 식 (7-2)에서

$$a_0>0,\ D_1>0,\ D_2>0,\ \cdots\ D_n>0$$

가 되어야 한다.

(예제 7-3) 특성방정식 $F(s)=s^4+3s^3+3s^2+3s+2=0$인 계에 대한 안정도를 Hurwitz 법으로 판별을 조사하여라.

(풀이) $D_1 = a_1 = 3 > 0,\qquad D_2 = \begin{vmatrix} a_1 & a_3 \\ a_0 & a_2 \end{vmatrix} = \begin{vmatrix} 3 & 3 \\ 1 & 3 \end{vmatrix} = 6 > 0$

$$D_3 = \begin{vmatrix} a_1 & a_3 & 0 \\ a_0 & a_2 & a_4 \\ 0 & a_1 & a_3 \end{vmatrix} = \begin{vmatrix} 3 & 3 & 0 \\ 1 & 3 & 2 \\ 0 & 3 & 3 \end{vmatrix} = 0$$

따라서, 이 계는 안정하지 못하고 안정한계에 있음을 알 수 있다.

(예제 7-4) $F(s)=6s^4+6s^3+5s^2+s+2=0$의 안정도를 Routh와 Hurwitz의 방법으로 각각 구하고, 두 조건이 등가임을 밝혀라.

(풀이) 먼저 Routh 판별법을 적용하면

$$\begin{array}{c|ccc} s^4 & 6 & 5 & 2 \\ s^3 & 6 & 1 & 0 \\ s^2 & b_1 & b_2 & \\ s^1 & c_1 & c_2 & \\ s^0 & d_1 & & \end{array}$$

$$b_1=-\frac{1}{6}\begin{vmatrix} 6 & 5 \\ 6 & 1 \end{vmatrix}=\frac{30-6}{6}=4$$

$$b_2=-\frac{1}{6}\begin{vmatrix} 6 & 2 \\ 6 & 0 \end{vmatrix}=\frac{12}{6}=2$$

$$c_1=-\frac{1}{4}\begin{vmatrix} 6 & 1 \\ 4 & 2 \end{vmatrix}=\frac{4-12}{4}=-2$$

$$c_2=-\frac{1}{4}\begin{vmatrix} 6 & 0 \\ 4 & 0 \end{vmatrix}=0$$

$$d_1=-\frac{1}{-2}\begin{vmatrix} 4 & 2 \\ -2 & 0 \end{vmatrix}=\frac{4}{2}=2$$

따라서, Routh 배열은 다음과 같이 변화한다.

$$\begin{array}{c|ccc} s^4 & 6 & 5 & 2 \\ s^3 & 6 & 1 & 0 \\ s^2 & 4 & 2 & \\ s^1 & -2 & 0 & \\ s^0 & 2 & & \end{array}$$

즉, 부호가 2번 변화하므로 불안정하고, 특성방정식의 근은 복소평면 우반평면에 2개의 근을 가지고 있다.

다음에는 Hurwitz 판별법을 적용한다.

$$D_1=a_1=6>0, \qquad D_2=\begin{vmatrix} a_1 & a_3 \\ a_0 & a_2 \end{vmatrix}=\begin{vmatrix} 6 & 1 \\ 6 & 5 \end{vmatrix}=24>0$$

$$D_3=\begin{vmatrix} a_1 & a_3 & a_0 \\ a_0 & a_2 & a_4 \\ 0 & a_1 & a_3 \end{vmatrix}=\begin{bmatrix} 6 & 1 & 0 \\ 6 & 5 & 2 \\ 0 & 6 & 1 \end{bmatrix}=-48 \not> 0$$

$$D_4=\begin{vmatrix} a_1 & a_3 & a_5 & a_7 \\ a_0 & a_2 & a_4 & a_6 \\ 0 & a_1 & a_3 & a_5 \\ 0 & a_0 & a_2 & a_4 \end{vmatrix}=\begin{vmatrix} 6 & 1 & 0 & 0 \\ 6 & 5 & 2 & 0 \\ 0 & 6 & 1 & 0 \\ 0 & 6 & 5 & 2 \end{vmatrix}=-96 \not> 0$$

즉, 이 계는 안정하지 못하다. 이와 같이 Routh 안정도 판별법이나 Hurwitz 안정도 판별법은 편리도의 차이는 있으나, 그것이 나타내는 것은 똑같다. 따라서, 두 판별법 사이에는 다음과 같은 관계가 성립된다.

s^4	$a_0 = a_0 = 6$
s^3	$a_1 = D_1 = 6$
s^2	$b_1 = \dfrac{D_2}{D_1} = \dfrac{24}{6} = 4$
s^1	$c_1 = \dfrac{D_3}{D_2} = \dfrac{-48}{24} = -2$
s^0	$d_1 = \dfrac{D_4}{D_3} = \dfrac{-96}{-48} = 2$

3. 특수한 경우의 안정도 판별법

Routh-Hurwitz 판별법은

① Routh 배열구성의 어느 한 행의 제 1열 원소가 0이고, 나머지 원소는 0이 아닌 경우

② Routh 배열구성의 어느 한 행의 전 원소가 모두 0인 경우

에는 안정도 판별이 불가능하므로 다음의 예제와 같은 방법으로 안정도를 결정한다.

(예제 7-5) 특성방정식 $F(s) = s^4 + 5s^3 + s^2 + 5s + 2 = 0$의 안정성을 판별하여라.

(풀이) Routh 배열을 만들면

s^4	1	1	2
s^3	5	5	
s^2	$b_1 = 0$	$b_2 = 2$	
s^1	∞		

가 되어, 제3행의 제1열 원소가 0이므로 ①항에 해당되며, 제4행의 제1열 원소는 ∞로 되어 제4행부터는 계산불능이 된다.

이 경우에는 $b_1 = 0 = \varepsilon$ 라 놓고, ε은 매우 적은 정(+)의 실수부라 생각하면 Routh 배열은 다음과 같이 변화한다.

$$\begin{array}{c|ccc} s^4 & 1 & 1 & 2 \\ s^3 & 5 & 5 & \\ s^2 & \varepsilon & 2 & \\ s^1 & \dfrac{5\varepsilon - 10}{\varepsilon} & 0 & \\ s^0 & 2 & & \end{array}$$

제4행에서 ε이 매우 적은 값이어서 부호는 (-)가 된다. 제1열에서는 부호변화가 2번 있으므로 특성방정식은 복소평면의 우반평면에 2개의 근을 가지고 있다.

(예제 7-6) 특성방정식이 $F(s) = s^4 + s^3 - 3s^2 - s + 2 = 0$일 때 안정성을 판정하여라.

(풀이) 특성방정식의 계수가 동부호가 아니므로 안정조건이 결여되어 있다. Routh 배열을 구성하면

$$\begin{array}{c|ccc} s^4 & 1 & -3 & 2 \\ s^3 & 1 & -1 & 0 \\ s^2 & -2 & 2 & \\ s^1 & 0 & 0 & \end{array}$$

이것은 ②항의 경우에 해당되므로 Routh-Hurwitz의 안정도 판별법을 직접 적용할 수 없으므로, 보조방정식을 이용하여 판정한다. 보조방정식을 $f(s) = 0$이라 하면

$$f(s) = -2s^2 + 2 = 0$$

보조방정식을 s에 관하여 미분하면

$$\frac{df(s)}{ds} = -4s$$

s^1행에 $\dfrac{df(s)}{ds}$의 계수로 대치하면 Routh 배열은 다음과 같이 된다.

$$\begin{array}{c|ccc} s^4 & 1 & -3 & 2 \\ s^3 & 1 & -1 & 0 \\ s^2 & -2 & 2 & \\ s^1 & -4 & 0 & \\ s^0 & 2 & 0 & \end{array}$$

부호변화가 2번 있으므로 s-평면의 우반평면에 2개의 근을 갖는다.
보조방정식의 근은 다음과 같다.
$s^2=1$ 또는 $s=\pm 1$

(예제 7-7) 특성방정식 $F(s)=s^3+3s^2+3s+1+K=0$으로 주어진 제어계가 안정하기 위한 K의 범위를 구하여라.

(풀이) Routh 배열구성은

$$\begin{array}{c|ccc} s^3 & 1 & 3 & 0 \\ s^2 & 3 & 1+K & 0 \\ s^1 & \dfrac{8-K}{3} & 0 & \\ s^0 & 1+K & & \end{array}$$

제 1열에 부호변화가 없이 안정하려면
$(8-K)>0, \quad (1+K)>0$
이어야 되므로 K의 범위는
$-1<K<8$
에 있을 때 안정하다.

(예제 7-8) [그림 7-2]는 컴퓨터에 사용하는 디스크 기억장치의 데이터 헤드위치계의 블록선도이다. 계가 안정하도록 K와 a의 범위를 결정하여라.

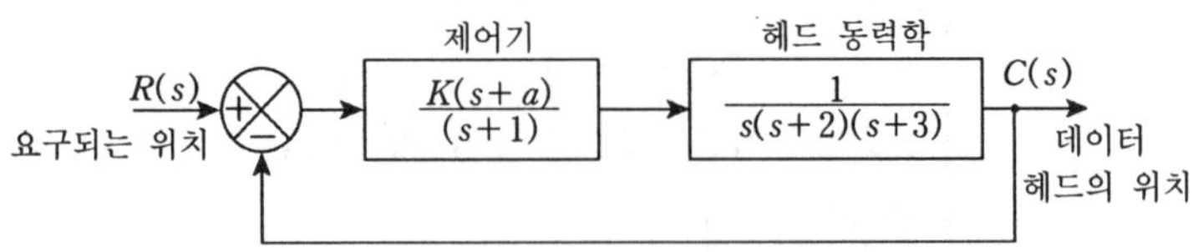

[그림 7-2] 데이터 헤드위치계

(풀이) [그림 7-2]로부터 특성방정식은 다음과 같다.

$$1+G(s)=1+\frac{K(s+a)}{s(s+1)(s+2)(s+3)}=0$$

따라서

$$F(s)=s^4+6s^3+11s^2+(K+6)s+Ka=0$$

가 되며, Routh 배열구성은

$$\begin{array}{c|ccc} s^4 & 1 & 11 & Ka \\ s^3 & 6 & (K+6) & \\ s^2 & b_1 & Ka & \\ s^1 & c_1 & & \\ s^0 & Ka & & \end{array}$$

이때

$$b_1 = \frac{60-K}{6}, \quad c_1 = \frac{b_1(K+6)-6Ka}{b_1}$$

계수 c_1은 K와 a의 허용범위를 고정시켜 주며, b_1은 K가 60보다 작아야 한다는 것을 요구한다. $c_1=0$이라 놓으면 다음 식을 얻는다.

$$(60-K)(K+6)-36Ka>0$$

그러면 K와 a 사이의 요구되는 관계는 a가 정일 때 다음과 같이 된다.

$$a \le \frac{(60-K)(K+6)}{36K}$$

따라서, $K=40$이라면

$$a \le 0.639$$

가 되어야 계는 안정하다.

7-3 Nyquist 안정도 판별법

Routh-Hurwitz의 안정도 판별법은 절대안정도에 대한 정보만을 얻을 수 있으므로 계가 어느 정도 안정하며, 또 계를 개선하는 방법에 대한 정보를 얻을 수 없는 반면에, 주파수응답법인 나이퀴스트 안정도 판별법은 절대안정도와 상대안정도에 대한 정보를 제시하고, 계의 안정도를 개선하는 방법에 대한 정보도 제시해 준다. 또, 나이퀴스트법은 실험적인 주파수응답 자료의 요소나 계의 전달함수에 관한 정보를 얻는 데도 유용하다.

1. 안정도 조건

나이퀴스트 판별법을 설명하기 전에 제어계의 영점과 극점의 관계를 종합하면 다음과 같다.

① 영점과 극점의 동등성
개루프 전달함수의 영점 : $G(s)H(s)$의 영점
개루프 전달함수의 극점 : $G(s)H(s)$의 극점
개루프 극점 : $1+G(s)H(s)$의 영점 : 특성방정식의 근

② 폐루프계가 안정되려면 개루프 전달함수 $G(s)H(s)$의 극점과 영점의 위치에는 제약이 없지만 폐루프 전달함수의 극점은 모두 s－평면 좌반평면에 존재하여야 한다.

이들의 전제로서 나이퀴스트의 조건에 대해서 설명한다. 지금 s－평면에서 $G(s)H(s)$를 $s=j\omega$로 놓고, $-\infty$에서 $+\infty$까지 ω에 대한 궤적을 그린다. 단, $-\infty>\omega>0$인 ω에 대한 궤적은 $+\infty>\omega>0$에 대한 궤적에 대해 공액이다. 즉, 실축에 대해 대칭이다. 이것을 그린 [그림 7－3]으로 우반평면을 일주하는 폐로가 된다. 이와 같이 그리면 우반평면에 있는 영점, 극점을 전부 포위(enclosed)하는 것이 되기 때문이다. 그 궤적 안의 허축상에 대해서는 정현파상 입력에 대한 주파수특성의 문제에 해당된다. 따라서, 그 $F(s)$ 평면에의 사상은 ω : $-\infty\sim+\infty$에 대한 $F(j\omega)$의 벡터 궤적이 된다.

한편, 계가 안정되기 위한 필요충분조건은 특성방정식의 근이 s－평면의 우반평면에 없어야 한다. 만약 $F(s)=1+G(s)H(s)=0$에서 s－평면에 포위한 폐곡선에 영점이 Z개, 극점이 P개 있다면

$$N=Z-P \qquad (7-3)$$

가 되어 $F(s)$ 평면 위에서는 시계방향으로 2번 회전하게 된다. 만일 s－평면 우반평면에 $G(s)H(s)$의 극이 있으면 $P\neq0$으로 되지만 그 계가 안정하기 위해서는 $Z=0$이지 않으면 안 되므로

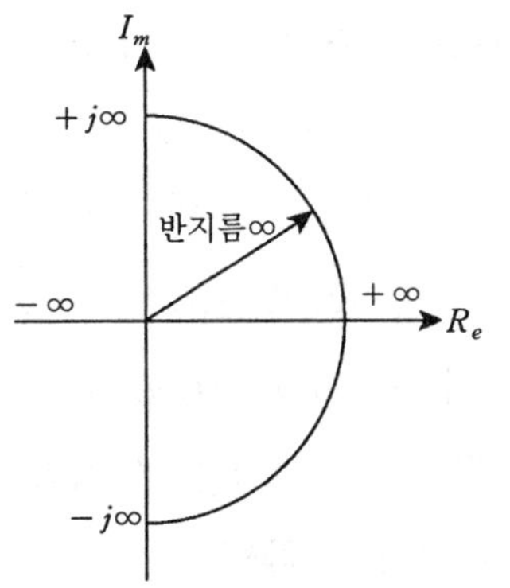

[그림 7-3] s-평면 우반평면을 포위한 폐곡선

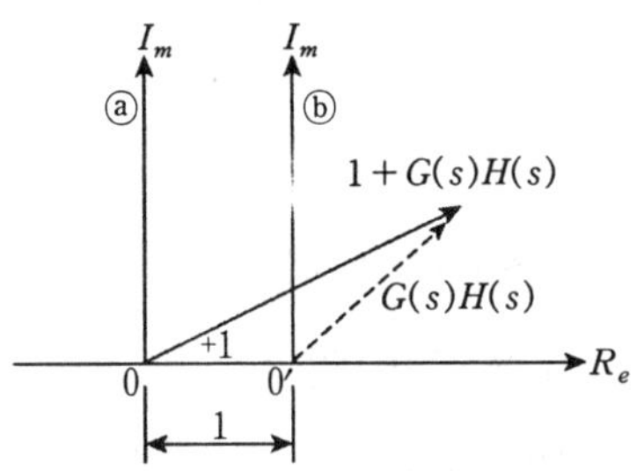

[그림 7-4] $G(s)H(s)$와 $1+G(s)H(s)$의 관계

$$Z=0$$

이라면 식 (7-3)으로부터 안정되기 위한 충분조건은

$$N=-P \quad \cdots\cdots (7-4)$$

이 된다. 즉, $F(s)$의 벡터 궤적이 원점을 반시계방향으로 도는 수와 $F(s)$의 우반평면에 조재하는 극점의 수가 같을 때 안정하게 된다. 그러나

$$F(s)=1+G(s)H(s) \quad \cdots\cdots (7-5)$$

이므로

$G(s)H(s)=0$이면 $F(s)=1$
$G(s)H(s)=-1$이면 $F(s)=0$

이 되기 때문에 이 관계를 그림으로 나타내면 [그림 7-4]와 같이 되어 $1+G(s)H(s)$평면의 좌표계 ⓐ는 $G(s)H(s)$ 평면좌표계 ⓑ의 원점으로부터 1 만큼 왼쪽으로 이동된 것에 불과하므로 위의 결과를 적용할 수 있다. 즉, 안정되기 위한 나이퀴스트의 조건(필요충분조건)은 $N=-P$ 이다.

여기서 N은 개루프 함수 $G(j\omega)H(j\omega)$의 벡터 궤적, 엄밀히 말하면 $G(s)H(s)$평면의 사상이 점 $(-1,\ j0)$을 시계방향으로 도는 수이고, P는 $G(s)H(s)$의 우반평면에 존재하는 극의 수이다. 일반적으로 개루프 전달함수는 안정한 경우가 많고, $P=0$으로 되는 것이 보통이다.

이 경우에는

$$N=0$$

이 안정하기 위한 필요충분조건이 된다. 다시 말하면 $G(j\omega)H(j\omega)$의 벡터 궤적이 점 $(-1,\ j0)$을 돌지 않으면 안정하고, 또는 점 $(-1,\ j0)$을 벡터 궤적의 진행방향에 대해서 좌측으로 보이면 안정하다고 볼 수 있다.

2. 나이퀴스트 경로와 선도

나이퀴스트 경로(Nyquist path)란 [그림 7-5]와 같이 s-평면의 우반평면 전부를 포위하는 s-평면에서의 폐경로(폐곡선)를 말하며, 한편 s-평면에서의 나이퀴스트경로에 대한 $G(s)H(s)$평면상의 사상을 나이퀴스트 선도(Nyquist plot)라 한다.

나이퀴스트 경로에는 $F(s)$의 극 또는 영점이 있어서는 안되고, 허축상이나 원점에 극 또는 영점[이를 특이점(singular point)이라 한다]이 있으면 미소반원으로 경로의 특이점을 피해서 통과한다. 이 미소반원의 반지름 ρ는 극한에서는 0에 접근한다.

일반적으로 나이퀴스트 경로는 다음 s-평면으로 설명된다. 한편, 나이퀴스트 경로의 여러 부분은 해석적으로 다음과 같이 표시된다.

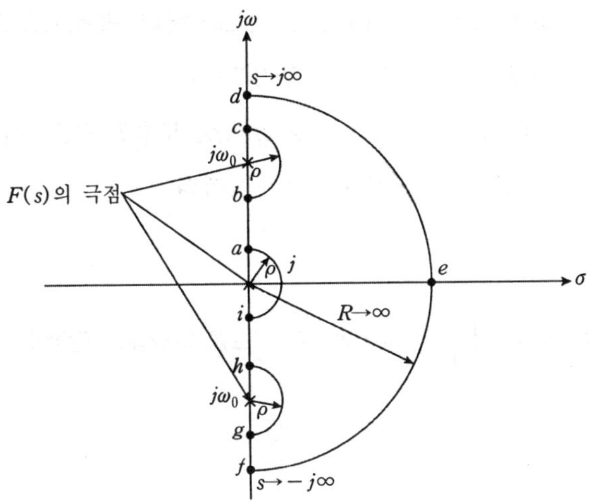

[그림 7-5] 나이퀴스트 선도를 얻기 위한 s의 경로

① 경로 $\overline{ab}$: $s = j\omega,\ (0 < \omega < \omega_0)$ ······ (7-6)

② 경로 $\overline{bc}$: $s = \lim_{\rho \to 0}(j\omega_0 + \rho e^{j\phi}),\ (-90° \le \phi \le 90°)$ ······ (7-7)

③ 경로 $\overline{cd}$: $s = j\omega,\ (\omega_0 < \omega < \infty)$ ······ (7-8)

④ 경로 $\overline{def}$: $s = \lim_{R \to \infty} Re^{j\phi},\ (90° \le \phi \le -90°)$ ······ (7-9)

⑤ 경로 $\overline{fg}$: $s = j\omega,\ (-\infty < \omega < -\omega_0)$ ······ (7-10)

⑥ 경로 $\overline{gh}$: $s = \lim_{\rho \to 0}(-j\omega_0 + \rho e^{j\phi}),\ (-90° \le \phi \le 90°)$

······ (7-11)

⑦ 경로 $\overline{hi}$: $s = j\omega,\ (-\omega_0 < \omega < 0)$ ······ (7-12)

⑧ 경로 $\overline{ija}$: $s = \lim_{\rho \to 0} \rho e^{j\phi},\ (-90° \le \phi \le 90°)$ ······ (7-13)

s-평면 궤적이 나이퀴스트 경로일 때 편각의 원리를 직접 적용할 수 있다.

즉, s－평면 $F(s)$를 바꾸어 나이퀴스트 선도(벡터 궤적)로 고친 후 편각의 원리를 이용하면 나이퀴스트 안정도가 판별된다.

대부분 일반 제어계는 0, 1, 2,⋯, n형계로 분류되므로 이를 중심으로 몇 가지 예를 들어 나이퀴스트 판별법을 알아보겠다.

(예제 7－9) $G(s)H(s)=\dfrac{1}{s+1}$ 의 나이퀴스트 선도를 나타내고 안정도를 판별하여라.

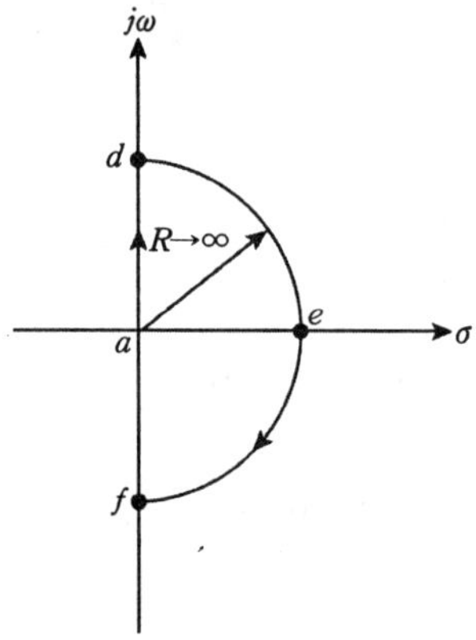

[그림 7-6] 나이퀴스트 경로(폐곡선)

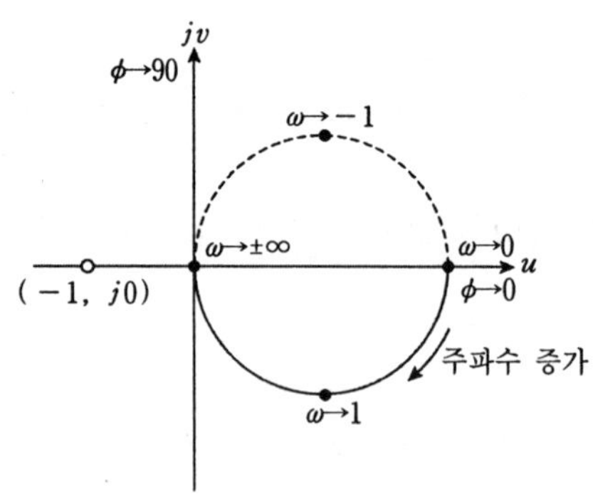

[그림 7-7] $\dfrac{1}{s+1}$에 대한 나이퀴스트 선도

(풀이) 이것은 0형계의 예이다. 예제로부터 원점에 극이 없고, $j\omega$축 상에도 극이 없으므로 나이퀴스트 경로는 [그림 7-6]과 같다. s를 $j\omega$라 놓고 극좌표형식을 취하면

$$G(j\omega)H(j\omega)=\frac{1}{j\omega+1}=\frac{1}{\sqrt{\omega^2+1}}\angle -\tan^{-1}\omega$$

$0<\omega<\infty$까지 변화시키면 나이퀴스트 선도는 다음과 같은 성질을 나타낸다.

$$\lim_{\omega\to 0} G(j\omega)H(j\omega)=1\angle 0°$$

$$\lim_{\omega\to 1} G(j\omega)H(j\omega)=\frac{1}{\sqrt{2}}\angle -45°$$

$$\lim_{\omega\to\infty} G(j\omega)H(j\omega)=0\angle -90°$$

[그림 7-6]의 나이퀴스트 경로상의 d점에 대하여

$$\lim_{\omega\to\infty} G(j\omega)H(j\omega)=0\angle -90°$$

e점에 대하여 ($\phi=-0°$)

$$\lim_{R\to\infty} G(Re^{j\phi})H(Re^{j\phi})=\lim_{R\to\infty}\frac{1}{Re^{j\phi}+1}=0\angle 0°$$

f점에 대하여

$$\lim_{\omega\to -\infty} G(j\omega)H(j\omega)=0\angle 90°$$

a점에 대하여

$$\lim_{\omega\to 0} G(j\omega)H(j\omega)=1\angle 0°$$

따라서 나이퀴스트 선도는 [그림 7-7]과 같이 된다.

[그림 7-7]에서 점선은 $-\infty<\omega<0$을 그린 것이다. [그림 7-7]은 내부에 $(-1,\ j0)$을 포함하지 않아서 점 $(-1,\ j0)$의 주위를 회전하지 않으므로 계는 안정하다.

즉, $N=0$이다.

(예제 7-10) $G(s)H(s)=\dfrac{1}{s(s+1)}$를 나이퀴스트 선도로 표시하고 안정도를 판별하여라.

(풀이) 이것은 1형계의 예이다. $s=0$에서 $G(s)H(s)$의 s-평면 원점에 극이 있으므로 나이퀴스트 경로는 [그림 7-8]과 같이 원점을 통과하지 않도록 미소반원으로 경로의 특이점을 피해서 그린다. 미소반원을 ρ, 위상을 ϕ, s를 $j\omega$라 놓고 극좌표형식을 취하면

$$G(j\omega)H(j\omega)=\frac{1}{j\omega(j\omega+1)}$$
$$=\frac{1}{\omega\sqrt{\omega^2+1}}\angle -90^\circ-\tan^{-1}\omega$$

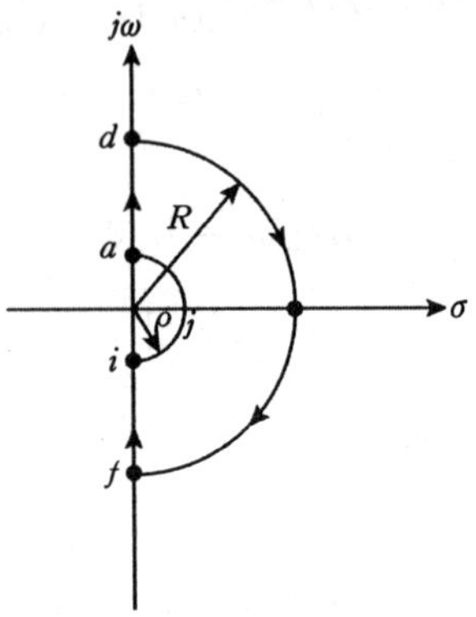

[그림 7-8] 나이퀴스트 경로

ω의 특정값에 대하여

$$\lim_{\omega\to 0} G(j\omega)H(j\omega)=\infty\angle -90^\circ$$
$$\lim_{\omega\to -0} G(j\omega)H(j\omega)=\frac{1}{j0(-j0+1)}=\infty\angle -90^\circ$$
$$\lim_{\omega\to \infty} G(j\omega)H(j\omega)=0\angle -180^\circ$$
$$\lim_{\omega\to -\infty} G(j\omega)H(j\omega)=\frac{1}{-j\infty(-j+1)}=0\angle 180^\circ$$

$0<\omega<\infty$범위에서 ω가 증가하면 $G(j\omega)H(j\omega)$의 크기는 ∞에서 0으로 감소하고, 위상각은 -90°에서 -180°까지 감소한다. 또, $-\infty<\omega<-0$범위에서의 크기는 ∞에서 0으로 감소하고, 위상각은 90°에서 180°로 증가함을 추측할 수 있다. 이를 나타낸 것이 [그림 7-9]이다. 나이퀴스트 경로상 $\overline{ija}$는

$$s=\lim_{\rho\to 0}\rho e^{j\phi}\quad(-90^\circ\le\phi\le 90^\circ)$$
$$=\lim_{\rho\to 0}[G(\rho e^{j\phi})H(\rho e^{j\phi})]=\lim_{\rho\to 0}\left[\frac{1}{\rho e^{j\phi}(\rho e^{j\phi}+1)}\right]$$
$$=\lim_{\rho\to 0}\left[\frac{1}{\rho e^{j\phi}}\right]=\infty\, e^{-j\phi}$$
$$=\infty\angle -\phi=\infty\angle -(-90^\circ)=\infty\angle 90^\circ$$

여기서 $\rho \to 0$일 때 $(\rho e^{j\phi}+1) \to 1$인 사실을 인용하였다. 위에서 경로 ija는 무한의 반원이다.

i점에 대하여 $(\phi=-90°)$

$$\lim_{\omega\to\infty} G(j\omega)H(j\omega)=0\angle -90°-90°=0\angle -180°$$

j점에 대하여 $(\phi=0°)$

$$\lim_{\rho\to 0} G(\rho e^{j\phi})H(\rho e^{j\phi})=\infty\angle 0°$$

a점에 대하여 $(\phi=90°)$

$$\lim_{\rho\to 0} G(\rho e^{j\phi})H(\rho e^{j\phi})=\infty\angle -90°$$

e점에 대하여 $(\phi=-0°)$

$$\lim_{R\to\infty} G(Re^{j\phi})H(Re^{j\phi})=\lim_{R\to\infty}\left[\frac{1}{Re^{j\phi}(Re^{j\phi}+1)}\right]$$

$$=\lim_{R\to\infty}\frac{1}{R^2}=0\angle 0°$$

f점에 대하여

$$\lim_{\omega\to\infty} G(j\omega)H(j\omega)=\frac{1}{-j\infty(-j\infty+1)}$$

$$=\frac{1}{\infty\sqrt{\infty^2+1}}\angle 90°-\tan^{-1}(-\infty)=0\angle 180°$$

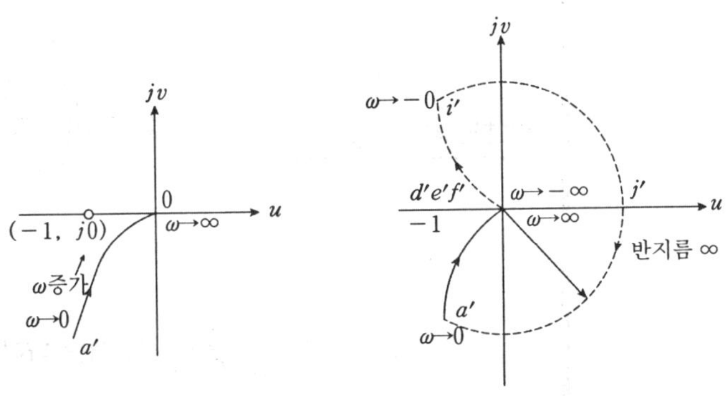

[그림 7-9] $\frac{1}{s(s+1)}$에 대한 나이퀴스트 선도

[그림 7-9]는 내부에 점 $(-1,\ j0)$을 포함하지 않으므로 이 계는 안정하다. 그림에서 (b)는 상세도이고, (a)는 개략적인 것으로 신속히 작성하는 데 도움이 된다.

(예제 7－11) $G(s)H(s)=\dfrac{K}{s^2(Ts+1)}$를 나이퀴스트 선도로 표시하고, 안정도를 판별하여라.

(풀이) 이것은 2형계의 예이다. s를 $j\omega$로 놓고 극좌표형식을 취하면

$$G(j\omega)H(j\omega)=\frac{K}{(j\omega)^2(j\omega T+1)}=\frac{K}{-\omega^2(j\omega T+1)}$$

$$=\frac{K}{[\omega^4+T^2\omega^6]^{1/2}}\angle -\pi-\tan^{-1}\omega T$$

$G(j\omega)H(j\omega)$의 위상각은 항상 $-180°$ 또는 그 이상이며, 궤적은 모든 ω에 대하여 u축의 위쪽에 있게 된다. $\omega\to+0$일 때에는

$$\lim_{\omega\to+0} G(j\omega)H(j\omega)=\infty\angle -\pi$$

$\omega\to+\infty$일 때에는

$$\lim_{\omega\to+\infty} G(j\omega)H(j\omega)=0\angle -3\pi/2$$

또, $s=\rho e^{j\phi}$인 s－평면 위의 원점 주위의 작은 반원은

$$\lim_{\rho\to0} G(j\omega)H(j\omega)=\lim_{\rho\to0}\frac{K}{\rho^2}e^{-2j\phi}$$

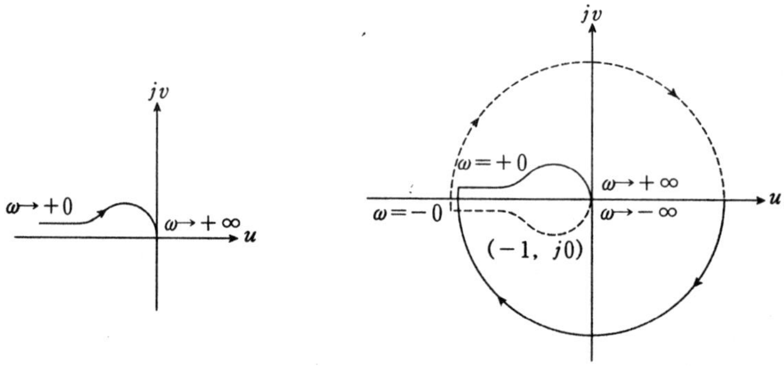

[그림 7-10] $\dfrac{K}{s^2(Ts+1)}$에 대한 나이퀴스트 선도

가 되어 $-\dfrac{\pi}{2}\le\phi\le\dfrac{\pi}{2}$이 범위이다. 폐곡선은 $\omega\to+0$일 때는 각 $+\pi$에서 $\omega=+0$일 때의 $-\pi$까지 변화하며, $\omega\to-0$에서 $\omega\to+0$까지 ω가 변화함에 따라 2π[rad]의 원을 지난다. [그림 7－10]은 이 선도를 나타낸 것이다. 여기서는 경도(폐곡선) 내부에 점 $(-1,\ j0)$을 2번 회전하므로 폐경로계의 두 근이 오른쪽에 있게 되며, 계는 K에 관계없이 불안정하다.

(예제 7-12) $G(s)H(s) = \frac{K(1+T_2 s)}{s^2(1+T_1 s)}$ 를 나이퀴스트 선도로 표시하고 안정도를 판별하여라. 여기서 K, T_1, $T_2 > 0$이다.

(풀이) 이것은 2형계이지만 T_1, T_2의 값에 따라 안정 또는 불안정계로 된다. s를 $j\omega$로 놓고 극좌표형식을 취하면

$$G(j\omega)H(j\omega) = \frac{K(1+j\omega T_2)}{(j\omega)^2(1+j\omega T_1)} = \frac{K(1+j\omega T_2)}{-\omega^2(1+j\omega T_1)}$$

$$= \frac{K}{\omega^2}\frac{\sqrt{1+\omega^2 T_2^2}}{\sqrt{1+\omega^2 T_1^2}} \angle -180^\circ + \tan^{-1}\omega T_2 - \tan^{-1}\omega T_1$$

여기서도 원점에 극이 있으므로 경도는 원점 근처를 돌아가게 하고, $s = \rho e^{j\phi}$(단, ρ = 미소반원, $-\frac{\pi}{2} \le \phi \le \frac{\pi}{2}$)로 하면

$$\lim_{\rho \to 0} G(j\omega)H(j\omega) \fallingdotseq \lim_{\rho \to 0}\left(\frac{K}{\rho^2} e^{-j2\phi}\right) = \infty \angle -180^\circ$$

즉, 무한대의 반지름으로 오른쪽으로 회전하는 것을 알 수 있다. 그러나, 이 나이퀴스트 선도는 T_1과 T_2의 값에 따라 다르므로 $T_1 = T_2$, $T_1 > T_2$, $T_1 < T_2$일 때의 안정도를 살펴보면 다음과 같다.

① $T_1 = T_2$인 경우

ω의 특정값에 대하여

$$\lim_{\omega \to 0} G(j\omega)H(j\omega) = \infty \angle -180^\circ$$

$$\lim_{\omega \to \infty} G(j\omega)H(j\omega) = 0 \angle -180^\circ$$

$$\lim_{\omega \to -0} G(j\omega)H(j\omega) = \infty \angle -180^\circ$$

$$\lim_{\omega \to -\infty} G(j\omega)H(j\omega) = 0 \angle -180^\circ$$

가 되며, ω가 $0 < \omega < \infty$, $-0 < \omega < -\infty$로 변화함에 따라 나이퀴스트 선도는 점 $(-1, j0)$을 통과하므로 안정한계(임계상태)가 된다([그림 7-11] 참조).

② $T_1 > T_2$인 경우

ω의 특정값에 대하여

$$\lim_{\omega \to 0} G(j\omega)H(j\omega) = \infty \angle -180^\circ + \tan^{-1}\omega T_2 - \tan^{-1}\omega T_1$$

$$\lim_{\omega \to \infty} G(j\omega)H(j\omega) = 0 \angle -180^\circ + \tan^{-1}\omega T_2 - \tan^{-1}\omega T_1$$

$$\lim_{\omega \to -0} G(j\omega)H(j\omega) = \infty \angle -180^\circ - \tan^{-1}\omega T_2 + \tan^{-1}\omega T_1$$

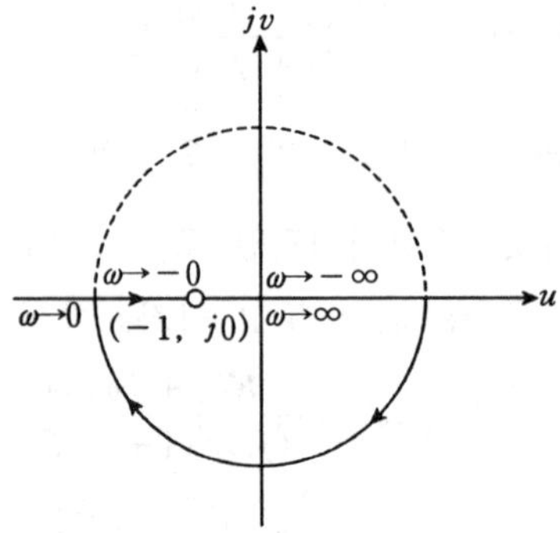

[그림 7-11] $T_1 = T_2$인 경우의 나이퀴스트 선도

$$\lim_{\omega \to -\infty} G(j\omega)H(j\omega) = 0\angle -180^\circ - \tan^{-1}\omega T_2 + \tan^{-1}\omega T_1$$

로 되어 $\omega > 0$에 대해서 $(\tan^{-1}\omega T_2 - \tan^{-1}\omega T_1) < 0$으로 되어 나이퀴스트 선도는 [그림 7-12](a)의 실선과 같이 (−)실축보다 아래에 나타난다. 또한 s-평면에 있어서의 원점 근처 우회로에 대해서는 무한히 큰 반지름 π에서 $-\pi$까지 오른쪽으로 회전하므로, 이들을 합하면 전 궤적은 점 $(-1,\ j0)$을 둘러싸이게 되며, 점 $(-1,\ j0)$의 주위를 회전하므로 이 계는 불안정한 계이다.

③ $T_1 < T_2$인 경우

ω의 특정값에 대하여

$$\lim_{\omega \to 0} G(j\omega)H(j\omega) = \infty\angle -180^\circ + \tan^{-1}\omega T_2 - \tan^{-1}\omega T_1$$

$$\lim_{\omega \to \infty} G(j\omega)H(j\omega) = 0\angle -180^\circ + \tan^{-1}\omega T_2 - \tan^{-1}\omega T_1$$

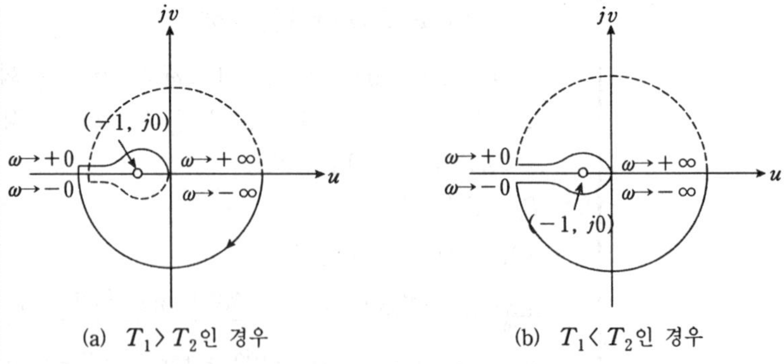

(a) $T_1 > T_2$인 경우　　(b) $T_1 < T_2$인 경우

[그림 7-12] $\dfrac{K(1+T_2 s)}{s^2(1+T_1 s)}$의 나이퀴스트 선도

$$\lim_{\omega \to -0} G(j\omega)H(j\omega) = \infty \angle -180° - \tan^{-1}\omega T_2 + \tan^{-1}\omega T_1$$

$$\lim_{\omega \to -\infty} G(j\omega)H(j\omega) = 0 \angle -180° - \tan^{-1}\omega T_2 + \tan^{-1}\omega T_1$$

이므로 $\omega > 0$에 대해서는 $(\tan^{-1}\omega T_2 - \tan^{-1}\omega T_1) > 0$으로 나이퀴스트 선도는 [그림 7-12](b)의 실선과 같이(-)축보다 아래로 나타난다. 또한 $\omega < 0$에 대해서는 그림의 점선과 같이 (-)실축보다 위에 나타난다. 한편, s-평면에 있어서의 원점 근처 우회로에 대해서는 앞에서 말한 바와 같이 무한히 큰 반지름 π로부터 $-\pi$까지 오른쪽으로 회전하므로 전궤적은 [그림 7-12](b)와 같이 되며, 점 $(-1, j0)$을 사이에 끼고 있을 뿐 두 점을 둘러싸지는 않으므로 점 $(-1, j0)$의 주위를 회전하지 않아 안정한 계이다.

3. 간이화한 나이퀴스트의 안정도 판별법

앞의 예에서는 $P=0$인 경우에서 s-평면의 우반부를 포함하도록 하는 s의 경로에 대해서 $G(s)H(s)$의 궤적이 점 $(-1, j0)$을 회전하지 않으면 안정, 회전하면 불안정으로 판정하였다. 이 경우 우리는 ω를 $0<\omega<\infty$, $-\infty<\omega<-0$까지 변화시켜 $G(j\omega)H(j\omega)$의 나이퀴스트 선도를 구하지 않으면 안된다.

그러나 $P=0$인 경우에는 궤적이 $(-1, j0)$ 주위를 회전하는가에 대한 조사를 하지 않고도 제어계의 안정을 간단히 판별할 수 있다.

[그림 7-13](a)와 같이 $G(j\omega)H(j\omega)$의 $0<\omega<+\infty$에 대한 나이퀴스트 궤적을 그린 후 ω가 증가하는 방향을 따라갈 때 점 $(-1, j0)$이 왼쪽에 보이

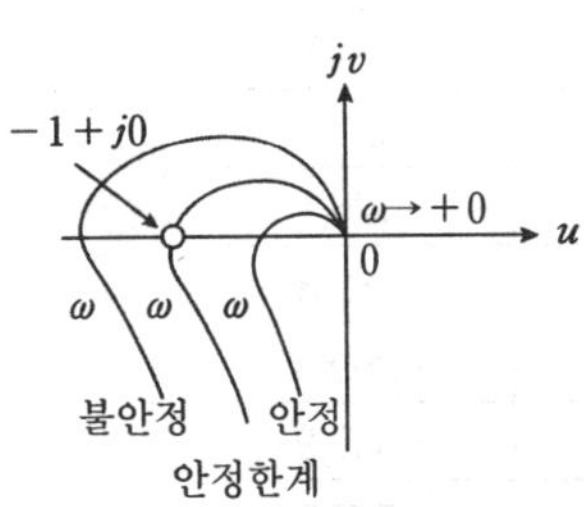

(a) $T_1 > T_2$인 경우

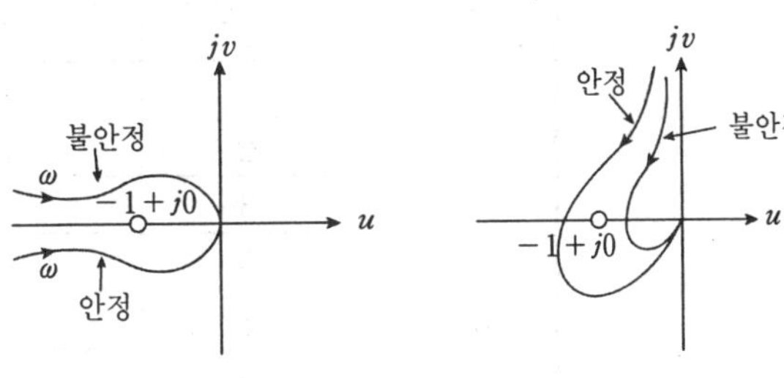

(b) $T_1 < T_2$인 경우

[그림 7-13] 간이화한 안정도판별

면 안정, 오른쪽에 보이면 불안정으로 판별하고, ω의 증가가 점 $(-1,\ j0)$을 지나면 안정한계, 즉 임계상태로 판별한다. [그림 7-13](b), (c)에 대해서도 안정과 불안정을 판별할 수 있다.

(예제 7-13) [그림 7-14]와 같은 귀환제어계에서 순방향 전달함수가 $G(s)=\dfrac{2e^{-0.4s}}{1+0.5s}$ 일 때, 이 제어계의 안정성을 나이퀴스트의 판별법에 의하여 판정하여라.

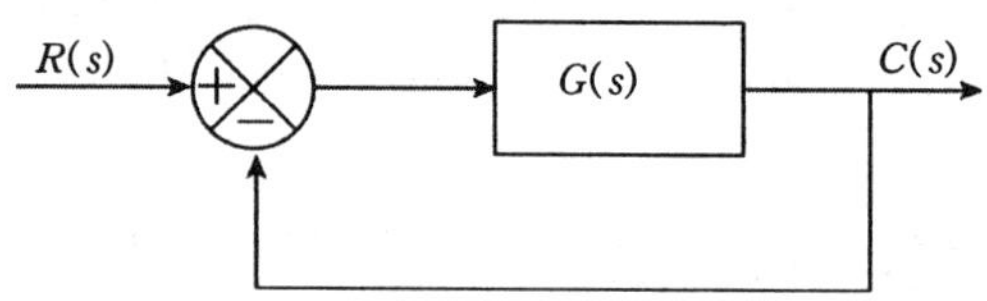

[그림 7-14] 귀환제어계

(풀이) 일순 전달함수 $G(s)H(s)$는 $H(s)=1$이므로

$$G(s)=\frac{2e^{-0.4s}}{1+0.5s}$$

이다. 따라서 개루프 주파수 전달함수는

$$G(j\omega)H(j\omega)=\frac{2}{1+j0.5\omega}\,e^{-j0.4\omega}$$

〈표 7-1〉

ω	$\lvert G(j\omega)H(j\omega)\rvert$	ϕ[°]
0	2	0
0.5	1.94	−25.5
1	1.78	−49.5
2	1.42	−90.8
3	1.10	−125.1
5	0.74	−182.8
8	0.49	−259.3
10	0.39	−307.9
30	0.13	−773.7
∞	0	−∞

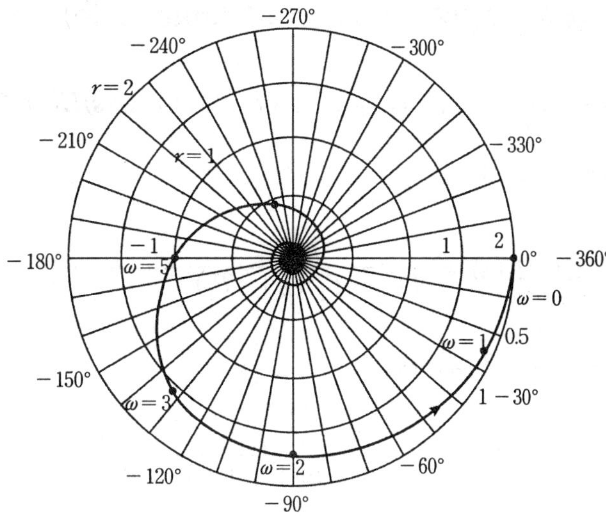

[그림 7-15] 나이퀴스트 궤적

$$|G(j\omega)H(j\omega)| = \frac{2}{\sqrt{1+(0.5\omega)^2}}$$

$$\phi = -\tan^{-1}0.5\omega - 0.4\omega$$

이다. ω의 특정값에 대한 계산결과는 〈표 7-1〉과 같으며 표에 의해 그림을 그려보면 [그림 7-15]와 같이 된다. 이 그림에서 궤적이 ω가 증가함에 따라 점 $(-1,\ j0)$을 왼쪽으로 보며 진행하므로 이 제어계는 안정하다.

4. $G(s)H(s)$의 극과 영점이 나이퀴스트 선도에 미치는 영향

어떤 계의 개루프 전달함수에 극이나 영점이 첨가되거나 제거되었을 경우 나이퀴스트 선도에는 어떤 영향을 미치는가를 조사하기 위하여 1차 전달함수

$$G(s)H(s) = \frac{K}{1+T_1 s} \qquad \cdots\cdots (7-14)$$

를 생각한다. 여기서 T_1, $K>0$이다.

식 (7-14)를 (예제 7-9)에서 이득 K와 T_1이 주어진 경우이므로 $0 \le \phi \le \infty$에 대한 $G(j\omega)H(j\omega)$의 나이퀴스트 선도는 [그림 7-16]과 같다.

(1) 유한 극첨가(addition of finite pole)

$s=-\frac{1}{T_2}$에 있는 극점을 식 (7-14)의 $G(s)H(s)$ 함수에 첨가시키면 식 (7-15)를 얻는다.

$$G(s)H(s)=\frac{K}{(1+sT_1)(1+sT_2)} \quad \cdots\cdots (7-15)$$

극좌표형식을 취하면

$$G(j\omega)H(j\omega)=\frac{K}{(1+j\omega T_1)(1+j\omega T_2)}$$
$$=\frac{K}{\sqrt{(1+\omega^2T_1^2)(1+\omega^2T_2^2)}}\angle -\tan^{-1}\omega T_1-\tan^{-1}\omega T_2 \quad \cdots\cdots (7-16)$$

ω의 특정값을 $0\leq\omega\leq\infty$로 변화시키면

$$\lim_{\omega\to 0}G(j\omega)H(j\omega)=K\angle -0^\circ \quad \cdots\cdots (7-17)$$

$$\lim_{\omega\to\infty}G(j\omega)H(j\omega)=0\angle -90^\circ-90^\circ=0\angle -180^\circ \quad \cdots\cdots (7-18)$$

가 되므로 나이퀴스트 선도는 [그림 7-16]보다 위상을 $-90°$만큼 천이시킨 [그림 7-17]이 된다.

같은 방법으로 $s_1=-\frac{1}{T_2}$, $s_2=-\frac{1}{T_3}$을 첨가했다면

$$G(s)H(s)=\frac{K}{(1+sT_1)(1+sT_2)(1+sT_3)} \quad \cdots\cdots (7-19)$$

극좌표형식을 취하면

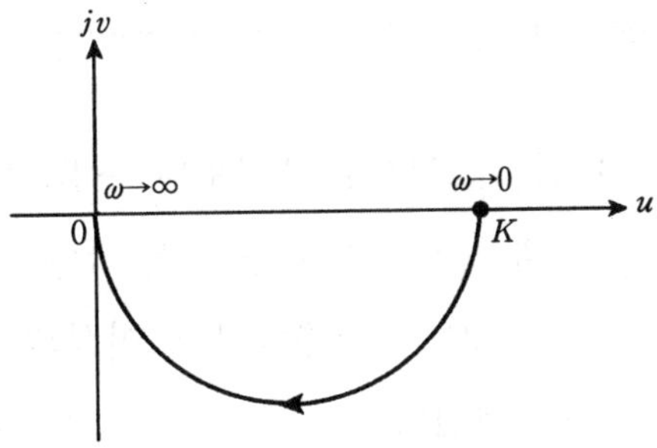

[그림 7-16] $\dfrac{K}{1+T_1 s}$의 나이퀴스트 선도

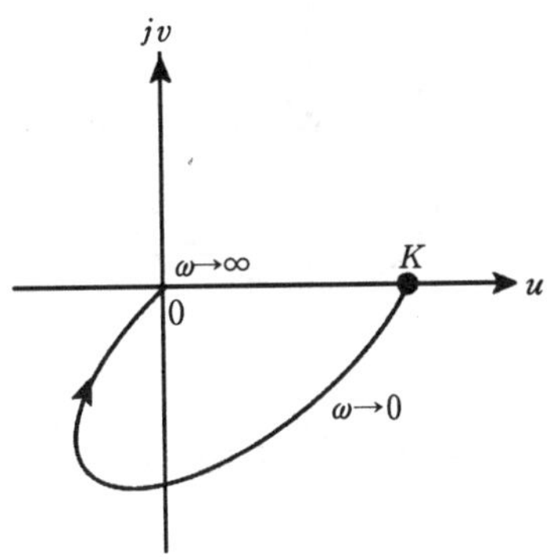

[그림 7-17] $\dfrac{K}{(1+sT_1)(1+sT_2)}$의 나이퀴스트 선도

$$G(j\omega)H(j\omega)=\frac{K}{(1+j\omega T_1)(1+j\omega T_2)(1+j\omega T_3)}$$

$$=\frac{K}{\sqrt{(1+j\omega^2T_1^2)(1+\omega^2T_2^2)(1+\omega^2T_3^2)}}\underline{/-\tan^{-1}\omega T_1-\tan^{-1}\omega T_2-\tan^{-1}\omega T_3} \quad \cdots\cdots (7-20)$$

ω의 특정값을 $0\leq\omega\leq\infty$로 하면

$$\lim_{\omega\to 0}G(j\omega)H(j\omega)=K\underline{/-0^\circ} \quad \cdots\cdots (7-21)$$

$$\lim_{\omega \to \infty} G(j\omega)H(j\omega) = 0\angle -270° \quad \cdots\cdots (7-22)$$

가 되어 나이퀴스트 선도는 [그림 7-16]보다 -180°만큼 천이한 [그림 7-18]이 된다. 이와 같은 결과로 알 수 있는 것은 s에 유한극점의 첨가는 안정도를 저해시키는 효과가 있으며, $s=0$에 1개 이상의 극점을 갖는 루프 전달함수 계통은 반드시 불안정해진다.

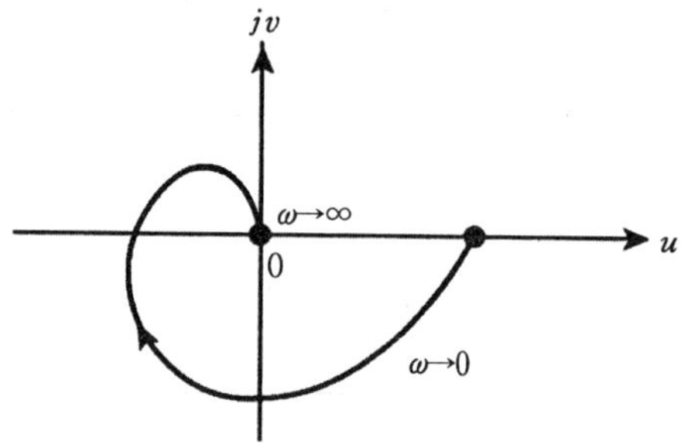

[그림 7-18] $\dfrac{K}{(1+sT_1)(1+sT_2)(1+sT_3)}$의 나이퀴스트 선도

(2) 영점의 첨가

폐회로계에 미분 조절계를 보상시키면 계를 안정하게 만든다. 여기서는 나이퀴스트 선도를 이용하여 미분 조절이 계의 안정성을 증대시키는 이유를 규명하고자 한다.

계의 일순 전달함수가 식 (7-23)과 같이 주어졌을 때

$$G(s)H(s) = \frac{K}{s(1+sT_1)(1+sT_2)} \quad \cdots\cdots (7-23)$$

$s \to j\omega$와 극좌표형식을 취하면

$$G(j\omega)H(j\omega) = \frac{K}{j\omega(1+j\omega T_1)(1+j\omega T_2)}$$

$$= \frac{K}{\omega\sqrt{(1+\omega^2 T_1^2)(1+\omega^2 T_2^2)}} \underline{/-90° - \tan^{-1}\omega T_1 - \tan^{-1}\omega T_2} \quad \cdots\cdots\cdots (7-24)$$

ω의 특정값을 $0 \leq \omega \leq \infty$로 변화시키면

$$\lim_{\omega \to 0} G(j\omega)H(j\omega) = \infty \underline{/-90°} \quad \cdots\cdots\cdots (7-25)$$

$$\lim_{\omega \to \infty} G(j\omega)H(j\omega) = 0 \underline{/-270°} \quad \cdots\cdots\cdots (7-26)$$

로서 나이퀴스트 선도는 [그림 7-19]의 $T_d = 0$과 같이 되고, 이 선도가 (-)의 실수축을 자르는 ω값을 ω_π라 하면

$$-180° = -90° - \tan^{-1}\omega_\pi T_1 - \tan^{-1}\omega_\pi T_2$$

이 되고 삼각함수 가법정리를 적용하면

$$(-\tan^{-1}\omega_\pi T_1 - \tan^{-1}\omega_\pi T_2) = -\tan^{-1}\frac{\omega_\pi(T_1+T_2)}{1-\omega_\pi^2 T_1 T_2}$$

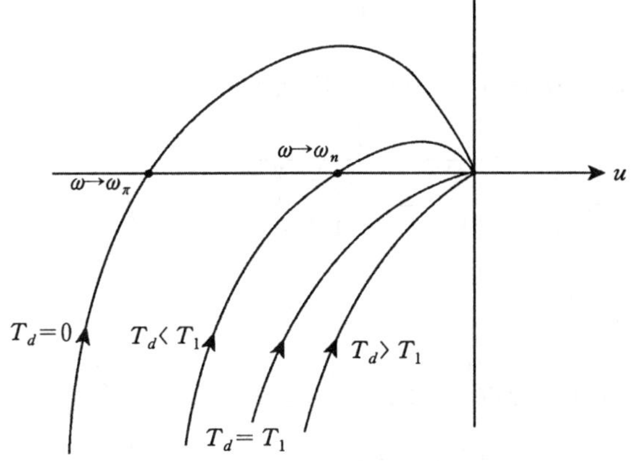

[그림 7-19] 영점이 첨가된 경우와 첨가되지 않을 경우 나이퀴스트의 변화

이 되고 $\dfrac{\omega_\pi(T_1+T_2)}{1-\omega_\pi^2 T_1 T_2}=\infty$, 즉 $1-\omega_\pi^2 T_1 T_2=0$이므로

$$\omega_\pi=\frac{1}{\sqrt{T_1 T_2}} \quad \cdots\cdots (7-27)$$

이다. 식 (7-27)을 식 (7-24)에 대입시켜 정리하면

$$\lim_{\omega\to\omega\pi} G(j\omega)H(j\omega)=\frac{T_1T_2}{T_1+T_2}K\angle -180^\circ$$

이 되고, 이러한 계가 안정하기 위한 K의 범위는

$$\frac{T_1T_2}{T_1+T_2}K<1$$

이므로

$$0<K<\frac{T_1+T_2}{T_1T_2}$$

가 된다. 여기서 식 (7-23)에 $s=-\dfrac{1}{T_d}$에서의 영점이 첨가되면

$$G(s)H(s)=\frac{K(1+sT_d)}{s(1+sT_1)(1+sT_2)} \quad \cdots\cdots (7-28)$$

와 같이 쓸 수 있다. 따라서 주파수 전달함수는

$$G(j\omega)H(j\omega)=\frac{K}{\omega}\sqrt{\frac{1+\omega^2T_d^2}{(1+\omega^2T_1^2)(1+\omega^2T_d^2)}}\angle\phi$$

여기서,

$$\begin{aligned}\phi&=-90^\circ+\tan^{-1}\omega T_d-\tan^{-1}\omega T_1-\tan^{-1}\omega T_2\\&=-90^\circ-\tan^{-1}\frac{\omega(T_1+T_2-T_d)+\omega^3T_dT_1T_2}{1+\omega^2(T_dT_1+T_dT_2-T_1T_2)}\end{aligned}$$

ω의 특정값에 대해서는

$$\lim_{\omega \to 0} G(j\omega)H(j\omega) = \infty \angle -90^\circ$$

$$\lim_{\omega \to \infty} G(j\omega)H(j\omega) = 0 \angle \phi$$

여기서, ϕ는 $T_d = 0$일 때 -90°, $T_d < T_1$일 때 $-180^\circ - |\alpha|$, $T_d = T_1$일 때 -180°, $T_d > T_1$일 때 $-180^\circ + |\alpha|$이고, $\alpha = \tan^{-1}\omega T_d - \tan^{-1}\omega T_1$이다. 따라서, 나이퀴스트 선도는 [그림 7-19]와 같이 된다.

$T_d < T_1$일 때의 ω_π값은 $\phi = -180^\circ$로 놓은 식에서 구하면

$$\omega_\pi = \frac{1}{\sqrt{T_1 T_2 - T_d T_1 - T_d T_2}}$$

이다. 그러므로 $T_d < T_1$일 때의 $G(j\omega_\pi)H(j\omega_\pi)$의 값은

$$\lim_{\omega \to \omega_\pi} G(j\omega_\pi)H(j\omega_\pi) = \frac{K(T_1 T_2 - T_d T_1 - T_d T_2)}{T_1 + T_2} \angle -180^\circ$$

로서 이러한 계가 안정하기 위한 K의 범위는

$$0 < K < \frac{T_1 + T_2}{T_1 T_2 - T_d T_1 - T_d T_2}$$

이다.

따라서 영점이 부가되지 않았을 때($T_d = 0$일 때)보다 K의 안정범위가 커지므로 영점이 부가되면 안정성이 증가함을 알 수 있다. [그림 7-19]에서 보는 바와 같이 미분 조정계를 갖는 계(영점이 부가된 계)가 더욱 안정함을 나타내고 있다.

(3) $s = 0$에 있는 극점의 첨가

$s = 0$에 있는 극점이 식 (7-14)의 전달함수에 첨가되면

$G(s)H(s)=\dfrac{K}{s(1+T_1 s)}$ 을 얻고, 첨가되는 극점수를 $j\omega$라 하고 극좌표형식을 취하면

$$G(j\omega)H(j\omega)=\frac{K}{j\omega(1+j\omega T_1)}$$

$$=\frac{K}{\omega\sqrt{1+\omega^2 T_1^2}}\angle -90^\circ-\tan^{-1}\omega T_1 \quad \cdots\cdots\cdots (7-29)$$

ω의 특정값을 $0\le\omega\le\infty$로 변화시키면

$$\lim_{\omega\to 0} G(j\omega)H(j\omega)=\infty\angle -90^\circ \quad \cdots\cdots\cdots (7-30)$$

$$\lim_{\omega\to\infty} G(j\omega)H(j\omega)=0\angle -180^\circ \quad \cdots\cdots\cdots (7-31)$$

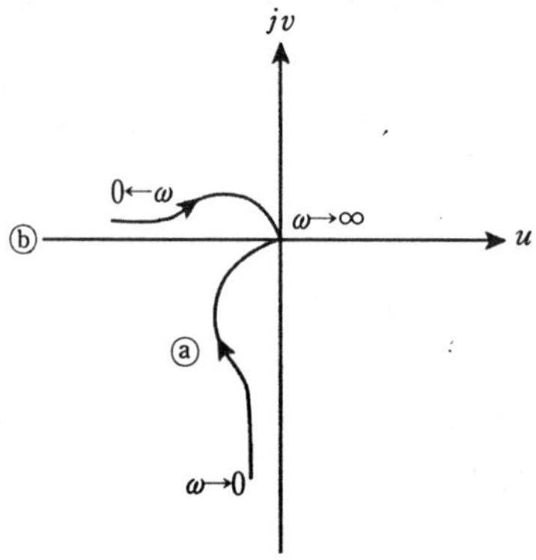

[그림 7-20] $s=0$점에 극점이 첨가될 때의 나이퀴스트 선도

가 되므로 나이퀴스트 선도는 [그림 7-20]의 ⓐ와 같이 되어 위상이 0인 주파수와 무한대인 주파수에서 -90°만큼, 즉 시계방향으로 회전한다.

다음에 $s=0$이 2개가 첨가되면

$$G(j\omega)H(j\omega) = \frac{K}{(j\omega)^2(1+j\omega T_1)}$$
$$= \frac{K}{\omega^2\sqrt{1+\omega^2 T_1^2}} \angle -180° - \tan^{-1}\omega T_1$$

ω의 특정값을 $0 \leq \omega \leq \infty$로 변화시키면

$$\lim_{\omega \to 0} G(j\omega)H(j\omega) = \infty \angle -180°$$
$$\lim_{\omega \to \infty} G(j\omega)H(j\omega) = 0 \angle -270°$$

가 되므로 나이퀴스트 선도는 [그림 7-20]의 ⓑ와 같이 되어 위상을 -180° 만큼 회전시킨다. 그림으로부터 $s=0$에 있는 극점의 첨가는 안정도를 저해시키는 효과가 있으며, $s=0$에 1개 이상의 극점을 갖는 루프 전달함수 계통은 반드시 불안정해짐이 분명하다.

5. 부동작 시간요소의 나이퀴스트 선도

부동작 시간요소를 갖는 폐회로의 전달함수는

$$G(s)H(s) = e^{-st}G_1(s) \quad \cdots\cdots (7-32)$$

와 같이 주어진다. 여기서 $G_1(s)$가 식 (7-33)과 같이 주어졌다면

$$G_1(s) = \frac{1}{s(s+1)} \quad \cdots\cdots (7-33)$$

$G(s)H(s)$는 식 (7-34)와 같이 된다.

$$G(s)H(s) = e^{-st}\frac{1}{s(s+1)} \quad \cdots\cdots (7-34)$$

주파수 전달함수를 구하기 위하여 s를 $j\omega$로 치환시키면

〈표 7-2〉

ω	$T=0$		$T=1$		$T=1.5$	
	$\lvert G(j\omega)H(j\omega)\rvert$	$\phi[°]$	$\lvert G(j\omega)(H(j\omega)$	$\phi[°]$	$\lvert G(j\omega)(H(j\omega)\rvert$	$\phi[°]$
0	∞	−90	∞	−90	∞	−90
1	0.707	−135	0.707	−192	0.707	−220
2	0.224	−153	0.224	−268	0.224	−325
4	0.061	−211	0.061	−364	0.061	−478.8
∞	0	−180	0	−∞	0	−∞

$$G(j\omega)H(j\omega)=e^{-j\omega t}\frac{1}{j\omega(j\omega+1)}=(\cos\omega T-j\sin\omega T)\frac{1}{j\omega(j\omega+1)}$$

이 되므로

$$|G(j\omega)H(j\omega)|=\frac{1}{\omega\sqrt{\omega^2+1}}\angle-(\omega T+90°+\tan^{-1}\omega) \quad \cdots\cdots (7-35)$$

이 된다. 식 (7−35)에서 $T=0,\ 1,\ 1.5$ [s]일 때 절대값과 위상을 구하면 〈표 7−2〉와 같이 된다.

〈표 7−2〉로 나이퀴스트 선도를 그리면 [그림 7−21]과 같이 된다.

이 선도에서 시간늦음 요소가 $T=0$일 때에는 언제나 안정이지만 T가 증가됨에 따라 안정도가 저하됨을 보이고 있다. 또 계가 $(-1,\ j0)$를 통과하는 안정 한계점은 $T=1.0$과 $T=1.5$ 사이에 있음을 알 수 있다.

여기서 안정 한계점을 구하기 위해 $(-1,\ j0)$을 통과하는 ω값을 ω_π라 하면 식 (7−35)를

$$|G(j\omega_\pi)H(j\omega_\pi)|=\frac{1}{\omega_\pi\sqrt{\omega_\pi^2+1}}\angle-(\omega_\pi T+90+\tan^{-1}\omega_\pi) \quad \cdots (7-36)$$

와 같이 바꾸어 쓸 수 있다.

여기서

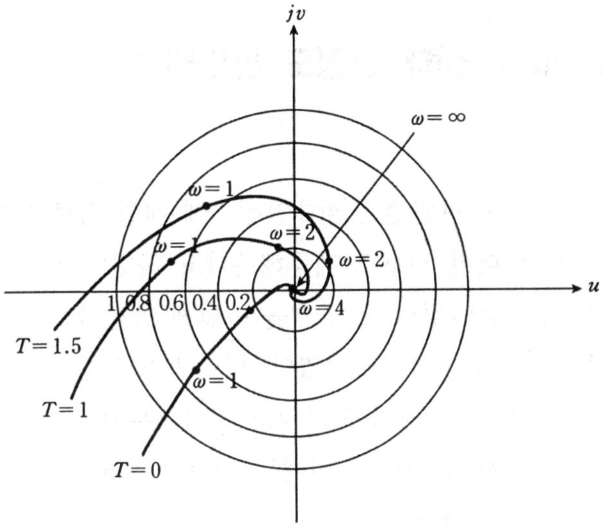

[그림 7-21] $T=0,\ 1,\ 1.5$인 경우 $G(s)H(s)=e^{-ST}\frac{1}{s(s+1)}$의 나이퀴스트 선도

$$\frac{1}{\omega_\pi\sqrt{\omega_\pi^2+1}}=1 \quad \cdots\cdots (7-37)$$

이므로 $\omega_\pi \simeq 0.79$ [rad/s]이고, 이를 식 (7-36)의 위상각에 대입하면

$$-180=-(0.79T+90+\tan^{-1}0.79) \quad \cdots\cdots (7-38)$$

와 같이 되어 $T\simeq 1.143$ [s]가 됨을 알 수 있다. 즉 $T<1.143$에서는 안정하고 $T>1.143$에서는 계가 불안정하게 된다.

7-4 Nyquist 상대 안정도 판별법

나이퀴스트의 안정도 판별법은 절대안정도에 대한 정보를 제공해줄 뿐만 아니라 상대 안정도에 대한 정보도 제공해준다고 하였다. 즉, 계가 안정하면 얼마나 안정하고, 계가 불안정하면 이 계를 어떻게 안정화시킬 것인가에 대한 정보를 제공해준다는 것을 이미 말하였다. 나이퀴스트 선도에서 상대 안정도란 선도가 임계점과 얼마만한 거리를 가지고 지나가는가 하는 것에 귀착되고, 안정한계로부터의 거리를 표시하는 것에는 이득여유(gain margin)와 위상여유(phase margin)를 사용한다.

(1) 이득여유

나이퀴스트 선도가 [그림 7-22]와 같다고 할 때 이 궤적이 (-)실수축과 만나는 점인 B를 위상교점(phase crossover)이라 한다. 이 점은 그 벡터 궤적에서 위상이 180°만큼 늦은 점으로 만일 $|G(j\omega)H(j\omega)|$가 1이었다면 $(-1,\ j0)$인 점을 지나갔을 것이고, 이 제어계는 불안정할 것이다. 그러나 [그림 7-22]에서는 $1-\overline{OB}$만큼의 차이가 있었기 때문에 불안정해지지 않았다고 할 수 있다.

즉, 벡터 궤적의 크기에 그 만큼의 여유가 있다고 할 수 있다. 이 여유는 [dB] 단위로 표시하며, 이득여유라 한다. 이 이득여유를 식으로 표시하면 다음과 같이 표시할 수 있다.

$$
\begin{aligned}
\text{이득여유(GM)} &= 20\log_{10}1 - 20\log_{10}\overline{OB} \\
&= 0 - 20\log_{10}|G(j\omega_\pi)H(j\omega_\pi)| \\
&= 20\log_{10}\frac{1}{|G(j\omega_\pi)H(j\omega_\pi)|}\ [\text{dB}] \quad \cdots\cdots\cdots\cdots (7-39)
\end{aligned}
$$

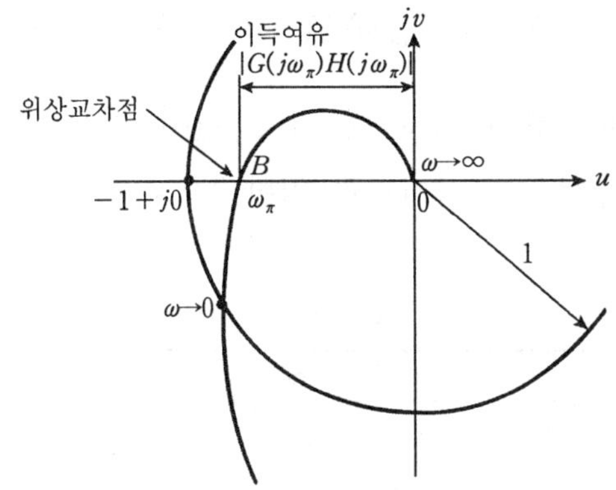

[그림 7-22] 이득여유 나이퀴스트 선도

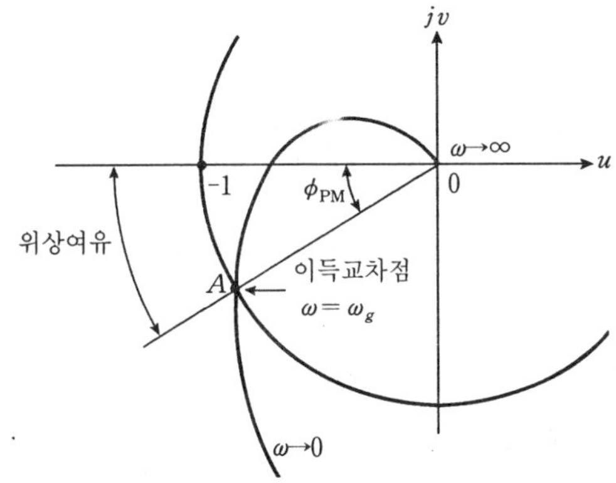

[그림 7-23] 위상여유 나이퀴스트 선도

(2) 위상여유

어떤 제어계의 $G(j\omega)H(j\omega)$의 궤적이 [그림 7-23]과 같다고 할 때 여기에 반지름 1인 원을 그려 이 궤적과 만나는 점 A를 이득교점(gain crossover)이라 한다.

이 점은 벡터 궤적의 크기 $|G(j\omega)H(j\omega)|$가 1이 되는 점으로 그림에서 그 때 위상이 ϕ_{PM}만큼만 더 늦어졌다면 이 궤적은 $(-1,\ j0)$인 점을 지났을 것이고, 이 제어계는 불안정했을 것이다. 이 ϕ_{PM}을 위상여유(phase margin)라 한다. 이를 식으로 나타내면 다음과 같다.

$$\text{위상여유(PM)} = 180° + \angle G(j\omega)H(j\omega) \cdots\cdots (7-40)$$

이상에서 설명한 이득여유와 위상여유는 그 값이 클수록 안정하지만 안정도를 너무 크게 하면 속응성이 떨어지므로 일반적으로 〈표 7-3〉의 값을 가지는 것이 좋다.

〈표 7-3〉

제어계의 종류	이득여유[dB]	위상여유[°]
서보 기구 (추종제어)	12~20	40~60
공정제어 (정치제어)	3~9	20~50

(예제 7-14) $G(j\omega)H(j\omega) = \dfrac{1}{j\omega(1+j\omega)\left(\frac{1}{2}+j\omega\right)}$ 에서 나이퀴스트 선도를 이용 (a) 위상교차 주파수 ω_π, (b) 이득교차 주파수 ω_g, (c) 이득여유, (d) 위상여유를 구하여라.

(풀이) 원식에서 이득과 위상은

$$|G(j\omega)H(j\omega)| = \frac{1}{\omega\sqrt{(1+\omega^2)(0.5^2+\omega^2)}} \cdots\cdots ①$$

$$\phi = -90 - \tan^{-1}\omega - \tan^{-1}2\omega \cdots\cdots ②$$

이므로 $\omega = 0 \sim \infty$까지 변화시키면 〈표 7-4〉와 같이 되어 [그림 7-24]를 얻는다.

〈표 7-4〉

ω	$\lvert G(j\omega)H(j\omega)\rvert$	ϕ[°]
0	∞	-90
0.707	1.33	-180
0.82	1	-187.8
∞	0	-270

(a) 식 ②로부터 삼각함수 가법정리를 적용시키면

$$\phi = -90 - \tan^{-1}\omega - \tan^{-1}2\omega = -90 - (\tan^{-1}\omega + \tan^{-1}2\omega)$$

$$= -90 - \tan^{-1}\frac{3\omega_\pi}{1-2\omega_\pi^2} = -180$$

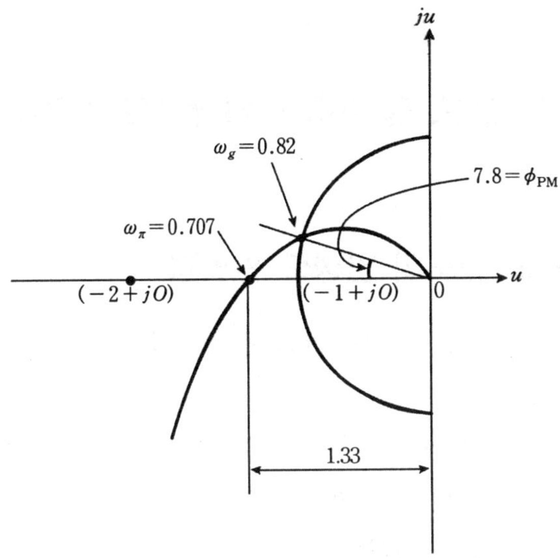

[그림 7-24] $\dfrac{1}{j\omega(1+j\omega)\left(\frac{1}{2}+j\omega\right)}$ 의 벡터 궤적

또는

$$\tan^{-1}\omega+\tan^{-1}2\omega=\tan^{-1}\frac{3\omega_\pi}{1-2\omega_\pi^2}=\infty,\qquad 1-2\omega_\pi^2=0$$

$$\therefore\ \omega_\pi=\sqrt{\frac{1}{2}}=0.707$$

(b) 식 ①로부터

$|G(j\omega)H(j\omega)|=1$에서

$$\frac{1}{\omega_g\sqrt{(1+\omega_g^2)(0.5^2+\omega_g^2)}}=1$$

$$\therefore\ \omega_g=0.82$$

(c) 이득여유는 [그림 7-24]에서 구할 수도 있고, 해석적으로 계산할 수도 있다.

$|G(j\omega_\pi)H(j\omega_\pi)|=|G(j0.707)H(j0.707)|=1.33$

(d) 위상여유 ϕ_{PM}도 [그림 7-24]에서 구할 수 있고, 해석적으로 계산할 수도 있다.

$\phi=-90-\tan^{-1}(0.82)-\tan^{-1}(1.64)=-187.8°$

$\phi_{PM}=180-187.8=7.8°$

7-5 보드 및 이득-위상선도의 안정도 판별법

1. 보드 선도의 안정도 판별법

[그림 7-25]는 보드 선도로서 안정도를 판별하는 방법을 나타낸 것이다. 위상교차점에 있어서 이득을 [dB]로 나타낼 때 음(-)이 되면 안정하고, 양(+)이 되면 불안정하다. 또, 이득교점에서는 위상차가 -180°보다 크면 안정하고, -180°보다 작으면 불안정하다. 위 두 표현은 동시에 성립하므로 어느 한쪽만 조사하면 충분하다.

[그림 7-26]은 보드 선도에서 이득여유와 위상여유의 상호관계를 설명한 것으로 위상교차점은 궤적이 -180°축과 교차하는 곳이고, 이득교차점은 그 궤적이 0[dB]축과 교차하는 점이다. 그러므로 이득여유는 단지 위상교차점에서 0[dB]과 -180° 위치에 있는 임계점까지의 거리를 [dB]로 나타낸 것이고, 위상여유는 이득교차점에서 임계점까지의 수평거리를 각도로 나타낸 것이다.

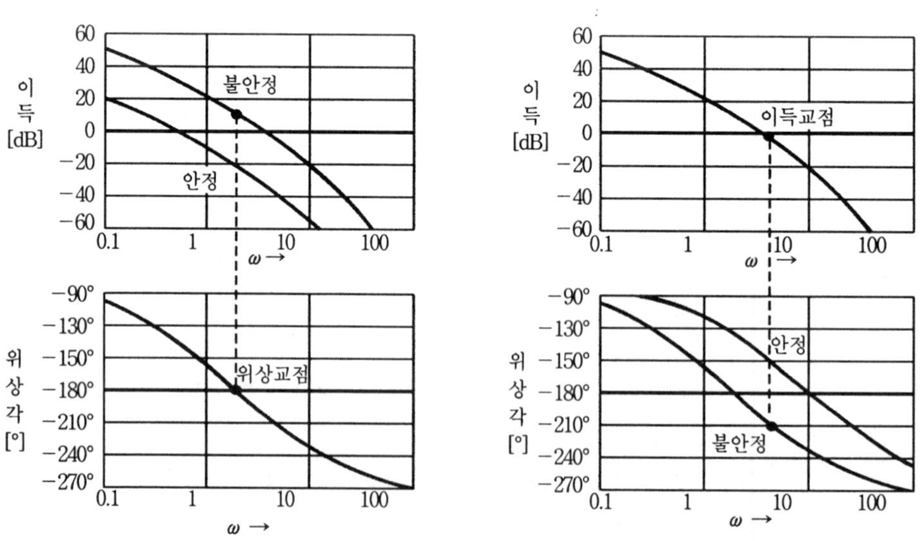

[그림 7-25] 보드 선도의 안정도 판별

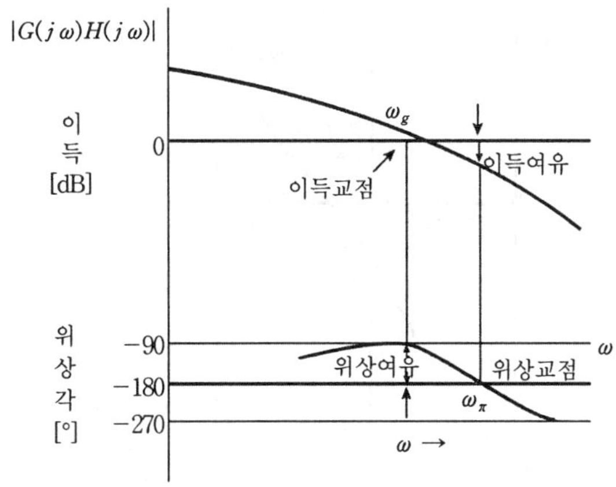

[그림 7-26] 보드 선도의 이득여유와 위상여유

2. 이득-위상선도의 안정도 판별법

[그림 7-27]은 이득-위상선도의 안정도를 판별하는 방법을 나타낸 것으로 이득-위상선도가 이득 0[dB]과 위상 180°를 중심으로 좌측에 그려지면 안정하고, 우측에 그려지면 불안정하다.

[그림 7-28]은 이득-위상선도에서 이득여유와 위상여유의 상호관계를 설명한 것으로 이득교차점과 -180° 위상 사이의 값이 위상여유이고, 위상교차점과 0[dB] 이득 사이의 값이 이득여유이다.

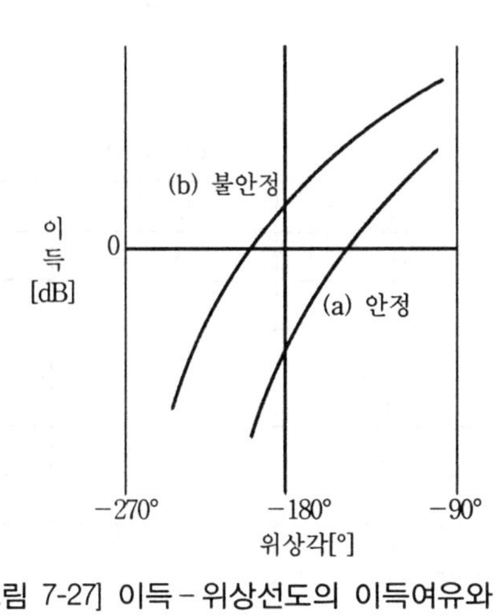

[그림 7-27] 이득-위상선도의 이득여유와 위상여유

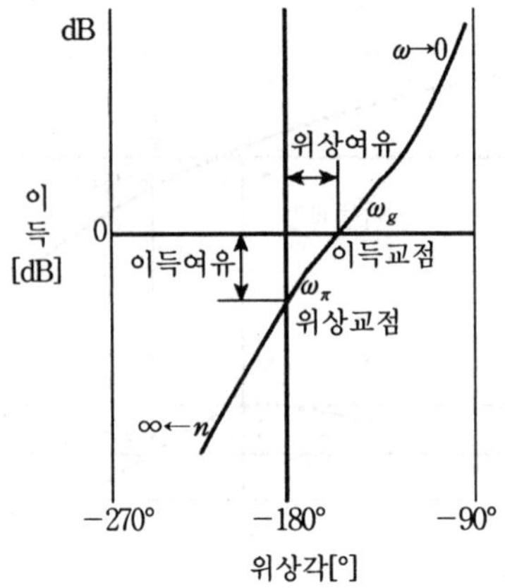

[그림 7-28] 이득-위상선도의 안정도판별

(예제 7-15) $G(s)H(s)=\dfrac{1}{s(1+s)(1+0.2s)}$ 인 개루프 전달함수의 이득여유와 위상여유를 보드 선도, 이득-위상선도로 각각 나타내어라.

(풀이) 주파수 전달함수는

$$G(j\omega)H(j\omega)=\frac{1}{j\omega(1+j\omega)(1+0.2j\omega)}$$

$$=\frac{1}{\omega\sqrt{(1+\omega^2)(1+0.2^2\omega^2)}}\angle -90^\circ-\tan^{-1}\omega-\tan^{-1}0.2\omega$$

이득 G는

$$G=20\log|G(j\omega)H(j\omega)|=20\log\frac{1}{\omega\sqrt{(1+\omega^2)(1+0.2^2\omega^2)}}$$

$$=-20\log\left[\omega\sqrt{(1+\omega^2)(1+0.2^2\omega^2)}\right]\,[\text{dB}]$$

〈표 7-5〉

ω	G[dB]	ϕ [°]
0.1	19.96	−97.2
0.5	5	−122.3
0.68	0	−137
1	−3.2	−146.3
2	−13.7	−175
5	−31.1	−213.7
10	−47	−237.8

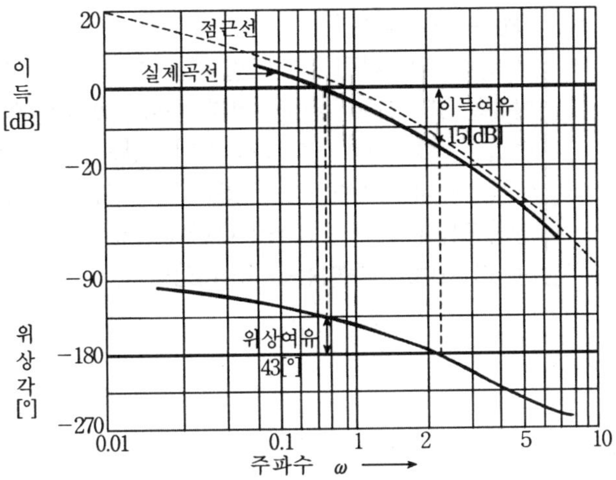

[그림 7-29] $\frac{1}{s(1+s)(1+0.2s)}$ 의 보드 선도

위상각 ϕ는

$\phi = -90° - \tan^{-1}\omega - \tan^{-1}0.2\omega$

ω를 변화시켜 G[dB]과 ϕ[°]를 구하면 〈표 7-5〉와 같이 되고, 보드 선도는 [그림 7-29]와 같이 그려진다.

0[dB]에서의 위상각은 137°가 되어서 [그림 7-29]에서 보듯이 위상여유는

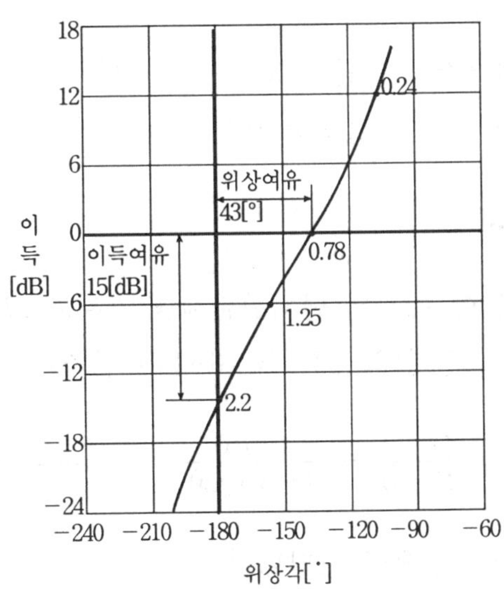

[그림 7-30] $\frac{1}{s(1+s)(1+0.2s)}$ 의 이득-위상선도

$180° - 137° = 43°$

가 된다. 위상각이 $-180°$일 때 대수크기는 -15[dB]이 되므로 이득여유는 15[dB]이 된다. 계의 주파수응답은 이득-위상선도에서 그려질 수 있다. 이 선도에서 임계안정도점은 0[dB], $-180°$인 점이며, 이득여유와 위상여유는 선도로부터 쉽게 구해질 수 있다. 이득-위상선도를 [그림 7-30]에 나타내었다. 이 그림에서 나타난 위상여유는 43°이며, 이득여유는 15[dB]이다.

7-6 Nichols 선도의 안정도 판별법

주파수응답법 중 하나인 니콜스 선도는 나이퀴스트 선도와 보드 선도를 수정한 것이다. 주파수 전달함수가 $G(j\omega)$인 계에 직접 귀환을 했을 때와 입출력 간의 특성을 구하려고 할 때 직접 계산하는 수고를 덜기 위해 편리한 도표를 만들어 사용하고 있다.

기본적인 니콜스 선도를 유도하기 위하여 M, N 선도를 설명한 후 이것으로부터 니콜스 선도를 설명하겠다.

1. *M* 선도

[그림 7-31]에 예시된 단위귀환계를 가지고 고찰하겠다. 폐루프 전달함수는 다음과 같이 된다(6-6절 식 (6-57) 참조).

$$M(j\omega) = \frac{C(j\omega)}{R(j\omega)} = \frac{G(j\omega)}{1 + G(j\omega)} \quad \cdots\cdots (7-41)$$

이를 크기와 위상으로 나타내면

$$\frac{C(j\omega)}{R(j\omega)} = Me^{j\phi} \quad \cdots\cdots (7-42)$$

여기서, $M(j\omega)$와 $G(j\omega)$ 사이의 관계는 $G(j\omega)$ 평면[$G(j\omega)$의 나이퀴스트 평면]을 이용하여 복소변수의 항으로 얻을 수 있다. 지금, $G(j\omega)$ 평면의 좌표를 각각 u, v라 하면

$$G(j\omega) = u + jv \quad \cdots\cdots (7-43)$$

로 놓을 수 있으므로 식 (7-41)에 대입하면

$$M(j\omega) = \frac{G(j\omega)}{1+G(j\omega)} = \frac{u+jv}{1+u+jv} \quad \cdots\cdots (7-44)$$

가 된다. 따라서, 폐루프 응답의 크기는 식 (7-44)로부터

$$M = \left| \frac{G(j\omega)}{1+G(j\omega)} \right| = \left| \frac{u+jv}{1+u+jv} \right| = \sqrt{\frac{u^2+v^2}{(1+u)^2+v^2}} \quad \cdots\cdots (7-45)$$

$$M\sqrt{(1+u)^2+v^2} = \sqrt{u^2+v^2} \quad \cdots\cdots (7-46)$$

양변을 제곱하면

$$M^2[(1+u)^2+v^2] = u^2+v^2 \quad \cdots\cdots (7-47)$$

식 (7-46)을 정리하면

$$(1-M^2)u^2 + (1-M^2)v^2 - 2M^2u = M^2 \quad \cdots\cdots (7-48)$$

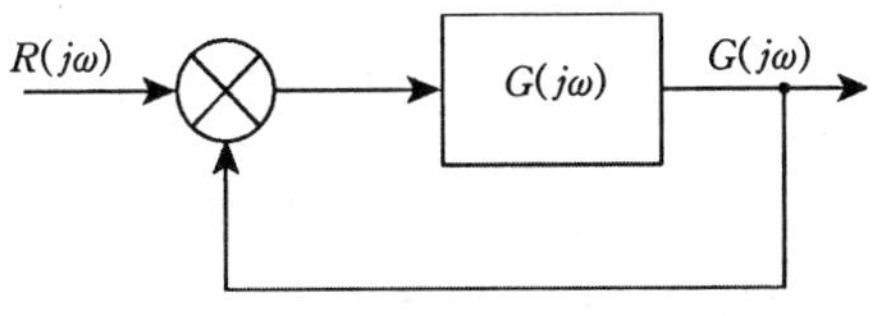

[그림 7-31] 단위귀환계

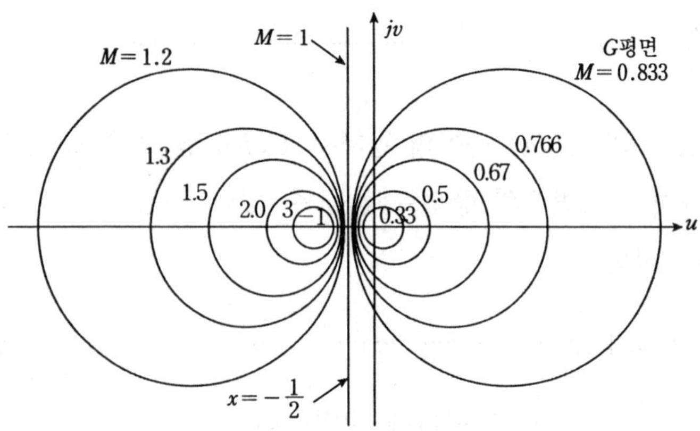

[그림 7-32] 일정 M선도

식 (7-46)의 양변을 $(1-M^2)$으로 나누고 정리하면

$$\left(u-\frac{M^2}{1-M^2}\right)^2+v^2=\left(\frac{M}{1-M^2}\right)^2 \quad \cdots\cdots (7-49)$$

와 같이 되어 중심이 $\left(\frac{M^2}{1-M^2},\ 0\right)$이고, 반지름이 $\left|\frac{M}{1-M^2}\right|$인 원의 방정식이 되므로 $G(jw)=u+jv$인 평면에 상수 M에 대한 여러 원을 그릴 수 있다. 즉, $M=1$일 때에는 식 (7-47)로부터 $u=-\frac{1}{2}$이므로 M곡선은 점 $\left(-\frac{1}{2},\ 0\right)$을 지나고 v축에 평행한 직선이 된다. [그림 7-32]는 상수 M에 대한 여러 원을 그린 것이다. $u=-\frac{1}{2}$의 왼쪽 원들은 $M>1$에 대한 것이고, 오른쪽의 원들은 $M<1$에 대한 것이다.

[그림 7-32]를 위하여 계산한 M값을 〈표 7-6〉에 나타내었다.

만약, M의 값이 무한대로 커진다면 M선도는 점 $(-1,\ j0)$에 대응할 것이다. 이것은 $G(j\omega)$의 나이퀴스트 선도가 G평면상의 점 $(-1,\ j0)$을 지날 때 계의 안정성이 임계점에 도달하는 것과 일치된다. 따라서 $G(j\omega)$의 나이퀴스트 선도와 M선도 교점에서의 M값은 그 점에 대응하는 나이퀴스트 선도상의 주파수에 대한 M값을 나타낸다.

〈표 7-6〉

M	중 심	반지름	M	중 심	반지름
0.3	(0.01, 0)	0.33	1.7	(−1.53, 0)	0.90
0.5	(0.33, 0)	0.67	1.8	(−1.46, 0)	0.80
0.7	(0.96, 0)	1.37	1.9	(−1.38, 0)	0.73
1.0	(∞, 0)	∞	2.0	(−1.33, 0)	0.67
1.1	(−5.76, 0)	5.24	2.5	(−1.19, 0)	0.48
1.2	(−3.27, 0)	2.73	3.0	(−1.13, 0)	0.38
1.3	(−2.45, 0)	1.88	4.0	(−1.07, 0)	0.27
1.4	(−2.04, 0)	1.46	5.0	(−1.04, 0)	0.21
1.5	(−1.80, 0)	1.20	6.0	(−1.03, 0)	0.17
1.6	(−1.64, 0)	1.03			

(중심 $\left(\frac{M^2}{1-M^2},\ 0\right)$ 반지름 $r=\frac{M}{1-M^2}$)

첨두공진점 M_P의 값을 어떤 값 이하로 유지시키려면, $G(j\omega)$은 M선도에서 대응하는 M원과 어떤 점에서 교차하거나 점 $(-1,\ j0)$을 내포하거나 해서는 안된다. M선도와 $G(j\omega)$의 나이퀴스트 선도가 접할 때 접하는 M선도의 M값이 첨두공진점 M_P이고, 이 점에 대응하는 주파수가 공진주파수이다.

2. N 선도

일정 M선도를 구하는 비슷한 방법으로 일정 위상선도를 $G(j\omega)$평면에서 구할 수 있다. 식 (7-41), (7-42) 및 (7-43)을 참고하면 폐루프계의 위상은 다음과 같다.

$$\phi = \angle M(j\omega) = \angle (u+jv) \angle (1+u+jv)$$

$$= \tan^{-1}\left(\frac{v}{u}\right) - \tan^{-1}\left(\frac{v}{1+u}\right) \quad \cdots\cdots (7-50)$$

마지막 식의 양변에 tangent를 취하면 삼각함수 가법정리에 의해

$$\tan\phi = \frac{v}{u^2+u+v^2} \quad \cdots\cdots (7-51)$$

$\tan\phi = N$으로 놓고 다시 정리하면

$$u^2 + v^2 + u - \frac{v}{N} = 0$$

이 되며, $N = \tan\phi =$ 상수이다. 양변에 $\left(\frac{1}{4}\right) + \left(\frac{1}{4N^2}\right)$을 더하면

$$u^2 + v^2 + u - \frac{v}{N} + \frac{1}{4} + \frac{1}{4N^2} = \frac{1}{4} + \frac{1}{4N^2} \quad \cdots\cdots (7-52)$$

식 (7-52)를 다시 정리한 후 완전제곱형으로 고치면

$$\left(u + \frac{1}{2}\right)^2 + \left(v - \frac{1}{2N}\right)^2 = \frac{1}{4}\left(1 + \frac{1}{N^2}\right) \quad \cdots\cdots (7-53)$$

〈표 7-7〉

$\phi \pm 180n$ $N = 0,\ 1,\ 2,\ \cdots$	$N = \tan\phi$	중심 $x = -\frac{1}{2},\ y = \frac{2}{2N}$	반지름 $r = \frac{\sqrt{N^2+1}}{\lvert 2N \rvert}$
-90	$-\infty$	0	0.500
-60	-1.732	-0.289	0.577
-45	-1.000	-0.500	0.707
-30	-0.577	-0.866	1.000
-15	-0.268	-1.866	1.931
0	0	∞	∞
15	0.268	1.866	1.931
30	0.577	0.866	1.000
45	1.000	0.500	0.707
60	1.732	0.289	0.577
90	∞	0	0.500

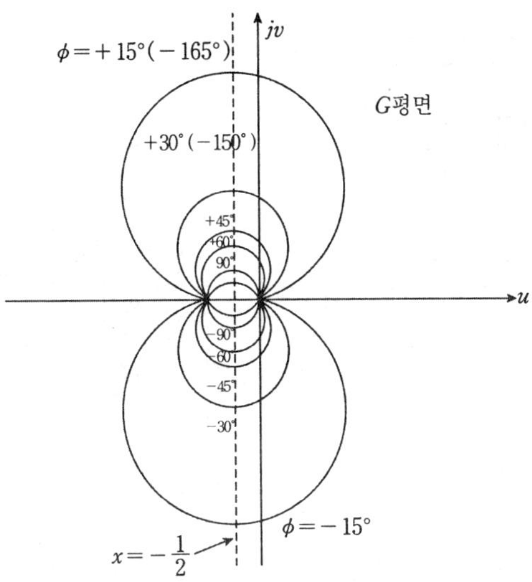

[그림 7-33] 일정 N 선도

이것은 중심이 $u=-\frac{1}{2}$, $v=\frac{1}{2N}$에 있는 반지름 $\frac{1}{2}\sqrt{1+\frac{1}{N^2}}$인 원의 방정식이 되므로 $N=$일정한 여러 개의 값에 대하여 일정 위상선도를 그릴 수 있다. N의 여러 값에 대한 N원군의 중심과 반지름이 〈표 7-7〉이고, 그 선도는 [그림 7-33]에 나타내었다.

3. 니콜스 선도 도표

일정한 원 M과 원 N은 $G(j\omega)$평면에서 해석과 설계에 사용된다. N. B. 니콜스는 일정한 원 M과 원 N을 대수크기 이득-위상선도로 변화시켰다. 이를 니콜스 선도(Nichols chart)라 한다. 원 M과 원 N은 니콜스 선도에서 [그림 7-34]에서 보는 바와 같이 폐곡선으로 나타난다. 선 M들은 [dB]로 주어지며 선 N들은 각도[°]로 주어진다. 즉, 니콜스 선도는 $G(j\omega)$ 평면에서의 원 M과 원 N을 직각좌표계인 진폭[dB] 대 위상각도[°]에서 원이 아닌 M궤적과 N궤적으로 변환한 것이다. 니콜스 선도 위에 그려진 개루프 주파수 응답함수 $G(j\omega)H(j\omega)$를 $G(j\omega)H(j\omega)$의 니콜스 선도 도표(Nichols chart plot)

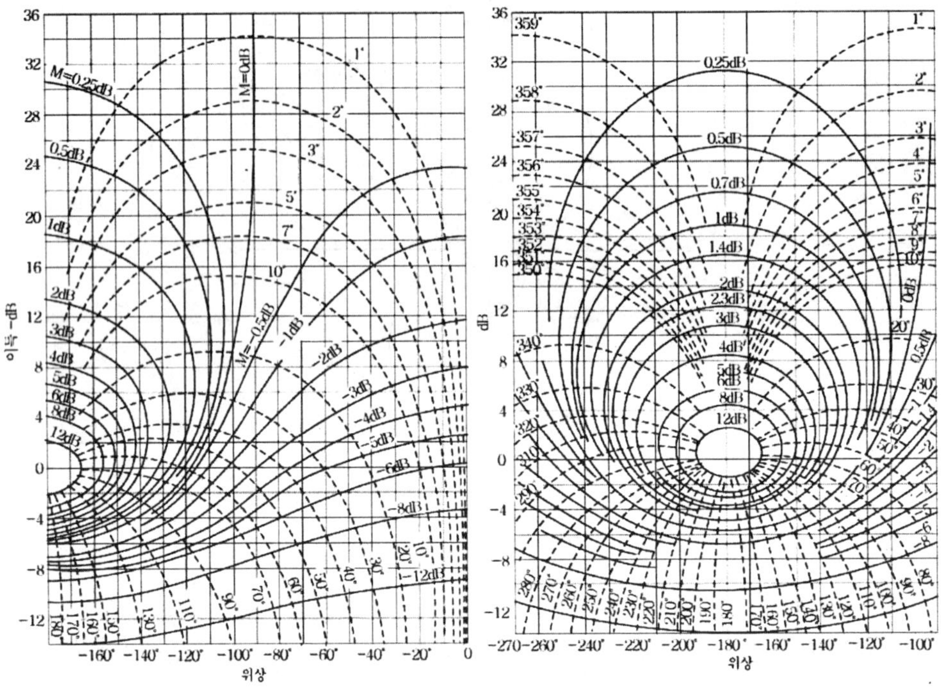

(a) $-180° \sim 0°$까지의 위상 (b) $-270° \sim -90°$까지의 위상

[그림 7-34] 니콜스 선도

라고 한다. 니콜스 선도를 이용하여 첨두공진점 M_P, 공진주파수 ω_P, 대역폭 ω' 및 위상여유 등을 구할 수 있다.

(예제 7－16) 개루프 전달함수가

$$G(s) = \frac{K}{s(1+0.2s)(1+0.02s)}$$

로 주어지는 단위귀환계에서 니콜스 선도를 이용하여 $K=1,\ 3.16,\ 10$의 첨두공진점 M_P와 대역폭 BW를 구하고 보드 선도를 이용 이득여유와 위상여유를 구하여라.

(풀이) 주파수 전달함수

$$G(j\omega) = \frac{K}{j\omega(1+j0.2\omega)(1+j0.02\omega)}$$

일 때 이득 G는

〈표 7-8〉

ω	$K=1(K=0\,[dB])$		$K=3.16(K=10\,[dB])$		$K=10(K=20\,[dB]$	
	$G[dB]$	$\phi[°]$	$G[dB]$	$\phi[°]$	$G[dB]$	$\phi[°]$
0	$=\infty$	$=-90$	$=\infty$	$=-90$	$=\infty$	$=-90$
0.1	≒20	≒−90	≒30	≒−90	≒40	≒−90
1	≒0	≒−100	≒10	≒−100	≒20	≒−100
3	≒−10	≒−124	≒0	≒−124	≒10	≒−124
5	≒−17	≒−141	≒−7	≒−141	≒−0.7	≒−141
6.2	≒−20	≒−148	≒−10	≒−148	≒0	≒−148
10	≒−27	≒−164	≒−17	≒−164	≒−7	≒−164
100	≒−73	≒−241	≒−63	≒−241	≒−53	≒−241
∞	≒−∞	≒−270	≒−∞	≒−270	≒−∞	≒−270

$$G=20\log|G(j\omega)|=20\log\frac{K}{\omega\sqrt{(1+0.04\,\omega^2)(1+0.0004\omega^2)}}$$

$$=20\log K-20\log\omega-10\log(1+0.04\omega^2)$$

$$-10\log(1+0.0004\omega^2)\,[dB]$$

위상각 ϕ는

$\phi=-90°-\tan^{-1}0.2\omega-\tan^{-1}0.02\omega$

이므로 $K=10(0[dB])$, $K=3.16(10[dB])$, $K=10(20[dB])$인 경우 ω의 특성값에 대한 G와 ϕ를 계산하여 〈표 7-8〉을 작성한다. 따라서, 표의 결과를 니콜스 선도에 나타내면 [그림 7-35]와 같다.

[그림 7-35]로부터 $K=1$인 경우에는 이득-위상선도와 접촉하는 일정 M선도가 없기 때문에 공진점도 없다.

$K=3.16$인 경우에는 이득-위상선도가 $M=0.7\,[dB](1.084)$ 일정 M선도와 $\omega=3\,[rad/sec]$에서 접하므로, 첨두공진점 M_P와 공진주파수 ω_P는

$M_P=0.7[dB]$, $\omega_P=3\,[rad/sec]$

가 되고, $K=10$일 경우에는 같은 방법으로 취급하면

$M_P=6[dB]$, $\omega_P=6.2\,[rad/sec]$

가 됨을 알 수 있다. 폐루프계의 대역폭 BW는 이득-위상선도와 니콜스 선도로부터 얻을 수 있다. $M=0.707(-3\,[dB])$인 일정 M선도와 $G(s)$ 선도와의 교점주파수 $\omega'\,[rad/sec]$가 대역폭이다. [그림 7-35]로부터 얻은 각 K에 대한 대역폭은 〈표 7-9〉와 같다.

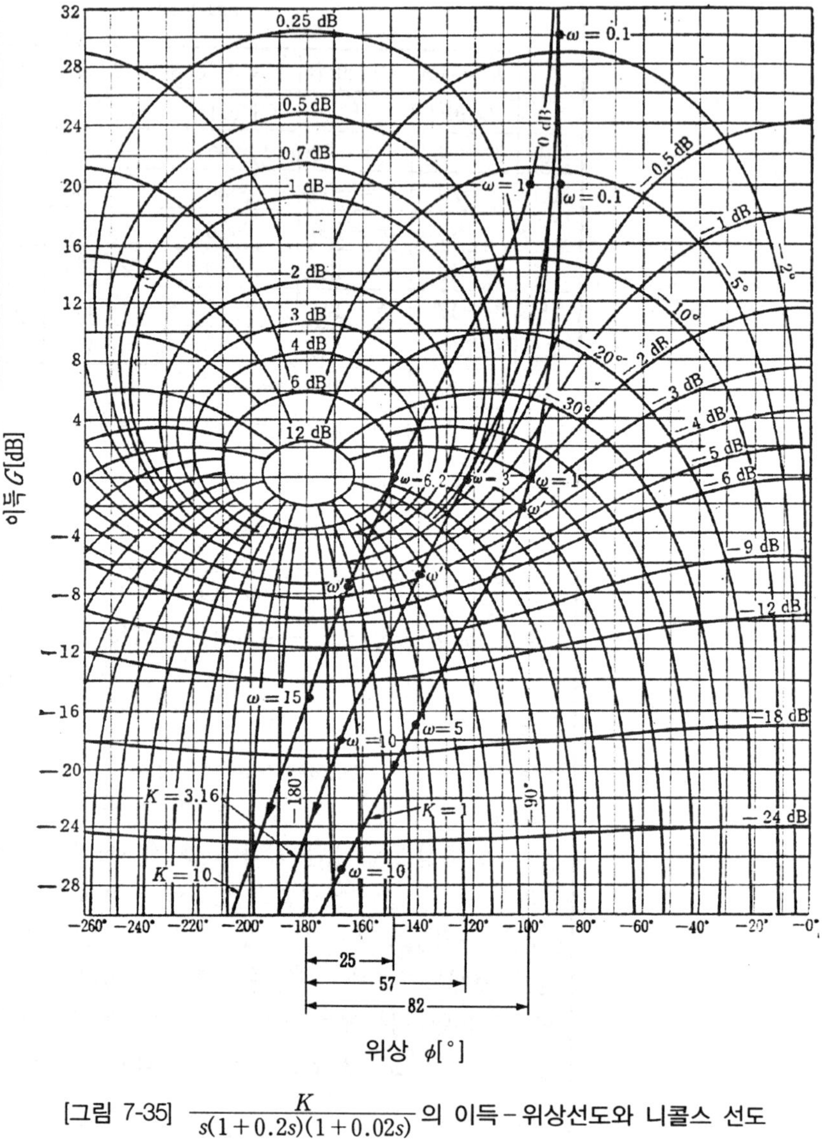

[그림 7-35] $\dfrac{K}{s(1+0.2s)(1+0.02s)}$ 의 이득-위상선도와 니콜스 선도

〈표 7-9〉

K	대역폭 ω' [rad/sec]
1	1.2
3.16	5.0
10	10

한편, 예제의 식에서 각 K에 대한 이득여유[dB], 위상여유[°]를 구하기 위하여 〈표 7-8〉로부터 $K=1$일 때의 각주파수에 대한 $G(j\omega)$의 크기와 위상을 구한 후 [그림 7-36]과 같이 $K=1$에서 그린 선도를 10[dB]과 20[dB]만큼 위쪽으로 평행이동시킨 후 [그림 7-26]에서 설명한 방법으로 이득여유와 위상여유를 구하면 〈표 7-10〉과 같다.

즉, 이득 K가 커질수록 여유율은 떨어짐을 알 수 있다.

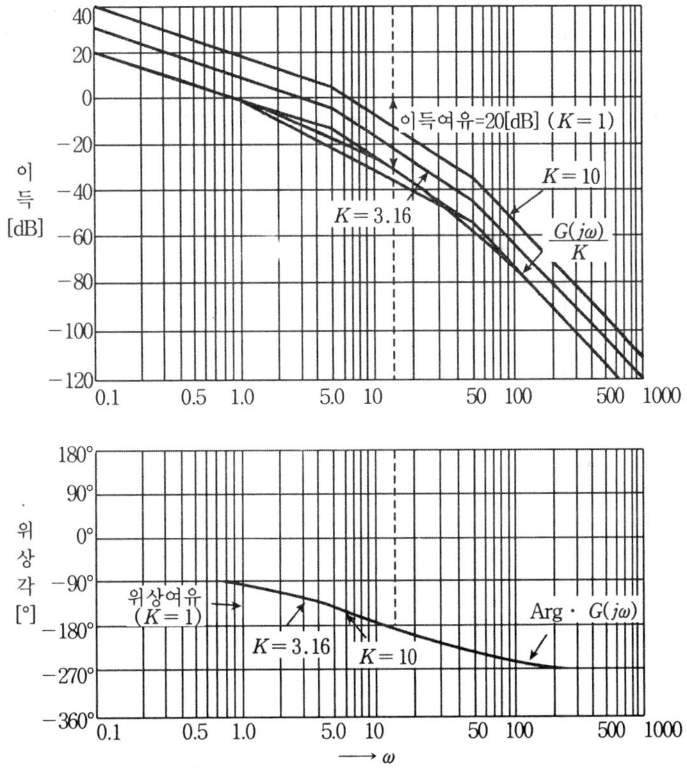

[그림 7-36] $\dfrac{K}{s(1+0.2s)(1+0.02s)}$의 보드 선도

〈표 7-10〉

K	이득여유[dB]	위상여유[°]
1	30	82
3.16	20	57
10	10	25

(예제 7-17) $G(s)=\dfrac{2}{s(1+s)(1+\frac{s}{3})}$ 개루프 전달함수의 이득-위상선도를 그리고 이 계의 이득여유와 위상여유를 정하여라. 또 니콜스 선도를 그려라.

(풀이) ① 이득-위상선도

$s \to j\omega$로 치환시킨 후 이득 G와 위상 ϕ에 관한 식을 구하면 다음과 같다.

$$G=20\log|G(j\omega)|=20\log\frac{2}{\omega\sqrt{(1+\omega^2)\left(1+\frac{\omega^2}{9}\right)}}$$

$$=20\log 2-20\log\omega-10\log(1+\omega^2)-10\log\left(1+\frac{\omega^2}{9}\right)[\text{dB}]$$

$$\phi=-90°-\tan^{-1}\omega-\tan^{-1}\frac{\omega}{3}[°]$$

ω값의 변화에 따라 G[dB]과 ϕ[°]를 구하면 〈표 7-11〉이고 표에 따라 이득-위상선도를 그린 것이 [그림 7-37]이다.

〈표 7-11〉

ω	$20\log_{10}\lvert GH(j\omega)\rvert$	$\text{Arg}\, GH(j\omega)$
0	∞	−90°
0.1	25.97	−97.4°
0.2	19.80	−105.0°
0.5	10.95	−126.1°
1.0	2.55	−153.5°
1.5	−3.59	−172.9°
2.0	−8.59	−187.1°
3.0	−16.54	−206.6°

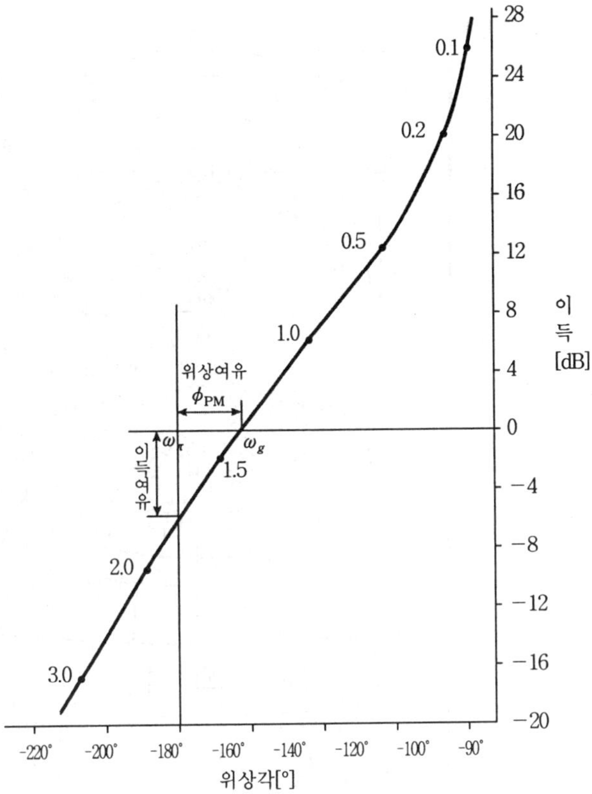

[그림 7-37] $G(s)=\dfrac{2}{s(1+s)\left(1+\frac{s}{3}\right)}$ 의 이득-위상선도

② 이득여유와 위상여유

이 계의 개루프 전달함수에 대한 [그림 7-37]의 이득-위상선도로부터 위상각 -162[°]에서 0[dB]선과 교차하므로 위상여유는 $\phi_M = 180° - 162° = 18°$이고, 진폭 -6[dB]에서 -180°선과 교차하므로 이득여유는 6[dB]이다.

③ 니콜스 선도

〈표 7-11〉을 이용하여 니콜스 선도를 그린 것이 [그림 7-38]이다.

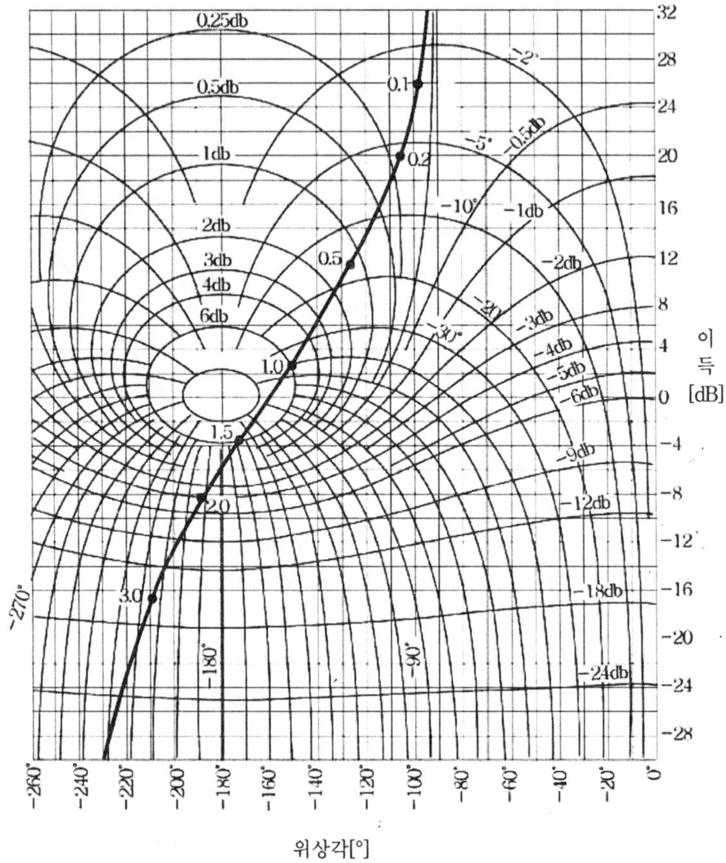

[그림 7-38] $G(s)=\dfrac{2}{s(1+s)\left(1+\frac{s}{3}\right)}$ 의 니콜스 선도

(예제 7－18) 예제 7－17에서 폐루프 전달함수 $\dfrac{C(s)}{R(s)}=\dfrac{G(s)}{1+G(s)}$ 의 이득－위상선도를 그려라.

(풀이) s를 $j\omega$로 치환시키면 (예제 7-17)은

$$G(j\omega)=\frac{2}{j\omega(1+j\omega)\left(1+j\frac{\omega}{3}\right)}$$

이므로 이를 원식에 대입시킨 후 정리하면

$$\frac{C(j\omega)}{R(j\omega)}=\frac{G(j\omega)}{1+G(j\omega)}=\frac{6}{(j\omega)^3+4(j\omega)^2+3j\omega+6}$$

$$=\frac{6}{(6-4\omega^2)+j(3\omega-\omega^3)}$$

이므로 따라서

$$G=20\log\left|\frac{C(j\omega)}{R(j\omega)}\right|=20\log\frac{6}{\sqrt{(6-4\omega^2)^2+(3\omega-\omega^3)^2}}\ [\text{dB}]$$

$$\phi=-\tan^{-1}\frac{3\omega-\omega^3}{6-4\omega^2}\,[^\circ]$$

이 되며 ω값의 변화에 따라 G[dB]와 ϕ[°]를 구하면 〈표 7-12〉이고 이에 따라 이득-위상선도는 [그림 7-39]이다.

〈표 7-12〉

ω	$20\log_{10}\left\|\frac{C}{R}(j\omega)\right\|$ [dB]	$\text{Arg}\left[\frac{C}{R}(j\omega)\right]$[°]
0	0	0°
0.2	0.20	-5.8°
0.5	1.27	-15.4°
1.0	6.54	-45°
1.25	10.38	-97.9°
1.5	5.46	-159.5°
2.0	-4.62	-191.3°
3.0	-15.4	-210.5°

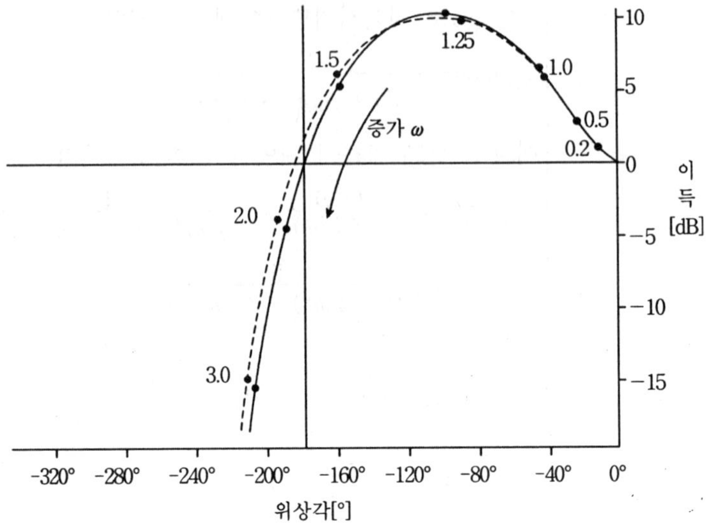

[그림 7-39] $\dfrac{C(s)}{R(s)}=\dfrac{G(s)}{1+G(s)}$ 의 이득－위상선도

연습문제

1. 여러 계에 대한 특성방정식의 근이 각각 다음과 같이 주어졌다. 각각에 대하여 안정계, 불안정계, 안정한계를 써라.

(1) $-1,\ -2$ (2) $-1,\ +1$

(3) $-3,\ -2,\ 0$ (4) $-1+j,\ -1-j$

(5) $-2+j,\ -2-j,\ 2j,\ -2j$ (6) $2,\ -1,\ -3$

(7) $-6,\ -4,\ 7$ (8) $-2+3j,\ -2-3j,\ -2$

(9) $-j,\ j,\ -1,\ 1$

2. 다음의 특성방정식을 가진 제어계의 안정도를 Routh-Hurwitz 방법으로 판별하여라.

(1) $s^3+20s^2+9s+100=0$

(2) $s^3+2s^2+2s+40=0$

(3) $s^3+s^2-s+1=0$

3. 귀환제어계의 루프 전달함수가 다음과 같을 때 T와 K의 안정영역을 결정하여라.

$$G(s)H(s)=\frac{K(s+1)}{s(1+Ts)(1+2s)}$$

4. 다음의 루프 전달함수들에 대한 나이퀴스트 선도를 그려라. 단, 폐루프계의 안정도를 결정하는 데 필요한 부분만 그려라.

(1) $G(s)H(s)=\dfrac{100}{s(s^2+2s+2)(s+1)}$

(2) $G(s)H(s)=\dfrac{s}{1-0.2s}$

5. $G(s)H(s)=\dfrac{K}{(s+1)(s-2)}$ 와 같이 주어지는 계의 이득여유가 40[dB]이면, 이때 K의 값은 얼마인가?

6. $G(s)H(s)=\dfrac{10}{(s+1)(s+T)}$ 의 이득여유를 20[dB]보다 크게 하기 위한 T의 범위를 구하여라.

7. [그림 7-40]에 나타낸 제어계가 $G(s)=\dfrac{1}{s(s+1)}$, $T=0.5$일 때 위상여유와 이득여유를 구하여라.

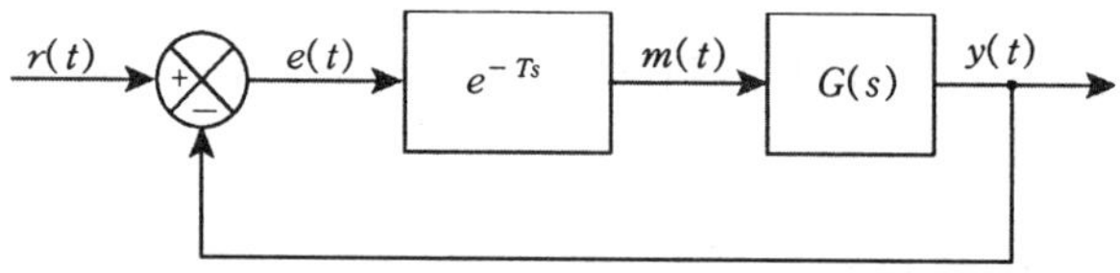

[그림 7-40]

8. $G(s)H(s)=\dfrac{1}{s(s+P_1)(s+P_2)}$ 일 때 $P_1=1$, $P_2=\dfrac{1}{2}$ 이고 다음을 정하여라.

(1) 위상교차 주파수 ω_π (2) 이득교차 주파수 ω_g

(3) 이득여유 (4) 위상여유

8장 제어계의 설계와 보상

지금까지 정상응답, 과도응답, 주파수응답, 안정성 등을 설명하였는데, 이는 제어 기술자들에게 필요한 제어설계에 대한 능력을 주기 위한 것이었다.

물론, 제어계를 실제로 설계하기 위해서는 수많은 기기의 선정이나 제어부품요소들의 선정에 관한 광범위한 지식, 즉 수학, 전기, 화학, 기계공학에 관한 이론과 실제를 알아야 한다. 이것은 상당히 큰 일이 될 것이므로 여기서는 일반적인 제어설계 순서, 선도에 의한 설계법, 보상에 관한 사항을 기술하고자 한다.

8-1 자동제어 설계일반

자동제어장치는 규모, 사용목적, 성능에 따라 그 범위가 상당히 광범위하기 때문에 획일적으로 설계를 하기란 거의 불가능하다. 그러나 제어계를 그 동작원리적인 측면에서 고찰하면 하나의 공통적인 성격을 가지고 있으므로 여기서는 이 점에 관해서만 논의하겠다.

자동제어를 설계할 경우에는 앞에서 언급한 바와 같이 먼저 계통에 요구되는 특성 및 제반조건을 만족하도록 구성을 결정한 후 각 부분의 정수값을 구한다. 그 다음에 사용조건, 제조방법, 경제적인 조건 등을 고려하여 실제의 배치를 결정한 후 제작도면을 작성한다. 이때, **계통에 요구되는 특성부터 정수값을 구하는 부분을 특성설계**(synthesis)**라 하고, 사용조건부터 제작도면 작성까지를 제작설계라고 한다.** 결국, 자동제어 설계란 특성설계와 제작설계의 합성이라고 말할 수 있다. 그러나, 실제 설계시에는 이 2가지가 뚜렷하게 구분되지 않는 경우가 많다. 왜냐하면, 특성설계의 초기단계에서 제작설계의 일부분을 설계해야 할 경우가 있기 때문이다. 결국, 특성설계와 제작설계를 병행하는 경우가 많다.

그러나, 제작설계는 주로 구성부분에 대한 설계가 대부분이므로 제어장치의 구조적 조건에 따라 많이 좌우되고 있어 일반적으로 취급하기는 곤란하며, 또한 이 책의 범위와는 상이하므로 여기서는 특성설계에 대해서만 취급하기로 하겠다.

특성설계에는 지정된 정상특성을 갖도록 하는 정상특성설계와 지정된 과도특성을 갖도록 하는 과도특성설계로 나누어지고, 이 중 과도특성 방법이 많이 사용되며, 이 과도특성 설계방법은 다시 주파수응답법과 근궤적법에 의한 방법이 사용된다. 주파수응답법은 고전적인 방법에 속하고, 근궤적법은 1950년 에반스(Evans)가 근궤적기법을 도입함으로써 제어계의 설계를 $s-$평면에 수행하게 된 것이다.

고전적인 설계방법은 먼저 설계해야 될 계의 배치를 고정시키는 특징을 가지고 있어서 설계자는 적당한 계의 배치를 먼저 선정해야 한다. 예를 들면, [그림 8-1](a)와 같이 계의 전향경로에 보상기가 들어 있는 블록선도를 그려 놓으면 구성의 융통성 때문에 매우 일반적인 실제성을 갖게 되면, 이때 계는 직렬보상(series compensation)을 갖는다고 말한다.

[그림 8-1](b)는 귀환경로에 보상기를 갖도록 한 다른 보상방법을 보여주고 있으며 이를 귀환보상(feedback compensation)이라고 한다. 일반적으로 전향경로와 귀환경로에는 모두 보상기를 갖도록 한다. 또, 보상기의 형태 및 배치의 선정은 설계자의 경험과 자질에 크게 의존한다. 주파수영역의 설계에서 설계사양은 일반적으로 이득여유, 위상여유, 첨두공진값 및 대역폭과 같은 판

단기준의 항으로 주어진다. 그러나 이러한 판단 기준들은 상승시간, 오버 슈트 및 정정시간과 같은 시간영역에서의 요구조건, 즉 계의 상태에 대한 좀더 직접적인 양들과 관련되어 있다.

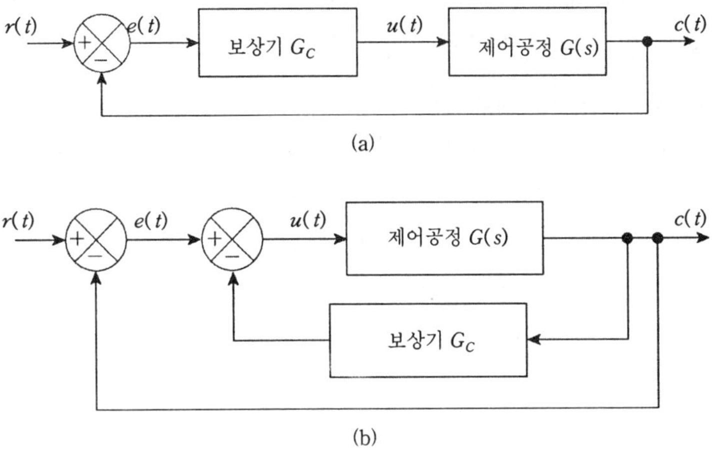

[그림 8-1] (a) 직렬보상, (b) 귀환보상을 갖는 제어계의 블록선도

8-2 설계순서

자동제어계를 설계하고 정리하는 데 있어서 일반적인 설계순서를 알아둠으로써 설계할 때 많은 도움이 된다. 여기서 설명하는 것은 어디까지나 일반적인 사항이고, 구체적인 설계방법은 아니다. 왜냐하면, 구체적인 설계방법은 제어계의 종류에 따라 다르기 때문이다.

(1) 제어방식을 결정한다

먼저, 제어해야 할 대상이 어떤 제어방식에 의해 운전되어야 하는가는 제어대상의 특성으로부터 판단하여 제어계의 제어방식을 결정한다. 이 방식의 결정이 잘못되면 자동제어계가 원하는 대로 동작을 한다고 해도 제어대상의 출력은 기대한 것만큼 만족스럽지 못할 때가 종종 있다.

교류발전기의 전압제어계를 예로 들면 교류발전기를 비상용 전원으로 고층빌딩에 사용하는 경우에는 간단한 자동전압 제어방식만으로 충분하지만 전력회사에서 사업용으로 운전하는 경우에는 여러 조건을 고려하여 제어방식을 결정하지 않으면 안 된다. 즉, 수요가에게 정전압, 정주파수의 전력을 전송하고, 사고에 의하여 정전되는 지역의 확대를 방지하기 위해 안정도에 우선을 둘 경우에는 일반적으로 전류를 한정시키는 장치가 부착된 전류한정 자동전압 제어방식을 사용하는 것이 좋고, 자동제어계의 용량에 비해 교류발전기의 용량이 매우 작아 경제적인 운용을 중요시할 경우에는 일반적으로 고능률 운전을 하는 전압안정 유니트가 부착된 무효전력 일정제어방식을 선택하는 것이 좋다. 이와 같이 동일한 제어계라 할지라도 어떤 조건이나 제어대상의 특성에 따라 그 용도에 적합한 제어방식을 채용하는 것이 좋다.

한편, 제어방식의 결정에 중요한 또 하나의 요소는 그 결정과정에서 과거의 경험이나 실적을 충분히 고려해야 하고, 처음으로 사용하는 기기에 대해서는 여러 방식으로 운전할 수 있도록 미리 설계해 두는 것도 경우에 따라서는 필요하다.

(2) 제어대상에 요구되는 사항을 정확히 파악한다

제어대상의 기능, 부하, 예상되는 외란상태, 요구되는 제어응답의 정확도 등을 사전에 상세히 수량적으로 조사한다. 또, 지출 가능한 예산은 얼마인가, 에너지원은 어떤 종류로 할 것인가, 예를 들면 공기압력의 에너지를 사용하는 경우 공기를 정화 건조시킬 필요가 있는가 없는가의 결정, 유압이나 수압의 에너지를 사용하는 경우 기름이나 물의 청결도 유지장치의 부착여부, 에너지원으로 전기를 사용하는 경우에는 전압이나 주파수의 변동여부 등을 고려해서 결정해야 한다.

결국, 제어대상을 얼마나 경제적으로 설계 제작하느냐가 아주 중요한 것이 된다. 제어대상을 결정하기 위해서는 다음 사항 등을 일반적으로 검토한다.

1) 주위조건

주위조건으로는 주위온도, 습도, 진동이나 충격, 분위기, 기타 여러 가지를 고려해야 한다.

첫째, 주위온도는 고온과 저온으로 나누어 생각한다. 고온인 열대지방으로 수출되는 제어기기는 우리나라에서 사용하는 제어기기와는 절연재료, 냉각방식, 용량의 감소 등을 고려하여 다르게 설계해야 한다. 또한, 냉각방식에 있어서도 풍냉식을 사용할 수 없는 곳에서는 수냉식을 사용해야 하는데, 이 경우 수질이나 수온 등을 고려하여 설계 제작하는 것이 필요하다.

한편 저온에서, 즉 −30° 이하인 한냉지역에서 사용할 경우에는 제어기기에 사용되는 각종 액체가 동결되어 절연물의 점성이 없어져 기계적 강도에 문제가 생기므로, 절연물, 베어링, 기름 등의 사용과 선택에 주의해야 하고 필요하다면 기타 장치를 부착해야 한다.

둘째, 주위조건으로 고려해야 할 것은 습도이다. 특히, 선박용 기기와 같이 습도가 높은 곳에서 사용하는 제어기기는 절연물이나 도료 및 저장방법 등에 주의해야 한다.

셋째, 선박용 기기, 차량용 기기, 하역기계 등과 같이 진동이나 충격이 큰 장소에 설치되는 제어기기는 베어링, 콘덴서, 전선 등이 진동이나 충격에 충분히 견딜 수 있도록 사용조건을 고려하여 설계나 제작을 해야 한다.

넷째, 주위 분위기를 고려해야 한다. 예를 들면, 부식성 가스나 인화성 가스가 발생하는 분위기에 설치되는 제어기기에 대해서는 내부식성 도료를 도포하거나 내 가스용의 도금을 하거나, 완전히 밀폐시키거나 하는 조치를 취해야 하고, 먼지가 많은 장소에서는 먼지를 방지할 장치를 해야 한다. 또, 빗물 등이 제어기기 내부에 스며들지 않도록 방수장치를 하는 것도 필요하다.

2) 부하조건

부하는 짧은 시간 동안 적은 부하가 가해질 수도 있고 큰 부하가 가해질 수도 있다. 즉, 여러 가지 형태의 부하가 제어기기에 가해지고 있으므로, 예상되는 부하의 상황을 잘 조사하여 그 부하에 적합한 최소용량의 기기를 선택하는 것이 경제적인 관점에서 볼 때 매우 중요하다.

일반적으로 부하가 불규칙적일 때 어떠한 정격의 용량을 사용할 것인가를 결정하기란 매우 힘이 들 때가 많으며, 보통 불규칙 부하에서는 %ED를 결정하는 방법을 쓰고 있다. %ED란 독일어의 Einschalt Dauer의 약자를 딴 것으로

$$\%\,\mathrm{ED} = \frac{T_L}{T_L + T_R} \times 100$$

여기서, T_L : 불규칙 부하가 인가되어 있는 시간, T_R : 정지되고 있는 시간으로 나타낸다. 단, 불규칙 부하의 주기는 $T_L + T_R \leq 10$분이다.

3) 특성

설계해야 할 자동제어계에 있어서 기존 요소의 정상특성 및 과도특성 등을 조사해 두는 것이 필요하다. 정상특성은 주로 루프 이득이나 연산증폭기 또는 검출부 관계의 드리프트에 의해 결정되고, 과도특성은 과도응답과 외란의 크기에 의해 결정된다.

4) 보수점검

제어기기를 장시간 사용하면 쉽게 마모되는 부분이 있으므로 정기적인 점검이 필요하게 된다. 따라서, 설계나 제작할 때 이들 부분을 점검하기 쉬운 구조로 하는 것이 필요하다. 또한 제어기기는 운전 중 특성의 변화에 따라 즉시 조정이 가능한 구조로 설계해야 하고, 사고발생시 신속히 사고지점을 발견하여 간단히 보수나 교체를 할 수 있도록 제작해야 한다.

(3) 제어기기의 정격을 결정한다

설계 또는 제작하는 제어기기의 제어대상, 용도, 특성, 주위조건 등을 충분히 고려하여 정격전압, 정격전류를 결정해야 한다.

예를 들면 전기기기의 자계권선과 같이 부하가 일정할 때에는 최대 자계전류에 대해 2차분만을 여유값으로 정해 정격전류를 선정하든가 인덕턴스가 유도회로에서는 과도응답을 빠르게 하기 위해서 제어기기의 정격전압을 정격자계전압보다 크게 선정하든가 해야 한다.

(4) 설정부, 검출부, 증폭부를 결정한다

이 부분은 자동제어계의 신경부분에 해당되므로 자동제어계의 성능을 좌우하는 중요한 부분이다.

1) 설정부

설정부의 입력은 자동제어계의 기준으로 계의 출력을 결정한다.

따라서, 설정전원의 정밀도는 그대로 자동제어계의 정밀도가 되므로 자동제어계에서 요구되는 성능값으로부터 설정전원의 성능을 결정해야 한다. 정전원의 정밀도에 영향을 주는 요인으로 대개 전원전압이나 주파수의 변화에 의한 경우 온도 드리프트에 의한 경우를 들 수 있는데, 전자의 경우 극단적인 전원전압이나 주파수변화가 없다면 설정전원회로에 귀환회로를 사용한 정전압장치를 사용하면 되지만, 후자인 경우는 온도특성이 좋은 것을 사용하든가 정전압장치를 항온조에 넣어 온도의 영향을 받지 않도록 할 필요가 있다.

2) 검출부

설정부와 마찬가지로 검출부의 정밀도가 그대로 자동제어계의 정밀도가 되므로 설정부에서 기술한 바와 같은 방법으로 정전압장치를 사용해야 한다. 또, 검출부에서는 전기량 이외에 물리량, 예를 들면 토크, 위치, 온도, 압력 등을 전기량으로 변환하는 경우에는 에너지가 미소하므로 증폭시켜야 할 경우가 많다. 따라서, 증폭기를 사용하는 경우에는 온도이동이 적은 증폭기를 선정하지 않으면 안된다.

3) 증폭부

자동제어계를 구성하는 데에는 미소한 입력신호를 안정하게 증폭하기 위한 증폭기기가 필요하다. 이 증폭기의 특성은 자동제어계의 성능을 좌우하는 큰 요소로 작용하므로 증폭부는 증폭률이 놓고 온도이동이 적은 것을 사용하도록 설계한다.

(5) 설계해야 할 자동제어계의 블록선도를 그린다

지금까지 논의한 결과로 자동제어계에 사용될 기기의 선정이 끝나면 제어계의 블록선도를 그린다. 이 블록선도는 최종적인 것이 아니고, 필요에 따라 여기에 보상회로가 부가될 수도 있다. 또한, 블록 중에 명시해야 할 전달함수에 포함된 정수의 값도 아직 결정되지 않았으므로 앞으로 결정해야 할 것도 있다.

(6) 블록선도에 미결정 정수의 값을 결정한다

제어동작에 관한 여러 요구조건, 예를 들면 정상편차의 허용범위, 목표값 또는 외란의 계단상 변화에 대한 과도편차 등과 같이 제어성에 깊은 관계가 있는 정수를 결정한다. 또 검출부, 설정부, 조작부, 제어대상의 온도이동을 계산한다.

(7) 보상회로의 특성을 설계한다

이상의 검토가 끝나면 후에 기술하는 방법에 따라 특성을 설계하고, 안정도나 과도특성이 사양에 만족하도록 보상회로를 정한다.

(8) 도면의 작성

특성설계가 끝났으면 전원단선 접속도면, 기계와의 관계가 명확한 단선접속도면, 종합접속도면을 작성한다. 특히, 종합접속도면을 작성할 때에는 공사용 배선을 정확히 나타내야 하고, 자동제어계 각 부의 배치상태 및 거리, 사용전선의 종류, 선지름, 접지방법 등을 상세하게 기입한다.

(9) 가능하면 이상의 설계결과를 실험적으로 확인한다

이상 자동제어계에 관련된 설계순서를 기술하였지만 위에서 열거한 항목은 서로 깊은 관련이 있으므로 전체적인 판단에 따라 경제적으로나 기능면을 충분히 고려하여 설계해야 한다.

8-3 보상형식

설계라 함은 안정도, 정확도, 과도응답의 요구조건을 만족시키기 위하여 기본적인 계통에 수정을 가하는 과정을 말하고, 안정화(stabilization)란 안정도를 증가시켜 요구되는 값에 충족시키는 과정을 말하며, 보상(compensation)이란 정확도를 증가시키고 응답시간을 단축시키는 과정, 즉 제어계의 성능을 개선시키는 것을 말한다. 실제로 제어의 성능을 개선하는 가장 좋은 방법은 계 자체를 변경하는 것이다.

예를 들면, 서보 기구 같은 위치제어기의 과도응답을 개선하기 위하여 계에 보다 좋은 구동장치를 부착시킬 수 있다. 항공기 제어계인 경우에는 항공기의 기체역학적 설계를 변경하여 비행의 과도특성을 개선할 수 있다. 그러나, 계가 고정되어 있어 변경시킬 수 없거나 하는 경우에는 보상회로를 추가하는 방법이 유용하다.

자동제어계의 보상법에는 직렬보상, 귀환보상, 부하보상, 브리지 T 회로망보상 등이 있으나 여기서는 직렬보상과 귀환보상에 대해서만 언급하겠다.

1) 직렬보상(serier compensation or tandem compensation)

전향경로와 직렬로 보상기를 삽입하여 계 전체의 특성을 보상하는 것으로 진상보상, 지상보상, 진상지상보상법이 있다.

2) 귀환보상(feedback compensation)

전향경로에 보상기를 삽입 귀환시켜 계의 특성을 보상하는 것으로 신호의 전위를 높은 곳으로부터 낮은 곳으로 되돌려주므로 증폭기가 필요없다.

8-4 직렬보상법

직렬보상이라는 것은 [그림 8-1](a)에서 알 수 있는 바와 같이 전향경로에 보상기를 삽입하여 계 전체의 특성을 보상하는 것이다. 다음 식을 가지고 나이퀴스트 선도를 그려 보면 [그림 8-2]와 같은 모양이 된다. 여기서 K를 작게 하면 안정하고, K를 크게 하면 불안정하게 되는 것을 알 수 있다.

$$G(s) = \frac{K}{s(1+T_1 s)+(1+T_2 s)} \quad \cdots\cdots (8-1)$$

그러나, 계의 전향경로에 G_C를 삽입하여 일순전달함수의 모양으로 바꾸면 [그림 8-2]에서 점선과 같이 점 $(-1,\ j0)$ 근처에서 변형하도록 할 수 있다면, 안정도를 확보하기 위해 위상여유나 이득여유를 충분히 취해도 이득을 크게 하여 정상편차를 할 수 있게 된다. 이와 같은 특성개선을 위한 일반적인 보상기에 대한 전달함수는 다음과 같은 것이 있다.

$$진상보상기 = \frac{s+Z}{s+P} \quad \cdots\cdots (8-2)$$

이 보상기는 $s=-Z$에 영점, $s=-P$에 극점을 가지며, 진상보상 조건은 $P>Z$이어야 한다.

$$지상보상기 = \frac{Z(s+P)}{P(s+Z)} \quad \cdots\cdots (8-3)$$

지상보상 조건은 $P > Z$이다. 이 경우 영점은 $s = -P$이고, 극은 $s = -Z$이다.

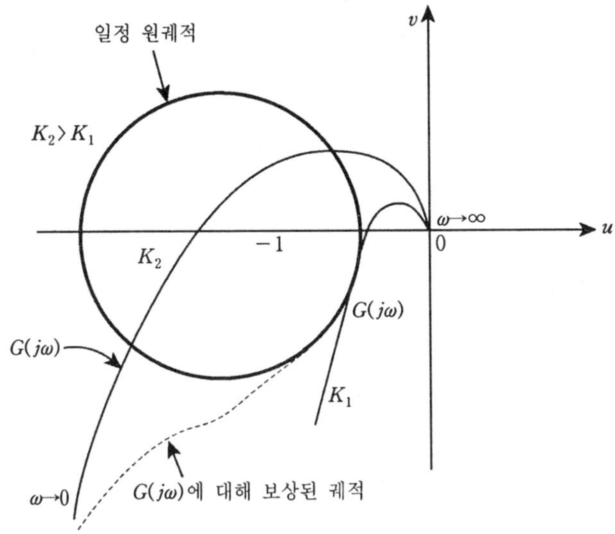

[그림 8-2] $G(s) = \dfrac{K}{s(1+T_1 s)+(1+T_2 s)}$의 나이퀴스트 선도

또 이득상수 Z/P는 보통 구성방법에 의하여 포함된다.

$$지상진상보상기 = \frac{(s+Z_1)(s+P_2)}{(s+P_1)(s+Z_1)}$$

이 보상기는 2개의 영점과 극을 가진다. 보상조건은 $P_1 > Z_1$, $P_2 > Z_2$이다. 이 형태의 계 구성시 주의해야 할 점은 $Z_1 P_2 = P_1 Z_2$의 제한조건이 보통 가해진다.

1. 진상보상

진상보상(phase - lead compensation)법은 출력위상이 입력위상보다 앞서도록 제어신호의 위상을 이상(移相)하는 장치로서, 제어계 응답의 속응성을 좋게 함과 동시에 안정성도 좋게 하고 이득을 향상시킬 수 있으므로 정상편차의 개선에 도움을 준다.

일반적으로, 진상보상기의 전달함수는 [그림 8 - 3]에 나타낸 회로에서 얻어질 수 있으며, 이 회로의 전달함수는 다음과 같이 계산한다.

RC 회로에는 출력단자에 부하가 연결되어 있지 않은 것으로 하고, 출력절에 키르히호프의 제1법칙을 적용하면

$$C\frac{d}{dt}[v_i(t)-v_o(t)]+\frac{1}{R_1}[v_i(t)-v_o(t)]=\frac{1}{R_2}v_o(t)$$

초기값을 0으로 하고 라플라스 변환시키면

$$Cs[V_i(s)-V_o(s)]+\frac{1}{R_1}[V_i(s)-V_o(s)]=\frac{1}{R_2}V_o(s)$$

따라서, 진상전달함수는 위 식으로부터

$$G_c(s)=\frac{V_o(s)}{V_i(s)}=\frac{Cs+\frac{1}{R_1}}{Cs+\frac{1}{R_1}+\frac{1}{R_2}}=\frac{s+Z}{s+P} \quad \cdots\cdots\cdots\cdots\cdots (8-4)$$

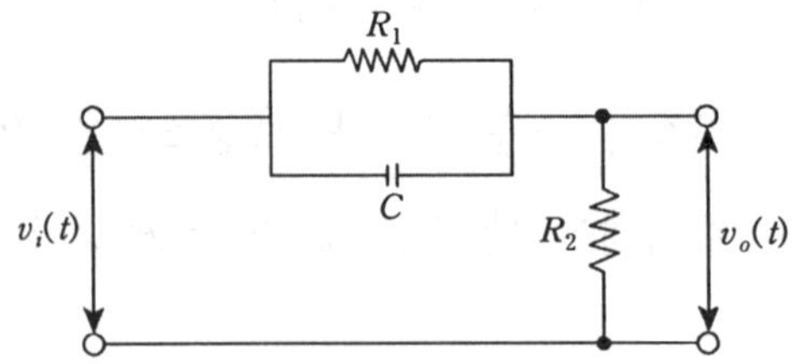

[그림 8-3] 진상회로

여기서

$$Z = \frac{1}{R_1 C}, \quad P = \frac{1}{R_1 C} + \frac{1}{R_2 C}$$

이다. 또, 회로는 $P > Z$이므로 진상보상기로 동작한다.

[그림 8-3]이 진상회로임이 확인되었으므로 앞으로의 설명에 편의를 위해 식 (8-5)를 다음과 같이 변형시킨다.

$$G_c(s) = \frac{V_o(s)}{V_i(s)} = \frac{R_2 + R_1 R_2 Cs}{R_1 + R_2 + R_1 R_2 Cs} \quad \cdots\cdots (8-5)$$

또는

$$G_c(s) = \frac{V_o(s)}{V_i(s)} = \frac{R_2}{R_1 + R_2} \frac{1 + R_1 Cs}{1 + \dfrac{R_1 R_2}{R_1 + R_2} Cs} \quad \cdots\cdots (8-6)$$

$$a = \frac{R_1 + R_2}{R_2}, \quad a > 1 \text{ 및 } T = \frac{R_1 R_2}{R_1 + R_2} C$$

로 놓으면 식 (8-6)은 다음과 같이 된다.

$$G_c(s) = \frac{V_o(s)}{V_i(s)} = \frac{1}{a} \frac{1 + aTs}{1 + Ts} \qquad (a > 1) \quad \cdots\cdots (8-7)$$

여기서 RC 진상회로의 특성을 알아보기 위하여 극점과 영점을 [그림 8-4]의 s-평면에 배치했다. 즉, $s = -\frac{1}{aT}$에 실수영점을, $s = -\frac{1}{T}$에서 실수극점을 갖고 있으므로 a와 T의 값을 변화시키면 극점과 영점은 s-평면 위에서 부의 실수축상 어떤 점이나 있게 할 수 있다. $a > 1$이면 영점은 항상 극점의 오른쪽에 위치한다. 결국, 극과 영점 사이의 거리는 상수 a에 따라 결정됨을 알 수 있다.

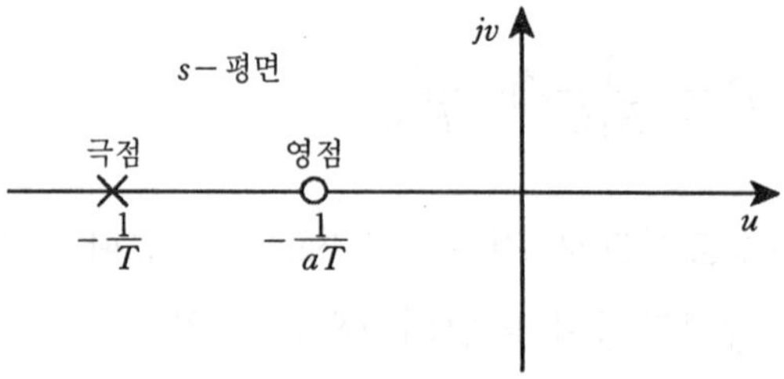

[그림 8-4] $\frac{V_o(s)}{V_i(s)}=\frac{(1+aTs)}{a(1+Ts)}$의 극점과 영점

(1) $R-C$ 진상회로의 극좌표선도

제어계의 보상기로 $R-C$ 진상회로를 사용할 경우 식 (8－7)을 이용하여 극좌표를 그려보자. 감쇠비 $\frac{1}{a}$은 증폭기의 이득을 증가시켜 보상하기로 하고 (a가 증가하면 계의 이득이 감소하므로) 식 (8－7)을 다음과 같이 변화시켜 주파수 전달함수를 구하면

$$aG_C(j\omega)=\frac{(1+ja\omega T)}{(1+j\omega T)} \quad \cdots\cdots (8-8)$$

이다. 따라서, 크기와 위상은

$$|aG_C(j\omega)|=\frac{\sqrt{1+(a\omega T)^2}}{1+(\omega T)^2} \qquad (a>1) \quad \cdots\cdots (8-9)$$

$$\phi=\tan^{-1}a\omega T-\tan^{-1}\omega T \quad \cdots\cdots (8-10)$$

ω의 특성값을 $0\le\omega\le\infty$로 변화시켜 극좌표형식으로 나타내면 a의 값에 따라 [그림 8－5]가 그려진다.

임의의 a에 의해 얻어지는 최대진상(maximum phase lead) ϕ_m은 원점에서 a에 대응하는 선도에 그은 접선과 실수축이 이루는 사이의 각으로부터 얻을 수 있다. 그림에서 ω_{m1}, ω_{m2}, ω_{m3}은 ϕ_m이 일어나는 주파수를 나타낸다. 그림으로부터 a가 증가하면 최대진상 ϕ_m도 증가하여 a가 무한대로 증가하면 최대진상 ϕ_m은 결국 90°의 극한값을 갖게 되고, 주파수 ω_m은 a의 증가에 따라 감소한다. 여기서 ω_m은 식 (8-2)에서 $Z=\dfrac{1}{T}$과 $P=\dfrac{1}{aT}$의 기하학적 평균값임을 알 수 있다.

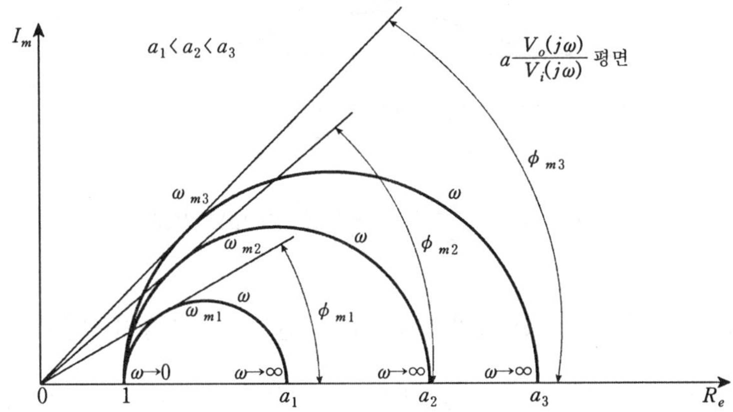

[그림 8-5] $\dfrac{V_o(s)}{V_i(s)} = \dfrac{(1+aTs)}{a(1+Ts)}$의 극좌표 표시

(2) $R-C$ 진상회로의 보드 선도

이번에는 식 (8-8)로부터 보드 선도를 그리기 위하여 aG_C[dB]와 ϕ를 구하면

$$aG_C[\text{dB}] = 20\log\sqrt{1+(a\omega T)^2} - 20\log\sqrt{1+(\omega T)^2} \quad \cdots\cdots (8-11)$$

$$\phi = \tan^{-1}a\omega T - \tan^{-1}\omega T \quad \cdots\cdots (8-12)$$

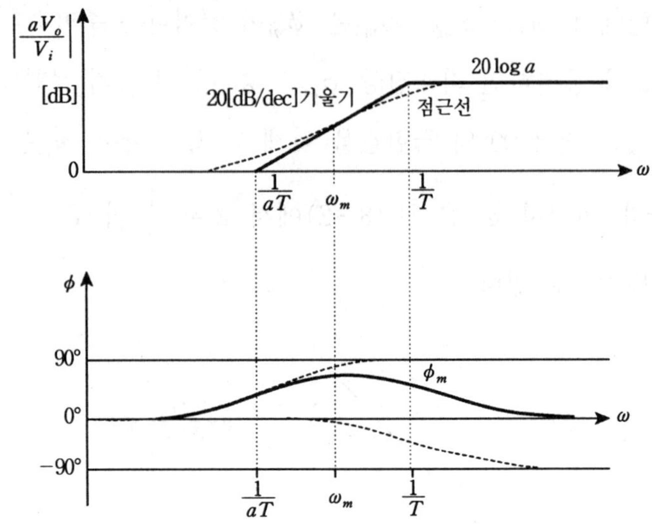

[그림 8-6] $a\frac{V_o(s)}{V_i(s)} = \frac{1+aTs}{1+Ts}$의 보드 선도

가 되어 ω의 측정값을 변화시켜 그린 보드 선도는 [그림 8-6]과 같이 된다. 그림에서 절점주파수는 $\omega = \frac{1}{aT}$의 양의 절점주파수와 $\omega = \frac{1}{T}$의 음의 절점주파수를 가지고 있어 결국 절점주파수가 2개임을 알 수 있다.

최대진상각에 대한 식을 얻기 위하여 식 (8-10)의 양변에 tangent를 취하면

$$\tan\phi = \tan(\tan^{-1}a\omega T - \tan^{-1}\omega T)$$

$$= \frac{a\omega T - \omega T}{1 + (a\omega T)(\omega T)} \quad \cdots\cdots (8-13)$$

$$\phi = \tan^{-1}\frac{(a-1)\,\omega T}{1 + a\omega^2 T^2} \quad \cdots\cdots (8-14)$$

ϕ를 ω에 관하여 미분하고 0으로 놓고 $\phi = \phi_m$이라면

$$\omega_m = \omega = \frac{1}{\sqrt{a}\,T} \quad \cdots\cdots (8-15)$$

을 얻는다. 식 (8-15)를 식 (8-14)에 대입하면

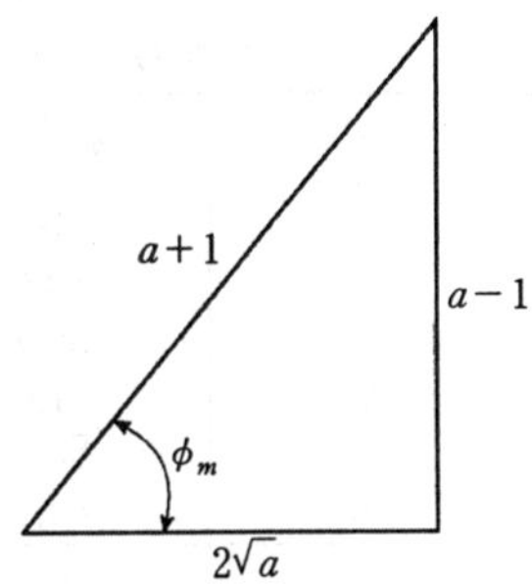

[그림 8-7] 삼각함수

$$\tan\phi_m = \frac{\frac{a}{\sqrt{a}} - \frac{1}{\sqrt{a}}}{1+1} = \frac{a-1}{2\sqrt{a}} \quad \cdots\cdots (8-16)$$

이 된다. $\tan\phi_m$이 $(a-1)/2\sqrt{a}$가 되므로 삼각함수의 관계를 [그림 8-7]에서 이용하면 다음과 같은 식이 얻어진다.

$$\sin\phi_m = \frac{a-1}{a+1} \quad \cdots\cdots (8-17)$$

식 (8-17)은 요구되는 최대진상이 얻어지도록 보상기의 극점과 영점 사이의 a값을 구하는 데 쓰인다. 여기서 a의 변화에 대한 ϕ_m의 값은 〈표 8-1〉과 같고, a에 대한 ϕ_m의 선도를 [그림 8-8]에 나타내었다. 이것으로부터 알 수 있는 것은 위상각이 70°보다 크지 않다는 사실은 분명하며, 또한 $a = \frac{R_1 + R_2}{R_2}$이므로 a의 최대값은 실제적으로 제한을 받기 때문에 위상각을 70° 이상으로 하려면 보상기 2개를 직렬로 연결해야 한다.

〈표 8-1〉

a	ϕ_m[°]
1	0
2	19.4
4	36.9
8	51.0
10	55.0
20	64.8

$\left(\phi_m = \sin^{-1}\frac{a-1}{a+1}\text{로 구한 값}\right)$

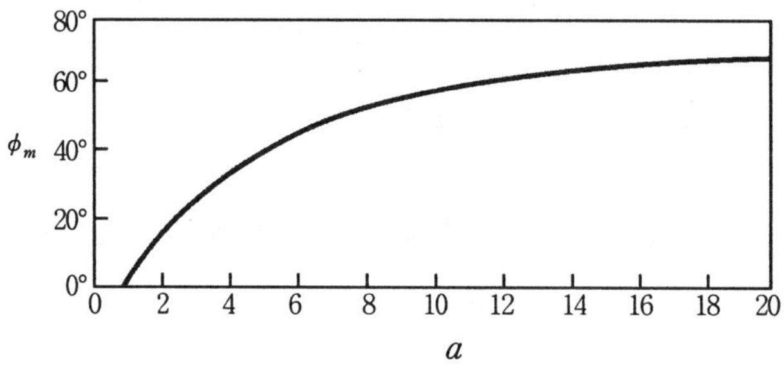

[그림 8-8] 진상회로의 a에 대한 최대 위상각 ϕ_m

(3) 진상보상의 효과와 제한

제어계의 동작을 개선하기 위해 진상보상기를 사용하면 ① 위상여유와 이득여유가 개선되고, ② 대역폭의 증가, ③ 계단응답의 오버 슈트와 상승시간이 개선되는 반면에 위상이 이득교차점에서 급격히 감소되거나 잡음을 전송하는 문제가 야기되기도 한다.

2. 지상보상

지상보상법은 출력위상이 입력위상에 비하여 저주파에서는 지상이 되고, 고주파에서는 진상이 되도록 제어신호의 위상을 보상하는 장치로서 안정성, 속응성은 조정된 상태로 두고, 제어정도만을 개선시켜 공진주파수의 특성을 그대로 두면서 저주파영역의 이득을 높이는 데 사용되는 보상기이다. 일반적으로, 지상보상기의 전달함수는 [그림 8-9]에 나타낸 회로에서 얻어질 수 있으며, 이 회로의 전달함수는 다음과 같이 계산된다.

입력측 임피던스를 0, 출력측 임피던스를 ∞라 하고, 키르히호프의 제2법칙을 적용하면

$$v_i(t)=iR_1+\frac{1}{C}\int_0^t i(t)\,dt+R_2\,i(t)$$

$$v_o(t)=\frac{1}{C}\int_0^t i(t)\,dt+R_2\,i(t)$$

위 두 식의 초기값을 0으로 놓고 라플라스 변환하면

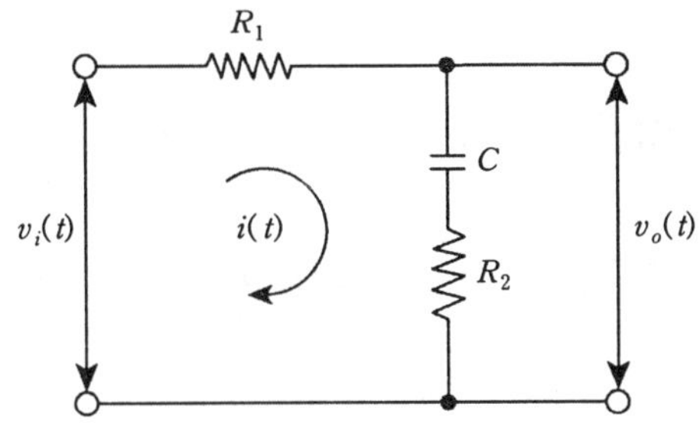

[그림 8-9] 지상회로

$$V_i(s)=\left(R_1+R_2+\frac{1}{Cs}\right)I(s)$$

$$V_o(s)=\left(R_2+\frac{1}{Cs}\right)I(s)$$

따라서, 지상전달함수 $G_C(s)$는 다음과 같다.

$$G_C(s)=\frac{V_o(s)}{V_i(s)}=\frac{R_2+\frac{1}{Cs}}{R_1+R_2+\frac{1}{Cs}}=\frac{Z(s+P)}{P(s+Z)} \quad \cdots\cdots\cdots (8-18)$$

여기서,

$$Z=\frac{1}{(R_1+R_2)C},\quad P=\frac{1}{R_2C}$$

이고 지상보상조건은 $P>Z$이다. 이 경우 영점은 $s=-P$이고, 극은 $s=-Z$이다.

식 (8-18)을 다음과 같이 변형시켜서

$$G_C(s)=\frac{V_o(s)}{V_i(s)}=\frac{1+R_2Cs}{1+(R_1+R_2)Cs} \quad \cdots\cdots (8-19)$$

$$aT=R_2C,\ \ a=\frac{R_2}{R_1+R_2} \quad (a<1)$$

로 놓으면 식 (8-19)는 다음과 같이 된다.

$$\frac{V_o(s)}{V_i(s)}=\frac{1+aTs}{1+Ts} \quad (a<1) \cdots\cdots (8-20)$$

여기서, 지상회로의 특성을 알아보기 위하여 극점과 영점을 [그림 8-10)의 $s-$평면에 배치했다. 즉, 지상회로에는 실수영점은 $s=-\frac{1}{aT}$이고, 실수극점은 $s=-\frac{1}{T}$이다. 또, a가 1보다 작으므로 극점은 영점보다 항상 오른쪽에 위치하며 그들 사이의 거리는 a값에 의하여 결정된다.

(1) $R-C$ 지상회로의 극좌표선도

제어계의 보상기로 $R-C$ 지상회로를 사용할 경우 식 (8-20)을 이용하여 극좌표를 그려보자. 지상회로에서는 진상회로에 있는 영주파수에서의 이득감쇠가 없다. 식 (8-20)을 다음과 같이 변화시켜 주파수 전달함수를 구하면

$$G_C(j\omega)=\frac{V_o(j\omega)}{V_i(j\omega)}=\frac{1+j\omega aT}{1+j\omega T} \quad (a<1)$$

이다. 따라서, 크기와 위상은

$$|G_C(j\omega)|=\left|\frac{V_o(j\omega)}{V_i(j\omega)}\right|=\frac{\sqrt{1+(a\omega T)^2}}{\sqrt{1+(\omega T)^2}} \quad (a<1) \cdots\cdots (8-21)$$

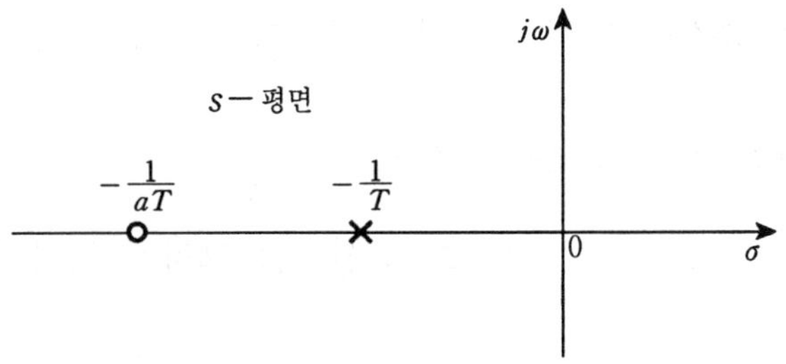

[그림 8-10] 지상회로의 영점과 극점의 배치

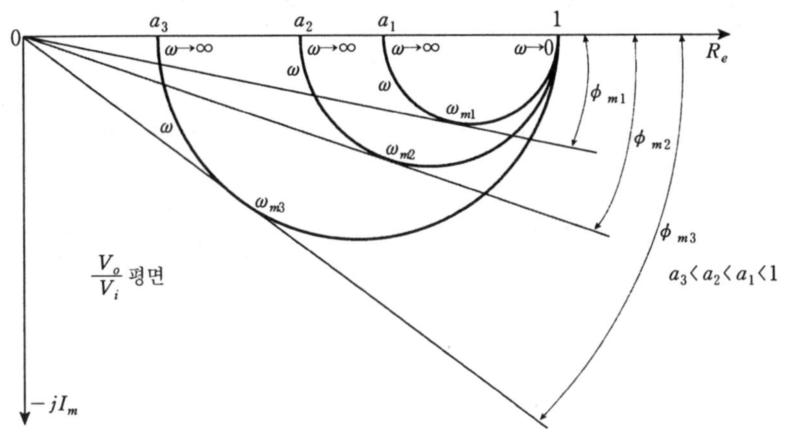

[그림 8-11] $\frac{V_o(s)}{V_i(s)} = \frac{1+aTs}{1+Ts}$의 극좌표 선도 ($a<1$)

$$\phi = \tan^{-1}\omega aT - \tan^{-1}\omega T \qquad (8-22)$$

ω의 특성값을 $0 \le \omega \le \infty$로 변화시켜 극좌표형식으로 나타내면 a의 값에 따라 [그림 8-11]과 같이 나타난다. 그림에서 $\frac{V_o}{V_i}$의 진폭은 $\omega \to 0$에서 1이고, ω가 증가함에 따라 감소하여 $\omega \to \infty$일 때에는 a가 된다. 임의의 a에 의해 얻어지는 최대지상 ϕ_m은 원점에서 a에 대응하는 선도에 그은 접선과 양의 실수축이 이루는 사이의 각으로부터 얻어진다. ω_{m1}, ω_{m2}, ω_{m3}은 ϕ_m이 일어나는 주파수를 나타낸다. a의 값이 감소함에 따라 ϕ_m은 증가하여 최종에는 $-90°$에 접근하는 극한값을 갖는다. 또, a의 값이 감소함에 따라 ϕ_m이 일어나

는 주파수 ω_m은 증가한다. 즉, [그림 8-11]에서 $\omega_{m3} > \omega_{m2} > \omega_{m1}$이다.

(2) $R-C$ 지상회로의 보드 선도

식 (8-21)과 식 (8-22)로부터 보드 선도를 그리기 위하여 G_C[dB]와 ϕ를 구하면

$$G_C[\mathrm{dB}] = 20\log\sqrt{1+(\omega aT)^2} - 20\log\sqrt{1+(\omega T)^2} \quad \cdots\cdots (8-23)$$

$$\phi = \tan^{-1}\omega aT - \tan^{-1}\omega T \quad \cdots\cdots (8-24)$$

가 되어 ω의 특정값의 변화에 따라 그린 보드 선도는 [그림 8-12]와 같이 된다.

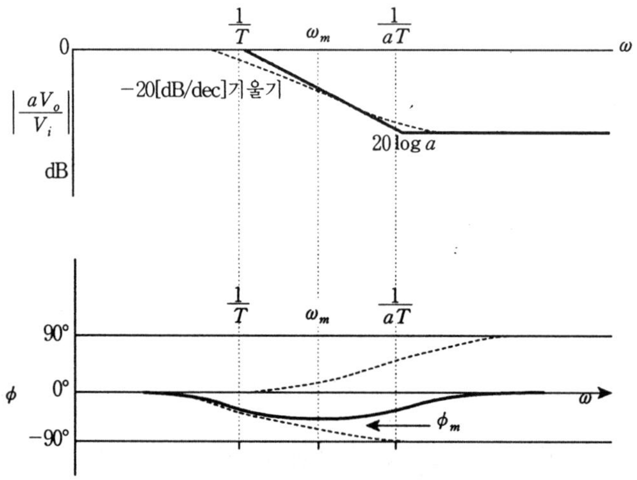

[그림 8-12] $\dfrac{V_o(s)}{V_i(s)} = \dfrac{1+aTs}{1+Ts}$의 보드 선도 $(a<1)$

지상회로의 보드 선도는 진상회로의 보드 선도와 유사하여 진폭선도는 $\omega = \dfrac{1}{aT}$에서 양의 절점주파수를 가지며, $\omega = \dfrac{1}{T}$에서 음의 절점주파수를 가지고 있어 결국 2개의 절점주파수를 가지고 있다. 차이점은 증폭과 위상진

상각 대신에 위상지상각을 쓰는 것뿐이다. 따라서, [그림 8-6]과 [그림 8-12]는 비슷하므로 최대 위상지상각 ϕ_m도 역시 ω_m에서 일어난다.

$$\omega_m = \sqrt{\frac{1}{T} \cdot \frac{1}{aT}} = \frac{1}{T\sqrt{a}} \quad \cdots\cdots (8-25)$$

따라서, 위상곡선 최대지상 ϕ_m

$$\sin\phi_m = \frac{a-1}{a+1} \quad \cdots\cdots (8-26)$$

가 됨을 알 수 있다.

(3) 지상보상의 효과와 제한

제어계의 동작을 개선하기 위해 지상보상기를 사용하면 ① 상대안정도에 대하여 속도편차상수 증가, ② 이득교차 주파수와 대역폭 감소, ③ 위상여유, 이득여유 및 첨두공진값 개선이 이루어지는 데 반해 상승시간이 늦어진다.

3. 지상진상보상

출력의 위상이 입력의 위상에 비하여 저주파에서는 지상이 되고, 고주파에서는 진상이 되도록 제어신호의 위상을 이상시키는 장치이다.

이 지상진상보상은 진상과 지상의 장단점을 이용하여 서로 결합시킨 상태로, 예컨대 진상보상은 일반적으로 귀환제어계의 상승시간과 오버 슈트를 개선시키고, 지상보상에서는 오버 슈트와 상대안정도를 개선시키지만, 대역폭의 감소로 인해 상승시간이 더 길어지고 있다. 따라서 지상보상이나 진상보상, 어느 한가지만으로는 만족한 보상을 하기 어려운 제어계에서는 지상, 진상보상을 결합시켜 또 다른 보상구조를 생각하게 되는 것이다.

지상진상보상기의 전달함수는 [그림 8-13]에 나타낸 회로에서 얻을 수 있으며, 이 회로의 전달함수는 다음과 같이 계산된다.

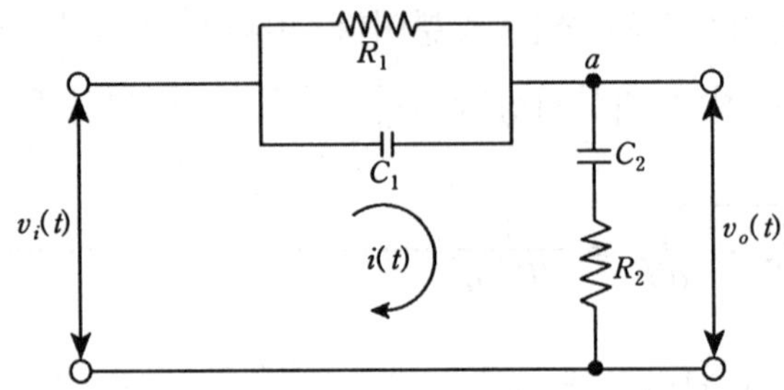

[그림 8-13] 지상진상보상회로

출력점 a점에서 키르호프의 제1법칙을 적용하면

$$i(t)=\frac{1}{R_1}[v_i(t)-v_o(t)]+C_1\frac{d}{dt}[v_i(t)-v_o(t)]$$

전류 i와 단자전압 v_o간에는 다음과 같은 관계가 있다.

$$v_o(t)=\frac{1}{C_2}\int_0^t i(t)\,dt+R_2 i(t)$$

두 식의 초기값을 0으로 하고 라플라스 변환한 다음 $I(s)$를 소거하면

$$\left(\frac{1}{R_1}+C_1 s\right)[V_i(s)-V_o(s)]=\frac{V_o(s)}{\dfrac{1}{C_2 s}+R_2}$$

따라서, 지상진상 전달함수는 다음과 같이 된다.

$$G_C(s)=\frac{V_o(s)}{V_i(s)}$$

$$=\frac{\left(s+\dfrac{1}{R_1C_1}\right)\left(s+\dfrac{1}{R_2C_2}\right)}{s^2+\left(\dfrac{1}{R_2C_2}+\dfrac{1}{R_2C_1}+\dfrac{1}{R_1C_1}\right)s+\dfrac{1}{R_1C_1R_2C_2}}$$

$$=\frac{(s+Z_1)(s+P_2)}{(s+P_1)(s+Z_2)} \quad \cdots\cdots (8-27)$$

여기서,

$$Z_1 = \frac{1}{R_1C_1},\quad P_1Z_2 = \frac{1}{R_1C_1R_2C_2} = Z_1P_2$$

$$P_1 + Z_2 = \frac{1}{R_2C_2} + \frac{1}{R_2C_1} + \frac{1}{R_1C_1} = Z_1 + P_2 + \frac{1}{R_2C_1}$$

$$P_2 = \frac{1}{R_2C_2}$$

이다.

이 보상기는 2개의 영점과 극점을 가지며 보상조건은 $P_1 > Z_1$, $P_2 > Z_2$이다. 이 형태의 계구성시 고려해야 할 점은 $Z_1P_2 = P_1Z_2$의 제한조건이 가해진다는 사실이다.

식 (8-27)을 다음과 같이 변형시킨다.

$$G_C(s) = \frac{V_o(s)}{V_i(s)}$$

$$= \frac{(1+R_1C_1s)(1+R_2C_2s)}{1+(R_1C_1+R_1C_2+R_2C_2)s+R_1R_2C_1C_2s^2}$$

$$= \frac{(1+aT_1s)(1+bT_2s)}{(1+T_1s)(1+T_2s)} \qquad \cdots\cdots (8-28)$$

|←진상→|←지상→|

여기서,

$$aT_1 = R_1C_1 \qquad \cdots\cdots (8-29)$$

$$bT_2 = R_2C_2 \qquad \cdots\cdots (8-30)$$

$$T_1T_2 = R_1R_2C_1C_2 \qquad \cdots\cdots (8-31)$$

식 (8-29), (8-30)으로부터

$$abT_1T_2 = R_1R_2C_1C_2$$

따라서

$$ab = 1$$

즉 a와 b는 서로 종속되어 있으므로 독립적으로 취할 수 없다.

여기서 $R-C$ 지상진상회로의 특성을 알아보기 위하여 극점과 영점을 [그림 8-14]의 s-평면에 배치했다. 즉 $s=-\dfrac{1}{aT_1},\ -\dfrac{1}{bT_2}$에서 실수 영점을, $s=-\dfrac{1}{T_1},\ -\dfrac{1}{T_2}$에서 실수 극점을 갖고 있으므로 a와 T의 값을 변화시키면 극점과 영점을 $s-$평면 위에서 부의 실수축상 어떤 점이나 있게 할 수 있다.

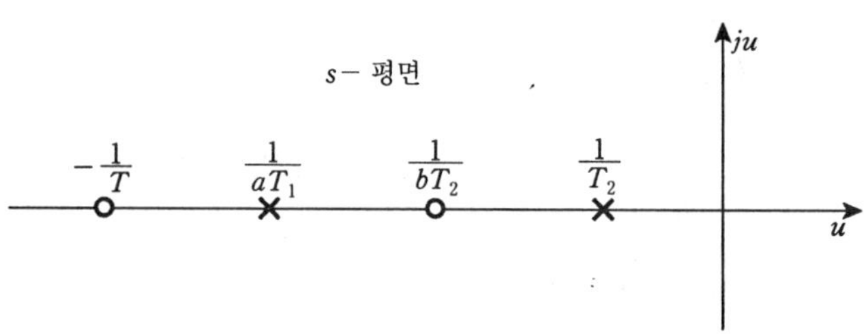

[그림 8-14] $\dfrac{V_o(s)}{V_i(s)} = \dfrac{(1+aT_1s)(1+bT_2s)}{(1+T_1s)(1+T_2s)}$ 의 영점과 극점

(1) $R-C$ 지상진상회로의 극좌표선도

제어계의 보상기로 $R-C$ 지상진상회로로 사용할 경우 식 (8-28)을 이용하여 극좌표를 그려보자. 먼저, 주파수 전달함수를 구하면

$$G_C(j\omega) = \frac{V_o(j\omega)}{V_i(j\omega)} = \frac{(1+j\omega aT_1)(1+j\omega bT_2)}{(1+j\omega T_1)(1+j\omega T_2)} \quad \cdots\cdots (8-32)$$

이다. 따라서, 크기와 위상은

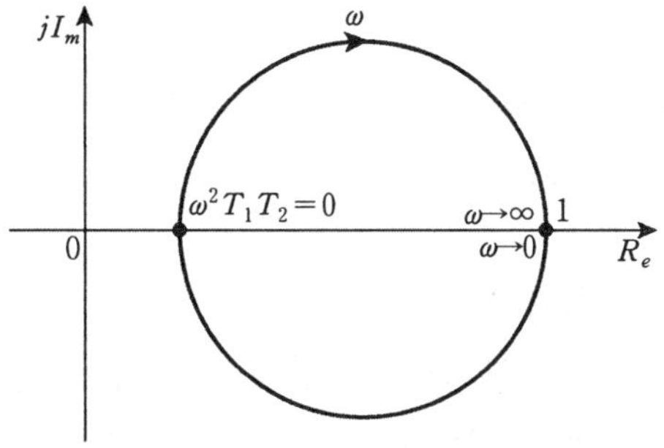

[그림 8-15] $\dfrac{V_o(s)}{V_i(s)} = \dfrac{(1+aT_1 s)(1+bT_2 s)}{(1+T_1 s)(1+T_2 s)}$ 의 극좌표 선도

$$|G_C(j\omega)| = \left|\frac{V_o(j\omega)}{V_i(j\omega)}\right|$$

$$= \frac{\sqrt{1+(\omega a T_1)^2}\sqrt{1+(\omega b T_2)^2}}{\sqrt{1+(\omega T_1)^2}\sqrt{1+(\omega T_2)^2}} \quad \cdots\cdots (8-33)$$

$$\phi = \tan^{-1}\omega a T_1 + \tan^{-1}\omega b T_2 - \tan^{-1}\omega T_1 - \tan^{-1}\omega T_2 \quad \cdots\cdots (8-34)$$

ω의 특성값을 $0 \leq \omega \leq \infty$로 변화시켜 극좌표형식으로 나타내면 [그림 8-15]와 같이 된다. 그림으로부터 저주파인 $1 \gg \omega^2 T_1 T_2$ 인 경우는 지상이 되며, $1 = \omega^2 T_1 T_2$가 성립되는 주파수에 있어서는 $\left|\dfrac{V_o(j\omega)}{V_i(j\omega)}\right|$는 최소값이 되어 위상은 0°가 된다. 이 주파수를 넘어 고주파가 되면 진상이 된다.

(2) $R-C$ 지상진상회로의 보드 선도

식 (8-33)으로부터 보드 선도를 그리기 위하여 G_C[dB]와 ϕ를 구하면

$$G_C[\text{dB}] = 20\log\sqrt{1+(\omega a T_1)^2} + 20\log\sqrt{1+(\omega b T_2)^2} - 20\log\sqrt{1+(\omega T_1)^2}$$

$$-20\log\sqrt{1+(\omega T_2)^2} \cdots\cdots (8-35)$$

$$\phi = \tan^{-1}\omega aT_1 + \tan^{-1}\omega bT_2 - \tan^{-1}\omega T_1 - \tan^{-1}\omega T_2 \cdots\cdots (8-36)$$

가 되어 ω의 특성값의 변화에 따라 보드 선도를 그리면 [그림 8-16]과 같이 된다. 그림은 지상회로 보드 선도인 [그림 8-12]와 진상회로 보드 선도인 [그림 8-6]을 합성시킨 것과 유사하여 진폭선도는 양에서 2개, 음에서 2개의 절점주파수를 가지고 있어 결국 4개의 절점주파수를 가지고 있다.

최대 지상진상위상각 ϕ_m은 두 곳의 ω_m에서 일어난다. 따라서 ω_m은

$$\omega_{m1} = \frac{1}{T_1\sqrt{a}},\quad \omega_{m2} = \frac{1}{T_2\sqrt{b}} \cdots\cdots (8-37)$$

최대 지상진상위상각 ϕ_m은

$$\sin\phi_{m1} = \frac{a-1}{a+1},\quad \sin\phi_{m2} = \frac{b-1}{b+1} \cdots\cdots (8-38)$$

가 됨을 알 수 있다.

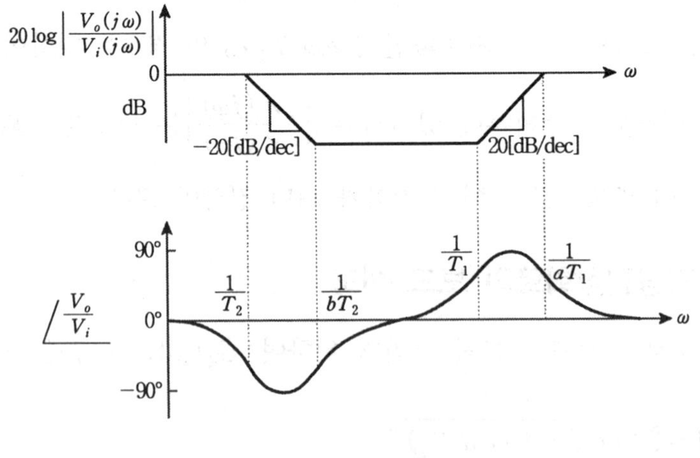

[그림 8-16] $\frac{V_o(s)}{V_i(s)} = \frac{(1+aT_1s)(1+bT_2s)}{(1+T_1s)(1+T_2s)}$의 보드 선도

(3) 지상진상보상의 효과와 제한

제어계의 동작을 개선하기 위해 지상진상보상기를 사용하면 지상과 진상보상의 장점을 취하고 단점을 제거함으로써 효과적으로 계의 성능을 개선시킬 수 있다.

(예제 8-1) 개회로 전달함수가 $G_1(s)$와 같이 주어지는 단위귀환제어계에 대하여 다음 조건을 만족시키는 진상제어계를 설계하여라.

$$G_1(s) = \frac{K}{s(s+1)}$$

주어진 조건은

① 계의 위상여유는 45° 보다 커야 한다.

② 단위램프 입력에 대한 정상편차는 희망출력의 0.1[deg/s] 보다 작아야 한다.

(풀이) 조건 ②로부터 속도편차상수 K_v는 식 (5-22)로부터 다음과 같이 계산된다.

$$K_v = \frac{R}{e_{sv}} = \frac{\text{최종출력속도}}{\text{정상속도편차}} = \frac{1}{0.1} = 10[\text{s}^{-1}]$$

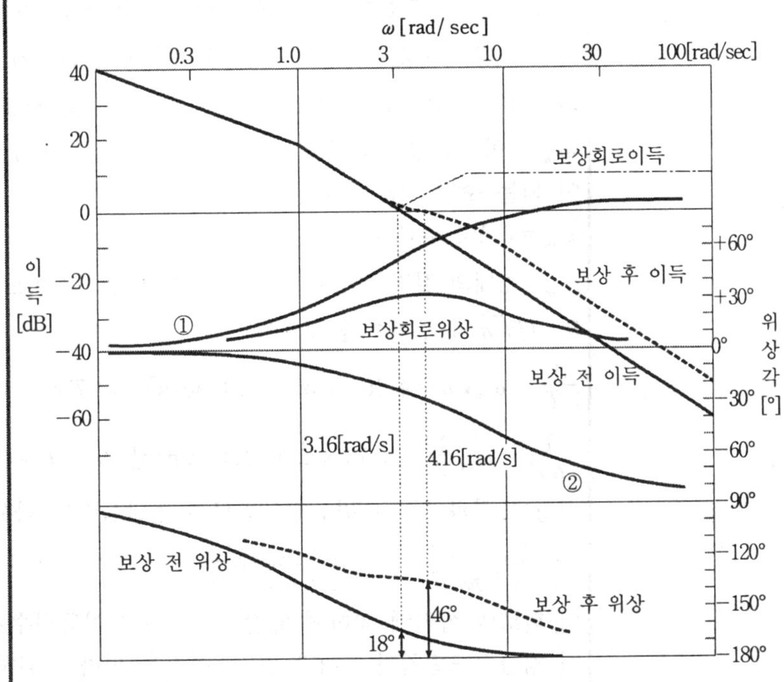

[그림 8-17] 보드 선도

또는

$K_v = \lim_{s\to 0} sG_1(s) = K = 10\,[\mathrm{s}^{-1}]$

조건에서 정상오차가 0.1보다 작아야 한다는 것은 회로이득 K의 값이 10보다 커야 한다는 것을 의미한다. $K=10$에 대한 보드 선도를 그리면 [그림 8-17]의 실선이 된다. 이 보드 선도에서 위상여유를 읽으면 18°가 된다. 이것은 조건 ①의 45°보다 작기 때문에 필요한 위상진상각도는 45° − 18° = 27°이다. 그러나 위상여유를 45°로 만들기 위하여 최대진상각이 27°인 진상회로를 삽입시키면 이득교차점이 주파수가 높은 쪽으로 이동하기 때문에 원계의 위상선도는 18°보다 작은 위상으로 감소된다. 이것을 감안하여 필요한 위상진상각도를 30°라 하면 식 (8-38)에서

$\sin 30° = \dfrac{a-1}{a+1}$

이 되므로

$0.5(a+1) = a-1$

이것을 풀면 $a=3$이 된다.

다음에 ω_m을 구한다. $\omega\to 0$인 경우 이 보상회로가 나타내는 이득은 $-20\log a = -20\times\log 3 = -9.55$[dB]이다. $\omega=\omega_m$에 있어서 보상회로의 이득은 이의 1/2로서 $-9.55/2 = -4.78$[dB]이다.

ω_m이 이득교점이 되도록 보드 선도에서 $|G(j\omega)| = -4.78$[dB]이 되는 주파수를 구하면

$\omega_m = 4.16$[rad/s]

ω_m은 2개의 절점주파수 $1/aT$와 $1/T$와 중점이므로, ω_m의 $\sqrt{a}$배와 $1/\sqrt{a}$의 주파수를 구하면

$\dfrac{1}{T} = \omega_m\sqrt{a} = 4.16\times\sqrt{3} = 7.2\,[\mathrm{rad/s}]\quad \therefore\ T = 0.139\,[\mathrm{s}]$

$\dfrac{1}{aT} = \omega_m\dfrac{1}{a} = 4.16\times\dfrac{1}{3} = 2.4\,[\mathrm{rad/s}]\quad \therefore\ aT = 0.417\,[\mathrm{s}]$

이상의 결과로부터 위상진상회로의 전달함수는 다음과 같이 된다.

$\dfrac{1}{a}\,\dfrac{1+j\omega aT}{1+j\omega T} = \dfrac{1}{3}\,\dfrac{1+j\omega 0.417}{1+j\omega 0.139}$

이 회로의 삽입에 의하여 일순전달함수의 이득정수가 1/3로 내려와서 정상속도편차가 3배가 된다. 이것을 피하기 위하여 직렬로 이득 3배의 증폭기를 가한다(그림 8-18). 증폭기의 보상회로 보드 선도는 [그림 8-17] 파선과 같이 된다. 이 그림의 파선은 보상 후의 일

순전달함수의 보드 선도로서 이것으로부터 위상여유를 구하면 46°가 되어 조건 ②를 만족하게 된다.

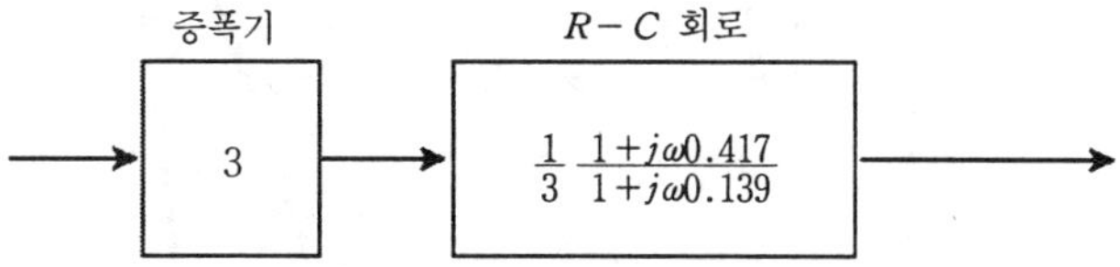

[그림 8-18] 보상회로

$R-C$ 회로의 파라미터의 결정

$$a=\frac{R_1+R_2}{R_2}=3,\quad T=C\frac{R_1R_2}{R_1R_2}=0.139\,[\mathrm{s}]$$

이것으로부터

$$R_1=2R_2,\quad R_2C=0.209\,[\mathrm{s}]$$

지금 $C=1.0[\mu\mathrm{F}]$으로 하면

$$R_2=0.209[\mathrm{M\Omega}],\quad R_1=0.418[\mathrm{M\Omega}]$$

또, 이 제어계의 특성을 좀더 검토해 보자. 보상 전 및 후의 니콜스 선도를 그리면 [그림 8－19]가 되어 이것으로부터 페루프 응답의 이득특성을 구하면 [그림 8－20]이 된다.
이 결과를 사용하여 보상 전후의 특성을 추정하면 〈표 8－2〉의 결과가 얻어진다. 보상 후의 일순전달함수는 다음과 같이 된다.

$$G_C(s)\,G_1(s)=3\times\frac{1}{3}\cdot\frac{1+0.417s}{1+0.139s}\times\frac{K}{s(s+1)}$$
$$=\frac{3K(s+2.4)}{s(s+1)(s+7.2)}$$

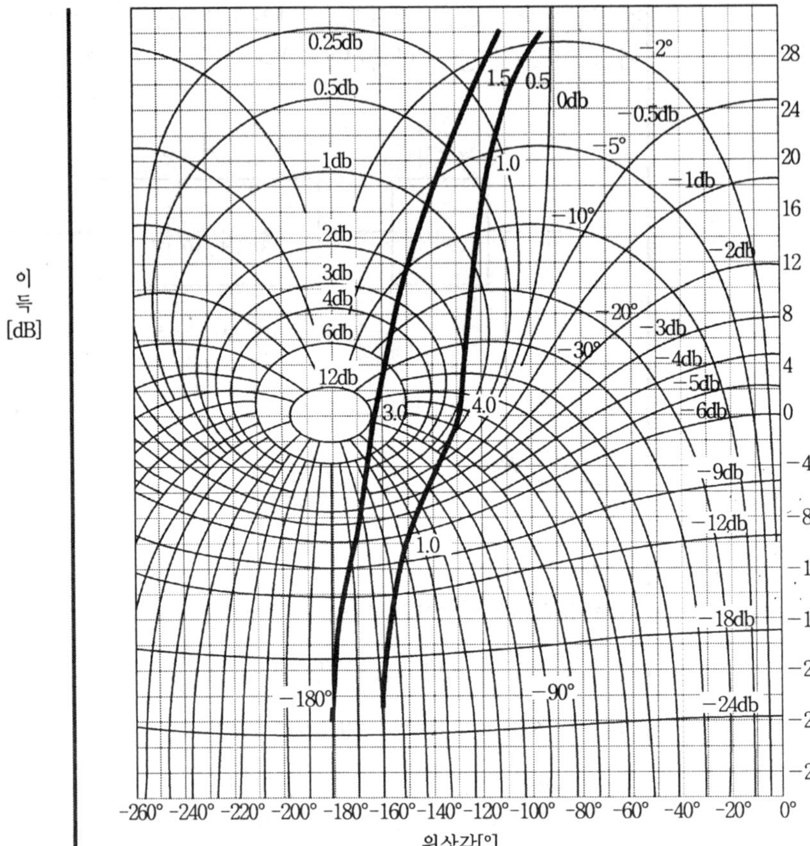

[그림 8-19] 니콜스 선도

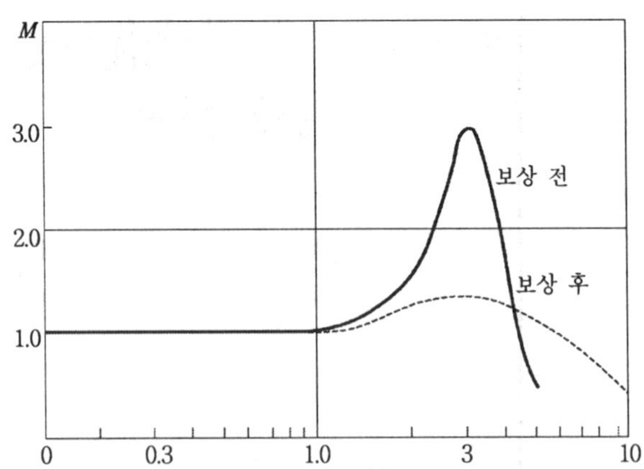

[그림 8-20] 폐루프 응답의 이득특성

〈표 8-2〉

항목	보상 전	보상 후	비 고
M_P	3.0 (9.6[dB])	1.31 (2.3[dB])	
ω_p	3.[1rad/s]	3.0[rad/s]	
(대역폭)	4.7[rad/s]	7.7[rad/s]	
ζ	0.17	0.42	
ω_n	3.2[rad/s]	3.74[rad/s]	
ω	3.15[rad/s]	3.40[rad/s]	
t_p	1.00[s]	0.025[s]	
P	61[%]	24[%]	

이것은 실현될 수 있는 값이다. 이상에서 보상회로가 모두 설계되었다. 이와 같이 위상진상보상에 의하여 다음과 같은 효과가 얻어진다.

① 위상여유가 증가하여 안정도가 개선된다.
② 안정도를 동일하게 유지하면 정상편차가 감소한다.
③ 이득교점에서의 이득특성의 경사가 감소하여 안정도가 증대한다.
④ 대역폭이 넓어져서 속응성이 개선된다.
⑤ 오버 슈트 시간이 감소하여 속응성이 개선된다.
⑥ 오버 슈트 값이 감소하여 안정도가 좋아진다.

(예제 9－2) 다음 식과 같은 전달함수를 가진 단위귀환제어계를 위상지연회로에 의하여 조건을 만족하도록 보상해 보아라.

$$G_1(j\omega) = \frac{K}{j\omega(1+j0.2\omega)^2}$$

주어진 조건은 ① 정상편차상수 ≥10 [s^{-1}], ② 위상여유 ≥45° 이상이어야 한다.

(풀이) 1) $K = 10\,[s^{-1}]$로 하여 보드 선도를 그리면 [그림 8－21]의 실선의 특성을 얻는다.

2) 보상 후의 이득교점 ω_c' 부근에서는 보상회로의 위상지연이 작다. 그러므로 이 ω_c' 부근에서 보상 전의 위상여유는 거의 지정값과 같다. 지금 보상회로의 위상지연을 5°라 하고, 보상 전의 위상여유가 45°＋5°＝50°와 같게 되는 주파수를 보드 선도로부터

구하면

$\omega_c' = 1.8$ [rad/s]

3) ω_c'에서의 보상 전의 이득은 15[dB]이다. ω_c'를 보상 후의 이득 교점으로 하는 데는 ω_c'의 전후에서의 −15[dB]의 이득을 가진 보상회로가 필요하다.

4) ω_c' 부근에서 보상회로의 위상지연을 아주 작게 하는 데는 보상회로의 고주파측의 절점주파수 $1/aT$가 ω_c'보다 1[dec] 정도 낮게 되지 않으면 안 된다. 지금 다음과 같은 값을 채용하기도 한다.

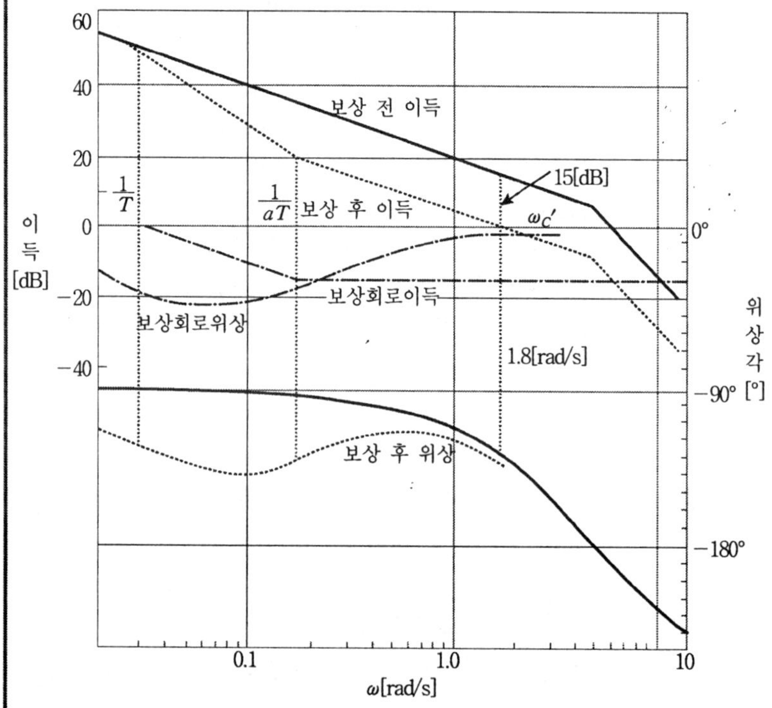

[그림 8-21] 보드 선도

$$\frac{1}{aT} = \frac{\omega_c'}{10} = \frac{1.8}{10} = 0.18[\text{ rad/s}],\ \text{즉}\ \ aT = 5.56\,[\text{s}]$$

이상의 주파수에서 보상회로가 −15[dB]의 이득을 가지도록 한다.

5) 보상회로의 이득특성에서 주파수 0.18[rad/s]의 점에서 −20[dB/dec]의 경사의 직선을 그어 0[dB]과의 교점을 구하면 보상회로의 저주파측의 절점주파수가 정해진다.

$$\frac{1}{T} = 0.032\,[\text{rad/s}],\ \ \text{즉}\ \ T = 31.3\,[\text{s}]$$

6) 이상으로부터 보상회로의 전달함수는

$$G_C(j\omega)=\frac{1+j\omega a T}{1+j\omega T}=\frac{1+j5.56\omega}{1+j31.3\omega}$$

이와 같은 위상지연보상에 의하여

① 동일한 정상편차에 대하여 안정도를 좋게 할 수 있다.

② 동일 안정도로 하면 정상편차를 작게 할 수 있다.

③ 이득교점의 주파수가 낮게 되어 속응성이 감소된다.

④ 고주파역이 차단되어 노이즈면에서 유리해진다.

8-5 귀환보상법

직렬보상요소는 입력신호에 대하여서는 감쇠기로 동작하므로 제어장치의 이득을 동시에 높게 하든지, 또는 별도로 이득을 높이기 위한 증폭기를 가해주든지 할 필요가 있다. 이에 반해서 귀환보상에서는 제어장치만으로 신호의 전위(potential)가 높은 곳으로부터 낮은 쪽으로 신호를 되돌려 주므로 증폭기를 필요로 하지 않는 유리한 성질이 있다. 또한 기계계나 유체계에서는 직렬보상이 불가능하여 피드백 방식에 의존하지 않으면 안되는 경우가 많다.

일반적으로 피드백 보상을 다른 증폭요소에 적용하면

① 증폭의 선형성이 증가한다.

② 증폭이득의 변동을 감소시킨다.

③ 증폭요소에 희망하는 주파수특성을 부여할 수 있다.

등의 이점이 있으므로, 계 중 G_2에 귀환 H를 붙여 보상하는 방법이 자주 사용된다.

[그림 8-22]는 계의 일부의 귀환보상을 첨부한 일반적인 블록선도로 G_1, G_2, G_3를 전향경로요소의 전달함수, H를 보상회로의 전달함수, X, Y를

입력과 출력, E를 G_1에 가해지는 동작신호(actuating signal)라 할 때 보상회로가 없으면

$$\frac{Y}{E} = G_1 \cdot G_2 \cdot G_3 = G_0$$

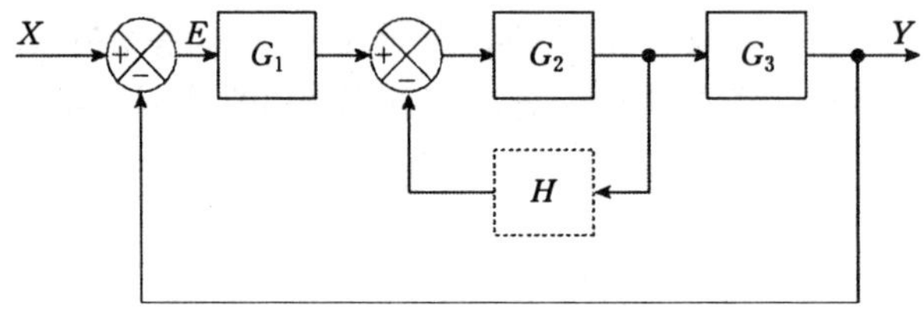

[그림 8-22] 귀환보상

H가 첨부되었을 때는

$$\frac{Y}{E} = G_1 \times \left(\frac{G_2}{1+G_2H}\right) \times G_3 = \frac{G_0}{1+G_2H} = G_h$$

라 한다. 여기서 G_h의 역수, 즉 역전달함수를 생각해 보면

$$\frac{E}{Y} = G_h^{-1} = \frac{1+G_2H}{G_0} = \frac{1}{G_0} + \frac{G_2H}{G_0}$$

$$= G_0^{-1} + \frac{H}{G_1G_3} = G_0^{-1} + Z \qquad \cdots\cdots (8-39)$$

단,

$$G_h^{-1} = \frac{1}{G_h}, \quad G_0^{-1} = \frac{1}{G_0}, \quad Z = \frac{H}{G_1G_3}$$

로 되며, 본래의 계의 역전달함수에 보상회로에 의한 새로운 전달함수 Z를 가한 것으로 된다.

또한 이때의 계 전체의 전달함수 W 및 그 역수 W^{-1}은

$$W = \frac{Y}{X} = \frac{G_h}{1+G_h} = \frac{G_0}{1+G_2H} \Bigg/ \left(1 + \frac{G_0}{1+G_2H}\right)$$

$$W^{-1}=\frac{X}{Y}=\left(1+\frac{G_0}{1+G_2H}\right)\bigg/\frac{G_0}{1+G_2H}=1+\frac{1}{G_0}+\frac{G_2H}{G_0}$$

$$=1+G_0{}^{-1}+Z \quad\cdots\cdots (8-40)$$

로 되어 식 (8-39)의 $G_h{}^{-1}$에 비하면 원점을 +1만큼 이동한 것이 된다. 이와 같이 역전달함수를 사용하면 귀환보상에 의한 영향이 Z로 요약되어 분리되므로 해석이나 효과를 아는 데에 편리하다.

그런데 위에서 말한 제어계에서 일순전달함수 $G(s)H(s)$는

$$\Delta=G(s)\,H(s)=G_1\frac{G_2}{(1+G_2H)}\,G_3=\frac{G_0}{1+G_2H}=G_h$$

로 되고, 그 나이퀴스트 선도가 [그림 8-23]과 같이 $\omega=0\rightarrow+\infty$일 때 원점을 향하여 수렴한다고 하면 나이퀴스트의 안정도 판별법에서

①과 같이 점 $(-1,\ j0)$을 왼쪽으로 보고 진행하면 안정
②와 같이 점 $(-1,\ j0)$을 오른쪽으로 보고 진행하면 불안정으로 판정된다.

한편 $G(s)H(s)$의 역수 $[G(s)H(s)]^{-1}$의 나이퀴스트 선도에 대한 안정도 판별은

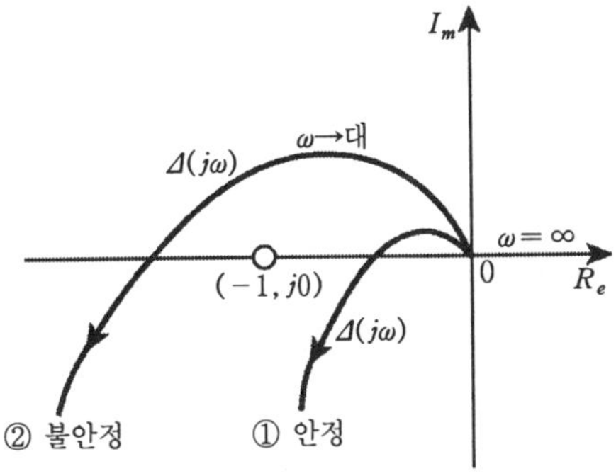

(a) 나이퀴스트 선도의 안정판별

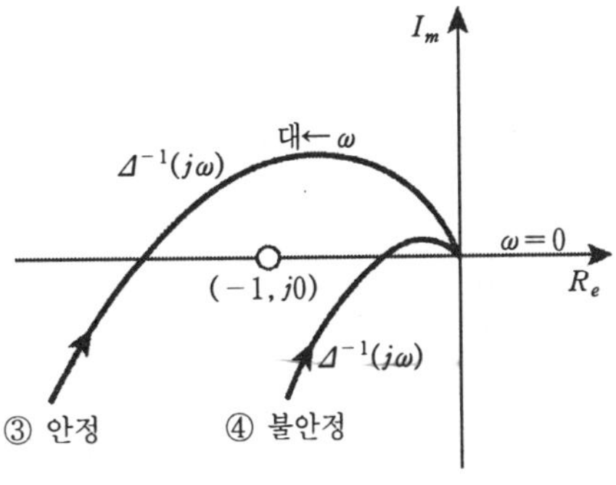

(b) 역나이퀴스트 선도의 안정판별

[그림 8-23] 나이퀴스트 선도와 역나이퀴스트 선도

$$|\Delta^{-1}(j\omega)| = \left|\frac{1}{|\Delta(j\omega)}\right|$$

에서

$$|\Delta(j\omega)| \to \text{소이면} \quad |\Delta^{-1}(j\omega)| \to \text{대}$$
$$\angle \Delta^{-1}(j\omega) = -\angle \Delta(j\omega)$$

로 부호가 반대의 2가지 성격으로부터 나이퀴스트 선도에서의 $\omega = 0 \to \infty$에 대한 원점으로의 수렴은 역나이퀴스트 선도에서는 원점으로부터 ∞로의 발산이 되어 그림 (b)와 같이 될 것이다. 그림 (a)의 ①과 ②는 각각 그림 (b)의 ③과 ④에 대응한다. 여기에서도 역시 점 $(-1,\ j0)$을 왼쪽으로 보며 진행해 나가는 선도 ③은 안정한 경우이며, 점 $(-1,\ j0)$을 오른쪽으로 보며 진행해 나가는 선도 ④는 불안정임을 알 수 있다.

이상과 같은 지식을 기초로 [그림 8-22]와 같이 귀환보상 H를 가했을 때 요소 H의 값을 적절히 선택하면 전체 계를 안정하게 할 수 있다.

연습문제

1. 자동제어계의 일반적인 설계순서를 약술하여라.

2. 직렬보상법에서 진상보상기의 설계방법을 기술하여라.

3. 다음과 같은 개루프 전달함수를 같은 제어계를 $M_m=1.3$이 되게 하면 K의 값을 얼마로 조정해야 하는가?

$$G(s)=\frac{K}{s(0.1s+1)(0.5s+1)}$$

4. 개루프 전달함수가 $\frac{K}{s^2}$일 때 직렬보상의 진상기를 부가시켜 보상하고자 한다. 보상기의 전달함수를 구하여라. 단, 조건은 다음과 같다.

① 정정시간 $Ts \leq 4$[sec]

② %오버 슈트≤20[%]

5. 귀환제어계의 개루프 전달함수가 다음과 같다.

$$G(s)=\frac{K}{s(1+0.2s)(1+0.5s)}$$

지금 계의 출력은 2°의 최대 정상편차를 갖는 2[rpm]의 속도를 내는 기준입력에 추종시키려 한다.

(1) 주어진 조건을 만족시키는 K의 최소값을 정하고 이득여유, 위상여유, M_P 및 대역폭을 계산하여라.

(2) 전달함수 $\frac{(1+0.4s)}{(1+0.08s)}$를 갖는 진상보상기를 계의 전향경로에 집어넣었을 때 보상기의 이득여유, 위상여유, M_P 및 대역폭을 구하여라.

6. [그림 8-24]는 귀환제어계이다. 계의 상대제동비를 50[%]되게 하는 회전속도계의 이득정수 K_t를 구하여라. 또, 귀환제어계가 대역폭에 미치는 영향은 어떤가?

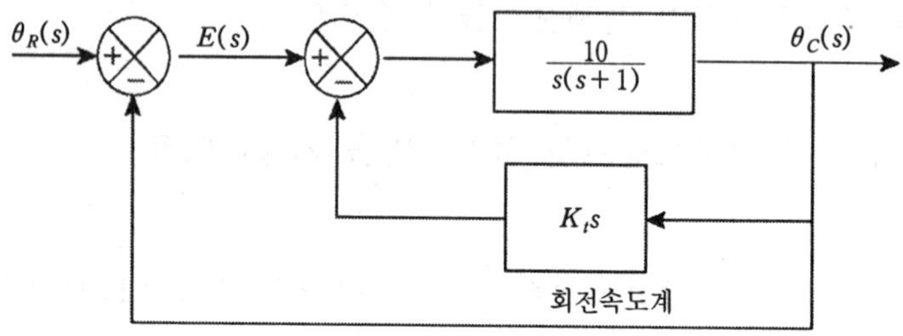

[그림 8-24] 귀환제어계

9장 제어 메커니즘

제어 메커니즘이 제어계를 구성하는 기본요소 중에서 제어대상에 포함되는 부분을 제외한 그밖의 부분을 구성하는 기기를 말한다. 일반적으로 제어가 행해지는 경우 여기에는 반드시 목적과 대상 그리고 조작이 존재한다. 실제로 제어의 목적을 달성하려면 제어이론에 입각하여 제어대상에 조작을 가하게 되는데, 이때 조작을 담당하는 기기들을 전체적으로 제어용 기기라 한다.

이들 기기, 장치 등의 집합체를 제어계라 하는데 귀환제어계의 구성은 제어대상에 조작을 가하는 제어장치, 그리고 제어량을 검출하는 변환부와 검출신호 및 목표값을 비교하는 비교부로 되어 있다. 또 제어장치는 다시 조절부와 조작부로 나누어지고, 조작량이 실제로 제어대상에 가해지는 곳에 서보 기구를 사용하여 조작의 확실성을 준다.

이 장에서는 이들 요소들의 종류와 동작원리 및 특징에 대해 알아보기로 한다.

9-1 제어요소의 특징

귀환제어계에 사용되는 신호 및 조작파워의 전달매체로는 전기식 외에 유압이나 공기압이 사용된다. 유압계는 큰 힘이 필요로 하는 장치에 적합하여 오래 전부터 원동기의 조속기 등에 사용되어 왔고, 공기압계는 프로세스 제어분야에 널리 사용되고 있다.

유압계와 공기압계는 서로 상이한 점이 있으나 유체의 압력과 유량의 제어로서 동작시킨다는 점에서는 서로 동일하다고 볼 수 있으므로 제어요소의 원리면에서 보면 동일하다.

여기서 각각의 특징을 살펴보면 다음과 같다.

(1) 전기계

전기계는 신호나 힘의 전달이 전선을 사용하므로 신호변환이나 제어가 용이하며, 전자계산기 등과 연결하는 현대식 공정제어에 편리하고, 기기의 제한을 받지 않고, 에너지원이 되는 전원을 쉽게 얻을 수 있고, 주위를 청결하게 유지할 수 있으며, 장거리 전송이 가능하지만 속응성이 다소 떨어지고, 출력이 작은 결점이 있다.

(2) 유압계

유압계에서 조작부로 사용되는 유압전동기는 소형으로 제작할 수 있기 때문에 전기계보다는 시정수가 짧아 속응성이 좋다. 또한 관성이 적고 대출력을 얻기가 쉬우며, 저속이고 큰 출력을 얻을 수 있다.

또 유압기기는 전기기기보다 견고하지만 유압배관은 전기계보다 유연하지 못하여 장거리 전송에 불리하며 작동유의 점성에 의한 주위온도 변화의 영향을 받기 쉽고, 공급장치와 압력 조정장치는 가끔 보수점검을 하여야 한다. 계의 일부가 파손되면 압유(壓油)가 전부 손실된다.

(3) 공기압계

공기압계도 유압계와 같이 유체를 쓰는데 기름은 압축성이 없는 유체이지만, 공기에는 압축성이 있다는 점에서 크게 다르다.

유압계에서는 기름의 인화, 고압에 의한 누유폭발이 있고, 전기계에서는 전기불꽃이 폭발 화재의 요인이 되는 데 반해 공기압계는 이런 화재위험이 없다.

공기압에서는 신호나 조작력을 전달한 후 공기는 대기중으로 방출되므로 배관이 한 쌍이면 된다. 기름같은 중량이 없기 때문에 전체 계의 중량이 감소되고 공기가 샌다 하여도 기름같이 더러워지는 일이 없고, 보수가 용이하며, 점성이 무시되므로 온도의 영향이 적다. 그러나 공기압계는 유압계와 마찬가지로 자동적으로 윤활하게 되지 않으며 압축성이기 때문에 비압축성 유체보다 많은 일을 필요로 하므로 제어계의 안정문제가 복잡하게 되고, 장거리에서는 속응성이 떨어져 장거리 전송이 어렵고, 부피, 무게에 대한 출력이 적다. 또 공기탱크에 구멍이 뚫어졌을 때에는 폭발의 위험성이 있다.

9-2 제어요소의 종류

실제 자동제어계의 구성시 우선 알아야 할 것은 기본요소(기기)의 전달함수이다. 일반적으로 전달함수로 표시되는 요소의 성질을 그 요소의 동특성이라 한다. 기본요소의 종류는 한없이 많으며 과학기술의 진보발달은 가일층 그 수를 증가시키고 있어 여기서 그 많은 것을 일일이 열거할 수가 없으므로 현재 상시 사용되고 있는 것 중에서 그 용도가 많은 것 몇 개를 골라 그 구조와 동특성, 그리고 그것들이 어떻게 결합되어 제어의 실제면에 활용되고 있는가를 알아보고자 한다.

1. 기계적 요소

(1) 스프링

스프링(spring)은 탄성있는 금속봉을 나선형으로 감거나 판상으로 만드는 등 여러 가지 형태의 것이 있다. 이것에 외력을 가하면 외력에 비례하는 변위

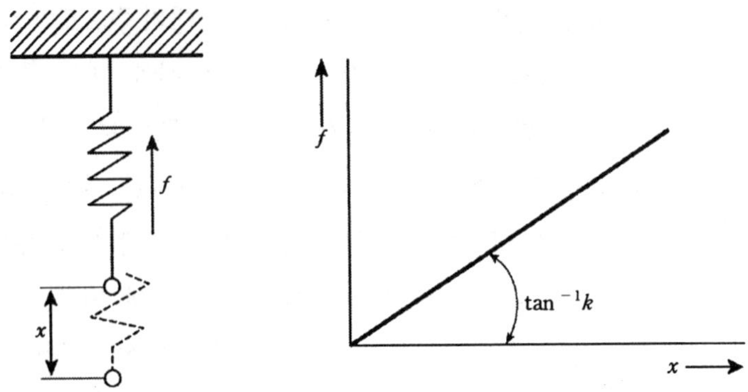

[그림 9-1] 스프링

가 생기고, 그와 반대로 변위를 주면 그것에 비례하는 힘이 생긴다. 따라서, 스프링 자체의 질량이 무시할 수 있을 정도로 적으며 변위 x와 그에 반응하여 생긴 힘 f 사이에는 변위가 별로 크지 않으면(탄성한계 내에 있으면) 다음 관계가 성립된다([그림 9-1] 참조).

$$f(t) = kx(t) \qquad (9-1)$$

즉, 변위와 힘 어느 쪽을 입력으로 보든간에 스프링은 비례요소(proportional element)이며, 그 전달함수는 k이다. 이 k를 스프링 상수(spring constant)라 한다. 이것을 이용한 것에는 각종 압력계, 스위치 등이 있다.

(2) 다이어프램

[그림 9-2]와 같이 스프링 등으로 적당하게 지지된 막의 한쪽에서 기체나 액체의 압력을 가하면 그 압력에 따라 변위한다. 이와 같이 압력의 변화를 위치의 변화로 변환하는 막상(膜狀)의 부분을 총칭하여 다이어프램(diaphragm)이라 한다. 압력의 변화가 적고 그 변화가 너무 급격하지 않은 경우 다이어프램에 사용되는 막의 질량은 적으므로, 다이어프램은 스프링과 같이 비례요소로 취급할 수 있다. 그러나 그 압력변화가 비교적 빠르고, 또 공기의 압축성이나 점성을 무시할 수 없는 경우에는 그 응답(위치의 변화)에는 늦음이 생기므로 다이어프램은 1차 요소나 2차 요소의 성질을 나타낸다.

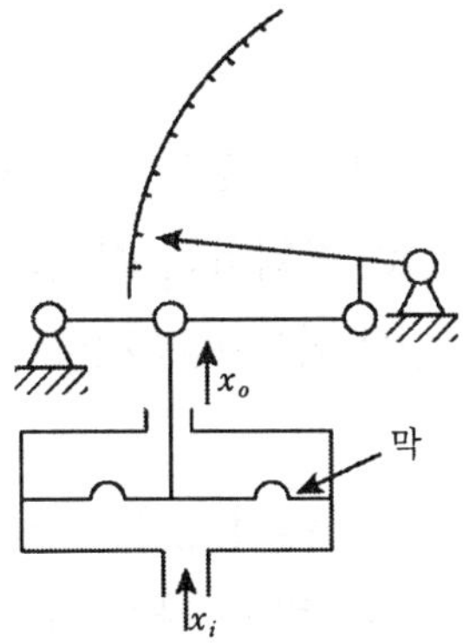

[그림 9-2] 다이어프램

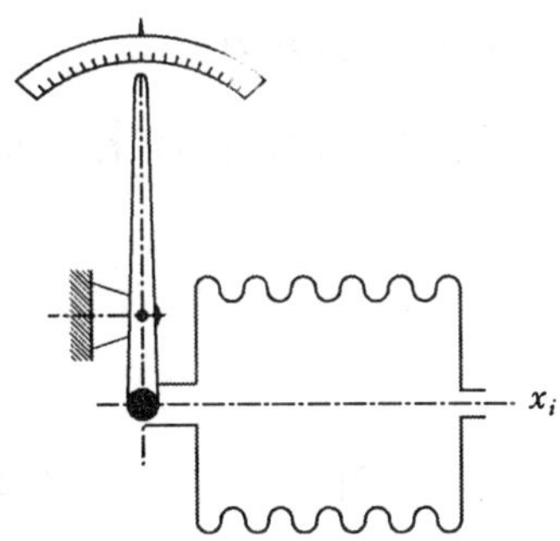

[그림 9-3] 벨로즈 1개

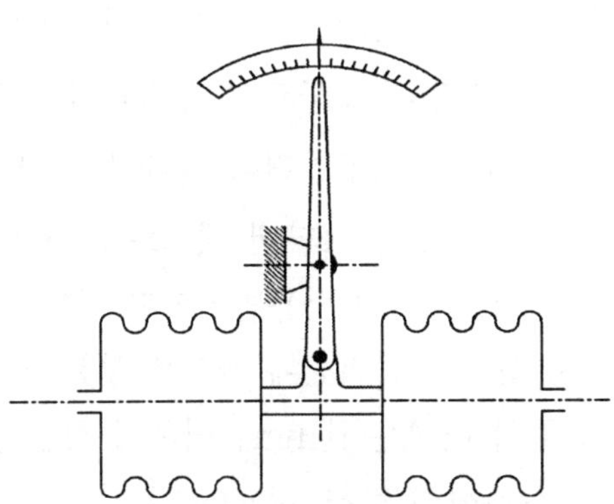

[그림 9-4] 벨로즈 2개

(3) 벨로즈

벨로즈(bellows)는 다이어프램의 변형이라 볼 수 있다. 이 요소는 다이어프램의 경우와 같이 압력을 편위로 변위하는 장치로, 0.1~0.4[mm] 두께의 인청동이나 스테인리스강 등으로 만들어지며, 외경은 수십[mm]에서 수백[mm]까지의 것이 있다.

[그림 9-3]과 같이 한쪽 파이프에서 공기를 넣었다빼었다하여 벨로즈의 신축성을 읽든가 또는 벨로즈의 신축량을 다음 요소의 입력으로 사용한다. 또는 [그림 9-4]와 같이 벨로즈 2개를 사용하여 차압을 검출할 수도 있다. 보통 공기식 요소의 전달함수가 정확하게 주어지는 것은 매우 어려우나 압력의 변화가 크지 않고, 또 변화도 급격하지 않은 경우 비례요소로 취급할 수 있다. 그러나, 다이어프램과는 달리 압력이 가해지는 쪽이 큰 용량을 가지고 있으므로 압력변화에 대하여 편위에 늦음이 생기기 쉽다. 따라서 그 전달함수를 1차 요소로 취급하는 경우가 많다.

(4) 노즐 플래퍼

다이어프램이나 벨로즈는 공기압을 편위로 변환하는 요소이지만, 그와 반대로 편위를 공기압으로 변환하는 요소가 여기서 설명하는 노즐 플래퍼(nozzle flapper)이다.

노즐 플래퍼는 보통 [그림 9-5]와 같이 되어 있는데, 관에 공기압을 공급하면 공기의 일부는 피스톤의 오른쪽 방으로 들어가지만, 나머지는 조리개를 통하여 노즐과 플래퍼 사이에서 배출된다. 노즐과 플래퍼와의 간격 δ가 작으면 공기의 흐름이 적어져서 피스톤의 왼쪽 방의 압력이 높아지며, 간격 δ가 크면 낮아진다.

[그림 9-6]은 이와 같은 특성을 나타낸 것으로 0.05[mm] 정도의 플래퍼 변위에 대해 노즐 내의 압력이 거의 전 사용범위까지 변화하므로 매우 감도가 좋은 검출을 할 수 있다. 이 특성곡선의 직선에 가까운 부분을 사용하면 이 요소는 비례요소가 된다. 보통 노즐의 내경은 1[mm] 이하의 작은 것으로 노즐 내의 압력도 공급 공기의 압력을 적당하게 하여 0.3[kg/cm^2] 이내로 사용한다. 이것은 플래퍼에 가해지는 힘을 되도록 적게 하여 오차를 가능한 적게 하기 위한 것이다.

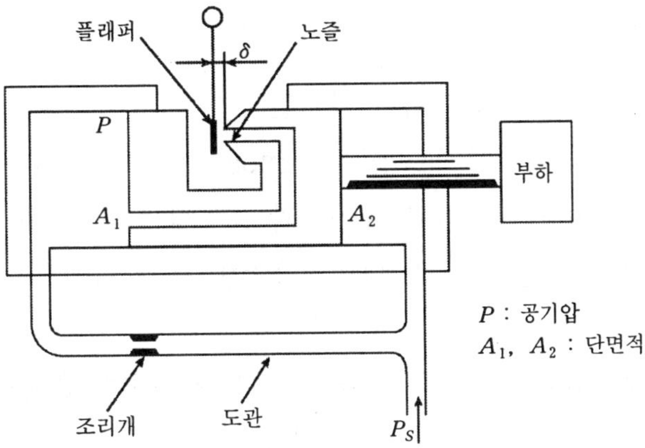

[그림 9-5] 노즐 플래퍼

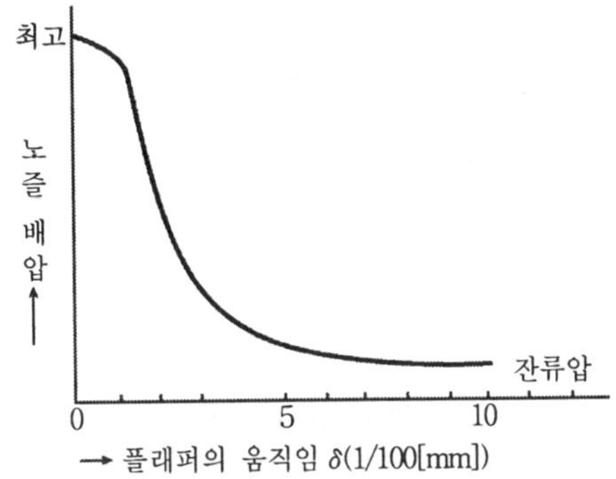

[그림 9-6] 노즐 플래퍼의 특성

(5) 파이프

파이프(pipe)는 용량과 저항으로 구성된 많은 1차 요소를 직렬로 결합한 요소로 생각할 수 있다. 무한 개의 1차 요소를 직렬로 결합하여 이루어진 요소는 단순한 부동작시간만의 요소이다. 즉, 파이프는 부동작요소로 볼 수 있다. 부동작시간의 크기는 파이프의 길이나 관벽의 상태, 유체의 성질 등에 크게 좌우된다. 예를 들면, Bradner의 실험에 의하면 지름 7.7×10^{-3}[m], 길이 60.96[m]의 파이프로 공기를 보내면 그 부동작시간은 약 0.4[sec]가 되고, 지름 4.77[m], 길이 609.6[m]인 경우에는 부동작시간이 약 40[sec]가 된다.

(6) 피스톤

다이어프램에 스프링의 지지가 없으면 변화한 압력은 다시 되돌아와도 편위는 그대로 남는다. 이것이 곧 피스톤(piston)의 경우에 해당된다. [그림 9-7]과 같이 실린더 속을 움직이며 파이프의 한쪽에서 유입하는 유체의 압력 또는 유량에 따라 변위하는 장치로, 다이어프램이나 벨로즈보다 큰 압력이나 유량에 사용할 수 있다.

입력이 유체의 유량인 경우 피스톤은 적분요소이며, 유체의 압축성을 무시할 수 없으면 늦음이 있는 적분요소가 된다.

또한, 입력이 피스톤 양면의 압력차인 경우에 부하가 가벼우면 적분요소로 취급된다.

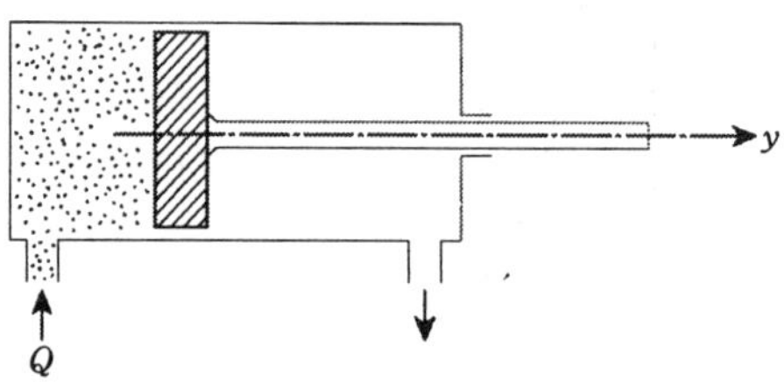

[그림 9-7] 피스톤

(7) 파일럿 밸브(유압식)

다이어프램이나 벨로즈를 검출용으로 사용할 때 막을 편위하는 힘은 보통 약하므로 이것을 증폭하여 다음 요소에 넣을 필요가 있다. 이 증폭용으로 사용되는 것이 파일럿 밸브(pilot valve)와 다음에 설명하는 분사관이다.

유압식의 파일럿 밸브는 [그림 9-8]과 같이 2개의 피스톤이 1개의 축에 연결되어 1개의 실린더 속에 들어가 있고, 1개의 파이프에서 물 또는 기름이 공급된다. 따라서, [그림 9-9]와 같이 피스톤이 편위하면 화살표 방향에 그 편위에 비례하는 흐름이 생긴다. 이와 같은 파일럿 밸브는 편위를 유량으로 변환하는 것으로 [그림 9-10]과 같이 실린더와 연결하여 사용된다.

[그림 9-10]에 나타낸 것과 같이 실린더에 부하가 접속되어 있을 때 부하

에 가하는 힘을 f, 실린더의 유효단면적을 A, 압력을 각각 P_1, P_2라 하면 이들 사이에는 다음과 같은 관계가 이루어진다.

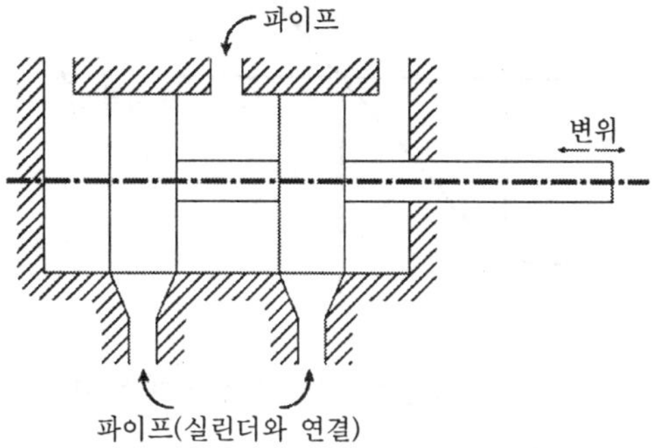

[그림 9-8] 파일럿 밸브

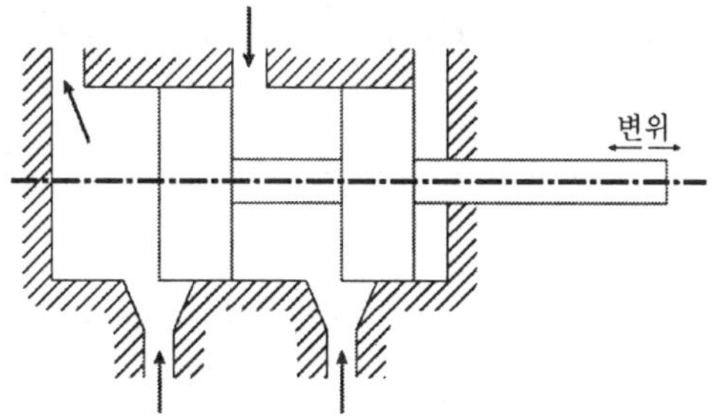

[그림 9-9] 피스톤 이동

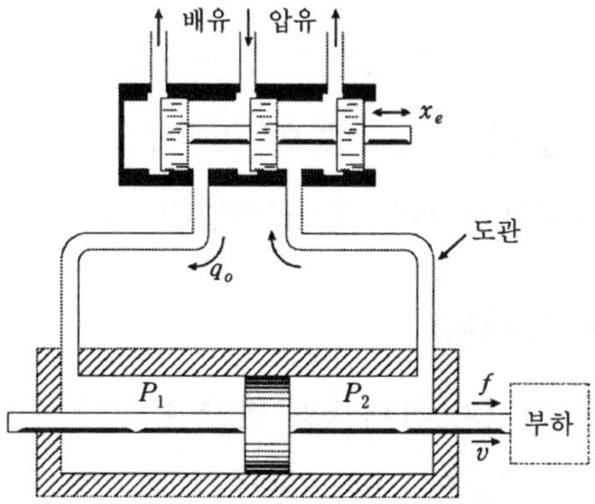

[그림 9-10] 파일럿 밸브와 실린더와의 조합

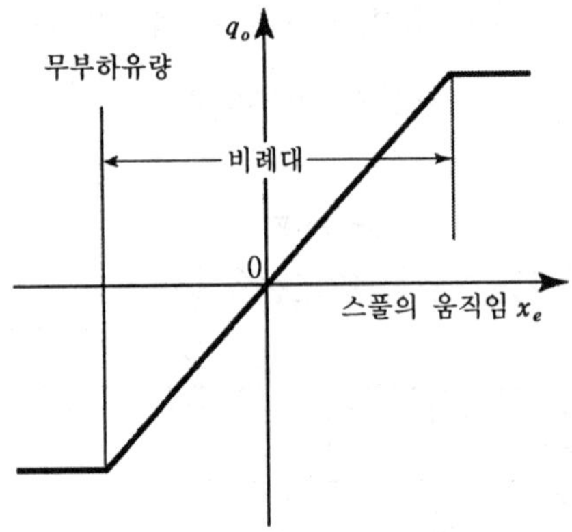

[그림 9-11] 파일럿 밸브의 무부하 특성곡선

$$f = A(P_1 - P_2) \quad \cdots\cdots (9-2)$$

여기서, 압력차를 $P_l = P_1 - P_2$라 하면 다음과 같은 식이 된다.

$$P_l = \frac{1}{A} f \quad \cdots\cdots (9-3)$$

또, 피스톤이 움직이는 속도를 v라 하고, 도관을 흐르는 기름의 유량을 q라 하면 다음과 같은 식이 주어진다.

$$v = \frac{1}{A} q \quad \cdots\cdots (9-4)$$

먼저, 실린더가 무부하, 즉 $f=0$이고 $P_l=0$일 때 스풀의 중립위치로부터의 움직임을 x_e라 하고, x_e에 대한 기름의 무부하유량을 q_0라 하면 x_e와 q_0 사이의 관계는 [그림 9-11]에서와 같이 파일럿 밸브는 비례동작을 한다.

(8) 파일럿 밸브(공기식)

노즐 플래퍼에서는 변위가 압력으로 변환되고, 또 어느 정도 증폭도 되지만 공기압은 0.3kg/cm^2 이하의 작은 압력이므로 이것을 다음 요소의 입력으로 사용하려면 역시 증폭할 필요가 있다. 이 공기압의 증폭에 사용되는 것이 파일럿 밸브(pilot valve or relay valve)이다. 이것은 [그림 9-12]에 나타낸 바와 같이 일종의 공기압식 증폭기를 사용한다. 이 장치는 [그림 9-12]와 같은 구조를 가지고 있다. 또한 노즐의 압력이 상승하면 가운데 (b)와 같이 다이어프램이 아래로 이동하여 벨로즈 상부를 거쳐 밸브 V_1을 닫고 밸브 V_2를 열므로 그렇게 공급된 공기는 밸브 V_2로 들어가 출력압력이 되고, 조작부에 보내짐과 동시에 벨로즈를 위로 밀어서 다이어프램의 작용력과 벨로즈의 복원력이 서로 평형되는 위치에서 평형되고, 공급되는 공기구멍이 막혀 출력의 상승이 멈춘다.

노즐 압력이 내려갔을 때의 밸브 동작은 [그림 9-12](c)에서 이해할 수 있다. 공기식 파일럿 밸브의 특성은 유압식 파일럿 밸브의 특성과 같다고 보면 된다. 그러나 공기식의 경우에는 공기의 압축성이 문제가 되는 경우가 많으므로 복잡한 특성을 나타내는 경우가 있다.

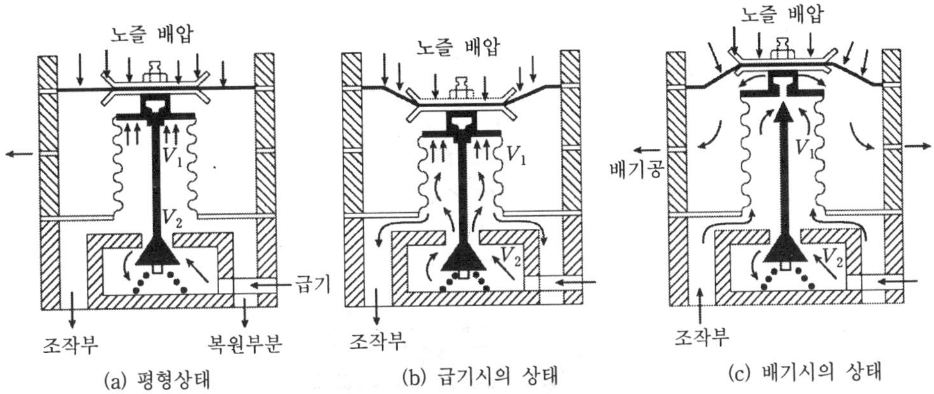

[그림 9-12] 공기식 파일럿 밸브

이와 같은 종류의 파일럿 밸브에는 정동작, 즉 입력공기압의 증감이 출력공기압의 증감과 비례하는 경우와 그 역동작, 즉 입력의 증가가 출력의 감소와 비례하는 2가지 경우가 있다. 그러나, 어느 경우나 0.3 [kg/cm^2] 이하의 입력을 1.2 [kg/cm^2] 정도의 출력으로 증대시킨다.

(9) 분사관

분사관(jet pipe)은 [그림 9-13]과 같이 굵기 1~2[mm] 정도의 중공관(中空管)의 첨단에서 끊임없이 가압한 기름(압력 약 6[kg/cm^2])이나 공기(압력 수은주 수백 [mm])를 수유공에서 분출되도록 한 것이다.

분사관이 2개의 수유구 중앙에 있을 때에는 2개 도관의 유압이 같으므로 피스톤은 움직이지 않으나, 분사관을 어느 한쪽으로 기울이면 도관에 압력차가 생겨서 보통 파이프를 거쳐 피스톤에 보내진다. 목표값은 스프링으로 설정하는 경우가 많다. 이와 같이 분사관은 편위를 압력차로 변화하는 요소로 편위가 너무 크지 않는 한 비례요소로 취급하여도 무방하다.

분사관의 특성곡선은 [그림 9-11]의 파일럿 밸브 특성곡선과 비슷하다.

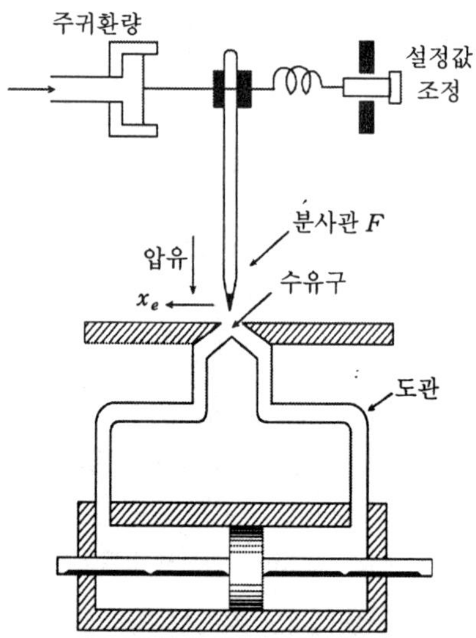

[그림 9-13] 분사관과 피스톤의 조합

(10) 대시포트

[그림 9-14]와 같이 피스톤의 양쪽에 점성이 큰 기름을 채우고 이것을 파이프에 연결한 것이 대시포트(dashpot)이다. 파이프에 붙여진 죔장치를 적당히 가감하여 놓고 피스톤의 축을 움직이면, 점성의 영향으로 기름은 파이프 속

에 흐르기가 힘들어 실린더는 피스톤과 함께 움직인다. 그러나, 피스톤의 운동이 정지하면 시간의 흐름에 따라 기름은 서서히 파이프에 흘러 스프링으로 지지된 실린더는 원위치로 되돌아가게 된다.

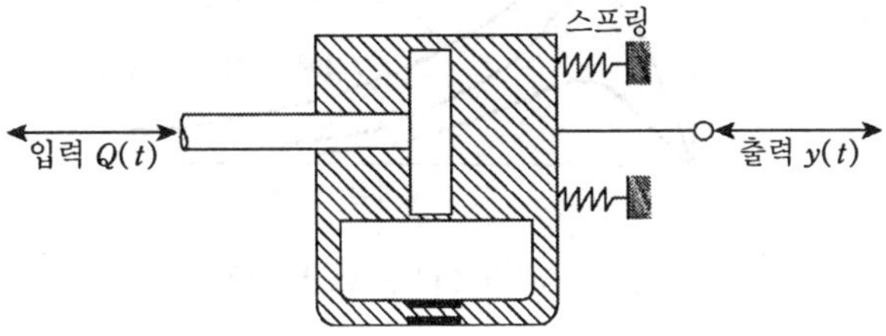

[그림 9-14] 대시포트

피스톤의 움직임 $Q(t)$를 입력으로, 실린더의 움직임 $y(t)$를 출력으로 하였을 때 대시포트의 전달함수는 다음과 같이 구할 수 있다. 피스톤의 실린더에 대한 상대속도가 파이프에 흐르는 기름의 유량에 비례하면, 이 유량이 너무 크지 않으면 유량은 양쪽의 압력차에 비례하므로 K가 스프링 정수이면

$$\frac{d}{dt}[Q(t)-y(t)]=Ky(t)$$

$$\therefore \quad \frac{dy(t)}{dt}+Ky(t)=\frac{dQ(t)}{dt} \quad \cdots\cdots (9-5)$$

모든 초기값을 0으로 하고, 양변을 라플라스 변환하여 전달함수 $G(s)$를 구하면 다음과 같다.

$$G(s)=\frac{\mathcal{L}[y(t)]}{\mathcal{L}[Q(t)]}=\frac{s}{K+s} \quad \cdots\cdots (9-6)$$

위에서 대시포트의 전달함수는 1차 요소와 미분요소의 직렬결합임을 알 수 있다. 이 요소에 계단입력을 주었을 때의 응답(출력)이 [그림 9-15]에 주어진다. 파이프의 죔장치를 적당히 가감하면 출력을 여러 가지로 바꿀 수 있다. 죔장치를 너무 죄면 출력은 거의 계단 상태가 되며, 죔이나 파이프가 너무 굵으면 출력은 거의 입력에 따르지 않는다. 대시포트는 제어계에서 유해한 진동을 없애거나 불안정계의 안정화에 사용한다.

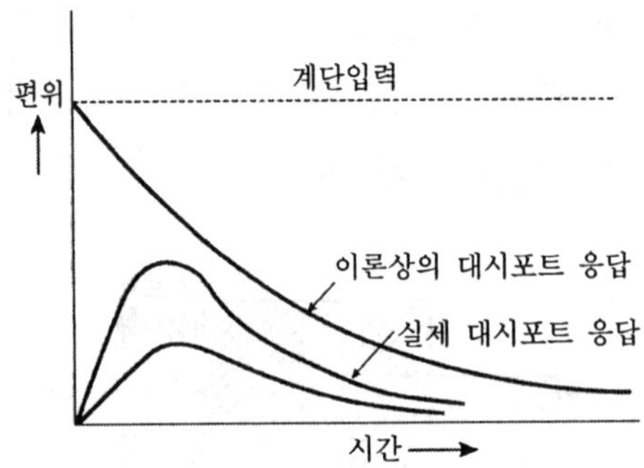

[그림 9-15] 대시포트 특성곡선

2. 전기적 요소

(1) 기본요소

앞의 여러 장에서 전기적인 요소의 예를 들었지만 전기기기는 저항(resistance), 유도(inductance), 용량(capacitance)의 3가지 기본요소로 구성된다. 전기공학에서의 기본량은 전하이다. 이것은 기계계의 변위에 해당하며 전하의 시간적 변화가 전류이다.

전기적인 기본요소가 여러 개 직렬 또는 병렬로 결합된 경우 자동제어적 입장에서는 입력을 전류, 출력을 역수전력으로 또는 그 반대로 취급하는 것보다 입출력 모두 전압으로 취급하는 것이 전달함수를 구하는 데 더욱 편리하다.

(2) 회전증폭기

회전증폭기(rotary amplifier)는 비교적 큰 직류전력을 증폭하기 위하여 사용되는 직류발전기의 일종이다. 전기자를 원동기로 일정한 속도로 회전시켜 계자권선에 미소한 입력변화를 주면 출력단에 큰 전력이 증폭된다.

회전증폭기에는 앰플리다인(amplidyne)과 로터트롤(rotortrol)의 2가지가 많이 쓰이나 여기서는 앰플리다인에 대해 언급하겠다. 앰플리다인은 로젠베르크 발전기의 일종으로 전기자반작용을 이용하여 계자에서의 적은 전력변화를 신속하게 큰 전력변화로 끄집어내는 성질을 가지고 있고, 로터트롤은 계자권선 자기여자작용을 이용한 것이다. 이러한 증폭기의 증폭률은 700~100,000배로 크며 응답속도도 빠르고, 비교적 큰 전력(0.5~50[kW])을 취급할 수 있으므로 발전기의 자동전압조정, 권상기의 프로그램 제어, 압연기나 제지기의 장력조정, 동기기의 역률조정, 아크노의 전극조정, 발전동기의 전류제한, 워드 레오너드 시스템(Ward-Leonard system) 등 광범위하게 응용된다.

[그림 9-16]은 앰플리다인의 구조이고, [그림 9-17]은 원리도이다.

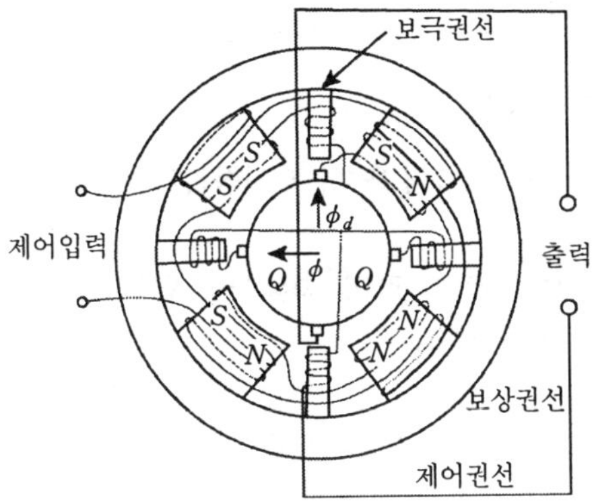

[그림 9-16] 앰플리다인의 구조

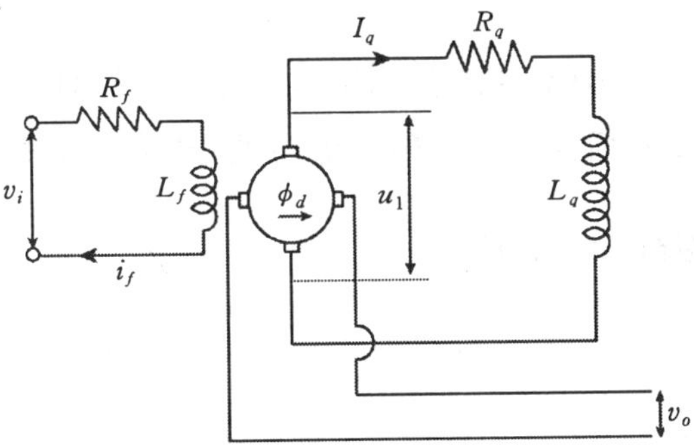

[그림 9-17] 앰플리다인의 원리도

(3) 자기증폭기

철심을 가진 변압기 모양의 코일에 교류와 직류를 중첩하여 흘리면 교류 임피던스는 중첩된 직류의 크기에 따라 변한다. 이 현상을 이용하여 전력을 증폭하

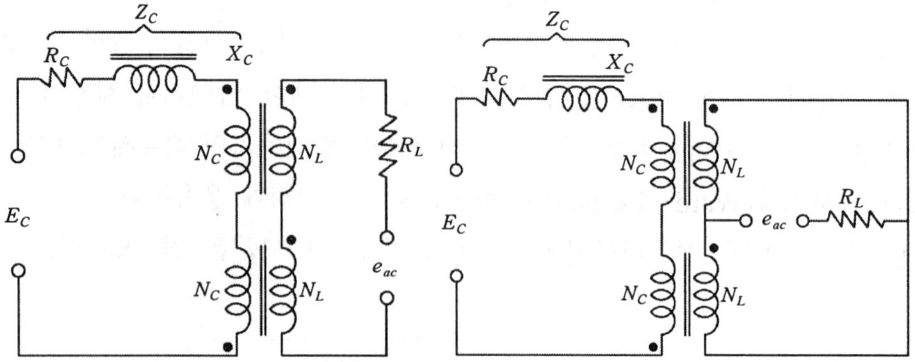

(a) 직렬형 자기증폭기 (b) 병렬형 자기증폭기

[그림 9-18] 자기증폭기

는 장치를 자기증폭기(magnetic amplifier)라 한다. 이 장치는 다른 증폭기에 비하여 다음과 같은 장점이 있다.

① 회전부분이 없는 정지기기로 구조가 견고하고 수명이 길다.
② 한 단당의 전력증폭도가 큰 직류증폭기이다(10^6배 정도).
③ 소전력에서 대전력까지 임의로 사용할 수 있다.

그러나 응답속도가 0.01~0.1초 정도로 조금 늦은 결점도 있다.
자기증폭기의 회로에는 수십 종이 있는데, 크게 나누면 다음과 같다.

① 가포화(可飽和) 리액터형
② 자기귀환형
③ 외부귀환형
④ 속응형

이 증폭기는 전압, 전류, 속도, 운동 등 제어회로용 전력증폭기, 아날로그 계산기의 승산과 적분, 혼합회로나 디지털 전자계산기의 플립플롭 회로, 기타 계측용, 원격계측용 펄스 변환기, 주파수변환기 등에 이용된다. 이 증폭기는 보통 입력과 출력권선을 가진 리액터(reactor), 직류전원, 교류전원 및 부하로 구성된다. 리액터용의 철심은 일반 변압기와 같이 엷은 철판으로 성층하지만, 자기

포화가 쉽게 이루어지도록 공극이 없는 형태가 선정된다. 이 예로서 직렬형과 병렬형의 자기증폭기를 [그림 9-18]에 나타내었다. 여기서 직렬과 병렬의 구별은 부하가 권선에 대하여 직렬로 들어가느냐 병렬로 들어가느냐에 달려 있다. 이 증폭기의 전달함수는 이 증폭기가 비선형의 포화특성을 이용하므로 그 해석법이 곤란하지만 대략 1차 요소로 취급한다. 즉, $K/(1+sT)$로 표시한다.

(4) 직류 서보 전동기

제어용의 전기적 동력으로서는 주로 직류 서보 전동기가 사용된다. 이 전동기에는 분권식, 직권식 및 복권식 등이 있다. 분권식은 분권 권선에 흐르는 전류를 가감하여 그 속도를 제어할 수 있고 직권식은 전기자에 흐르는 전류에 의하여 속도제어를 한다.

[그림 9-19]는 분권식 직류 서보 전동기이다.

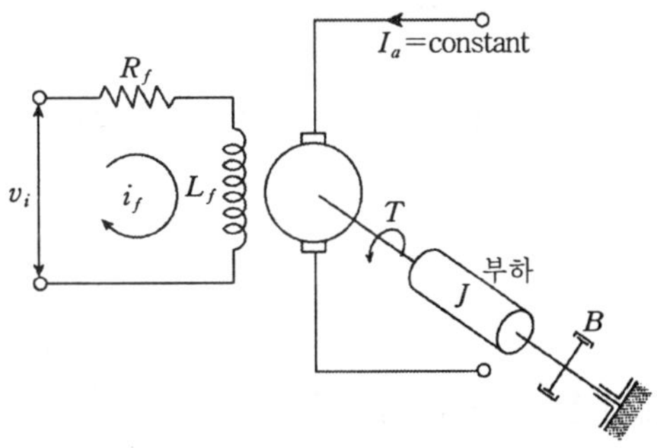

[그림 9-19] 직류 서보 전동기

(5) 교류 서보 전동기

교류 서보 전동기는 그다지 큰 토크가 요구되지 않는 계에 사용되는 전동기이다. 이 전동기는 직류기의 경우와 같이 브러시를 거치지 않고 회전자가 고정자와 유도적으로 결합되어 있고 분리된 두 전압원 권선을 가진 2상 전동기이다. 즉 이 전동기는 기준권선과 제어권선의 두 고정자 권선이 있으며, 90° 위상차가 있는 2상 전압을 인가하여 회전자계를 만들어 회전시키는 유도전동기이다. 고정자의 기준권선에는 정전압을 인가하고 제어권선에는 제어용 전압을 인가한다. 이 전동기는 평형형 지시계기 등의 동력용으로 자주 사용된다. 이 전동기의 속도-토크 특성을 선형화하고 제어전압을 입력으로, 회전자의 회전각을 출력으로 보았을 때 이 전동기의 전달함수는 적분요소와 1차 요소의 직렬결합으로 볼 수 있다.

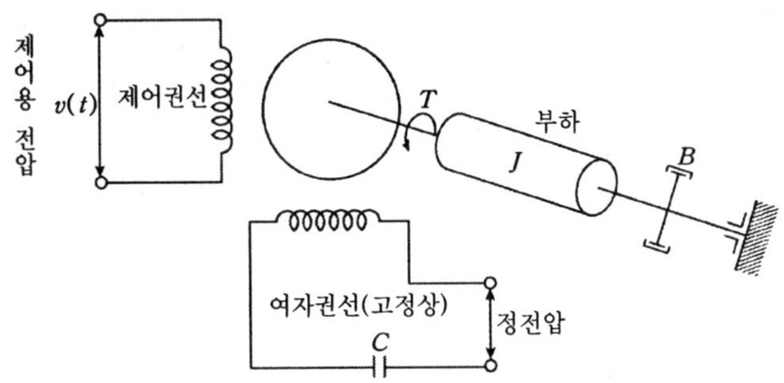

[그림 9-20] 교류 서보 전동기

[그림 9-20]은 교류 서보 전동기의 설명도이고, 사용주파수는 50~60[Hz], 또는 400[Hz]이다.

(6) 차동변압기

차동변압기(differential transformer)는 변위의 검출에 이용되는 변압기의 일종이다. 이 변압기는 3조의 코일이 있으며, 1조는 여자용으로서 교류전압을 인가하고, 나머지 2조의 코일은 극성을 역으로 하여 직렬로 접속한다. 철심은 가동하며, 철심이 좌우로 움직임으로써 두 코일의 결합도가 변화하여 그 불평형도에 비례하는 출력을 끄집어 낸다. [그림 9-21](a), (b), (c)는 이 차동변압기의 한 예이다.

[그림 9-21](c)와 같이 출력전압은 평형시를 중심으로 하여 급격히 변화하며 또 위상도 평형시를 중심으로 하여 양쪽에 ±90° 변화한다. 따라서, 위상판별회로를 병용하면 변위의 편차판별까지 할 수 있다. 이것의 전달함수는 보통 비례요소로 취급하여도 무방하다. 대표적인 위상판별회로가 [그림 9-22]이다.

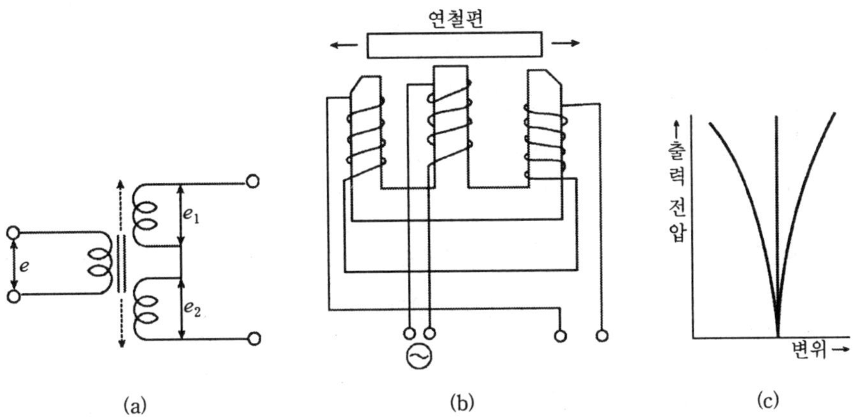

[그림 9-21] 차동변압기의 예

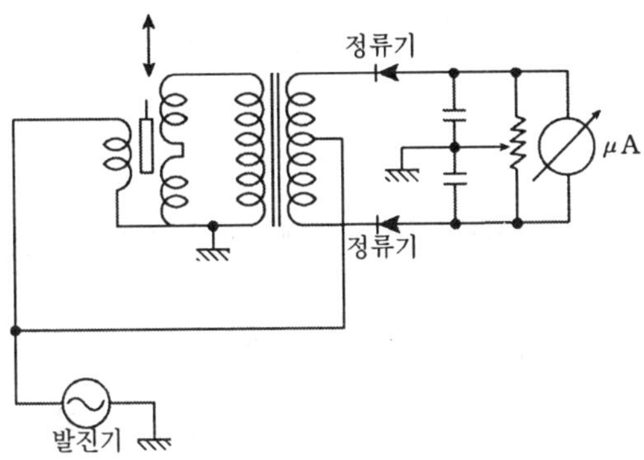

[그림 9-22] 위상판별회로

(7) 전위차계

전위차계(potentiometer)는 변위 또는 각도를 전압으로 변환하는 위치감지용에 자주 사용하는 장치이다.

[그림 9-23](a)와 (b)는 전위차계의 개략도를 나타낸 것이고, 그림 (c)와 (d)는 기호를 나타낸 것이다.

[그림 9-24]는 전위차계를 입력측과 출력측을 기계적으로 결합하여 입출력간의 기계적 편차를 전기적 편차로 변환하여 검출하는 것을 나타낸 것이다.

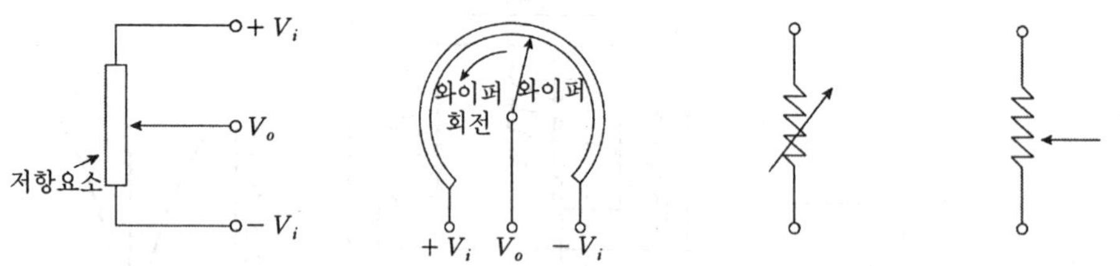

(a) 선형전위차계 (b) 회전전위차계 (c) 전기기호 (d) 다른 전기기호

[그림 9-23] 전위차계 개략도

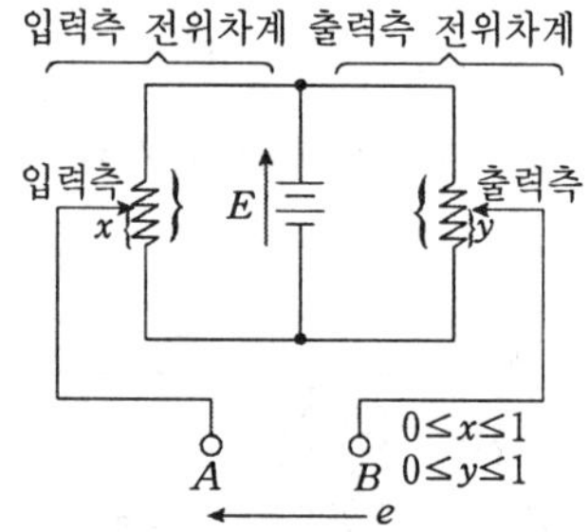

[그림 9-24] 전위차계에 의한 편차전압 검출

그림에서 입력 및 출력의 기계적 변위량을 x, y라 하고, 전위차계의 최대 위치(최대 저항값 R[kΩ] 위치)를 1이라 하면, $x \neq y$일 때 A, B 단자에는 식(9-7)과 같은 전압이 나타난다. 여기서, y를 미지값, x를 기지값으로 하여 $e=0$이 되도록 x를 조정하면 y의 값을 알 수 있다.

$$e=(x-y)E \quad \cdots\cdots (9-7)$$

9-3 전송기

자동제어계의 검출기에서 검출한 신호가 아주 작다든지, 전송기에 적합하지 않을 때에는 그 신호를 증폭하거나 다른 신호로 변환하여 전송할 필요가 있다. 이와 같은 목적으로 쓰이는 기기를 전송기(transmitter)라 한다. 전송기의 종류에는 크게 유압식 전송기, 공기식 전송기 및 전기식 전송기로 나눌 수 있다.

1. 공기식 전송기

공기식 전송기는 검출된 신호를 공기 압력으로 변환시켜 계기실의 지시계, 기록계 또는 조절계로 전송하는 것을 말한다. 공기식 전송기에는 변위 평형식과 힘평형식이 있다.

(1) 변위 평형식 전송기

[그림 9-25]는 변위 평형식 전송기의 구성을 나타낸 것으로서 공기식 서보 기구로 되어 있다. 그림에서 화살표 방향을 변위의 (+)방향으로 생각할 때

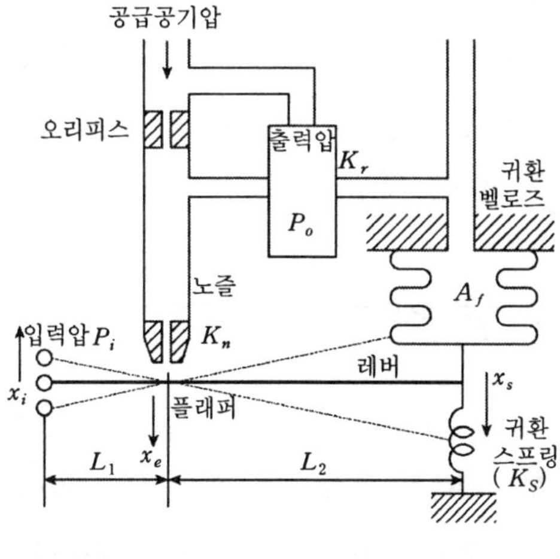

[그림 9-25] 변위 평형식 전송기

여기서 지렛대의 왼쪽을 x_i만큼 움직이면 출력 P_o는 x_i에 비례하여 나타나며, P_o는 파이프를 통하여 전송할 수가 있다. 그림에서 노즐과 플래퍼 사이의 간격 변화를 x_e라 하고, 지렛대의 오른쪽 끝의 변위를 x_s라 하면 x_i, x_e, x_s 사이에는 다음과 같은 관계가 성립한다.

$$\frac{x_i + x_e}{L_1} = \frac{x_s - x_e}{L_2} \quad \cdots\cdots (9-8)$$

위의 식을 $-x_e$에 대하여 풀어 보면

$$-x_e = \frac{L_2}{L_1 + L_2}\left(x_i - \frac{L_1}{L_2} x_s\right) \quad \cdots\cdots (9-9)$$

가 된다. 식 (9-9)는 [그림 9-26]의 (a)와 같은 블록선도로 나타낼 수 있다. 또, 출력압력은 노즐과 플래퍼의 간격변화 x_e의 부호를 바꾸어 준 값, 즉 $-x_e$에 비례한다면 그림 (b)와 같이 된다. 이때 K_n은 상수이다.

그리고 벨로즈 안의 압력의 변화 P_o는 A_f배가 되어 힘 f가 되고, 이 값에 벨로즈 및 스프링의 탄성계수 K_s의 역수를 곱해 주면 x_s가 된다. 이러한 관계는 그림 (c)의 블록선도로 나타낼 수 있다.

이 그림들을 연결하면 [그림 9-27]의 (a)와 같은 블록선도를 얻을 수 있다.

여기서, 그림 (a)를 정리하여 결합하면 그림 (b)와 같이 된다. 그림 (b)에서 노즐과 플래퍼의 상수 K_n은 매우 크므로

$$\frac{L_1}{L_1 + L_2} \cdot K_n \cdot \frac{A_f}{K_s} \gg 1 \quad \cdots\cdots (9-10)$$

이 된다고 가정하면 그림 (b)는 그림 (c)와 같이 간단하게 할 수 있다. 그림 (c)에서 L_1, L_2, K_s, A_f는 모두 일정한 상수값이다. 따라서, K_n을 크게 하면 변위 x_i를 그 값에 거의 정확히 비례하는 압력변화 P_o로 변환할 수 있다.

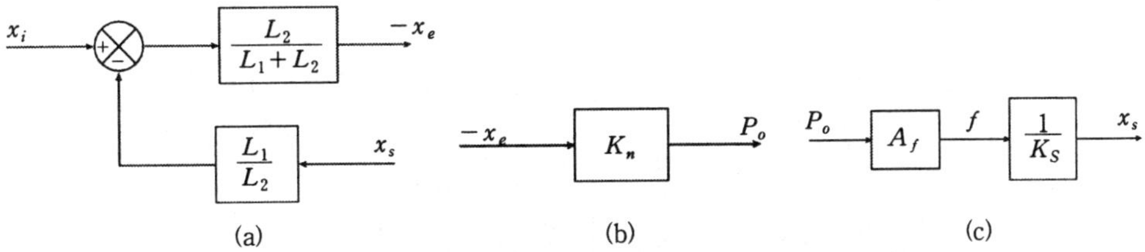

[그림 9-26] 개개의 블록선도

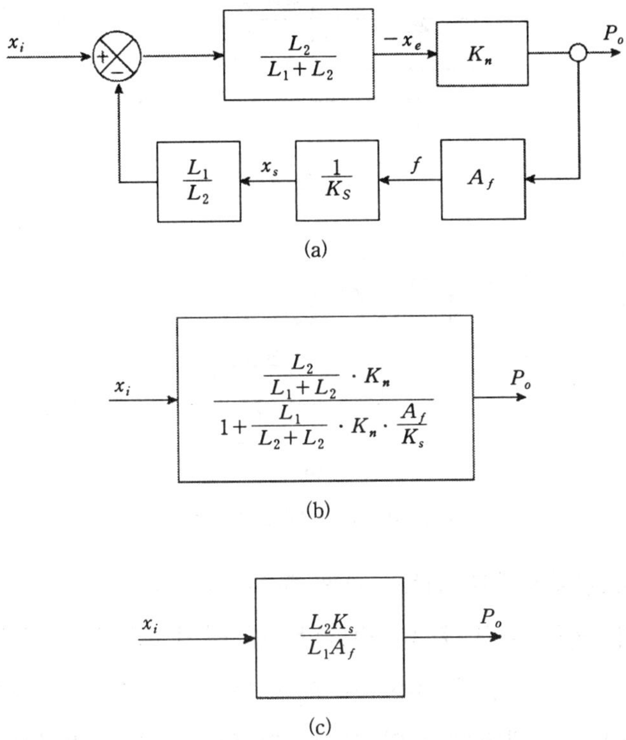

[그림 9-27] 변위 평형식의 블록선도

(2) 힘 평형식 전송기

[그림 9-28]은 힘 평형식 전송기(force balance type)의 원리를 나타낸 것으로서 변위 평형식과 비슷하다. 입력 벨로즈에서 발생하는 힘(f_i)과 출력 벨로즈에서 발생하는 힘(f_f)의 평형이 깨지면 노즐과 플래퍼의 간격이 변화하

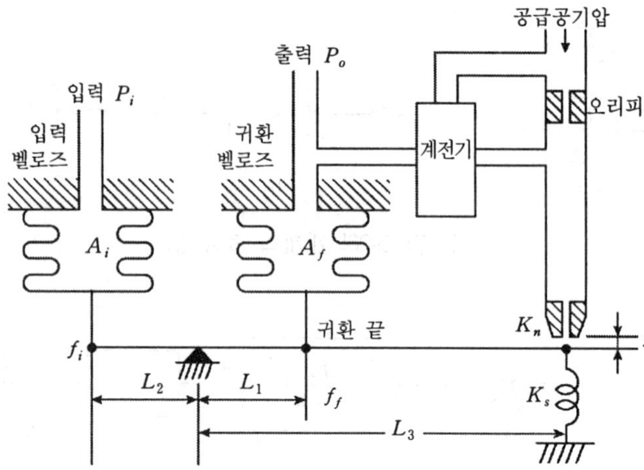

(a)

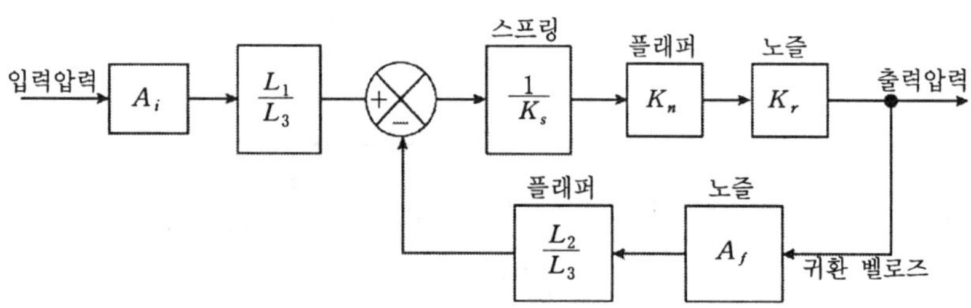

(b)

[그림 9-28] 힘 평형식 전송기

여 자동적으로 평형상태로 되돌아가게 하는 것이다.

여기서 입력 P_i와 출력 P_o의 전달함수를 근사적으로 구해보면 다음과 같다. K_n이 대단히 크고 평형상태에서 P_i 또는 P_o는 크기에 관계없이 x_e의 변화는 매우 작아서 지렛대는 거의 움직이지 않으므로, 지렛대의 양끝의 힘 f_i 및 f_f와 입력 및 출력의 압력 P_i, P_o는 다음 관계가 성립한다.

$$f_i = P_i A_i, \quad f_f = P_o A_f \quad \cdots\cdots (9-11)$$

여기서 A_i, A_f는 입력 및 귀환 벨로즈의 유효단면적이다.

또 지렛대의 원리에 의해

$$f_i L_2 = f_f L_1 \quad \cdots\cdots (9-12)$$

이므로 식 (9-11)과 식 (9-12)로부터 전달함수를 구할 수 있다.

$$\frac{P_o}{P_i} = \frac{L_2}{L_1} = \frac{A_i}{A_f} \quad \cdots\cdots (9-13)$$

2. 전기식 전송기

전기식 전송기는 공기신호, 기계적 변위 또는 유압 등의 변화량을 전류로 변환시켜 전송하는 것을 말한다.

(1) 직동식 전송기

이것은 보조전원을 쓰지 않고 변환량을 전송하는 방식이다. 여기서는 압력을 전류로 변환시켜 전송하는 방식을 설명한다.

[그림 9-29]와 같이 입력 P_i가 벨로즈에 의하여 변위로 변환되면 이 변위는 다시 차동변압기 및 증폭기에 의하여 전류 i_o가 전송된다. 이 전류는 동시에 지렛대의 입력단과 반대쪽에 있는 귀환 코일에 흘러 i_o와 비례하는 힘으로 귀

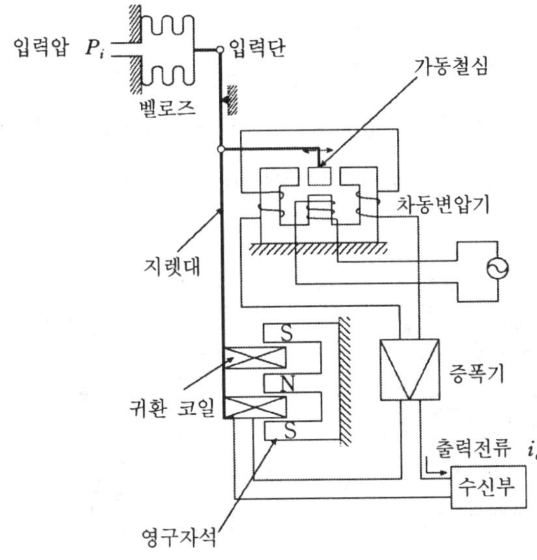

[그림 9-29] 직동식 전송기

환되어 입력의 힘과 평형을 이루게 된다. 그 결과 출력전류 i_o는 입력쪽의 압력 P_i에 비례하는 값이 된다.

(2) 평형식 전송기

평형식 전송기에는 인덕턴스 브리지와 셀신(selsyn)이 있는데 여기서는 셀신에 대하여 설명한다. 셀신은 회전편차의 전기적 전달장치로서 가장 많이 사용되고 있다. 셀신은 동기화 전동기(synchro motor)의 일종으로 3상의 동기 발전기, 동기전동기와 같은 구조를 가진 소형 회전기이다. 보통 2개를 1조로 하여 한쪽은 발신기로 다른 한쪽은 동기화 전동기로 사용되고, 각도의 간접 검출에 사용되며, 출력에는 교류전압이 얻어진다.

[그림 9-30]은 셀신을 사용하여 회전각도의 간접 검출을 하는 예를 나타낸 것이다. 그림에서 송신기의 회전자 권선에 교류를 흘리면, 회전자의 철심방향에 교류자속 ϕ_1이 생긴다. 이 자속이 고정자의 권선과 쇄교하여 각각 코일 방향의 자속성분에 비례한 유도전압을 발생시킨다. 이 전압이 수신기의 고정자 각 권선에 가해지면 전류가 흘러 전체로서 자속 ϕ_2를 만든다. 이 자속의 방향은 자속 ϕ_1의 방향과 같아지게 된다. 그림과 같이 수신기의 회전자 철심이 수신기 내의 자속과 직각으로 되어 있는 경우에는 회전자 권선에 전압이 발생하지 않지만, 직각으로부터 어긋나 있으면 그 어긋난 각의 사인값에 비례한 유도전압의 크기가 얻어지며, 어긋남의 방향에 따라 정위상인지 역위상인지가 정

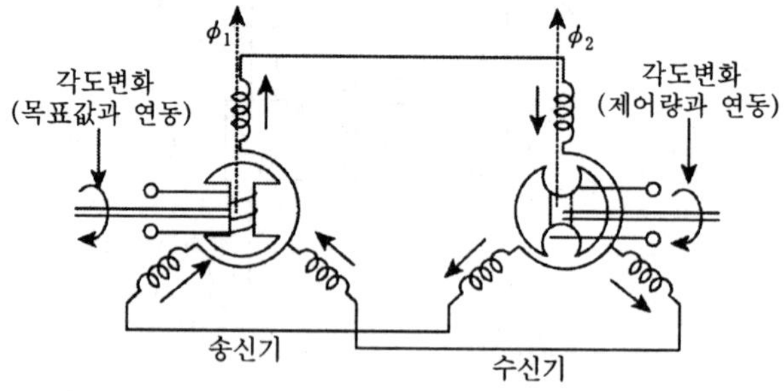

[그림 9-30] 셀신에 의한 간접 검출

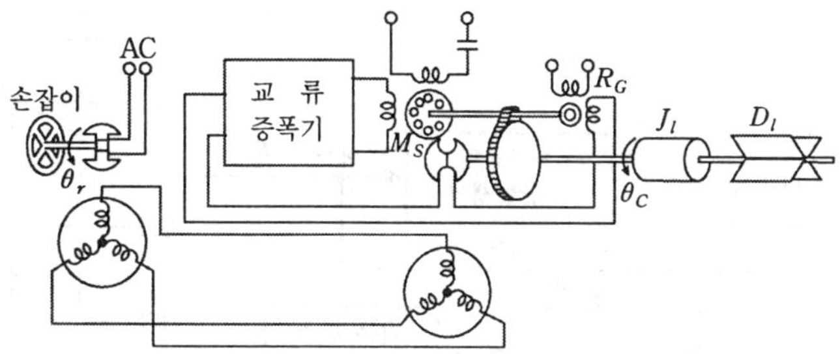

[그림 9-31] 셀신을 이용한 보기

해진다. 즉, 이 방법에 의해 수신기의 회전각도와 송신기의 회전각도의 어긋남을 검출할 수 있다.

또, [그림 9-31]은 전위차계 대신 셀신을 이용한 보기를 나타낸 것이다.

(3) 부호식 전송기

아날로그형의 정보를 디지털 방식으로 다루기 위해서는 정보를 아날로그량에서 디지털량으로 변환해야 하는데, 이러한 변환을 A-D변환이라고 하며, 이와 같이 변환하는 장치를 A-D 변환기라고 한다.

디지털 방식은 아날로그 방식에 비하여 다음과 같은 이점이 있다.

① 다량의 데이터를 조밀하게 정리, 기재할 수 있다.
② 전송이 쉽고, 복잡한 처리를 받더라도 정확도가 변하지 않는다.
③ 장치가 융통성이 풍부하다.
④ 전자계산기를 포함한 데이터 처리장치를 이용할 수 있기 때문에 고속도, 고정확도로 할 수 있다.

변환기는 부호판방식, 계수방식 및 비교방식으로 나눌 수 있다. 여기서는 계수방식에 대하여 설명한다. [그림 9-32]에서 측정개시 펄스를 톱니파형 전압 발생기에 넣으면 톱니파형 전압을 발생하는 동시에 게이트 회로(gate circuit)에 넣어 게이트를 열고, 기준 펄스 발생기에서의 펄스열을 보냄으로써 계수회로의 계수가 시작된다. 톱니파형 전압은 비교회로로 측정전압과 비교해서 크기가 일치하는 순간에 펄스를 하나 발생시켜 게이트 회로를 닫는다.

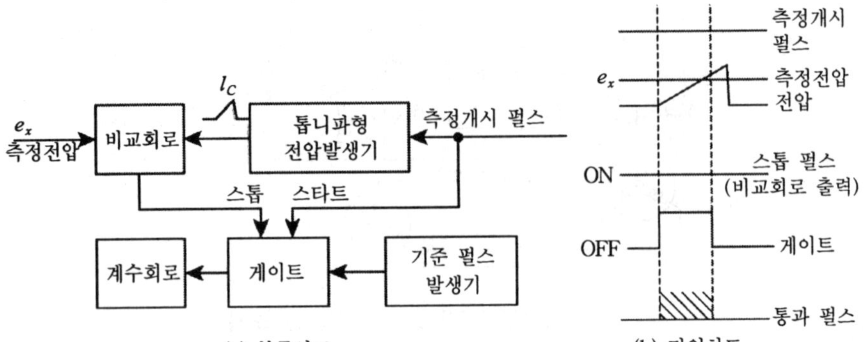

(a) 블록선도 (b) 타임차트

[그림 9-32] 계수 방식의 A-D 변환기

톱니파형 전압은 직선적으로 증가하기 때문에 측정전압이 크게 되면 일치하기까지의 시간이 오래 걸린다. 즉, 측정전압의 크기는 게이트의 개폐시간과 관계가 있다. 개폐시간은 게이트 회로를 통과하는 펄스열의 숫자로 변환되고, 이것을 계수회로의 숫자로 나타내면 측정전압은 계수화된다.

9-4 조절기

조절부는 제어량과 목표값과의 차에 해당되는 신호, 즉 제어동작신호를 구하고 이것에 적당한 연산을 하여 제어량이 목표값에 빨리, 그리고 정확히 일치하도록 조작부에 신호를 보내는 부분이다. 이 부분은 사람으로 비유하면 두뇌에 해당된다. 이 부분은 여러 요소의 결합으로 되어 있는데, 이것을 조절기 또는 조절계라 한다. 조절기의 종류는 요소의 결합에 따라 무수히 많다.

조절기의 제어동작에는 여러 종류가 있지만 공정의 특성, 목적, 제어효과, 경제성을 고려해서 가장 적절한 제어동작을 선정해야 한다. 여기서는 자주 사용되는 대표적인 제어동작의 예를 몇 가지 들어보기로 한다.

1. 2위치 동작(on-off 동작)조절기

전기노의 온도제어는 노(furnace) 안의 온도가 높고 낮음에 따라서 스위치를 개폐하게 되어 있다. 이와 같은 제어동작을 온-오프 동작(on-off action) 또는 2위치 동작이라고 하며 이러한 조절기를 온-오프형 조절기 또는 2위치 동작조절기라 한다.

2위치 동작조절기는 구조가 간단한 반면에 정밀도가 필요하지 않을 때에 쓰인다. [그림 9-33]은 공기식 2위치 동작조절기의 동작원리와 블록 선도를 나타낸 것이다. 그림에서 점 3은 지렛대 1의 중심점이다.

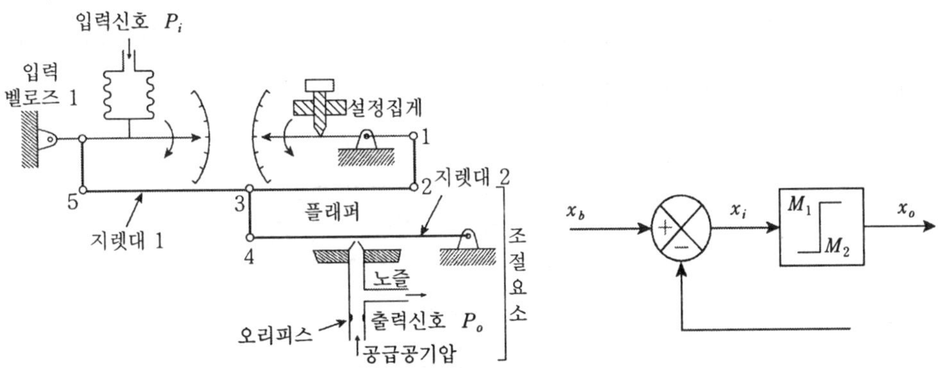

(a) 동작원리 (b) 블록선도

[그림 9-33] 공기식 2위치 동작형 조절기

오른쪽과 왼쪽의 지시바늘 위치가 같을 때 출력 신호 P_o는 공급공기압의 거의 $\frac{1}{2}$ 정도로 한다.

지금 입력신호 P_i가 증가하면 입력 벨로즈가 늘어나면서 점 3이 아래로 내려가게 된다. 여기서 노즐, 플래퍼는 약간의 간격변화로 크게 출력압력이 변화하므로, 하나의 2위치 동작을 하는 요소로 볼 수 있다. 그러므로 점 3을 밀어내리면 노즐은 플래퍼에 의해서 닫혀지고, 공급 공기압이 출력으로 된다.

이와 반대로 P_i가 작아지면 점 3이 올라가고 노즐로부터 플래퍼가 떨어져서 출력압력은 거의 대기압으로 된다. 이와 같이 2위치 동작조절기에는 어떤 기준값을 중심으로 한 입력압력 P_i가 커지고 작아짐에 따라 2위치 동작을 시킬 수가 있다.

2. 비례동작(P 동작)

비례동작(proportional action)은 제어량과의 차의 크기에 비례한 조작량의 변화를 주는 제어동작이며, 제어동작이 연속적으로 이루어지는 연속동작 중 가장 기본이다.

[그림 9-34]와 같이 조절기에 제어동작신호 $x_i(t)$가 입력으로 들어가면, 조작신호 $x_o(t)$이 나온다. 이때, 조절기가 내는 조작신호 $x_o(t)$은 목표값과 제어량과의 편차 $x_i(t)$에 대하여 다음과 같이 주어진다.

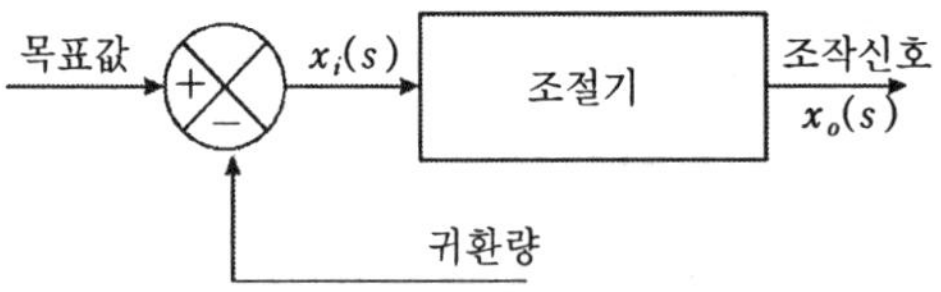

[그림 9-34] 조절계 블록선도

$$x_o(t) = K_P x_i(t) \quad \cdots\cdots (9-14)$$

여기서, K_P는 비례동작의 계수 또는 비례이득이라 한다.

따라서 전달함수는

$$\frac{X_o(s)}{X_i(s)} = K_P$$

이다. 실제의 구조가 어떻든 또는 어떤 구동력이 쓰이든 비례 동작조절기는 일종의 가변 이득 증폭기이다.

(1) 공기식 비례동작조절기

비례동작을 시키기 위해서는 [그림 9-33]의 2위치 동작에 귀환 벨로즈를 달아 감도를 떨어뜨린 것으로 [그림 9-35]와 같다. 그림에서 벨로즈의 아래쪽은 고정되어 있고, 위쪽 끝을 벨로즈 안의 압력에 따라 수직으로 움직일 수 있게 되어 있다. 벨로즈가 팽창하고 수축함에 따라 플래퍼의 오른쪽 끝은 수직으로 움직이게 된다. 이와 같은 구조를 가지는 노즐 플래퍼계를 이용할 때 평형상태에서 계단 변화가 있게 되면, 플래퍼의 왼쪽이 그 계단 변화에 알맞은 정도로 아래쪽으로 움직여 노즐 안의 압력은 증가하고, 이 증가된 압력은 벨로즈로 전해져서 벨로즈가 팽창하게 되면 벨로즈를 위쪽으로 움직이게 한다.

따라서, 벨로즈는 처음의 계단 변화로 플래퍼가 움직인 거리를 일부분 상쇄시키는 역할을 하고, 벨로즈가 없을 때보다 감도가 떨어지게 된다. 이 경우 전달함수 $G(s)$는 변위 평형식 전송기와 같은 방법으로 구할 수 있다.

[그림 9-27]의 (a), (b), (c)에서 L_1, L_2, K_s 및 A_f는 모두 상수이므로 K_n을 크게 하면 변위 x_i를 그 값에 거의 정확히 비례하는 조절신호 P_o로 변화시킬 수 있다.

표준 귀환회로의 전달함수는 $\dfrac{G(s)}{1+G(s)H(s)}$이므로 $G(s)H(s) \gg 1$이라 하면 전달함수는 대략 $\dfrac{1}{H(s)}$로 놓을 수 있으므로 입력 X_i와 출력 P_o에 대한 전달함수는

$$G_c(s) = \frac{P_o(s)}{X_i(s)} = K_P = \frac{1}{H(s)} = \frac{L_2}{L_1} \cdot \frac{K_s}{A_f} \quad \cdots\cdots\cdots (9-15)$$

가 되고, K_P는 조절기의 비례이득이다.

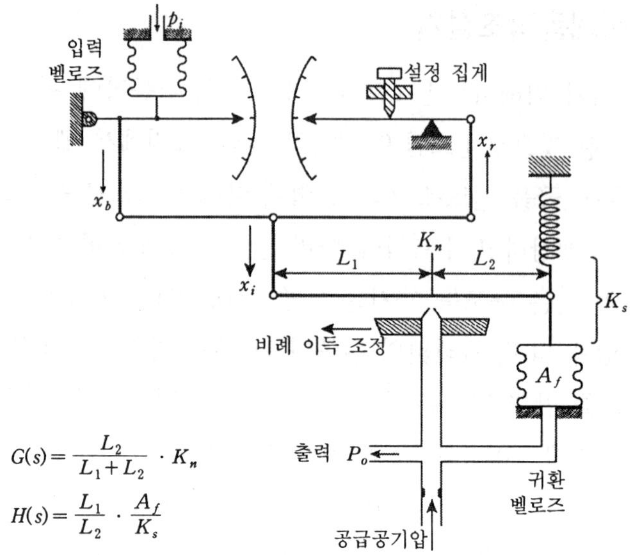

[그림 9-35] 공기식 비례동작조절기

(2) 전기식 비례동작조절기

[그림 9-35]의 공기식 비례동작을 전기 조절기회로로 나타내면 [그림 9-36]과 같다. 그림에서 x_b를 주귀환량으로서의 전압, x_o를 증폭기(이득 $A \gg 1$)

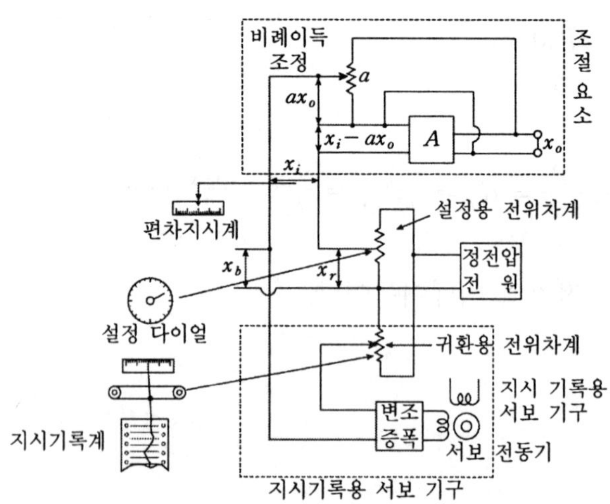

[그림 9-36] 비례동작의 전기회로

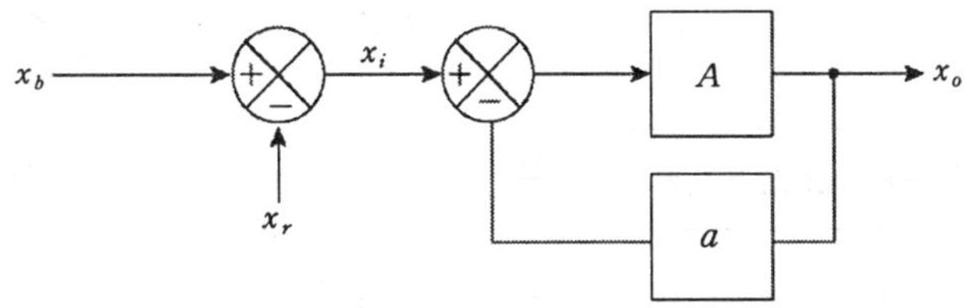

[그림 9-37] 전기회로의 블록선도

의 출력전압, a를 분압비 v인 전위차계라 하면, 블록선도는 [그림 9-37]과 같이 된다. 따라서, 조절요소가 $A_a \gg 1$이라 하면 조절요소의 비례이득 K_P는 다음과 같다.

$$K_P = \frac{1}{a} \quad \cdots\cdots (9-16)$$

3. 비례미분동작(PD 동작)

미분동작(derivative action)은 제어편차의 미분에 비례하여 출력을 내는 조절동작이며, 이 동작은 과도기간 동안에만 효과가 있으므로 단독으로는 실제 조절동작에 쓰이지 않고, 언제나 비례동작과 함께 쓰인다.

비례미분 조절기의 제어동작은 다음 방정식으로 정의된다.

$$x_o(t) = K_p x_i(t) + K_p T_D \frac{dx_i(t)}{dt}$$

$\frac{d}{dt}$를 s라 놓고 정리하면, 전달함수 $G_c(s)$

$$\frac{X_o(s)}{X_i(s)} = G_c(s) = K_p(1 + T_D s) \quad \cdots\cdots (9-17)$$

여기서, K_p는 비례감도, T_D는 미분시간을 나타낸다. K_p와 T_D는 모두 조절가능하다. 미분제어동작을 비율제어(rate control)라고도 하는데, 이 비율조절기의 출력크기는 동작신호의 변화율에 비례한다.

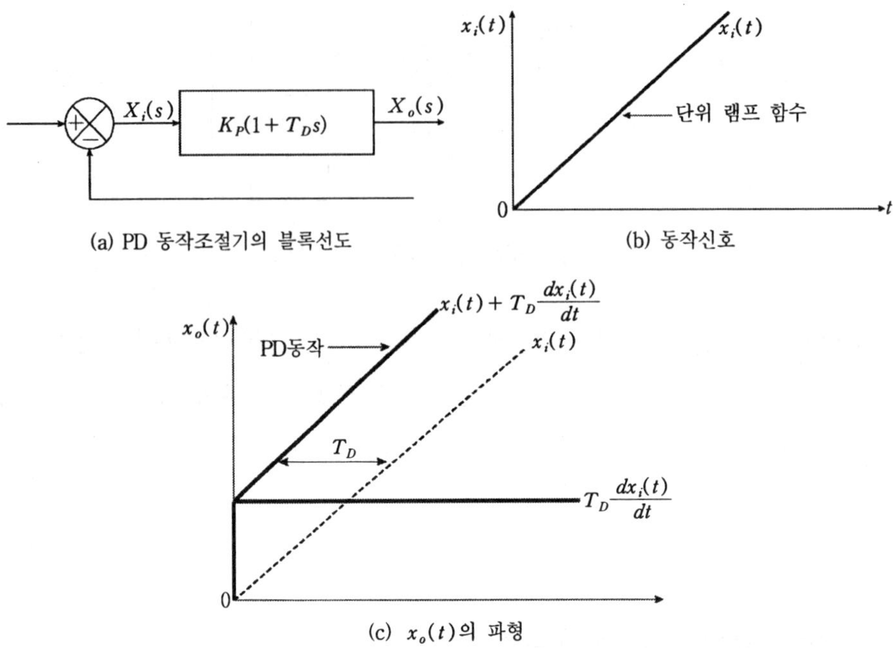

[그림 9-38] 비례미분동작의 블록선도와 파형

[그림 9-38](a)는 PD 동작조절기의 블록선도이다. [그림 9-38](b)에서처럼 만일 동작신호 $x_i(t)$가 단위 램프 함수이면 이 조절기의 출력 $x_o(t)$는 그림 [9-38](c)에서 보듯이 현재의 편차방향과 변화속도의 크기에서 장래의 상황을 예측하고 미리 수정동작을 하는 이점이 있으나 잡음 신호를 증폭하여 조작기기를 쉽게 포화시키는 결점이 있다.

미분동작에 의한 조작량의 크기와 비례동작에 의한 조작량의 크기가 같게 되기까지의 시간을 미분시간이라 하며, T_D로 표시한다. T_D가 큰 만큼 비례동작만으로 조절할 때보다 조작량의 변화가 빨라지고, 이때 미분동작은 강하다고 말한다.

따라서, 미분동작을 부가하면 지연시간이 큰 공정에서도 제어계의 응답을 빠르게 할 수 있다. 특히, 시간의 지연이 있는 공정에 적당하다. 그러나 주기가 짧은 외란이 있는 공정에서는 외란에 의해 조작량이 크게 움직이므로 나쁘다. 예를 들면, 오리피스 유량계를 이용한 유량제어계 등은 이 경우에 해당되므로 미분동작을 이용하지 않는 것이 좋다.

(1) 공기식 비례미분동작조절기

공기식 비례미분동작은 [그림 9-35] 비례동작에 스로틀 밸브(throttle valve)와 적분수조를 부가시킨 1차 지연요소를 귀환경로로 되게 한 것으로 [그림 9-39](a)와 같다.

비례미분동작의 전달함수는

$$G_c(s) = K_p(1 + T_D s) \qquad (9-18)$$

가 된다.

그림 (b)는 1차 지연전기회로와 등가임을 나타낸 것이며, 압력 P_o에서 벨로즈의 압력 P_f까지의 전달함수 $H_f(s)$는

$$H_f(s) = \frac{P_f}{P_o} = \frac{1}{1 + T_D S} \qquad (9-19)$$

이 되고, T_D는 적분 탱크 용량과 미분 스로틀 밸브 저항으로 결정되는 값이며, 미분 스로틀 밸브에 의해 값이 바꾸어진다. 비례동작에서는 [그림 9-35]에 나타낸 바와 같이 P_o가 직접 벨로즈에 가해진 데 반하여 [그림 9-39]에 나타낸 조절기에서는 $H_f(s)$를 거쳐 P_f로서 벨로즈에 가해진다. 이때 귀환전달함수 $H'(s)$는 식 (9-15)의 $H(s)$와 식 (9-19)의 $H_f(s)$와의 곱이 되므로, 이 조절요소의 전달함수 $G_c(s)$는

$$\begin{aligned} G_c(s) &= \frac{1}{H'(s)} = \frac{1}{H(s)} \cdot \frac{1}{H_f(s)} \\ &= \frac{L_2}{L_1} \cdot \frac{K_s}{A_f}(1 + T_D s) \qquad (9-20) \end{aligned}$$

이 되어 식 (9-17)과 같은 모양이 되며, K_p는 식 (9-15)로부터

$$K_P = \frac{L_2}{L_1} \cdot \frac{K_s}{A_f} \qquad (9-21)$$

가 된다.

또 공기식 비례미분동작을 [그림 9-27]을 기준으로 그리면 그림 (c)와 같이 되며 이 블록선도로부터 전달함수를 구하면

$$G_c(s) = \frac{P_o(s)}{X_i(s)} = \frac{L_2 K_s}{L_1 A_f}(1 + T_D s)$$

이 되므로 식 (9-20)과 동일임을 알 수 있다.

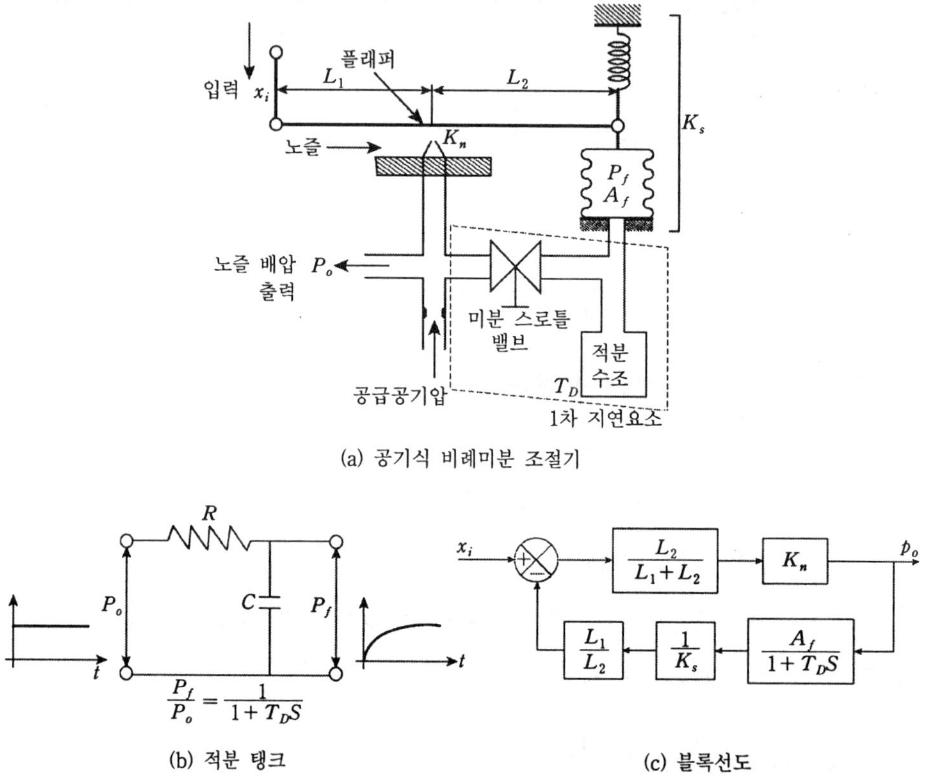

[그림 9-39] 공기식 비례미분 동작조절기

(2) 전기식 비례미분동작조절기

[그림 9-39]의 비례미분동작을 전기 조절기회로로 나타내면 [그림 9-40]과 같은 $R-C$ 회로, 즉 1차 지연회로를 삽입하면 된다. 입력 x_i, 출력전압 x_o일 때 귀환회로의 전달함수는

$$H_f(s) = \frac{\frac{1}{CS}}{R + \frac{1}{Cs}} = \frac{1}{1+RCs} \quad \cdots\cdots (9-22)$$

비례감도 $K_p = \frac{1}{a}$ 이므로 전체의 전달함수는

$$G_c(s) = \frac{1}{a}\left(\frac{A}{1+A\frac{1}{1+RCs}}\right) = \frac{1}{a}\left(\frac{1}{\frac{1}{A}+\frac{1}{1+RCs}}\right)$$
$$\cdots\cdots (9-23)$$

$A \to \infty$ 이면

$$G_C(s) = \frac{1}{a}(1+RCs) \quad \cdots\cdots (9-24)$$

$$T_D = RC$$

$$\therefore \ G_C(s) = \frac{1}{a}(1+T_D s) \quad \cdots\cdots (9-25)$$

이 된다.

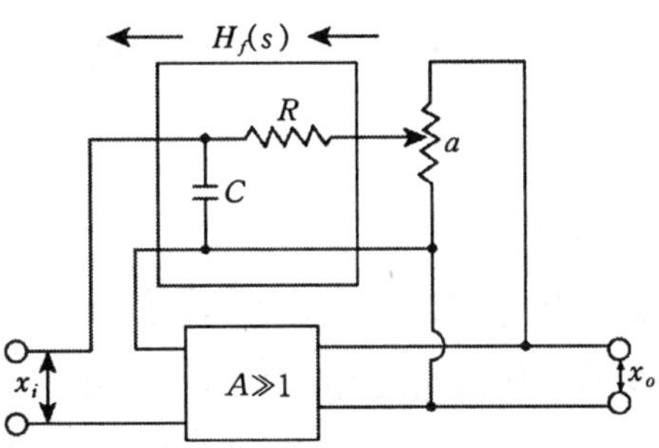

[그림 9-40] 비례미분동작의 전기회로

4. 비례적분동작(PI 동작)

비례동작에서 설명한 바와 같이 비례동작만 있는 조절기로 공정을 제어하면 제

어량이 목표값과 반드시 일치되지 않는 경우가 많다. 이러한 결점을 줄이기 위하여 비례동작과 적분동작을 합한 조절동작을 공정제어에 사용하기도 하는데, 이를 비례적분동작(propotional integral action) 또는 PI 동작이라 한다. 적분동작은 이와 같이 비례동작에 곁들여 사용하기도 하지만, 단독으로 사용되는 경우는 드물다.

비례적분동작조절기의 제어동작은 다음 방정식으로 정의된다.

$$x_o(t) = K_p x_i(t) + \frac{K_p}{T_I}\int_0^t x_i(t)dt$$

이것의 전달함수는

$$\frac{X_o(s)}{X_i(s)} = K_p\left(1 + \frac{1}{T_I s}\right) \quad \cdots\cdots (9-26)$$

여기서, K_p는 비례감도 또는 이득이다.

K_p와 T_I는 모두 조정가능하다. 적분시간은 적분제어동작을 조정하는 반면 K_p의 변화는 비례 및 적분제어동작 모두에 영향을 준다. 적분시간 T_I의 역을 리셋률(reset rate)로 매분당 비례제어동작이 몇 번 반복되는가의 횟수를 나타낸다. [그림 9-41](a)는 PI 동작조절기의 블록선도이다. 만일 동작신호 $x_i(t)$가 [그림 9-41](b)에서와 같이 단위계단함수이면 이 조절기의 출력 $x_o(t)$는 [그림 9-41](c)와 같이 된다.

적분동작에 의한 조작량의 크기가 비례동작에 의한 조작량의 크기와 같아질 때까지의 시간을 적분시간(integral time)이라 하며, T_I로 표시한다. T_I가 작으면 조작량의 변화속도가 빠르며, 이때 적분동작이 강하다고 말한다. 적분동작에서는 편차가 존재하는 한 조작량이 계속 움직이므로 정상편차는 있을 수 없다. 그러므로 비례적분동작은 비례동작과 적분동작을 잘 조합해서 비례동작에서의 정상편차를 없애기 위해 사용된다. 비례동작에 적분동작을 더하면 정상편차는 없어지지만, 비례동작만을 사용할 때보다 정상상태에 도달하는 시간이 길어진다.

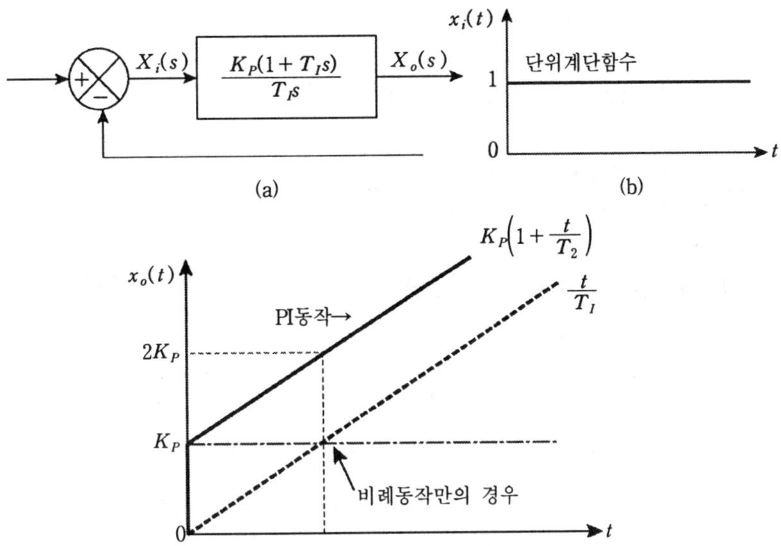

[그림 9-41] 비례적분동작의 블록선도와 파형

(1) 공기식 비례적분동작조절기

이것은 [그림 9-35]에 스로틀 밸브와 또 한 개의 벨로즈를 [그림 9-42]와 같이 조합하면 스로틀 밸브(이 경우 보통 적분 스로틀 밸브라 함)를 통하여 노즐 압력이 적분 벨로즈에도 들어가 비례귀환 벨로즈의 움직임을 눌러 되돌아가게 한다. 입력 x_i에 의해 플래퍼가 노즐에 가까워지면 노즐 압력이 순간적으로 비례 벨로즈에 들어가 비례동작을 한다. 또, 공기는 적분 스로틀 밸브를 거쳐 적분 벨로즈에 들어가 적분 벨로즈의 압력을 서서히 올려 플래퍼를 노즐에 접근시켜 노즐 압력은 시간과 더불어 상승한다.

위와 같은 요소의 결합은 편차신호의 비례, 적분동작을 조작부에 보내주기 위해 조절부에서 자주 사용되며 적분 스로틀 밸브가 열리는 정도를 바꿈으로써 적분시간 R_I을 바꿀 수 있다.

비례적분동작의 전달함수는

$$G_C(s) = K_p\left(1 + \frac{1}{T_I s}\right) \cdots\cdots (9-27)$$

가 되므로 식 (9-15)를 (9-27)에 대입하면

$$G_c(s) = \frac{L_2}{L_1}\frac{K_s}{A_f}\left(1 + \frac{1}{T_I s}\right) \cdots\cdots (9-28)$$

가 된다. 식 (9-28)에서 구한 전달함수는 다음과 같은 블록선도를 이용해도 구할 수 있다. 즉, [그림 9-42]는 [그림 9-35]에 적분수조 및 적분 스로틀 밸브로 되는 시정수 T_I의 1차 지연요소와 적분 벨로즈와의 직렬회로가 비례 벨로즈에 병렬로 접속되어 있는 상태이므로, 이 부분의 블록선도를 [그림 9-27]을 기준으로 그림을 그리면 [그림 9-43]과 같이 된다.

[그림 9-43](c)로부터 전달함수 $G_C(s)$는

$$G_C(s) = \frac{P_o}{X_i} = \frac{L_2}{L_1}\frac{K_s}{A_f}\left(1 + \frac{1}{T_I s}\right) \cdots\cdots (9-29)$$

이 되어 식 (9-28)과 같음을 알 수 있다.

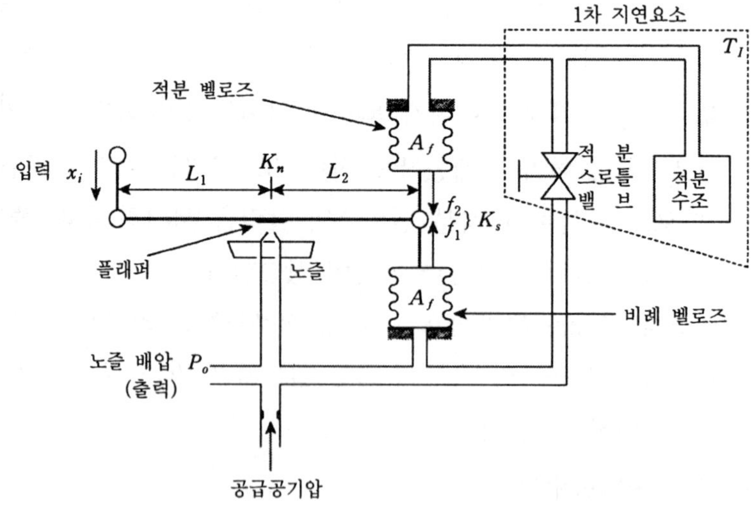

[그림 9-42] 공기식 비례적분동작조절기

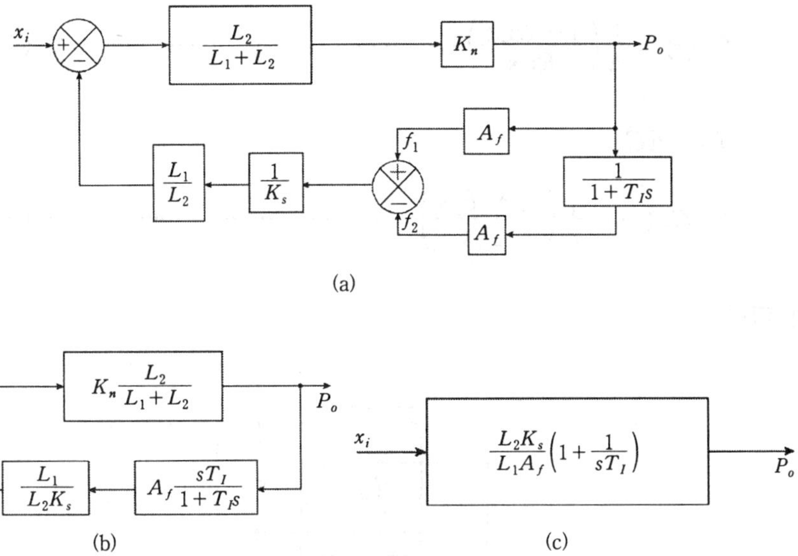

[그림 9-43] 공기식 비례적분 블록선도

(2) 전기식 비례적분동작조절기

[그림 9-43]의 비례적분동작을 전기 조절기회로로 나타내면 [그림 9-44]와 같은 $R-C$ 회로이다. 입력전압 x_i, 출력전압 x_o일 때 귀환회로의 전달함수를 구하면

$$H_f(s)=\frac{R}{R+\frac{1}{Cs}}=\frac{RCs}{1+RCs} \quad \cdots\cdots (9-30)$$

비례감도 $K_p=\frac{1}{a}$이므로 전체의 전달함수는

$$G_C(s)=\frac{1}{a}\left(\frac{A}{1+A\frac{RCs}{1+RCs}}\right)=\frac{1}{\frac{1}{A}+\frac{RCs}{1+RCs}} \quad \cdots\cdots (9-31)$$

$A\to\infty$이면

$$G_C(s) = \frac{1}{a}\left(\frac{1+RCs}{RCs}\right) \quad \cdots\cdots (9-32)$$

$$T_I = RC$$

$$\therefore \; G_C(s) = \frac{1}{a}\left(\frac{1+T_I s}{T_I s}\right) \quad \cdots\cdots (9-33)$$

이 된다.

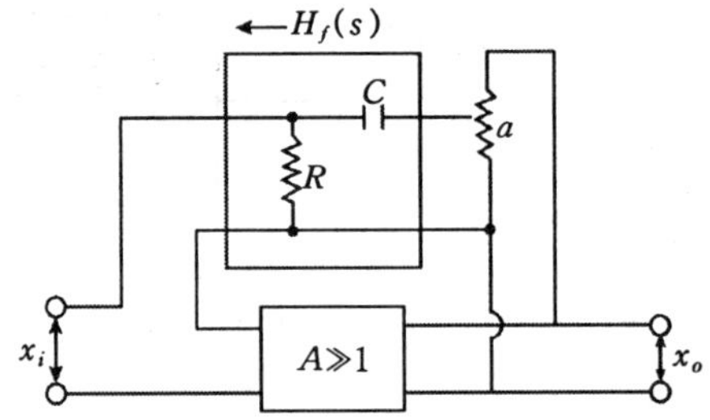

[그림 9-44] 비례적분동작의 전기회로

5. 비례미분적분동작(PID동작)

비례, 적분, 미분의 동작을 모두 조합한 것으로 적분동작으로 정상편차를 없애고, 미분동작으로 응답을 빠르게 하는 것이다. 이 비례적분 미분동작의 조절기는 다른 동작의 조절기에 비하면 값이 비싸지만, 조절효과가 좋고 속도가 빨라서 널리 이용되고 있다. 이 조절기의 동작특성을 나타내는 방정식은 다음과 같다.

$$x_o(t) = K_P x_i(t) + K_p T_D \frac{dx_i(t)}{dt} + \frac{K_p}{T_I}\int_0^t x_i(t)dt$$

이의 전달함수는

$$\frac{X_o(s)}{X_i(s)} = K_p\left(1 + T_D s + \frac{1}{T_I s}\right) \quad \cdots\cdots (9-34)$$

여기서, K_p는 비례감도, T_D는 미분시간, T_I는 적분시간이다. PID 동작조절기의 블록선도는 [그림 9-45](a)와 같고, $x_i(t)$가 [그림 9-45](b)에서와 같이 단위 램프 함수이면 이때 조절기의 출력 $x_o(t)$는 [그림 9-45](c)와 같다.

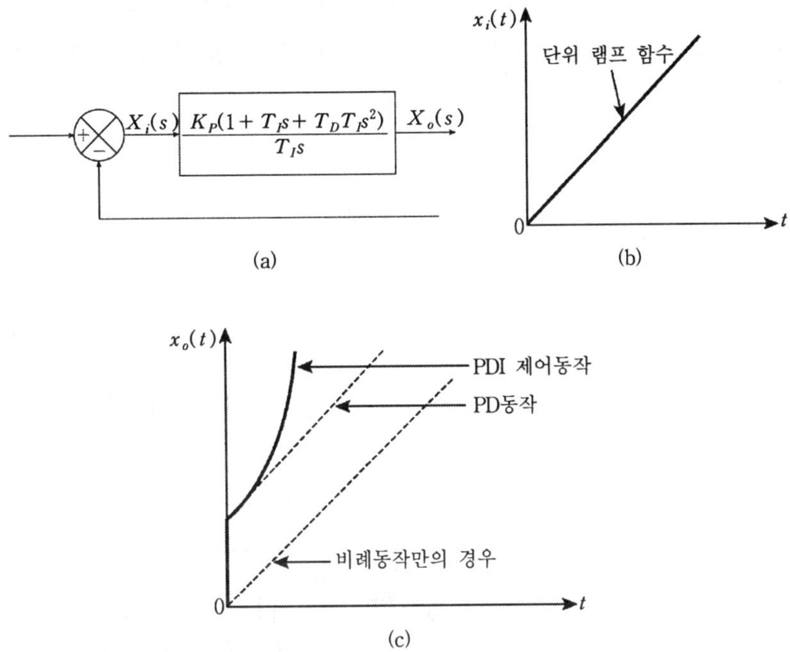

[그림 9-45] 비례미분적분 동작의 블록선도와 파형

(1) 공기식 비례미분적분동작 조절기

[그림 9-46]은 비례적분미분 동작을 하는 공기식 조절기를 나타낸 것으로 비례미분동작과 비례적분동작의 조합임을 쉽게 알 수 있다.

비례적분미분동작의 전달함수는

$$G_C(s) = K_p\left(1 + \frac{1}{T_I s} + T_D s\right) \quad \cdots\cdots (9-35)$$

가 되므로 식 (9－15)를 (9－35)에 대입시키면

$$G_C(s) = \frac{L_2}{L_1}\frac{K_s}{A_f}\left(1 + \frac{1}{T_I s} + T_D s\right) \quad \cdots\cdots (9-36)$$

가 된다. 한편, [그림 9－46]에서 T_D 조정용 1차 지연요소 T_D와 스로틀 밸브 저항이 각각 T_I, 조정용 1차 지연요소의 T_I 및 스로틀 밸브 저항에 비하여 대단히 적으면 [그림 9－47]과 같은 블록선도를 얻을 수 있고, 이것에 의하여 $G_C(s)$는 다음 식으로 나타낸다.

$$\begin{aligned} G_C(s) &= \frac{L_2 K_s}{L_1 A_f}\left(\frac{1 + T_I s}{T_I s}\right)(1 + T_D s) \\ &= \frac{L_2 K_s}{L_1 A_f}\left(1 + \frac{T_D}{T_I} + \frac{1}{T_I s} + T_D s\right) \quad \cdots\cdots (9-37) \end{aligned}$$

그런데, $T_I \gg T_D$이므로 $G_C(s)$는 다음과 같은 근사값이 된다.

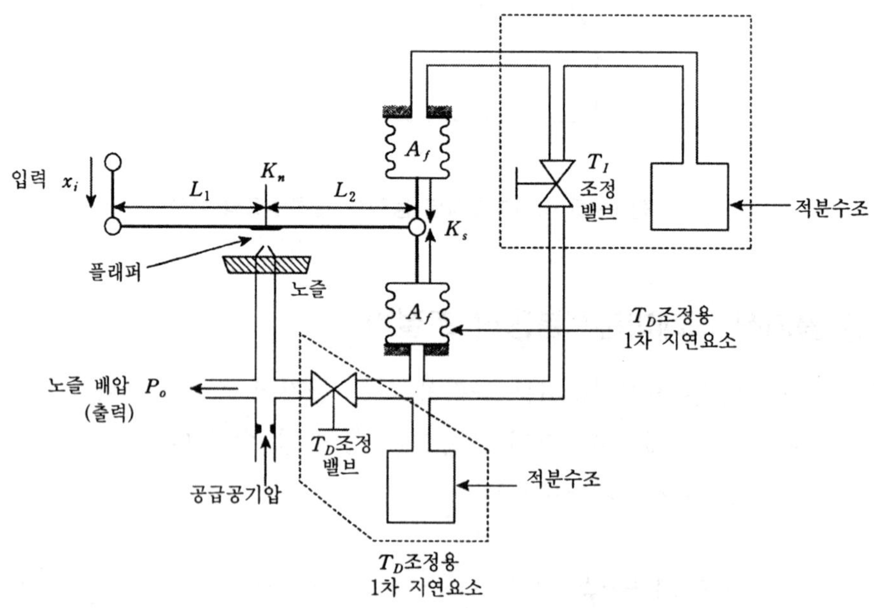

[그림 9-46] 공기식 비례미분 적분동작조절기

$$G_C(s) = \frac{L_2 K_s}{L_1 A_f}\left(1 + \frac{1}{T_I s} + T_D s\right) \quad \cdots\cdots (9-38)$$

결국, 식 (9-36)과 같다.

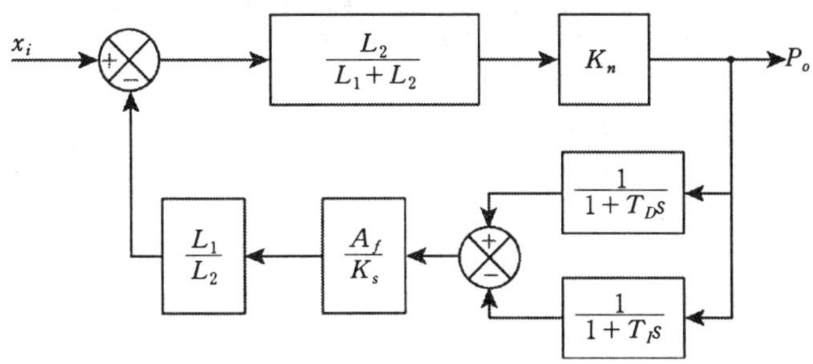

(a)

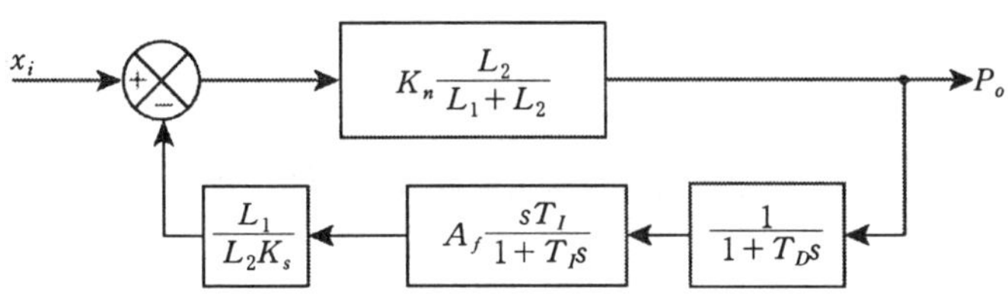

(b)

[그림 9-47] 블록선도

(2) 전기식 비례미분적분 동작 조절기

[그림 9-46]의 비례미분적분 동작을 전기 조절기회로로 나타내면 [그림 9-40]과 [그림 9-44]의 합성으로 [그림 9-48]과 같이 된다. 귀환회로의 전달함수 H_f를 구하면

$$H_f(s) = \frac{T_I s}{1 + s(T_I + T_D C_1 + T_D) + T_I T_D s^2} \quad \cdots\cdots (9-39)$$

단, $T_I = R_I C_I$, $T_D = R_D C_D$이다.

지금 전위차계 a의 저항값이 R_D, R_I에 비하여 충분히 적으면 이 조절요

소의 전달함수 $G_C(s)$는

$$G_C(s)=\frac{1}{a}\cdot\frac{1}{H_f(s)}=\frac{1}{a}\left(1+\frac{R_DC_I}{T_I}+\frac{T_D}{T_I}+\frac{1}{T_Is}+T_Ds\right)$$

$$\therefore\ G_C(s)=\frac{1}{a}\left(1+\frac{R_D}{R_I}+\frac{T_D}{T_I}+\frac{1}{T_Is}+T_Ds\right)\cdots\cdots(9-40)$$

$R_D \ll R_I$, $T_D \ll T_I$라 하면

$$G_C(s)=K_p\left(1+\frac{1}{T_Is}+T_Ds\right)\cdots\cdots(9-41)$$

여기서 $K_p=\frac{1}{a}$이다.

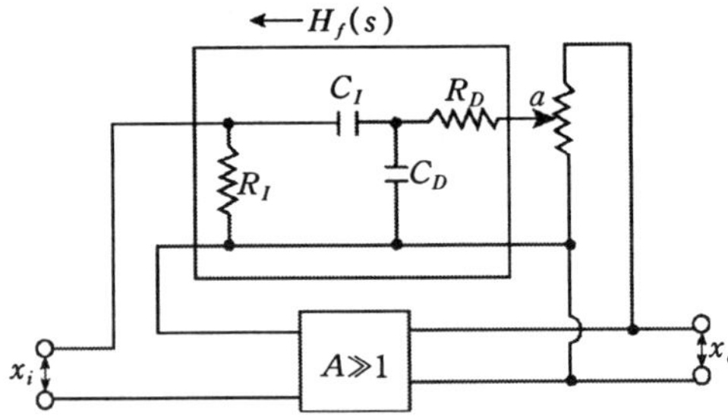

[그림 9-48] 비례적분미분동작의 전기회로

9−5 조작기

조작부는 조절기에서 조절신호를 받아서 이를 조작량으로 변환시켜 제어대상에 힘을 주는 부분을 말한다. 조작요소는 조절기에서 나오는 신호에 따라 운

동하는 액추에이터(actuator) 부분과 이 운동에 따라 조작량을 정해주는 부분으로 나눌 수 있다.

공정제어에서는 보통 밸브의 개폐에 의해 조절신호에 비례한 에너지, 원료 등의 유량을 변화시킨다. 따라서, 조작기는 입력신호를 충분한 조작력을 수반한 변위로 바꾸는 파워 증폭부와 이 변위에 대하여 유량으로 변환시키는 제어 밸브로 구성된다.

조작요소와 구비해야 할 조건은 다음과 같다.

① 조작요소에 가해지는 반력에 대항하여 동작할 수 있는 조작력이 있을 것
② 움직이는 부분에 이력현상(hysteresis)이 없고, 반응속도가 빠를 것
③ 동작범위, 특성 및 크기가 사용하기에 적당할 것
④ 신뢰성이 높고, 관리 및 보수가 쉬울 것

실제로 조작요소의 선택을 잘못하면 이것이 운동할 때 제어의 안정성을 해치게 되며, 심할 경우에는 제어가 불가능할 때도 있다.

조작장치에는 조절신호의 종류에 따라 공기식, 유압식, 전기식 및 이것들을 조합한 혼합식이 있다.

1. 공기식 조작기

공기식 조작기는 공기식 조절기의 공기압 출력신호 또는 별도의 압축공기를 받아서 동작하는 장치이다.

(1) 다이어프램식 조작장치

공기식 조작장치는 공정제어에 널리 쓰이는데, 대부분이 스프링을 사용한 다이어프램(diaphragm)식 조작장치이다. 이 조작장치는 0.2~1.0 [kg/cm^2]의 조작 공기압에 대응하여 조작단이 모두 열리는 위치에서 모두 닫히는 위치까지 움직일 수 있도록 설계되어 있다. 조작 공기압이 증가하면 구동축이 밑으로 내려오는(밸브를 닫아 주는) 정동작형이 대부분이다. 이와 반대로 구동축이 위로 올라가는(밸브가 열리는) 역동작형도 공정의 성질에 쓰이고 있다.

[그림 9-49]는 정동작형 다이어프램식 조작장치와 밸브의 구조를 나타낸 것으로 이것을 다이어프램 밸브라 한다. 다이어프램은 보통 섬유질을 넣은 합성고무를 사용하여 가운데 부분을 볼록하게 만든 고무막이다. 다이어프램의 위쪽에 공기압을 가하면 구동축을 아래로 누르는 힘이 생기는데, 이 힘이 스프링과 평형되는 위치까지 구동축을 움직이므로, 변위는 공기압의 크기에 따라 정해진다.

다이어프램식 조작장치의 특성은 보통 비례요소로 생각하면 된다. 그러나 다이어프램의 유효 넓이를 크게 할수록 공기용량에 의한 시간의 뒤짐이 커지기 때문에 비례요소라고 할 수 없다. 또, 다이어그램의 크기에는 한계가 있다.

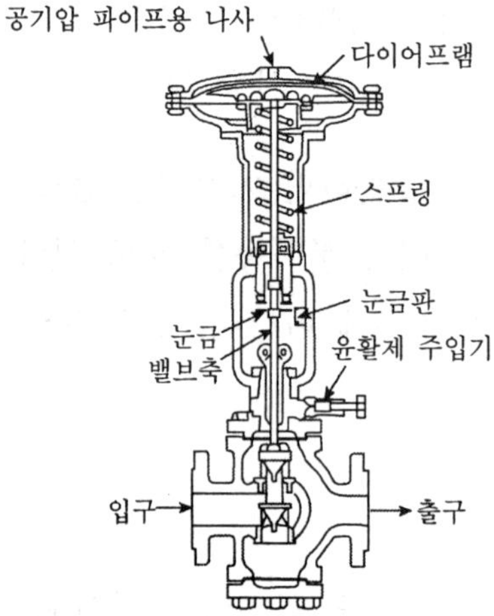

[그림 9-49] 다이어프램 밸브

(2) 밸브 포지셔너

[그림 9-49]와 같은 다이어프램 밸브는 조절기로부터 나오는 공기압을 직접 조작부에 가하면 공기압과 밸브의 열림상태와의 관계를 비례관계로 하는 것이 어렵기 때문에 밸브 포지셔너(valve positioner)를 사용한다.

밸브 포지셔너는 공기식 조절장치에 부착하여 밸브축에 작용하는 마찰력이나 조작단에 작용하는 반대 힘을 이겨내어 밸브축을 공기압의 크기에 따라 변화하는 위치에 고정시키는 장치이다.

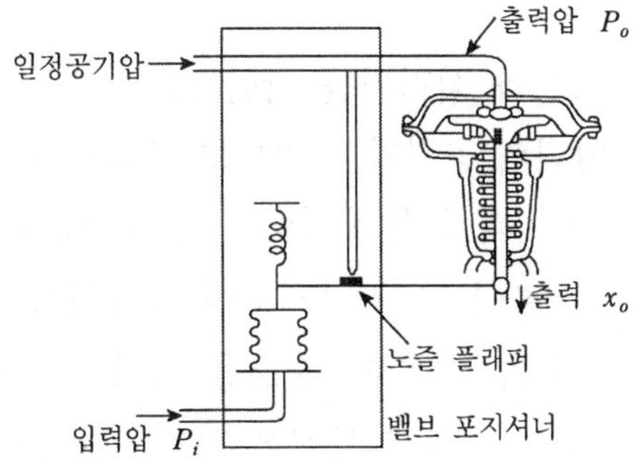

[그림 9-50] 밸브 포지셔너

스프링을 사용하지 않는 조작장치에는 반드시 밸브 포지셔너를 사용해야 한다. [그림 9-50]은 변위 평형식 밸브 포지셔너의 원리를 나타낸 것으로서, 비례조절기와 아주 비슷한 구조를 가지고 있다. 단지 설정부가 없고, 귀환 벨로즈를 다이어프램으로 바꿨을 뿐이다. 따라서 밸브 포지셔너의 출력 x_o는 입력 P_i에 정확하게 비례하여 증폭된다.

이와 같이 하여 입력압 P_i에 정확히 비례하는 밸브의 열림이 얻어져 이것과 유량변화가 비례하는 구조의 밸브라면 입력압 P_i에 비례하는 유량변화가 얻어진다.

(3) 파워 실린더

조작력이나 구동축의 움직이는 거리가 다이어프램으로 구동되는 것보다 더 큰 것을 필요로 하는 조작장치에는 파워 실린더(power cylinder)가 쓰인다. 파워 실린더는 밸브 포지셔너와 마찬가지로, 조작공기압에 대응하는 보조공기를 실린더 안에 끌어들여 피스톤(구동축)의 변위를 공기압에 비례시키는 공기식 증폭기이다.

실린더는 다이어프램보다 비교적 높은 압력에 견딜 수 있으므로, 이러한 장치에서는 일반적으로 3~7 [kg/cm^2]의 비교적 높은 공기압이 쓰인다.

2. 유압식 조작기

유압식 조작기에는 피스톤과 실린더를 합한 조작 실린더가 널리 쓰이고 있다. 조작 실린더는 높은 압력의 공기가 쓰이므로 조작력이 크고 응답이 빠르다.

조작 실린더는 크게 단동식과 복동식으로 나눌 수 있으며, 일반적으로 피스톤의 양쪽에 조작신호를 가하여 그 차압으로써 작동시키는 복동식이 많이 쓰인다. 단동식은 피스톤의 한쪽에만 조작신호를 가하여 유압에 의하여 생기는 힘을 스프링과 평형시킬 수 있지만 복동식은 자기 평형성이 없기 때문에 피스톤의 위치를 결정해주기 위해서는 귀환 기구나 포지셔너를 달아 주어야 한다.

조작 실린더는 동작하는 방식에 따라 직동식과 크랭크식으로 나눌 수 있다. 직동식은 일반적으로 실린더를 고정시키고 피스톤을 왕복시키는 방식으로, 공작기계의 조작 등에 쓰인다. 크랭크식은 피스톤의 직선운동을 크랭크를 이용하여 회전운동으로 변환시켜 주는 방식이다. 크랭크식은 구동축이 회전운동을 하고 있으므로, 직동식에 비하여 기름이 샌다거나 축의 마멸이 적은 이점이 있으며 이것은 나비 밸브(butterfly valve) 등의 조작에 쓰인다. [그림 9-51]은 밸브 포지셔너가 연결된 유압식 조작기를 나타낸 것이다.

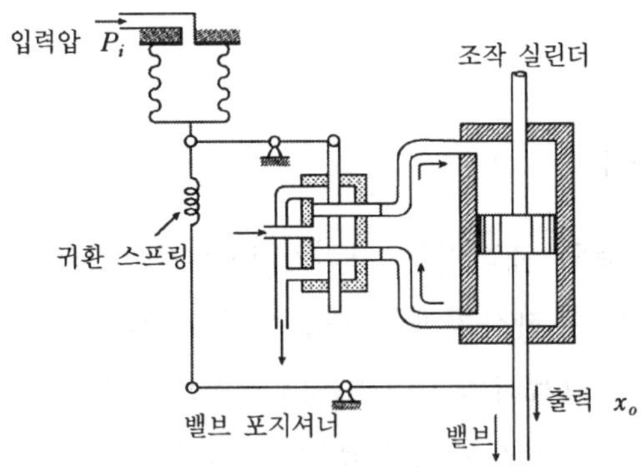

[그림 9-51] 유압식 조작기

3. 전기식 조작기

전기식 조작기에는 조작용 전동기, 전자 밸브, 전동 밸브가 있다.

(1) 조작용 전동기

조작용 전동기는 특히 빠른 응답이 필요하기 때문에 보통 전동기와는 다른 다음과 같은 점이 있다.

① (+)방향과 (−)방향의 회전이 자유로우며, 회전할 때에 마찰이 작다.

② 회전자의 관성 모멘트가 작고, 시동 토크가 크다.

③ 일정한 입력신호일 때에는 회전수가 커짐에 따라 토크가 작아진다.

조작 전동기에는 직류식과 교류식이 있다. 직류식은 큰 출력을 필요로 할 때, 교류식은 작은 출력을 필요로 할 때 쓰인다.

교류 조작 전동기로 많이 쓰이는 것으로는 2상 유도전동기가 있다. 2상 유도전동기는 0.2[kW]로부터 15[kW] 정도까지 표준화되어 있으며, 고정자에는 서로 직각으로 만나는 권선이 있어 한쪽을 일정한 전압으로 여자시키고, 또 다른 권선에 제어신호를 걸어준다. 따라서, 제어전압의 위상이 180° 바뀌면 반대방향으로 0°가 되어 회전이 정지하도록 되어 있다.

(2) 전자 밸브

전자 밸브는 전자석과 밸브로 되어 있다. 전자 밸브는 계자 코일에 전류를 흘려줌으로써 전자석을 만들어 밸브를 여닫는 것이므로 2위치 동작을 한다. 따라서, 전자 밸브를 설치할 때에는 바이패스 파이프(by-pass pipe)를 설치하거나, 수동제어 밸브를 같이 써서 유량을 제어한다.

[그림 9−52](a)는 계자 코일에 끌려 움직이는 가동철심과 밸브 포트가 직결된 직동식 전자 밸브를 나타낸 것이다. 이러한 형식은 시간지연은 적지만, 유체의 차압에 따라 밸브 포트가 밸브 자리(valve seat) 쪽으로 눌려지기 때문에 밸브를 열 때에는 큰 전자력이 필요한 결점이 있다.

(3) 전동 밸브

[그림 9−52](b)와 같이 전동기로 밸브를 여닫는 조작을 하는 것을 전동 밸브라 한다. 전동 밸브에 가해지는 조작신호를 0이라 하면, 전동기의 회전이 정지하여 밸브는 임의의 크기로 열린다. 밸브축의 위치를 귀환시키면 비례동작

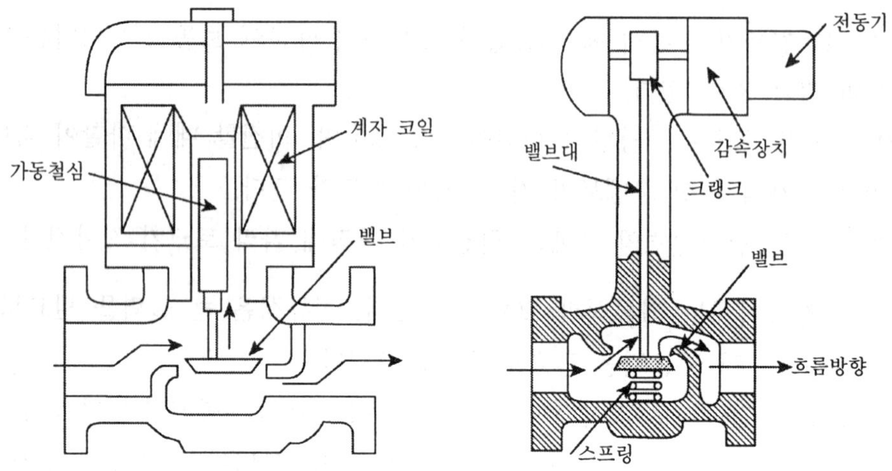

(a) 전자 밸브 (b) 전동 밸브

[그림 9-52] 전자 및 전동 밸브

을 시킬 수 있다.

전동 밸브는 밸브축이 어떤 위치까지 이동하였을 때 그 이상은 회전하지 않도록 리밋 스위치(limit switch)를 붙여 전동기의 전기회로를 끊어 주도록 한 것이 대부분이다.

4. 혼합식 조작기

실제로 현장에서는 전기신호의 장점과 공기압식 또는 유압식 구동부분의 장점을 살려 전류조작 신호를 공기압 또는 유압으로 바꾸어 공기압 구동 또는 유압 구동시키는 일이 많다.

그러기 위해서는 조작장치의 전류를 공기 또는 유압으로 바꾸어주는 기기가 필요하다. 이 원리는 신호전류를 전자력으로 바꾼 다음 공기식 또는 유압식의 비례동작장치를 이용하는 것이다.

[그림 9-53]은 신호전류를 공기압으로 바꾸어 출력 공기압으로 공기식 조작장치를 작동시키는 예를 나타낸 것으로, 신호전류에 의하여 레버에 전자력이 작용하며 레버가 움직임에 따라 노즐 배압이 변화한다.

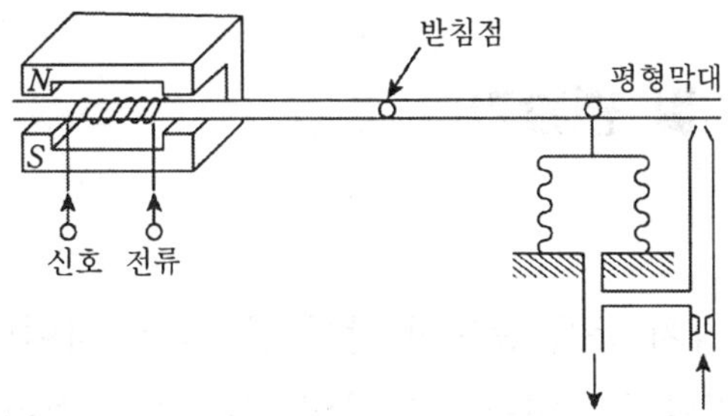

[그림 9-53] 전공식 변환기

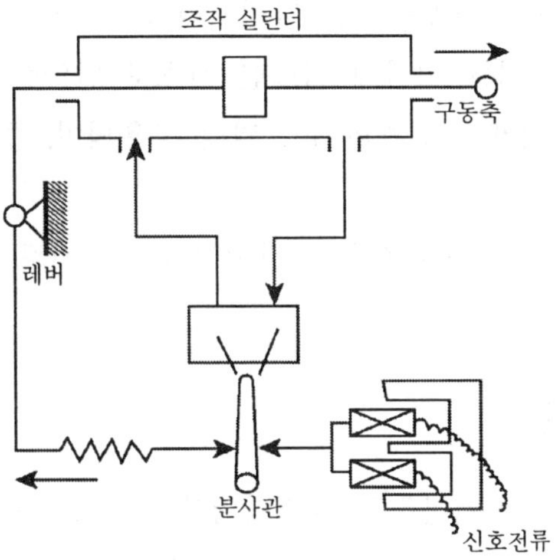

[그림 9-54] 전류 유압식 조작기

이때 출력압이 레버로 귀환되므로 전류는 그 값에 비례하는 공기의 압력으로 바꿀 수 있다.

[그림 9-54]는 전류 유압식 조작장치의 원리를 나타낸 것으로 신호전류에 의하여 분사관에 전자력이 작용하여 분사관의 위치를 움직여줌으로써 조작 실린더의 구동축이 움직인다. 실린더축의 변위는 레버에 의하여 분사관에 귀환되므로 전류에 의하여 조작 실린더를 구동시킬 수 있다.

9-6 검출기 및 변환기

고도화된 기계나 장치 등을 종전과 같이 인간의 감각이나 동작에 의해서 운전, 조작하는 것은 정확성, 신속성, 그 밖의 여러 가지 점에서 불리하므로 인간 대신 운전, 조작할 수 있는 새로운 자동제어장치를 필요로 하게 되었다. 이러한 자동제어장치에는 공업의 생산과정에 쓰이는 여러 가지 양들을 검출하는 검출요소가 필수적이며, 보통 이를 감지기라 한다. 또, 측정, 검출한 결과를 조절계에 전달할 경우에는 여기에 적합한 신호로 변환하는 변환기가 필요하다. 변환에는 전기 및 기계적인 변환기가 널리 사용되며, 증폭작용도 겸하고 있는 경우가 많다.

9-2절에서 설명된 제어요소들도 검출기나 변환기로 사용되므로 내용의 중복이 있다.

1. 온도의 검출

열이나 온도는 가장 기본적인 물리량임에도 불구하고 그것들을 시각적으로 또는 양적으로 측정하기란 매우 어려운 것이 사실이다. 따라서, 제품의 생산과 에너지 및 자원을 절약하기 위해서라도 각종 온도의 정확한 측정과 이에 대한 제어가 절대적으로 요구되고 있다.

온도를 측정하는 대상에는 실내온도나 반응장치 속의 물질의 온도 또는 파이프를 통해 흐르는 유체의 온도 등 여러 가지 측정 대상들이 있다. 또, 온도의 측정범위도 영하의 저온, 상온 또는 가열 가마 내부의 온도처럼 고온의 경우 등 여러 가지 범위의 것이 있으므로, 목적에 따라 온도를 그때마다 요구되는 정밀도와 정확도에 맞추어서 측정해야 한다.

(1) 열팽창식 온도계

1) 유리 온도계

유리 온도계는 유리관에 수은이나 알코올 같은 액체를 넣어 열에 의한 액체의 부피변화를 이용하여 온도를 측정하는 계기로서 흔히 보는 수은 온도계, 알코올 온도계가 있다.

수은 봉입 유리 온도계는 보통 −30 [°C]에서부터 350 [°C] 사이에서 사용되며, 특수한 경우에는 700 [°C]까지 측정할 수 있다. 그러나 유리 온도계는 심한 온도차가 있는 곳에서는 유리의 팽창과 수축이 심해 오차의 원인이 되므로 주의해야 한다.

2) 금속 팽창 온도계

이 온도계는 열팽창계수가 다른 2개의 금속판, 예를 들면 황동판과 인바(invar)판을 서로 맞붙여 만든 바이메탈(bimetal)로서, 온도가 상승하면 팽창계수가 작은 쪽으로 구부러지는 것을 이용하여 온도를 측정하는 장치이다. [그림 9-55]와 같이 금속판의 한쪽 끝을 고정시키고 다른 한쪽 끝에 바늘을 달아 변위에 따라 온도를 가리키도록 되어 있다. 바이메탈 온도계는 유리 온도계보다 견고하지만 틀어지기 쉽고 응답이 느린 단점이 있어 정밀측정에는 적합하지 않다. 따라서, 주로 저울이나 압력계 등의 온도보상장치나 전기 히터,

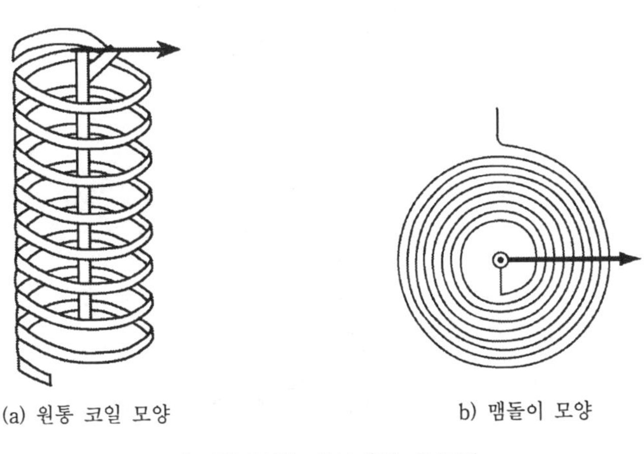

(a) 원통 코일 모양　　b) 맴돌이 모양

[그림 9-55] 바이메탈 온도계

전기 다리미 등의 온도조절기로 사용된다.

3) 압력식 온도계

일정 용적의 용기 내에 봉입된 유체의 압력이 온도에 따라서 변하는 현상을 이용하여 온도를 측정하는 방식이다. 이 온도계는 멀리 떨어져 있는 곳의 온도 측정이 가능하고 매우 낮은 온도도 측정할 수 있어, 진동 및 충격에 강하므로 공장에서 많이 사용되고 있으며, 대개 −35[°C]에서 500[°C]까지 사용할 수 있다.

[그림 9−56]은 압력식 온도계의 구조를 나타낸 것으로 감온부에는 액체, 기체 또는 증발할 수 있는 케로신, 메틸알코올과 같은 액체를 넣어 열팽창으로 인한 압력이 모세관을 통하여 부르동관(Bourdon tube)에 전달되어 온도를 측정하게 되어 있다.

압력 온도계에서 수은의 팽창으로 감압부의 이동과 온도 사이에는 다음과 같은 선형적 관계가 있다.

$$V_1 = V_o(1 + \beta T) \quad \cdots\cdots (9-42)$$

여기서, V_1 : 최종 부피, V_o : 처음 부피, β : 부피팽창계수, T : 온도변화이다.

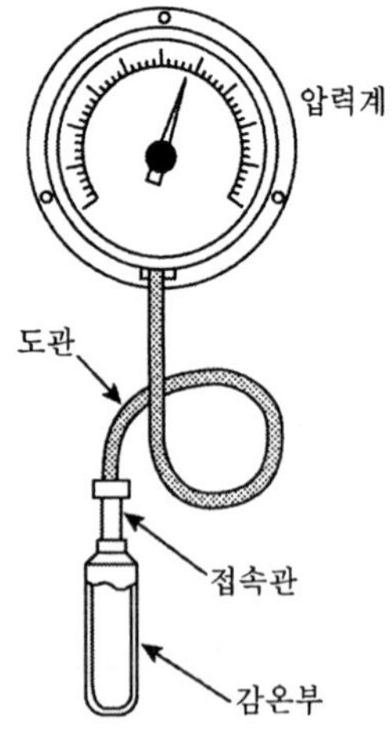

[그림 9-56] 압력식 온도계

(2) 전기식 온도계

전기식 온도계는 온도에 따라 변화하는 전기량을 이용하는 온도계로서, 열전대 온도계와 저항 온도계가 있으며 넓은 범위에 걸쳐 정밀한 온도측정을 할 수 있다. 온도를 전기량으로 변환시켜 측정하기 때문에 지시, 기록, 증폭, 전송이 용이하고 응답이 빠르므로, 자동계측, 제어용으로 많이 사용되는 온도계이다.

1) 열전대 온도계

열전대 온도계는 열전대(thermocouple)라고 하는 측온체를 사용하여 온도에 의하여 생기는 열기전력으로 온도를 측정하는 장치이다. 열전대는 2종류의 서로 다른 금속선의 양 끝을 접합하여 한쪽을 측온접점으로 쓸 때 이 접점과는 다른 끝(기준접점) 사이에 온도차가 생기면 온도차에 비례하는 기전력이 발생하는 현상을 이용한 측온체이다.

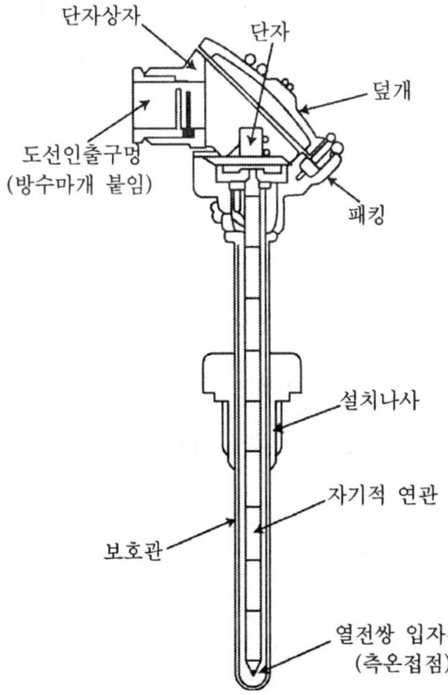

[그림 9-57] 열전대 구조

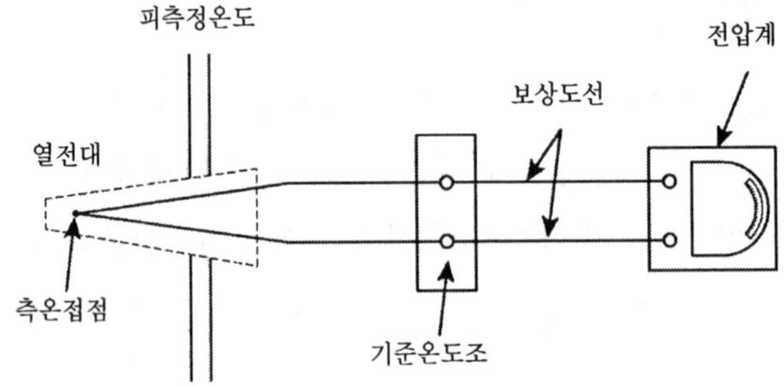

[그림 9-58] 열전대 온도계

이렇게 열전대에 의해 생긴 기전력의 측정에는 직류전압계 또는 전위차계가 사용된다.

[그림 9-57]은 공업용 열전대의 구조를 나타낸 것이다.

열전대 금속으로는 동-콘스탄탄, 백금-백금로듐 등이 자주 사용되기 때문에 값이 비싸다. 원리적으로는 열전대의 한쪽 접점이 기준접점이 되지만, 값이 비싸므로 길어야 할 경우에는 [그림 9-58]과 같이 보상도선을 접속시켜 그 끝을 기준점으로 한다. 보상도선으로는 값이 비교적 싼 구리와 구리-니켈 합금으로 되어 있다.

2) 저항온도계

저항온도계는 온도에 따라 금속 또는 반도체의 전기저항이 변화하는 성질을 이용하여 온도를 측정하는 장치이다. 측온저항 재료로는 백금, 니켈, 구리, 서미스터 등이 있으며, [그림 9-59]는 저항온도계의 구조를 나타낸 것이다.

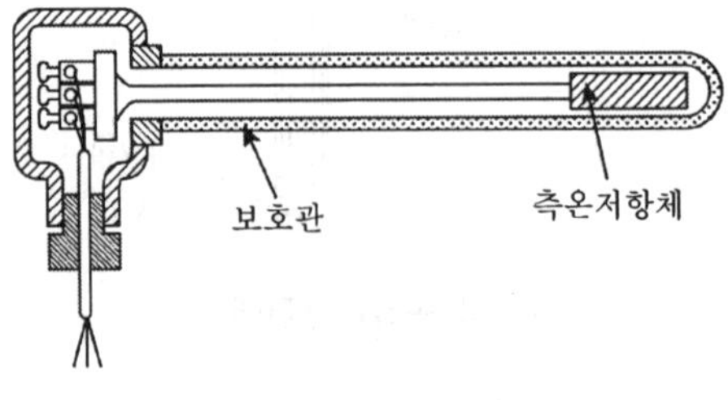

[그림 9-59] 저항온도계 구조

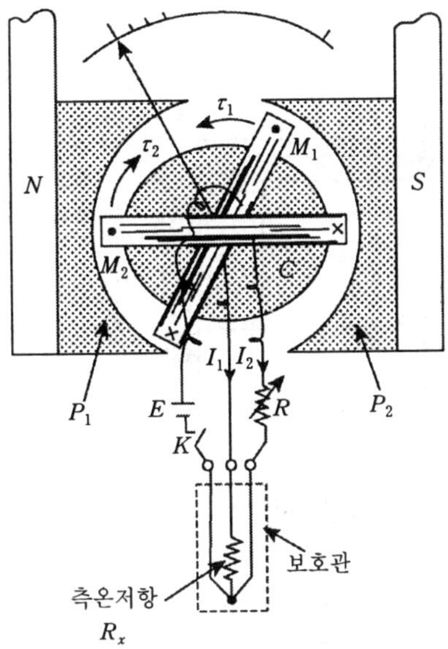

[그림 9-60] 비율계형 온도계

측온저항체로 온도를 측정할 때에는 비율계나 브리지 회로를 이용하여 저항의 변화를 전압으로 변환시킨 다음, 그 전압으로 온도를 측정하는 방식을 사용하고 있다.

① 비율계형 온도계 : [그림 9-60]은 비율계형 온도계를 표시한 것이다. 그림에서 R은 냉위치 조정용이고, 피측정온도에 의하여 측온저항 R_x의 값이 증가하면 I_1은 감소하고, I 때문에 $\frac{I_2}{I_1}$의 비가 변하여 가동 코일 M_1, M_2에 작용하는 토크 τ_1, τ_2는 $\tau_2 > \tau_1$로 되어 계기의 지침은 오른쪽으로 움직인다. 이때, 공극의 자속분포가 특이하여 회전함에 따라 차차 τ_2는 감소하고 τ_1은 증가하므로, 어떤 위치에서 $\tau_1 = \tau_2$로 되는 위치의 눈금을 읽으면 피측정온도를 알 수 있다.

② 브리지식 온도계 : [그림 9-61]은 브리지식 온도계를 표시한 것이다. 측온저항계의 저항값이 변화하면 브리지는 불평형상태로 되어 R_4 양단에는 전압이 나타난다.

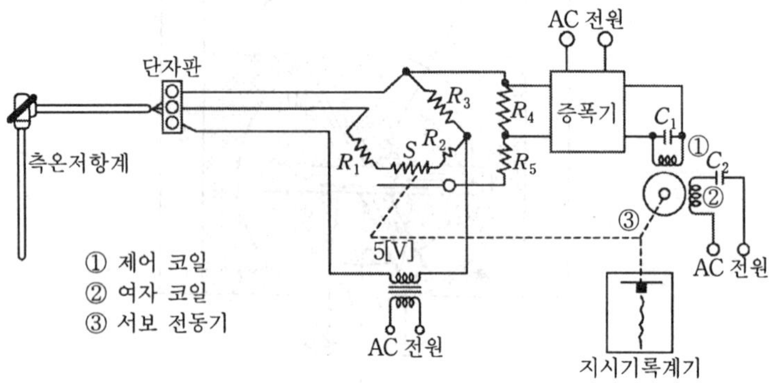

[그림 9-61] 브리지식 온도계

이것을 증폭기에 가하여 증폭시키고, 출력전압은 불평형 조건에 따라 180°의 차가 생기므로 출력에 따라 서보 전동기를 정회전 또는 역회전시켜 가변저항 S의 가동부를 브리지가 평형될 때까지 이동시킨다.

(3) 방사식 온도계

측정하기 곤란한 고온을 비접촉으로 측정할 때 방사식 온도계를 사용한다. 방사식 온도계는 물체가 내는 방사열이 온도에 따라 다르므로 이 방사열을 측정하여 온도를 측정하는 방법으로 방사고온계, 광고온계, 광전관 고온계가 있으며 여기서는 광고온계(optical pyrometer)에 대해 설명하고자 한다.

물체에 열을 가하면 온도가 올라감에 따라 그 물체의 색깔은 노란색을 띠게 되고, 온도가 더 올라가면 흰색을 띠게 된다. 이와 같이 물체의 온도변화에 따라 빛의 파장이 변하는 성질을 이용하면 온도를 측정할 수 있다.

광고온계는 물체에서 나오는 여러 가지 파장의 방사 에너지들 중에서 0.65[μ]파장(붉은색)의 방사를 측정하여 온도를 구하는 것으로, [그림 9-62]와 같이 측온 대상에서 나오는 방사를 대물 렌즈로 집광하고, 이것을 전구의 필라멘트와 겹쳐 그 휘도를 적색 필터를 통하여 비교한다. 필라멘트에 흐르는 전류를 조정하여 양자의 휘도가 같게 되었을 때의 전류값을 미리 교정하여 온도눈금으로 매겨 둔다. 회색 필터는 방사선의 일부를 흡수하여 측정범위를

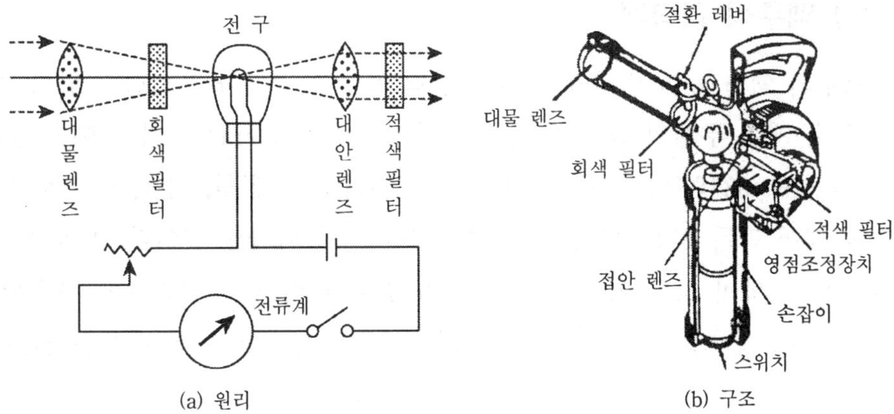

[그림 9-62] 광고온계의 원리

전환하는 데 사용하는데, 700 [°C] 이상의 고온도 측정에 사용되며 휴대용도 있다.

2. 압력의 검출

압력의 측정은 유체의 상태를 아는 데 있어서 온도와 유량의 측정과 함께 대단히 중요한 것이다. 또, 기계공업 등에 있어서 압력을 on/off 상태로 검출하는 압력 스위치도 공기압, 유압장치 등에서 널리 사용되고 있다. 압력은 물질이 인접하는 각 부분이 서로 미치는 힘의 크기를 나타내는 양이며, 단위면적당에 작용하는 면과 법선 방향의 힘으로 정의된다.

압력의 측정에는 초진공에서부터 초고압에 이르기까지 그 측정범위가 대단히 넓어, 목적하는 압력범위에서 최적의 압력계를 선택하여 측정해야 한다.

초고압 영역에서는 모든 물질이 고체가 되므로 엄밀한 의미에서 정압을 얻을 수 없고 검출법도 제한된다.

주로 망간합금, 백금, 인듐 등의 금속 저항선이 압력에 의해 전기저항이 변화하는 것을 이용하고 있다.

(1) 액주식 압력계

액주의 액면 높이 변화에 의하여 압력의 차를 검출하는 간단한 압력 측정장치로서, 액주 무게의 균형을 이용한 마노미터(manometer)가 이에 속한다.

[그림 9-63]의 압력계는 U자 모양의 유리관 속에 물, 기름, 알코올 또는 수은을 넣어 만든 U자관형 압력계, 즉 마노미터를 나타낸 것이다. 이 압력계에서는 P_1과 P_2의 차를 액주 높이의 차인 h로 나타낸다. 압력계에 사용한 액체의 밀도를 ρ_1, 액주 위에 있는 유체의 밀도를 ρ_2로 할 때 다음과 같은 식이 성립한다.

$$P_1 - P_2 = g(\rho_1 - \rho_2)h \quad \cdots\cdots (9-43)$$

여기서, g는 중력가속도를 나타낸다. 식 (9-43)은 액주 위의 유체가 기체인 경우 ρ_2는 ρ_1에 비하여 무시할 수 있으므로 다음과 같이 간단히 쓸 수도 있다.

$$P_1 - P_2 = g\rho_1 h \quad \cdots\cdots (9-44)$$

측정시에는 양쪽 관은 서로 다른 압력원을 사용한다. 한쪽 관을 대기압으로 하고, 다른 쪽 관을 미지의 압력에 연결시켜 측정하면 게이지 압력을 구할 수 있고, 한쪽 관을 밀봉하여 진공으로 하면 다른 쪽 관에서 절대 압력을 구할 수 있다.

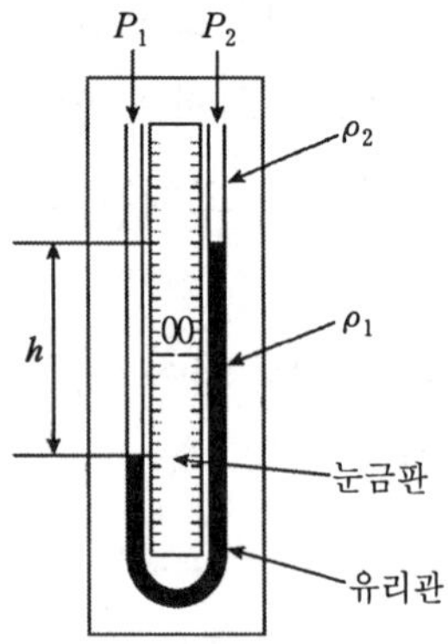

[그림 9-63] U자관형 압력계

(2) 탄성압력계

탄성체의 탄성 변형을 이용하여 압력을 측정하는 계기를 탄성압력계라 한다. 이러한 압력계에는 부르동관식, 벨로즈식, 다이어프램식이 있다.

1) 부르동관식 압력계

단면이 타원형인 관을 [그림 9-64]와 같이 원형으로 구부려 밀폐시키고 한쪽 끝을 고정하고 그것에 압력을 가하면, 고정되지 않은 끝이 바깥쪽으로 변형되도록 만든 관을 부르동관이라 한다.

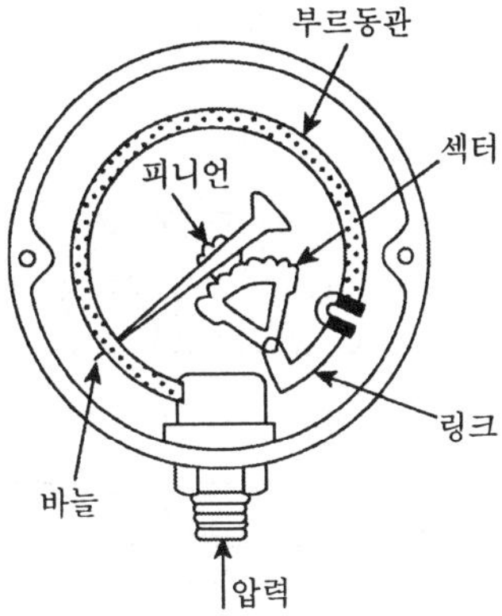

[그림 9-64] 부르동관식 압력계

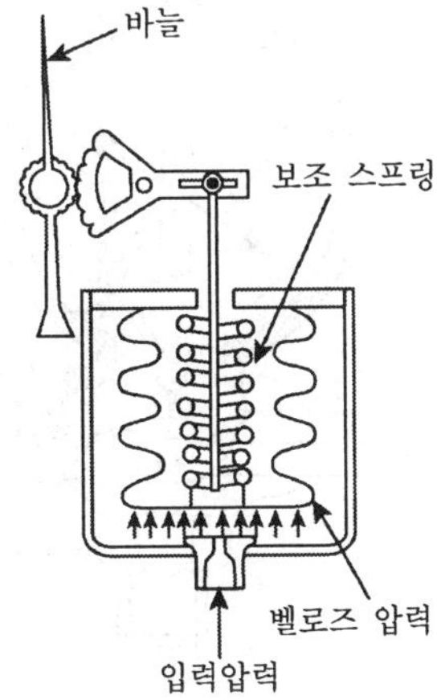

[그림 9-65] 벨로즈식 압력계

부르동관 압력계는 이 변위를 링크, 섹터 기어 및 피니언에 의해서 기계적으로 확대시켜 바늘을 움직이게 한다.

부르동관에 의한 압력의 측정 범위는 부르동관의 구조에 따라 다르지만, 관의 재질에 따라 변하기도 한다. 관의 재료로는 저압용은 인청동, 황동을 사용하고, 고압용은 구리 합금강이 사용된다.

2) 벨로즈식 압력계

얇은 금속판으로 만들어진 원통에 옆으로 주름이 생기게 만든 것을 벨로즈(bellows)라 하며, 이 벨로즈가 압력을 받아 움직이는 변위에 의하여 압력을 측정하는 것을 벨로즈식 압력계라 한다.

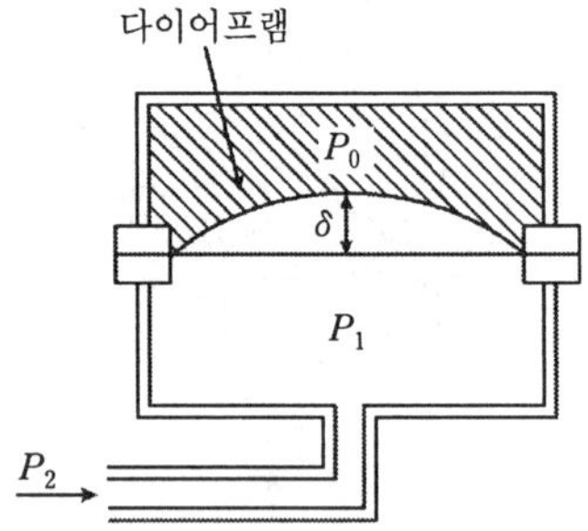

[그림 9-66] 다이어프램의 원리

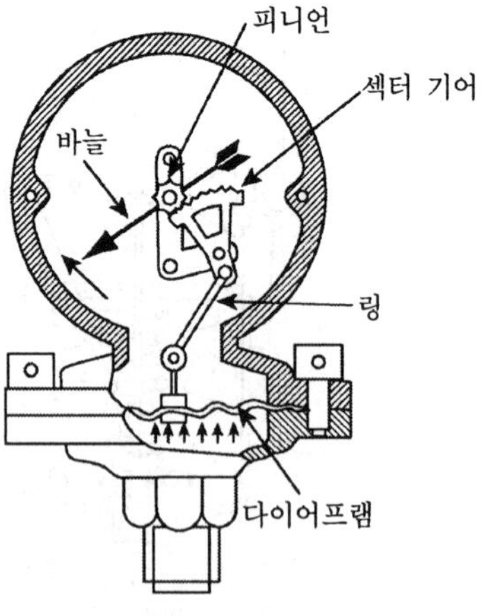

[그림 9-67] 다이어프램식 압력계

그런데 보통 이 벨로즈 자체만으로도 탄성이 있지만, 여기에 압력이 가해질 경우에는 이력현상(hysteresis)에 의해 원래의 위치로 잘 돌아가지 않기 때문에 벨로즈 단독으로는 잘 쓰이지 않고, 대개 [그림 9-65]와 같이 보조 스프링과 함께 사용된다. 벨로즈는 작동이 느린 결점이 있으나, 큰 힘을 내게 할 수 있으므로 압력의 측정보다도 공기압식 자동제어 기기의 요소로서 사용하는 경우가 많다.

3) 다이어프램식 압력계

[그림 9-66]과 같이 베릴륨, 구리, 인청동, 스테인리스강 등으로 된 탄성 다이어프램(diaphragm)은 양쪽 압력이 서로 다르면 판이 휘게 된다. 이때, 변위 δ는 P_1과 P_2의 차에 비례하게 된다. 따라서, 그 변위의 크기를 측정하여 압력 차를 알 수 있다. 이와 같은 원리를 이용한 것이 다이어프램 압력계이다.

일반적으로, 이 압력계는 [그림 9-67]과 같이 다이어프램에 기구를 붙여 압력에 따른 범위를 기계적으로 확대시켜 바늘을 움직이게 한다. 다이어프램을 쓰게 되면 압력을 받는 면이 넓어서 감도가 높으며, 정확성이 좋고 반응 속도가 빠른 장점이 있다.

다이어프램의 재료에는 강스테인리스, 인청동, 황동이 쓰이고, 그 밖에 고무와 테플론 등의 비금속 재료를 사용하기도 하는데, 이들은 금속막에 비하여 부드럽기 때문에 이력현상이 적어서 낮은 압력을 측정하는 데 적합하다. 그러나 온도의 영향을 크게 받는 등의 단점이 있다.

(3) 전기식 압력계

전기식 압력계는 압력을 전기적 변량으로 바꾸어 측정하는 압력계이다. 이 압력계는 구조가 소형이고 원격측정이 가능하며, 또 정확도가 좋고 반응속도가 빠른 등의 많은 장점을 가지고 있다.

이와 같은 장점을 가지고 있는 전기식 압력계 중에서 중요한 것으로는 저항선식, 자기식, 압전식 등이 있다.

1) 저항선식 압력계

망간선, 콘스탄탄 등과 구리와 니켈의 합금선은 외력을 받으면 선이 늘어나면서 저항이 증가하는데, 이것을 스트레인 게이지(strain gauge)라 한다. 저항선식 압력계는 이와 같은 스트레인 게이지의 저항을 미리 브리지 회로로 측정하여 압력으로 인한 변형과 전기저항과의 관계로부터 압력의 크기를 측정할 수 있다.

[그림 9-68]과 같이 비고정형 저항선과 벨로즈를 조합한 것으로 압력의 변화로 벨로즈에 고정된 가동틀이 변위하면 브리지에 연결한 게이지선 a, d 또는 b, c의 전기저항이 변화하기 때문에 [그림 9-69]의 브리지 평형이 깨어져 검류계 G의 바늘이 움직인다. 이 압력에 비례하여 움직이는 바늘의 위치로서 압력을 측정한 후 증폭기로 증폭하여 지시계기에 기록할 수 있다.

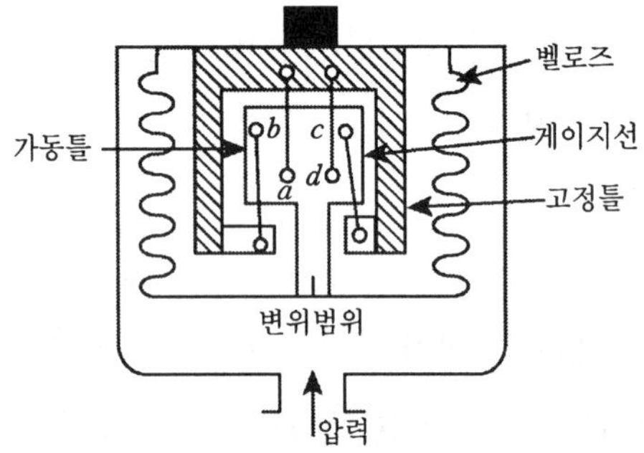

[그림 9-68] 저항선식 압력계

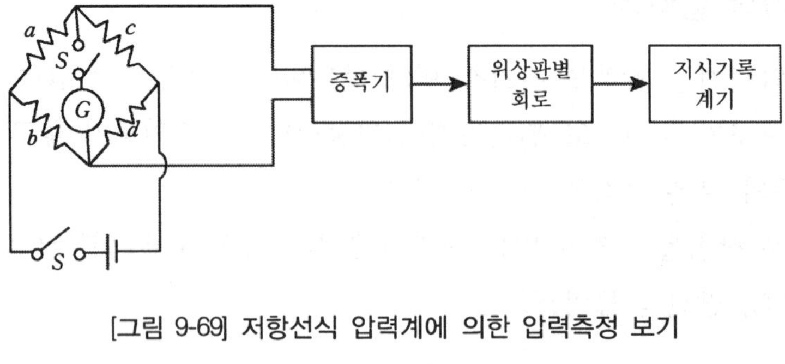

[그림 9-69] 저항선식 압력계에 의한 압력측정 보기

2) 압전식 압력계

수정, 로셀염, 티탄산바륨 등의 압전소자에 압력을 가하면 압전 효과에 의하여 압력에 비례한 기전력이 발생한다. 이 기전력을 증폭하여 압력 변화를 전기신호로 변환하는 것이 압전식 압력계이다. 이 압력계는 압전소자의 고유진동수가 매우 높기 때문에 전기적 응답이 대단히 빠르며, 급격한 변화를 가져오는 압력측정에 적합하다.

3) 자기식 압력계

이 압력계는 피측정 압력을 변위로 바꾸는 변환기와 홀 발전기(Hall generator)를 조합하여 그 홀 전압을 전자자동평형계에 가하여 지시, 기록시키는 구조로 되어 있다. [그림 9-70]은 이 압력계의 원리를 표시한 것이다. 피측정 압력은 벨로즈에 의하여 변위로 바뀌지고 링을 통하여 영점범위 조정기구에 전달된다. 이것을 조정하는 기구인 홀 발전기의 게르마늄 소자는 발전기를 중심으로 최대 2[mm] 변화된다. 홀 발전기는 이 변위를 DC 0~10[mA]로 변화시킨다. 측정범위는 벨로즈의 종류에 따라 다르나, 청동 벨로즈인 경우 약 0.35~1.17[kg/cm^2]이다. 이것은 가동부분이 없으므로 응답이 매우 빠르고, 상온 부근에서는 특성이 거의 일정하다.

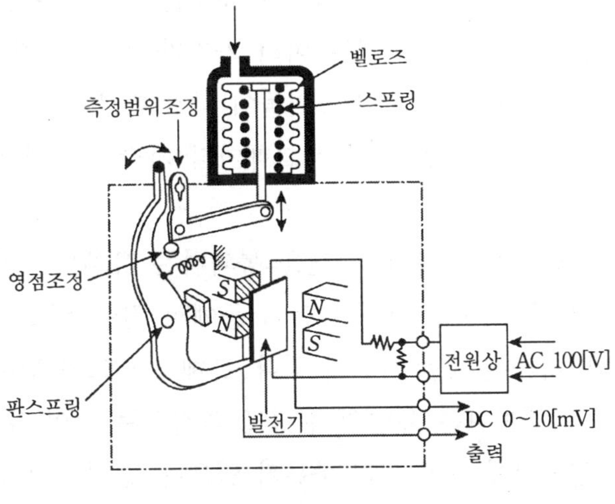

[그림 9-70] 홀 발전기식 압력계

(4) 진 공 계

일반적으로 밀폐된 기체의 압력이 낮아지면 열전도율은 떨어지고 기체분자의 평균자유행정은 커진다. 이와 같은 원리를 이용한 것으로 가이슬러관 진공계와 전리진공계가 있다.

1) 가이슬러관(Geissler tube) 진공계

양단이 닫힌 유리관의 전극에 고전압을 가하고 관내의 압력을 저하시켜 가면 불꽃방전이 일어나고, 수 [mmHg]까지 저하시키면 방전상태가 진공도에 따라 변화한다. 이 변화를 보고 진공도를 판별하며, 약 10^{-3} [mmHg]까지 판별이 가능하다.

2) 전리진공계

방전전리를 이용한 진공계로 고압력에서 전자충돌에 의하여 생긴 이온량을 측정하면 기체분자의 다소, 즉 진공도를 측정하도록 한 것이다. 10^{-11} [mmHg]까지 측정할 수 있다.

3. 유량의 검출

화학공장 등에서 공정관리 등의 목적으로 유량을 측정하는 것은 매우 중요한 일이다. 유량을 측정하는 방법에는 여러 가지가 있는데, 각 측정방법에는 각각의 특징이 있고, 또 사용할 때의 조건들이 각각 다르다. 그러므로 각종 유량계에 대한 특징과 사용방법을 알아서 그때마다 가장 적합한 측정방법을 선택해야 한다.

유량은 단위시간에 어떤 임의의 단면을 통과하는 유체의 질량이나 부피로 나타나게 되므로, 유량측정에는 2가지 단위 중에서 질량단위로 할 것인지 또 부피단위로 할 것인지를 결정할 필요가 있다. 유체의 밀도가 변하는 경우 유량의 부피를 측정하는 것보다는 유량의 질량을 측정하는 쪽이 유리하다.

유량계는 그 측정방법에 따라 여러 종류가 있으나, 흔히 쓰이고 있는 유량계에는 차압식, 면적식, 부피식, 속도식, 전자유량계 등이 있다.

(1) 차압식 유량계

U자관에 의하여 압력차를 측정하여 유량을 산출하는 것이 차압식 유량계이다. U자관에 압력차를 주기 위하여 관의 일부를 좁혀서 앞뒤에 압력차가 생기는 조리개 기구장치로는 [그림 9-71]과 같이 오리피스(orifice), 벤투리관(venturi tube), 노즐(nozzle) 등 여러 가지가 있다.

압력차는 여러 가지 방법에 의하여 전기신호로 변환할 수 있는데 [그림 9-72]는 U자관을 사용하여 압력차를 전기신호로 변환하는 방법을 나타낸 것이다. 그림은 전위차계, 증폭기 및 2상 서보 전동기, 교류 서보 기구이다. 서보 기구의 출력측의 회전각도, 즉 출력전압은 플로트의 변위에 비례하여 변화하므로 이것에 의하여 압력차를 전기신호로 변환시킬 수 있다.

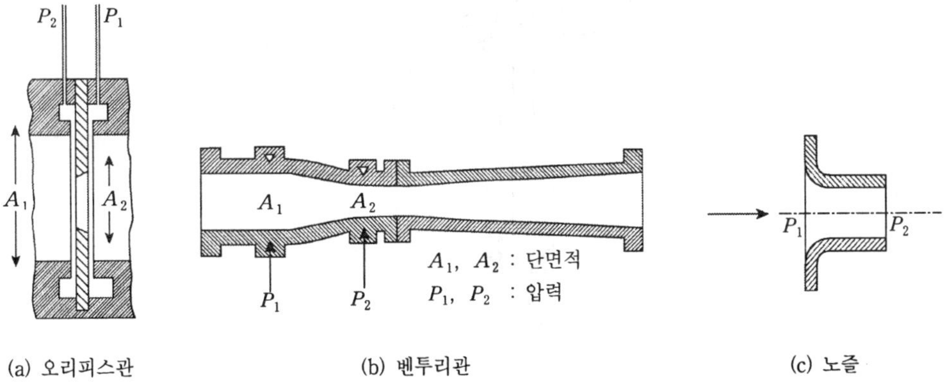

[그림 9-71] 여러 가지 조리개 기구

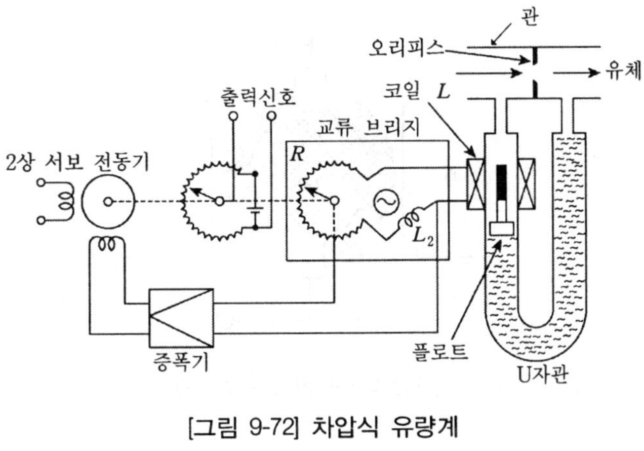

[그림 9-72] 차압식 유량계

(2) 면적식 유량계

차압식 유량계와는 달리 압력차를 일정하게 유지하고 유체가 흐르는 단면적을 변하게 하여 유량을 측정하는 것이다.

차압식 유량계는 일정한 단면적의 조리개를 관도 중간에 넣어 얻어지는 압력차를 측정함으로써 유량을 측정하도록 되어 있다. 이에 비하여 면적식 유량계는 유체가 흐르는 단면적을 변화시키는 조리개를 넣어 유체의 흐르는 압력과 플로트(float)에 작용하는 외력(중력 등)이 균형을 이루었을 때 그 역학적인 관계로부터 유량을 구할 수 있다. [그림 9-73]은 면적식 유량계를 나타낸 것이다.

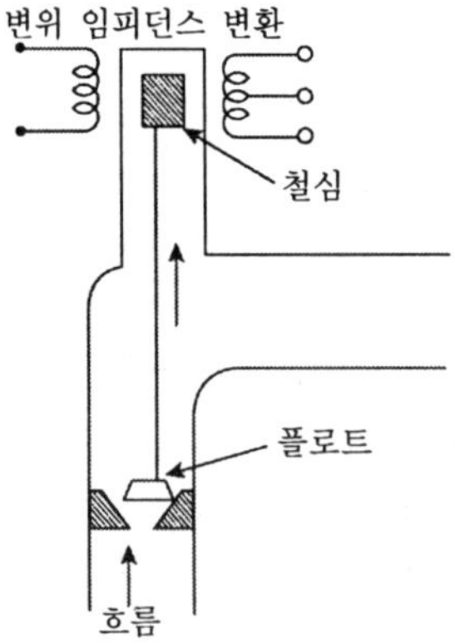

[그림 9-73] 면적식 유량계

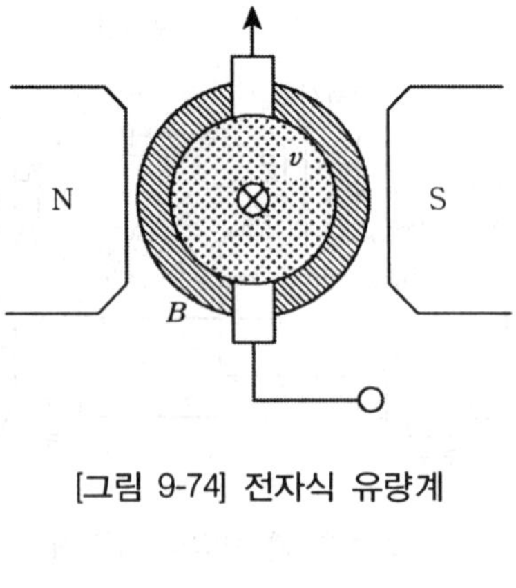

[그림 9-74] 전자식 유량계

(3) 전자식 유량계

전기도체가 전계 내에서 자력선을 자를 때 기전력을 발생한다는 패러데이(Faraday)의 전자유도법칙을 이용하여 유량을 측정하도록 한 것으로 [그림 9-74]와 같이 절연물로 된 관에 자속밀도 B[Wb/m^2]을 가하고, 그와 직각인 방향에 전극을 장치한 것이다.

관 내에 도전성 유체가 v[m/s]라는 속도로 흐르면 이 전극 사이에는 관 내의 유량에 비례하는 vBl이라는 기전력이 생긴다. 여기서 l은 전극 사이의 간격이다. 전자석을 교류로 여자하면 이 기전력은 교류전압으로 되어 증폭하는데 편리하다. 전자유량계는 가동부분이 없으므로 압력손실이 없고, 측정범위가 넓으며 응답지연이 없다는 장점을 가지고 있다.

4. 액위의 검출

각종 탱크, 보일러의 증류탑에는 양의 확인이나 안전을 위해 액위의 측정을 필요로 한다. 또, 화학반응이나 증발, 혼합 등의 공정에서도 공정조건을 제어하기 위하여 액면을 어떤 위치에 유지시키려는 경우 등 액위를 측정하고 제어할 필요가 많다.

액위의 측정방법에는 유리관식 액면계나 플로트 등에 의하여 직접 액위의 변화를 검출하는 직접법과 탱크 밑면에 걸리는 압력이나 방사선의 투과율, 초음파의 전파속도, 전도율 등에 의하여 액위의 변화를 검출하는 간접법이 있다.

(1) 플로트식 액위계

[그림 9-75]와 같이 액면 위에 떠 있는 플로트의 움직이는 거리를 직접 회전각으로 변화시켜 액위를 측정하는 것과 플로트의 동작을 축과 코일 스프링 또는 레버와 토크 튜브 등에 의하여 바늘을 변화시키는 것이 있다.

플로트식에 의한 액위의 측정은 원리와 구조가 간단하고 고온 및 고압에도 사용할 수 있으므로, 일반 공업용으로 널리 쓰인다.

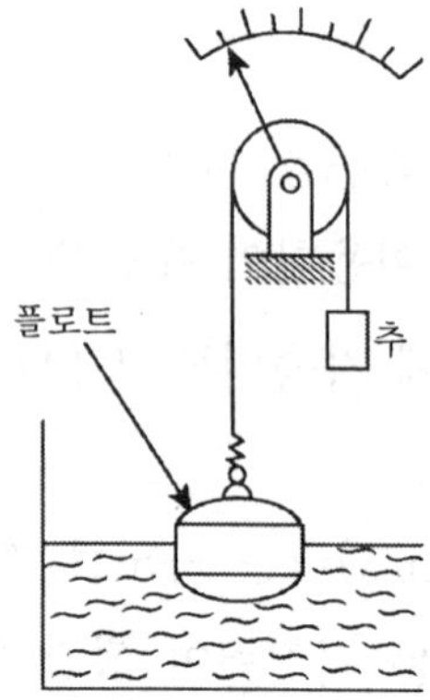

[그림 9-75] 플로트식 액위계

(2) 차압식 액위계

탱크의 밑면에 걸리는 압력은 액면의 높이에 비례하므로 액체의 비중을 알면 압력으로부터 액면의 높이를 알 수 있다.

[그림 9-76]은 보일러 등의 액위를 제어하기 위한 차압식 액위계의 원리를 나타낸 것이다. 이것은 기준 액면과 탱크 내의 액면 높이의 차 h를 차압계로부터 구하는 방법이다. 그림에서 차압계 앞뒤의 압력은 다음과 같은 식으로 주어진다.

$$P_1 = P_o + \rho g h_1 \quad \cdots\cdots (9-45)$$

$$P_2 = P_o + \rho g h_2 \quad \cdots\cdots (9-46)$$

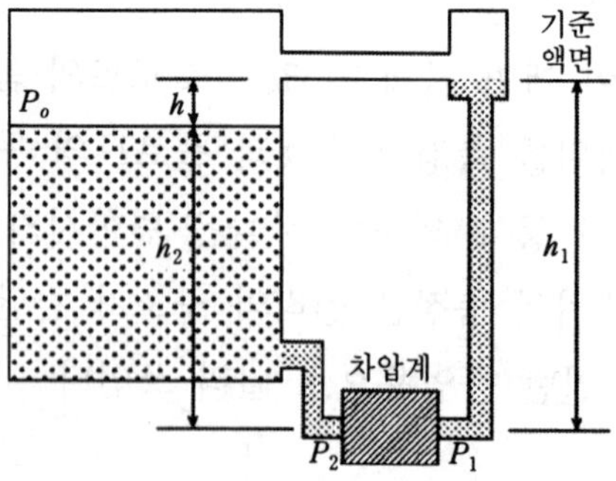

[그림 9-76] 차압식 액위계

따라서, 차압 $P_1 - P_2 = \rho g(h_1 - h_2) = \rho gh$로부터 h를 얻을 수 있다.

이상과 같이 설명한 내용을 종합하기 위하여 〈표 9-1〉에는 검출기기의 종류를, 〈표 9-2〉에는 변환요소의 종류를 나타내었다.

〈표 9-1〉 검출기기의 종류

제어	검 출 기	비 고
자동조정용	(1) 전압검출기 (2) 속도검출기	전자관 및 트랜지스터 증폭기, 자기증폭기 회전계 발전기, 주파수 검출법, 스피더
서보 기구용	(1) 전위차계 (2) 차동변압기 (3) 싱크로 (4) 마이크로신	권선형 저항을 이용하여 변위, 변각을 측정 변위를 자기저항의 불균형으로 변환 변각을 검출 변각을 검출
공정제어용	(1) 압력계	① 기계식 압력계(벨로즈, 다이어프램, 부르동관) ② 전기식 압력계(전기 저항 압력계, 피라니 전공계, 전리 진공계)
	(2) 유량계	① 조리개 유량계 ② 넓이식 유량계 ③ 전자유량계
	(3) 액면계	① 차압식 액면계(노즐, 오리피스, 벤투리관) ② 플로트식 액면계
	(4) 온도계	① 저항온도계(백금, 니켈, 구리, 서미스터) ② 열전온도계(백금 - 백금 로듐, 크로멜 - 알루멜, 철 - 콘스탄탄) ③ 압력형 온도계(부르동관) ④ 바이메탈 온도계 ⑤ 방사온도계 ⑥ 광온도계
	(5) 가스성분계	① 열전도식 가스 성분계 ② 연소식 가스 성분계 ③ 자기산소계 ④ 적외선 가스성분계
	(6) 습도계	① 전기식 건습구 습도계 ② 광전관식 노점 습도계
	(7) 액체성분계	① pH계 ② 액체농도계

〈표 9-2〉 변환요소의 종류

변 환 량	변 환 요 소
압 력→변 위	벨로즈, 다이어프램, 스프링
변 위→압 력	노즐 플래퍼, 유압분사관, 스프링
변 위→임피던스	가변저항기, 용량형 변환기, 가변저항 스프링
변 위→전 압	포텐셔미터, 차동변압기, 전위차계
전 압→변 위	전자석, 전자 코일
광임피던스	광전광, 광전도 셀, 광전 트랜지스터
광전압	광전지, 광전 다이오드
방사선→임피던스	GM관, 전리함
온 도→임피던스	측온저항(열선, 서미스터, 백금, 니켈)
온 도→전 압	열전대(백금-백금 로듐, 철-콘스탄탄, 구리-콘스탄탄, 크로멜-알루멜)

9-7 지시 및 기록기기

자동제어계가 동작하여 그 목적을 달성하기 위해서는 닫힌 루프 안의 신호가 정상적으로 흐르고 있으면 된다. 따라서, 제어량의 현재값은 알 필요가 없다. 그러나 제어계를 관리할 때 온도, 압력 또는 위치 등이 일정하게 제어된 양을 나타내고 있는지를 알 필요가 있다. 그러므로, 지시계를 붙여서 제어량이나 그 외의 제어계 각 구성요소의 값을 지시하게 한다. 또, 이 지시는 현재값의 크기이지만, 공장 등에서는 이러한 변화값을 계속 기록하여 생산계획이나 공정의 관리에 이용할 때도 있다. 이렇게 자동적으로 기록을 하는 것이 기록기기이다.

1. 지시기기

물체의 양을 측정하는 데에는 2가지 방법이 있다. 하나는 측정하려는 양의 크기에 대응하는 연속적인 변위를 만든 다음, 그 변위의 크기를 알아내는 방법으로서 이것을 아날로그형(analog type)이라 한다. 다른 하나는 측정하려는 양의 크기가 단위 크기의 몇 배에 상당하는지를 생각하여 그것을 숫자로 나타내는 방법으로서 이것을 디지털형(digital type)이라 한다.

(1) 지시기기의 종류

1) 아날로그형 지시기기

① 직동식 지시기기 : 이 지시기기는 직류전압이나 전류의 측정에 널리 쓰이는 가동 코일형 지시계를 사용한다. 이것은 영구자석의 자장 속에 가동 코일을 놓고, 코일에 흐르는 측정전류와의 전자작용에 의한 토크를 이용하여 지침에 각 변위를 일으키게 되어 있다.

[그림 9-77]은 가동 코일형 지시기기의 구조를 나타낸 것으로 지시기록계로 사용하려면 지침의 앞단에 펜을 달아 기록지 위에 기록하게 한다.

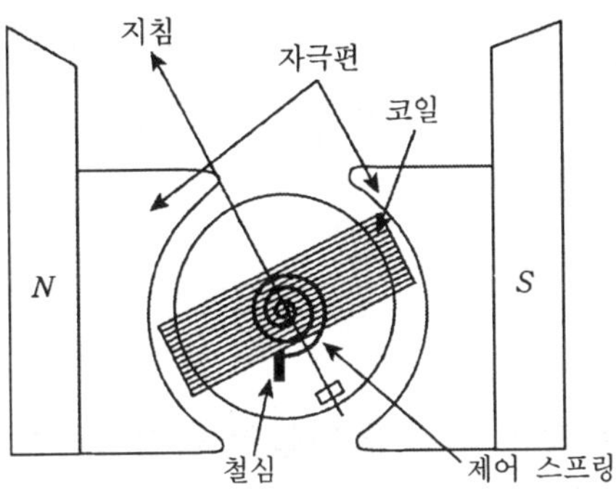

[그림 9-77] 가동 코일형 가동부

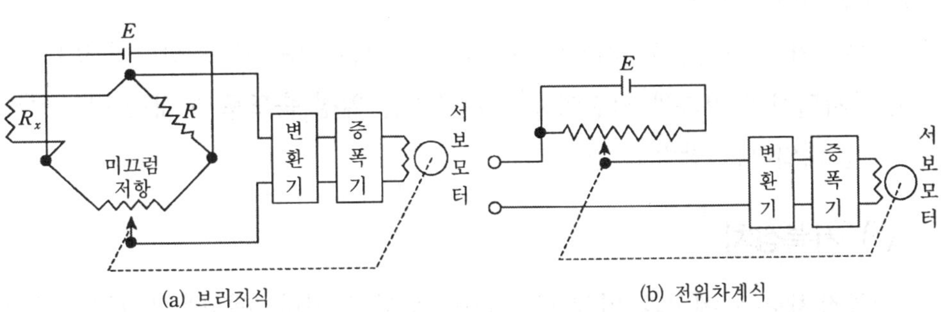

[그림 9-78] 자동평형식 지시기기의 구성

② 자동평형식 지시기기 : 이 지시기기는 영위법의 대표적인 자동제어기기로 많이 쓰인다. [그림 9-78]과 같이 입력회로는 브리지식과 전위차계식이 대표적이다. 이때, 전위차나 브리지를 평형시키는 조작에 보조동력을 써서 자동적으로 평형시킬 수 있게 되어 있다.

여기서는 보조동력을 사용하므로 지시구동력은 크며, 펜이나 잉크와 같은 기록기구를 붙이기가 쉽고 정밀도가 좋다. 또, 가동코일형 직동식 지시기기는 0으로부터의 편위를 측정범위로 하는 데 비해 10~20, 50~100 등의 중간 눈금을 쉽게 붙일 수가 있다.

2) 디지털형 지시기기

디지털형 지시부는 디지털 전자계산기, A-D 변환 등과 같은 디지털 기기의 한 부분으로 생각해야 하는데, 여기서는 지시표시부만을 살펴보기로 한다.

디지털 기기는 부호화된 신호(특히, 0과 1의 2진 부호)를 취급하는 기기로서 출력부도 역시 부호로 나온다. 이것을 지시부에서는 10값 숫자로 바꿔서 지시하는 것이다. 지시방법에는 광자판, 광자방전관, LED, LCD, 형광 표시판 등이 쓰인다.

2. 기록기기

측정량을 기록하는 것은 시간과 더불어 측정하려는 양이 어떻게 변화하는지를 알아낸 것이 직접 목적이다. 따라서, 기록기기 속에는 시간의 요소가 반드시 포함되어야 한다.

기록기기는 기록장치, 시간이송장치 및 기록지 등으로 구성되어 있다. 그러나, 디지털형의 기록의 시간이송은 기록지를 일정 속도로 보내는 것이 아니라 시간을 기입하는 방법도 있다.

(1) 기록장치

기록장치로는 펜식과 타점식이 많이 쓰이고 있다. 펜식은 [그림 9-79]와 같이 지시기기의 앞단에 펜을 달아 잉크를 적당한 방법으로 보급하면서 기록시키는 것이다. 펜이 기록지 위를 접촉해 나가기 때문에 마찰이 크고, 펜 암(arm)도 길어지며 큰 구동력이 필요하므로 좋은 정확도의 기록을 얻기가 어렵다.

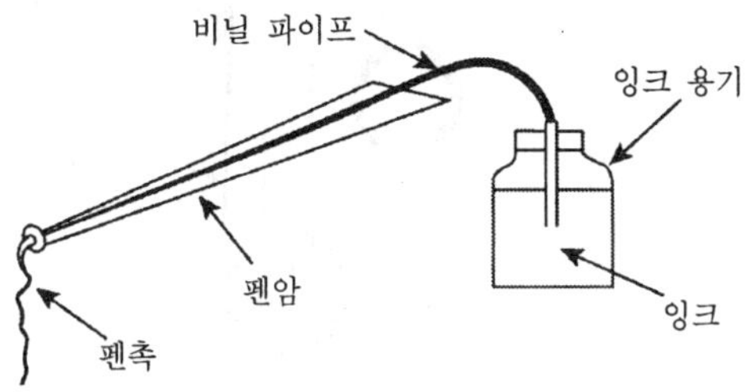

[그림 9-79] 직동식 기록기구의 펜부

따라서, 앞단의 펜부는 되도록이면 가볍게 함으로써 마찰을 적게 해주어야 한다. 오랫동안 기록하기 위해서는 잉크를 보급해 주어야 하는데, 가볍게 하기 위하여 앞단에는 작은 송곳 모양의 잉크 패트나 펜촉만을 붙이고 보급탱크는 다른 곳에 놓은 다음 비닐 파이프 등으로 보급해 주는 것이 많다. 펜부는 원칙적으로 직선운동을 하므로 미끄럼 저항만을 정밀하게 만들면 매우 좋은 정밀도를 얻을 수 있다.

(2) 시간이송장치

기록지를 일정속도로 내보낸다든지, 감는다든지 또는 타점식으로 측정점의 변환장치나 타점기기 등을 동기하여 구동시키기 위해서는 시간이송장치를 설치한다. 이것의 동력으로는 전기식이 가장 많이 쓰이고, 나머지는 특수한 장소나 기기에 쓰인다.

띠형 기록지에는 한쪽 또는 양쪽에 이송구멍이 있는데, 이것을 피드 롤러의 핀에 맞물리게 하여 이송할 수 있게 되어 있다. 피드 롤러가 전기식인 경우에는 동기전동기에서 기어 또는 벨트 연결에 의해서 회전한다.

기록이 끝난 기록지는 접기식 기록지일 경우에는 밑으로 늘어지면서 자연히 접히도록 되어 있고, 롤러식일 경우에는 감김 롤러로 감아낼 수 있게 되어 있다.

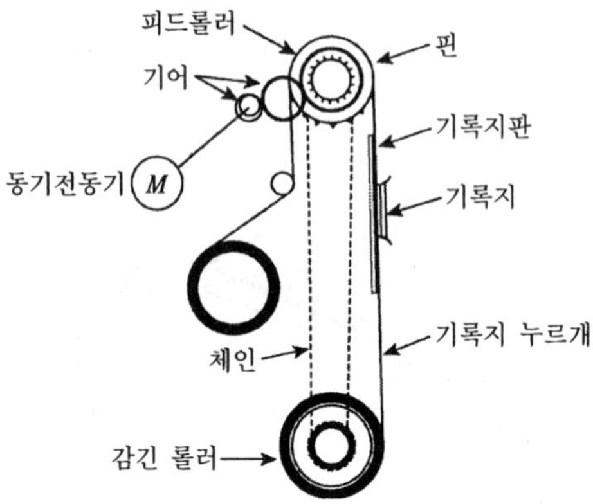

[그림 9-80] 롤러 감김식

또, 롤러식으로 자연히 늘어진 채로 감긴 뒤 1일분씩 잘라내는 경우도 있다. 감김식에서는 감길 롤러의 회전을 피드롤러의 속도보다 약간 빠르게 회전시켜 구동축으로 슬립할 수 있도록 되어 있는데, 기록지가 느슨해지지 않아야 한다. [그림 9-80]은 롤러 감김식의 보기를 나타낸 것이다.

(3) 기록지

기록지는 점의 연결 또는 선에 의해서 시간과 함께 변화하고 있는 측정값을 기록, 보존하는 종이이다. 따라서, 오랫동안 기록할 수 있도록 흔히 종이의 세로방향으로는 시간눈금, 가로방향으로는 측정눈금을 인쇄하는 것이다. [그림 9-81]은 기록지의 형태를 나타낸 것이다.

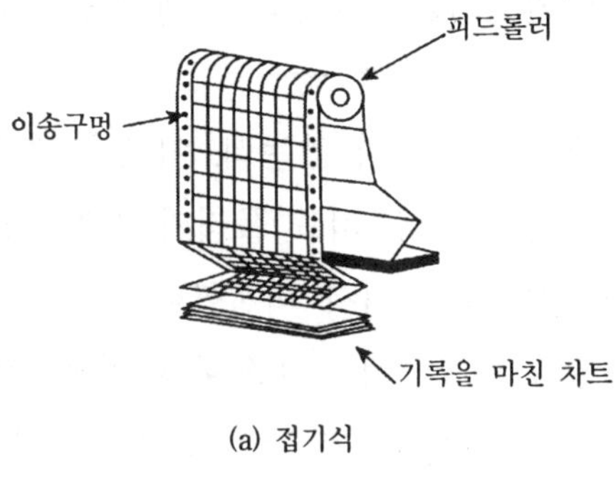

(a) 접기식

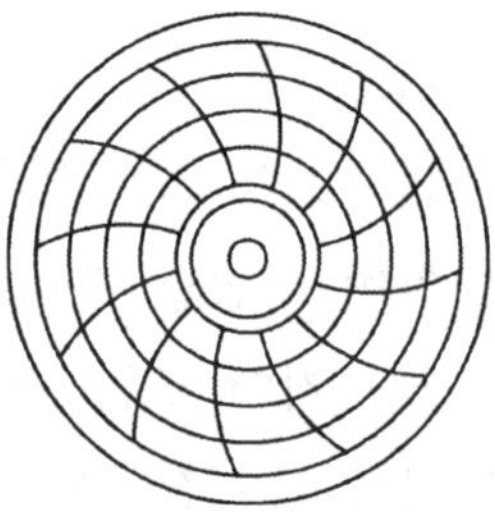

(b) 원형

[그림 9-81] 기록지

9-8 서보 기구의 종류

서보(servo) 기구는 단독으로 쓰이는 경우도 있지만, 대개의 경우 공정제어계나 자동조정의 증폭부품으로 널리 쓰이고 있다. 신호의 종류에 따라 유압식, 전기식, 공기압식으로 분류되는데 혼합식도 사용되고 있다.

1. 유압식 서보 기구

유압식은 공기압식이나 전기식에 비해 소형으로 대출력을 얻을 수 있어 고성능을 필요로 하는 경우에 사용된다. 유압식에는 안내 밸브식, 분사관식, 전기와 유압을 혼합한 서보 밸브식이 있다.

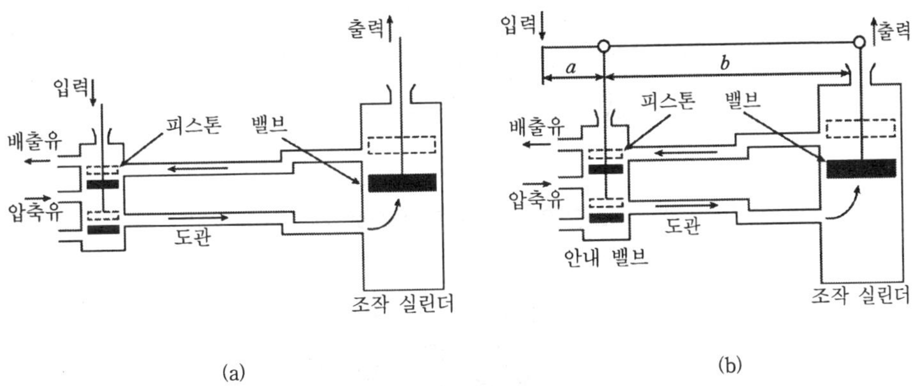

[그림 9-82] 안내 밸브식 서보 기구

(1) 안내 밸브식 서보 기구

[그림 9-82](a)에서 입력 피스톤 밸브가 점선의 위치까지 내려오면 기름은 오른쪽 방향으로 흐르고, 조작 실린더 내의 피스톤을 상승시킨다. 이때 입력이 약해지면 안내 밸브의 피스톤이 움직이는 정도에 따라 출력이 증폭된다. [그림 9-82](b)와 같이 입력쪽과 출력쪽을 연결하면 비례동작을 얻는다. 이 경우 a와 b의 길이비에 따라 비례상수값을 구한다.

(2) 분사관식 서보 기구

[그림 9-83]과 같이 안내 밸브 대신 분사관을 이용한 것이 분사관식 서보 기구이다. 분사관에서 압력이 노즐에 분사될 때 목표값과 제어량을 비교하여 제어량이 크면 그 차이에 의해 노즐이 중간 위치에서 위로 올라간다.

노즐이 중간에 있는 경우 조작 실린더의 양쪽이 같아 피스톤이 중간에 있게 되지만, 노즐이 올라가면 양쪽에 압력차가 생겨 피스톤도 위로 올라가게 된다.

일반적으로 분사관식은 안내 밸브식에 비해 소용량에 적합하다. 또 유압용뿐만 아니라 공기압용으로도 쓰인다. 그때에는 조작 실린더 대신에 벨로즈, 다이어프램 등이 사용되는 경우도 있다.

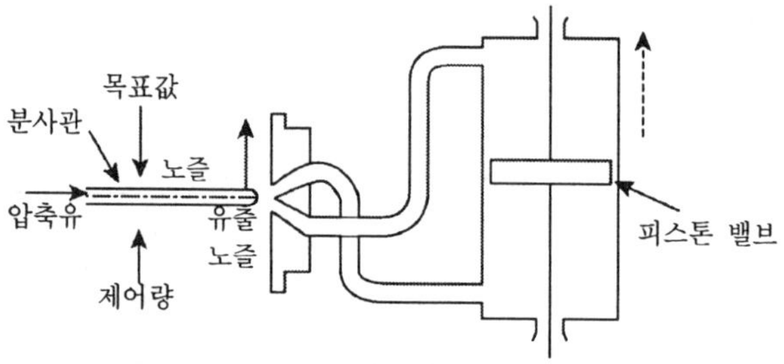

[그림 9-83] 분사관식 서보 기구

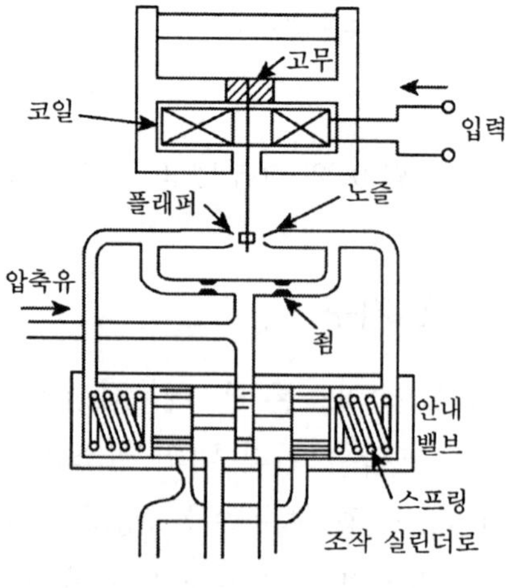

[그림 9-84] 서보 밸브

(3) 서보 밸브

서보 밸브(servo valve)는 전기신호에 의해 안내 밸브를 움직이게 한 일종의 증폭기이며 전기와 유압의 혼합형이다. 즉, 신호의 전송은 전기적으로 행하고, 동력의 발생만을 유압식으로 한 구조로 되어 있다. 이것은 소형으로 발생출력이 크고, 또한 그 동작도 빠르다는 특징이 있다.

[그림 9-84]는 서보 밸브의 구조를 나타낸 것이다. 그림의 윗부분은 전류에 의해 플래퍼를 움직이는 부분이다. 플래퍼는 고무를 통해 고정되어 코일의 전류에 거의 비례하여 좌우로 움직이도록 되어 있다. 플래퍼가 움직이면 한쪽의 노즐로부터의 유압을 감소시켜 다른 쪽을 증가시키므로, 안내 밸브의 좌우의 배압에 차를 발생시켜 그것에 의한 힘이 스프링과 평형하게 되는 위치까지 움직인다. 이 움직임에 의해 유압의 조작 실린더의 왼쪽 또는 오른쪽으로 보내어져 조작 피스톤을 움직이도록 작용한다.

2. 전기식 서보 기구

전기식 서보 기구는 구동부분에 전동기를 이용한 것으로 그 전동기를 제어하기 위하여 전력증폭기가 쓰인다. 전기신호는 전송에 편리하므로, 목표값을 주는 장소와 서보 기구의 부하가 있는 장소가 떨어져 있는 경우에 유리하다.

한편, 응답의 속도에서는 유압식에 비해 떨어지지만 경제성과 취급이 쉬운 점에서는 전기식이 우수하다. 이것에는 직류 서보 모터를 사용하는 직류 서보 기구와 교류 서보 모터를 사용하는 교류 서보 기구가 있다.

서보 모터는 일반 전동기에 비해 시동시 토크가 크고, 저속 회전이 용이하며, 급가・감속이나 정・역회전시동, 그리고 정지가 신속히 이루어지는 구조로 되어 있다.

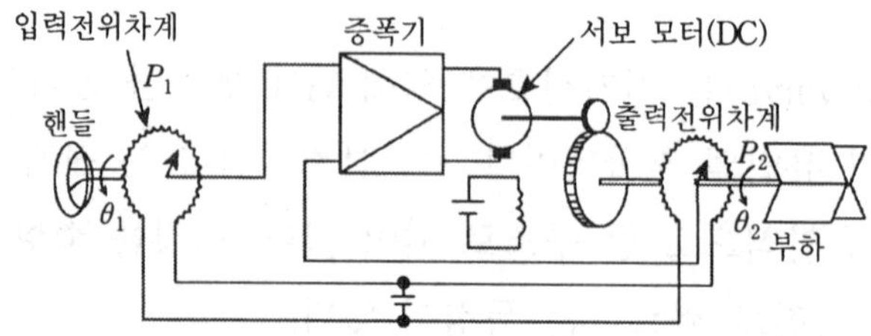

(a)

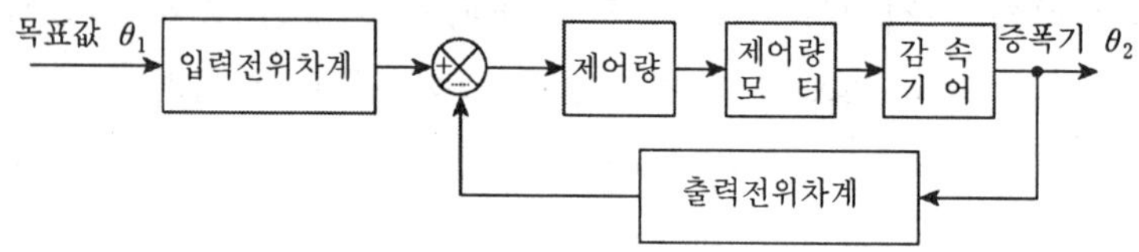

(b)

[그림 9-85] 직류 서보 기구의 구성

(1) 직류 서보 기구

[그림 9-85]는 직류 서보 기구의 구성을 나타낸 것으로 그림에서와 같이 손잡이의 회전각을 목표값으로 하고, 부하의 회전각은 제어량으로 하였다. P_1, P_2는 같은 모양의 전위차계로 각도를 전압으로 변환하는 각도-전압변환기이다. 손잡이를 각 θ_1까지 회전하면 목표값의 변화량으로 주어져 부하와의 전압차가 생기고, 이 전압차는 증폭기를 통하여 직류 서보 모터를 회전시켜 각 θ_2가 각 θ_1과 같아지도록 한다. 동작원리는 [그림 9-19]를 참조한다.

(2) 교류 서보 기구

교류 서보 기구는 교류전원을 사용하고 증폭기와 전동기로 교류용으로 사용한다.

최근 마이크로프로세서를 비롯한 인버터 회로, 즉 전력·전자공학과 제어이론의 발달로 교류전동기를 마치 직류전동기와 같은 운전 특성을 가지도록 제어할 수 있게 되었으며, 특히 직류전동기와는 달리 정류자 브러시가 없기 때문에 유지비가 전혀 소요되지 않는다.

이로 인하여 직류 서보 모터 대신에 교류 서보 모터의 응용범위가 점차 확대일로에 있다.

직류 및 교류 서보 모터 이외에 펄스 전동기, 리니어 전동기 등도 서보 액추에이터로서 많이 사용되고 있다. 특히 펄스 전동기는 디지털 서보 기구에서 컴퓨터 주변기기의 원동기로서 많이 보급되고 있다. 또, 디지털 펄스 신호의 개수와 주파수에 비례하여 회전각도와 회전속도가 각각 결정된다.

교류 서보 모터로 사용되는 것은 정류자전동기와 유도전동기가 있는데, 이 중에서 실용화되고 있는 것은 소형 2상 유도전동기로서 이것을 보통 2상 서보 모터(two-phase servo motor)라 한다. 동작원리는 [그림 9-20]을 참조한다.

연습문제

1. 압력을 변위로 변환하는 장치의 종류를 적어라.

2. 변위를 압력으로 변화하는 장치의 종류를 적어라.

3. 다음 그림을 계장용 밸브 심벌이다. 명칭을 적어라.

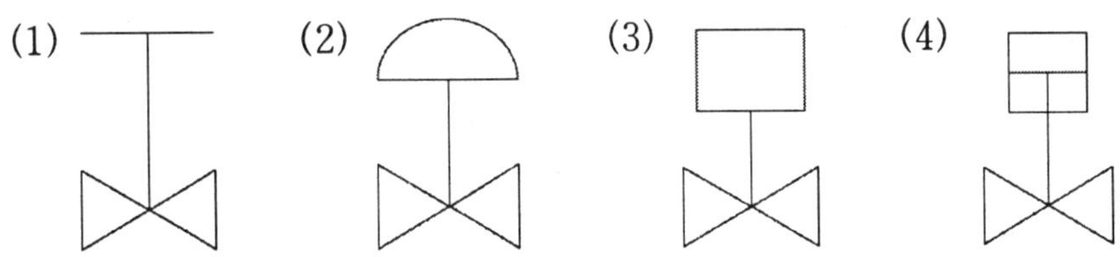

4. [그림 9-86]은 어떤 제어계에서 편차(동작신호)와 조절 밸브의 개폐도 Z가 시간적으로 변화하는 모양을 표시한 것이다. P동작, I동작, PI동작을 나타낸 것은 어느 것인가? 또 I동작의 적분시간[분]을 구하여라.

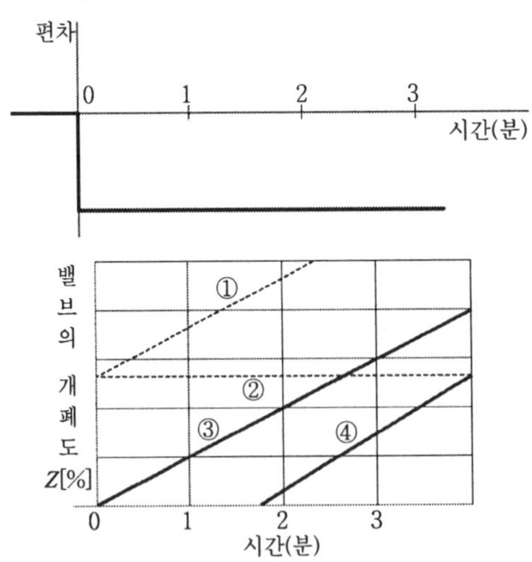

[그림 9-86]

5. 공기식 조절기는 전기식 조절기에 비하여 어떤 장점이 있는가?

6. 조작기기에 대하여 간단히 설명하여라.

7. 온도계의 종류를 들고 간단히 설명하여라.

8. [그림 9-87]과 같이 스로틀 밸브와 벨로즈를 조합요소에서 밸브를 통과하는 공기유량과 밸브 전후의 압력차 및 벨로즈 내의 압력과 출력단 변위간에 선형관계가 성립되어 벨로즈의 용량이 일정하다고 볼 때 이 요소의 전달함수를 구하고, 또 벨로즈의 용량이 40 [cm^5/kg]일 때 시정수가 24초인 것이 실측되었다. 이때 스로틀 밸브의 저항은 얼마인가?

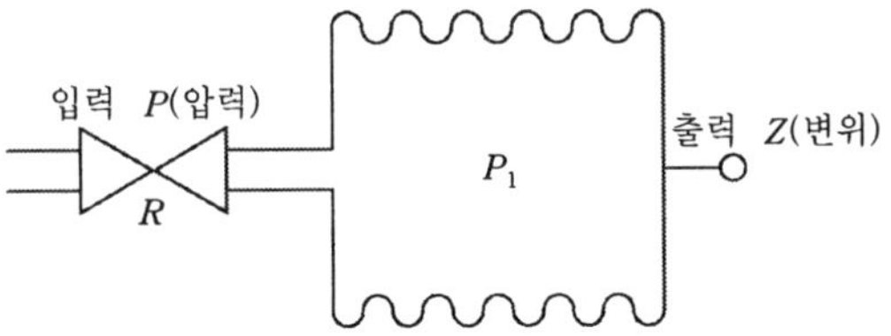

[그림 9-87]

10장 제어실무응용

귀환제어계는 자동조정, 서보 기구, 공정제어 등에 주로 이용되고 있으며, 특히 전자계산기의 비약적인 발달로 귀환제어계도 전자계산기를 많이 이용하고 있어 계산기제어라고도 한다.

여기서는 산업의 전 분야에 널리 이용되는 제어기술이 자동조정, 서보 기구, 공정제어에서 어떻게 응용되어 있는지, 또 전자계산기가 자동제어에 어떻게 활용하는지 알아보고자 한다.

10-1 자동조정기구

자동조정은 주파수, 전압 또는 속도 등을 제어량으로 하는 귀환제어의 일종이며, 장치제어인 경우가 많다.

1. 전압의 자동조정

대전력을 소비하는 산업체나 빌딩, 병원 등은 전력의 품질확보를 위하여 각종 자동제어계를 이용하여 자동전압 조정장치를 설치하고 있다.

전압의 자동조정은 직류 또는 교류전압을 여러 가지 상황변화에도 항상 일정한 값으로 유지시켜 주는 것이다. 이와 같은 장치로는 변동하는 전원으로부터 일정한 전압을 얻을 수 있는 정전압장치와 부하가 변동하더라고 일정한 출력단자전압을 얻을 수 있는 자동전압 조정장치가 있다.

(1) 발전기의 자동전압조정

발전기의 출력단자전압에 부하전류가 흐르면 전압이 떨어지는 경우가 있다. 이때, 부하전류의 대소에 관계없이 일정한 출력전압을 얻기 위하여 자동전압 조정을 해야 한다.

1) 직류발전기의 자동전압조정

[그림 10-1]은 직류발전기의 자동전압조정의 예이다. 그림에서 부하를 접속하면 부하전류 i_L에 의하여 전기자저항 R_a에 전압강하가 생기므로, 출력단자전압 v_o는 낮아진다. 이 단자전압은 전위차계(potentiometer)에 의하여 검출, 증폭되어 정전압 장치의 전압, 즉 목표값 v_r과 비교된다. 비교부에서 얻어지는 제어편차, 즉 편차전압 v_e는 목표값 v_r이 일정하기 때문에 출력단자전압 v_o의 변화분으로 되며 이때 부호는 반대이다.

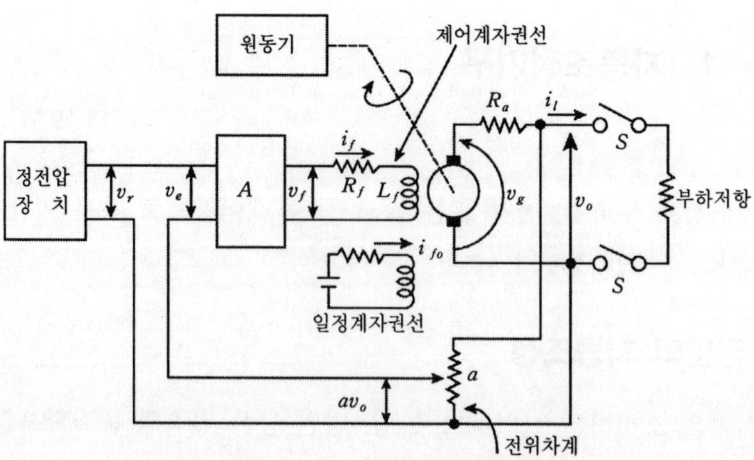

[그림 10-1] 직류발전기의 자동전압조정

제어편차 v_e는 증폭기 A에서 증폭되어 제어계자권선의 전류 i_f를 증가시키므로 발전전압 v_g는 전압강하분만큼 전압이 증가한다. 이때, 일정 계자권선에서는 일정한 계자전류 $i_{fo(2)}$를 흐르게 하고, v_g를 변화시키는 i_f를 작게 하여 증폭기가 크게 되는 것을 방지한다.

2) 교류발전기의 자동전압조정

직류발전기보다는 교류발전기가 부하에 의한 단자전압의 변동이 크므로 그만큼 자동전압조정의 필요성이 크다. [그림 10-2]는 3상 교류발전기의 자동전압조정기의 보기를 나타낸 것이다.

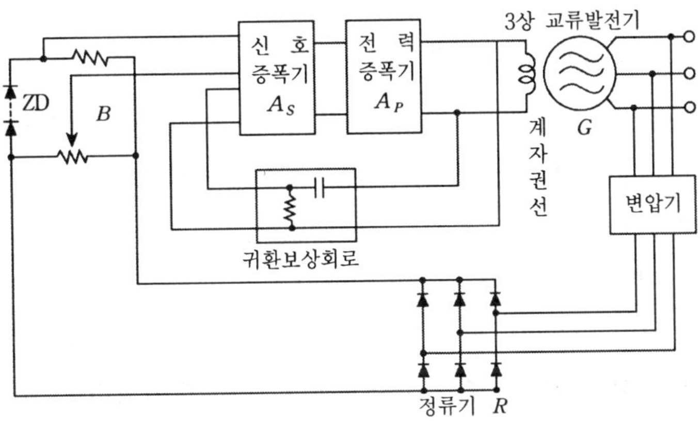

[그림 10-2] 3상 교류발전기의 자동전압조정

[그림 10-2]에서 G는 제어대상의 3상 교류발전기이고, 출력단자전압은 3상 정류기 R에 의하여 정류되어 직류전압으로 변환된다. 한편, ZD는 정전압을 만들어내는 제너 다이오드로서 목표값으로서의 일정한 전압을 발생한다. 따라서, 목표값과 정류기 R의 출력전압과의 차를 브리지 B에 의하여 구하고, 그 차를 신호증폭기 As, 전력증폭기 A_P에 의하여 증폭하여 3상 교류발전기의 계자권선에 가한다. 여기서, 발전기의 출력이 클 때에는 계자권선에 공급되는 전력도 크므로 전력증폭기로서 직류발전기(여자기), 증폭발전기, 사이리스터 증폭기 및 자기증폭기 등이 쓰인다.

2. 속도의 자동조정

발전소의 교류발전기에서 발생되는 교류주파수는 원동기의 회전수에 비례한다. 따라서, 일정한 주파수의 교류를 얻기 위해서는 원동기의 회전속도를 항상 일정한 값으로 유지시켜 주어야 한다. 이를 위해서는 자동속도 조정장치가 필요한데 이 장치를 조속기(speed gobernor)라 한다. 조속기에는 유압식과 전기식이 있다.

(1) 유압식 조속기

[그림 10-3]은 유압식 조속기의 예로서 증기 터빈 조속기의 구성을 나타낸 것이다. 그림에서와 같이 유압식 서보 기구는 조작 실린더, 안내 밸브, 귀환용 지렛대 부분으로 구성되어 있으며, 출력 밸브의 움직임 x_o는 스피더(speeder)의 움직임 x_i에 비례하도록 되어 있다. 여기서, 스피더는 회전속도를 변위로 변환하는 요소이다. 그러므로 터빈의 회전속도가 빨라지면 그에 따라 밸브가 닫혀 회전속도를 일정하게 유지시킬 수가 있다.

[그림 10-3]에 있는 스피더는 속도검출기의 일종으로서 회전속도를 위치로 변환시키는 요소이다. 스피더의 동작과정을 설명하면 [그림 10-4]와 같이 회전축을 중심으로 회전시키면 추는 원심력에 의하여 벌어지려고 하므로 회전축을 따라 화살표 방향으로 움직인다.

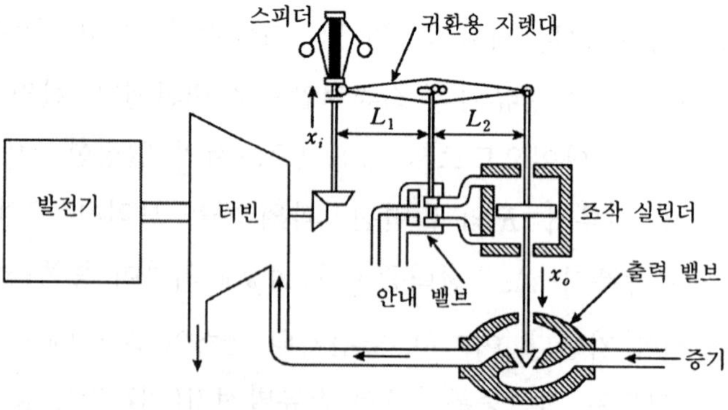

[그림 10-3] 유압식 조속기의 예

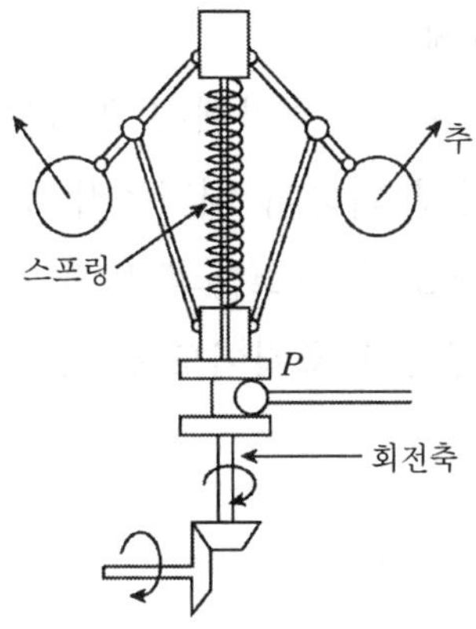

[그림 10-4] 스피더

이때, 지렛대의 한 쪽 끝 P가 끌려올라가는데 이 때문에 스프링의 반발력이 커져서 어느 위치에서 평형을 이룬다. 이 위치는 회전속도에 의해서 결정된다.

(2) 전기식 조속기

[그림 10-5]는 전기식 조속기의 예로서 수차조속기의 구성을 나타낸 것이다.

그림에서 보조발전기에 의하여 주파수에 변환된 제어동작 신호는 병렬공진회로에 의하여 위상각의 형태로 검출되며, 검출된 신호는 교류증폭기로 증폭되고, 복조기에 의하여 직류신호로 된다. 이 직류신호는 서보 밸브에 가해져서

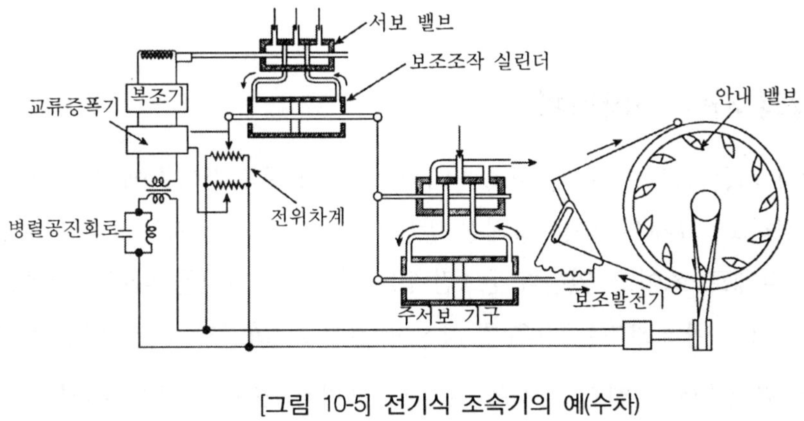

[그림 10-5] 전기식 조속기의 예(수차)

보조조작 실린더를 조작하게 된다.

보조조작 피스톤의 움직임은 전위차계에 의하여 교류전압으로 변환되어 교류증폭기에 귀환된다. 이것에 의하여 제어동작 신호와 보조조작 피스톤의 움직임은 비례하게 된다. 보조조작 피스톤의 움직임은 주 서보 기구에 가해져서 안내 밸브의 움직임에 비례하여 움직이도록 되어 있다.

10-2 서보 기구

서보 기구는 물체의 위치, 방위, 자세 등의 기계적 변위를 제어량으로 하는 귀환제어의 일종이다. 일반적으로 파워증폭기를 가지고 있는 경우가 많으며, 공작기계, 산업용 로봇, 비행기나 선박의 방향제어, 미사일이나 레이더 안테나의 자동위치제어가 이에 속한다.

서보 기구는 대개 공정제어계나 자동조정의 증폭부품으로 쓰이는 경우가 단독으로 쓰이는 경우보다 많다.

여기서는 서보 기구가 단독으로 응용되는 간단한 예를 몇 가지 들어보기로 한다.

1. 선박의 자동 조타장치

큰 선박의 키를 움직이는 데 서보 기구가 쓰인다. 즉, 컴퍼스에 의하여 배의 방향을 측정하고, 그것이 항상 정해진 방위가 되도록 키를 자동적으로 수정하는 방법이 실제로 쓰이고 있는데 [그림 10-6]은 그 원리를 나타낸 것이다.

그림에서 키는 항해하려는 방위를 설정한 것이고, 회전각 θ_r은 방위를 나타낸 것이다. 컴퍼스에 의하여 측정된 실제의 방위각 θ_c는 소형의 서보 기구에

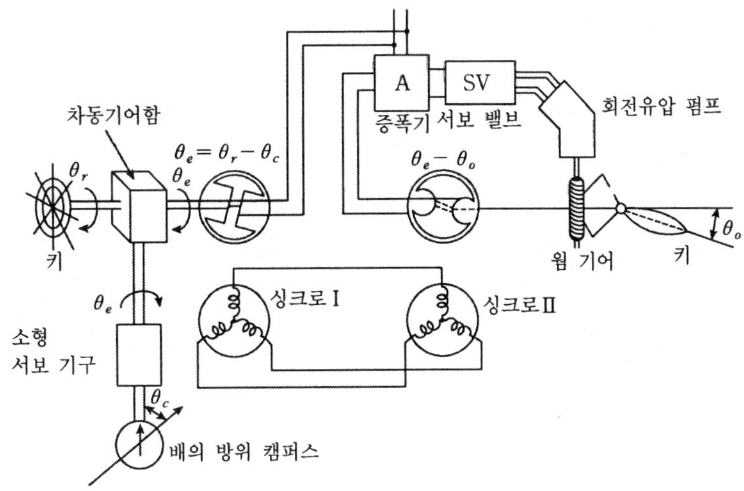

[그림 10-6] 자동조타 구성의 예

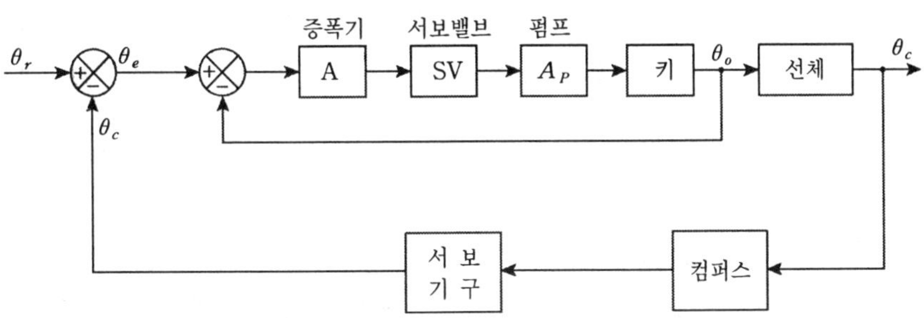

[그림 10-7] [그림 9-6]의 제어계의 블록선도

의하여 차동기어의 한 축에 전달되는데, 이때 차동기어에 의하여 목표의 방위 θ_r과 실제의 배의 방위 θ_c와의 차 θ_e를 구할 수 있다.

[그림 10-6]에서 싱크로 Ⅰ, Ⅱ, 증폭기, 서보 밸브 및 회전 유압 펌프는 전기-유압식 서보 기구로 구성되어 있다. 여기서, θ_e는 서보 기구의 목표값이고, 이것에 의하여 조타각 θ_o가 제어된다.

키가 θ_r만큼 회전한다면 이에 따라 선체의 방위 θ_c가 변하는데, 이 값을 컴퍼스로 측정하여 소형 서보 기구의 목표값으로 함으로써 전체적으로 귀환제어가 이루어지고 있다.

[그림 10-7]은 선체를 제어대상으로 하여 자동조타장치의 동작을 블록선도로 나타낸 것이다.

2. 추적 레이더

레이더는 전파가 물체에 닿으면 반사하는 성질을 이용하여 먼 곳에 있는 비행기나 선박 등의 위치를 알아내는 데 쓰이는 것이다. 비행기 등과 같이 움직이는 목표값의 위치를 항상 추적하여 알아내는 데 쓰이는 자동추적은 [그림 10-8]에 나타낸 원뿔주사(conical scanning)를 이용한 것이다.

전파의 발사는 반사기의 초점에 있는 다이폴 안테나(dipole antenna)에 의해서 발사되지만 안테나는 전기적으로 초점으로부터 약간 움직여져 있고, 1,800[rpm]으로 회전하는 보조전동기에 의해서 초점의 위치가 회전한다. 이와 같이 전기적으로 움직이는 것에 의하여 발사된 빔의 축은 반사기의 축으로부터 약 1.25° 떨어져 그것이 회전하면 빔은 그림과 같은 원뿔을 그리게 된다.

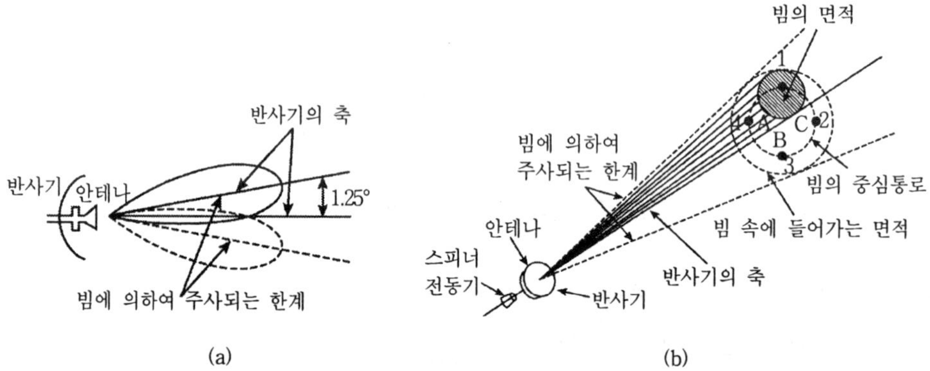

[그림 10-8] 원뿔주사

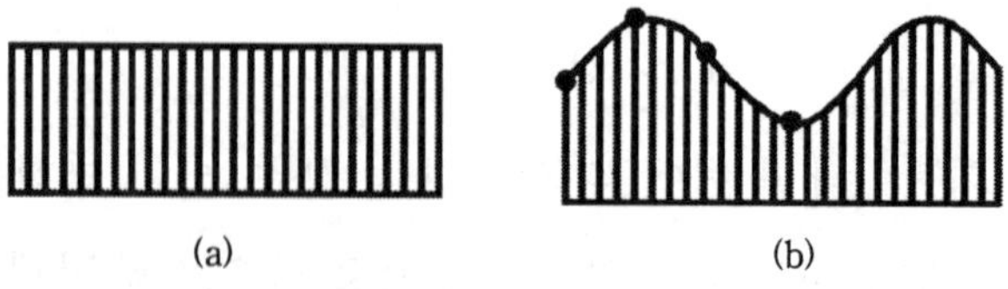

[그림 10-9] 수신신호

목표가 원뿔의 축상 [그림 10-8](b)의 점 A에 있으면 목표에 맞는 전파의 세기는 일정하며, 이것에 의해서 수신되는 신호는 [그림 10-9](a)와 같이 일정하게 된다.

그러나 목표가 이 축에서 떨어져 점 B에 있다면 목표에 맞는 전파의 세기는 빔축이 3의 위치에서 최대가 되고, 1의 위치에서 최소가 되며, 2와 4의 위치에서 그 중간이 된다. 이 변화는 [그림 10-9]의 (b)와 같은 사인파이며, 주파수는 빔의 회전 비율과 똑같다.

목표가 점 C에 있다면 비슷한 사인파 변화가 생기지만, 점 B에 비하여 변화의 위상이 90° 바뀐다. 이와 같이 반사 펄스는 진폭변조되고 변조의 크기는 목표가 원뿔축으로부터 멀어져 감에 따라 커진다. 그리고 위상각은 편차의 방향을 나타낸다. 이들의 양을 적당한 전동기 제어기구에 알려서 안테나를 움직여 목표가 항상 원뿔축 위에 오게 하면 자동추적을 할 수 있다.

3. 자동평형기록계

여러 가지 물리량의 변화를 연속적으로 기록할 때 만일 측정신호가 미약하면, 그것 때문에 직접 펜을 움직이지 못할 경우도 있다. 이와 같은 경우에 소형의 서보 기구가 쓰이는데, 이를 계기 서보 기구라 한다.

[그림 10-10]은 매우 작은 변위를 기록하기 위한 자동평형 기록계를 나타낸 것이다. 그림에서 DT_1, DT_2는 특성이 같은 차동변압기이고 위치의 간접 검출기를 이루고 있다. 즉 DT_1과 철심은 측정하려는 물체에 연결되어 있고, 이 철심과 DT_2 철심의 상대 위치가 같을 때 증폭기의 입력전압은 0이 되고, 펜은 움직이지 않는다.

그러나 그들 사이에 차이가 생기면 그것이 0이 될 때까지 전동기가 회전하면서 펜이 움직인다. 즉 DT_1 철심의 움직임에 따라 펜은 오른쪽 또는 왼쪽으로 움직인다.

한편 기록지는 일정한 속도로 보내지므로 기록지 위에 철심의 움직임이 시간적으로 연속하여 기록된다.

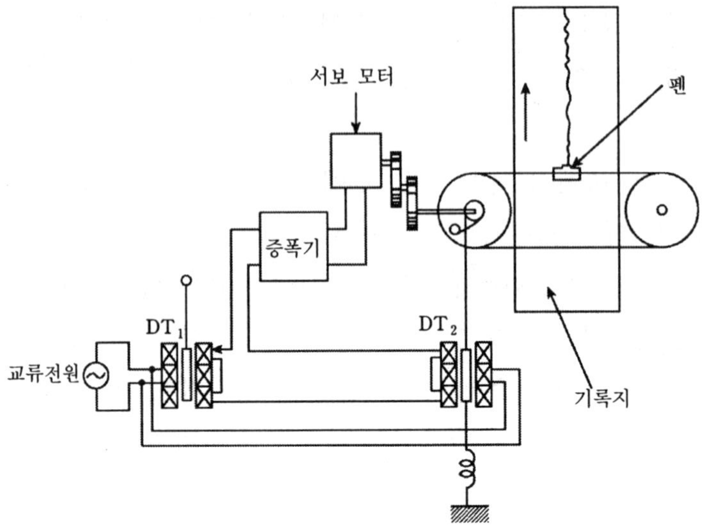

[그림 10-10] 변위자동평형 기록계

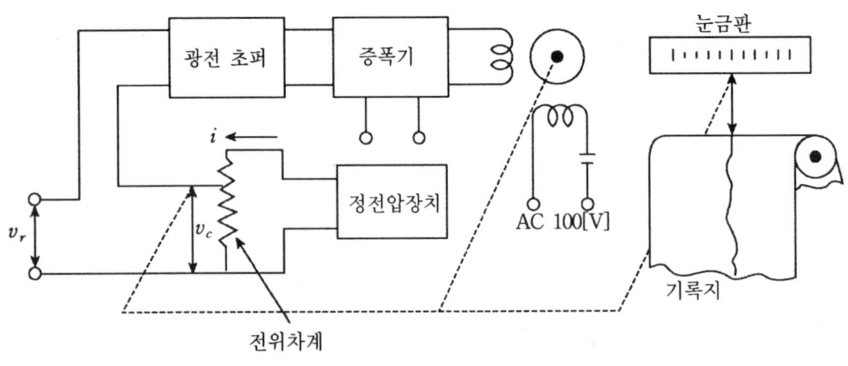

[그림 10-11] 자동평형 기록계의 원리

[그림 10-11]은 일반적인 전압자동평형 기록계의 원리를 나타낸 것이다. 그림에서 전위차계에는 정전압장치로부터 일정한 전압이 주어지므로, 전압 v_c는 슬라이더의 위치에 비례하는데 전압 v_r과 항상 같아지도록 전동기가 회전하면서 펜과 지침을 움직인다.

10-3 공정제어

일반화학공업, 석유공업, 제지공업 등의 공정공업(process industial)에서는 필요로 하는 원료와 에너지를 제조장치에 공급하여 온도, 압력, 액위, 농도 등의 환경조건을 정해진 값으로 유지시켜줌으로써 목적하는 제품이 생산된다. 그러므로 균일제품을 만들기 위해서는 환경조건 및 원료, 제품의 유량, 에너지 등을 제어해야 한다. 일반적으로 공정공업의 공정에서는 몇 개의 제어량이 있으므로 이들을 동시에 제어해야 하는데, 이들 제어계의 구성은 자동조정 또는 서보 기구에 비하여 규모가 크고 복잡하다.

1. 공정제어계와 제어방식

(1) 공정제어계의 구성

[그림 10-12]는 공정제어계의 구성을 나타낸 것으로서, 열교환기에서 액체의 온도를 제어하는 공정제어계이다. 공정제어계는 플랜트가 있는 현장 및 관리실로 구성되어 있다. 관리실은 주로 제어를 하기 위한 장치를 수용하고 있다. 먼저 제어대상에서 제어량(온도)을 검출기로 검출한다. 이 신호는 비교적

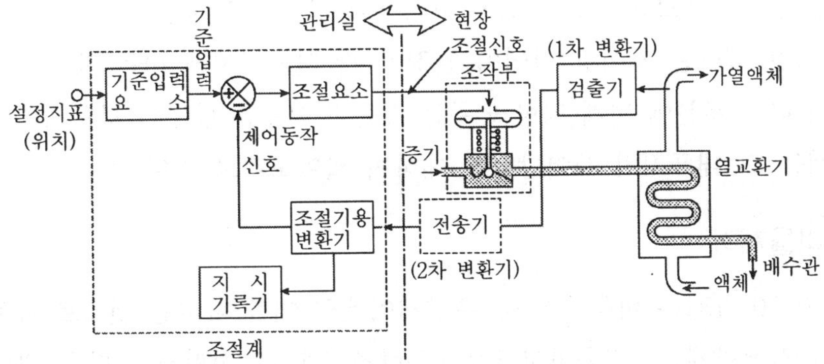

[그림 10-12] 공정제어의 구성

멀리 떨어져 있는 관리실에 정확히 전달되어야 하므로, 전송기에 의하여 증폭되어 전송에 편리한 양으로 변환된다. 관리실에 전송된 신호는 조절계로 보내지는데 조절계에서는 다음과 같이 신호가 전달된다.

전송된 신호는 목표값과 비교하는 데 편리한 양, 즉 주귀환량으로 변환되어 비교부에 전송된다. 비교한 결과에서 얻어진 동작신호는 조절요소에 의한 적당한 조절신호로 변환되어 다시 현장에 있는 조작부(actuator)로 전달된다.

조작부는 그림에서와 같이 대개의 경우 유량을 바꾸기 위한 밸브와 구동장치로 되어 있으며, 이것에 의하여 목표값과 주귀환량과의 차가 될 수 있는 대로 작게 되도록 제어대상의 조작량을 변화시켜서 제어량을 늘이거나 줄일 수 있다.

또, 조절계에 가해진 신호는 필요에 따라 기록계 또는 지시계에 의하여 기록 또는 지시된다. 조절계는 [그림 10-12]에 나타낸 바와 같이 기록계 또는 지시계가 포함된 것을 말하고, 이것이 포함되지 않은 것을 조절기(controller)라 한다.

(2) 제어방식

기본적인 공정제어의 종류에는 온도, 압력, 유량, 액면을 각각 제어량으로 하는 온도제어, 압력제어, 유량제어, 액면제어가 있다. 이것은 어느 것이나 하나의 닫힌 루프로 구성되어 있고 제어량도 하나이다.

그러나 규모가 큰 플랜트가 많고, 따라서 그 속에는 제어해야 할 여러 가지 제어량이 함께 있으며, 또 장소에 따라 외부로부터 몇 개의 외란이 가해진다. 이와 같은 때에는 제어량 사이에 일정한 관계를 가지게 하는 제어를 하든지, 외란이 다른 부분에 넓게 영향을 주는 것을 막아주는 방법이 강구되어야 한다. 여기서는 그 대표적인 제어방식에 대하여 알아보기로 한다.

1) 비율제어

[그림 10-13]은 비율제어 중 유량제어계의 예를 나타낸 것으로 유체의 유량을 FE(유량계)로 검출하고 FRC(유량조절계)에 귀환시킨 다음 FRC의 신호로 다이어프램 밸브를 구동시켜 유량을 제어한다. 이때의 제어대상의 응답,

즉 밸브가 열리는 정도에 따른 유량변화에는 별로 시간적인 뒤짐이 없으므로 비교적 유량을 제어하기가 쉽다.

그런데 공정에서는 두 종류의 유체를 어떤 일정한 비율로 혼합하기 위하여 유체의 유량이 일정한 비율이 되도록 제어할 때가 많다.

예를 들면, 보일러에는 공기와 연료가 일정한 비율로 공급되어야 하고, 제지공장에서는 농도가 진한 펄프액을 물과 일정한 비율로 혼합하여 정해진 농도의 펄프액으로 만들어야 한다. 이와 같이 2개의 유량을 항상 일정한 비율이 되게 하는 제어를 비율제어라 하는데, 여기에는 직렬형과 병렬형이 있다.

[그림 10-14]는 직렬형 비율제어의 예를 나타낸 것으로 유체 1의 유량이 검출되면 비율설정기에서 일정한 비율이 곱해져서 그것이 유체 2의 FRC의 유량설정신호가 된다. 이에 따라 유체 2의 유량을 유체 1의 유량과 일정한 비율이 유지되도록 제어한다. 이때 유체 1의 유량은 공정의 다른 양에 의해서 제어된다.

[그림 10-15]는 [그림 10-14]와 비슷한 것으로 유체 1의 유량을 제어한다는 점이 다르다.

[그림 10-16]은 병렬형 비율제어의 예를 나타낸 것이다. 즉, 유량설정값을 FRC-1에는 직접, FRC-2에는 비율설정기를 통하여 비율설정값을 가해서 유체 1과 유체 2의 유량, 그리고 이들의 비율을 일정하게 제어하는 방식이다. 여기서 사용되는 조절계의 설정값은 다른 신호에 의해서 조절할 수 있도록 되어 있다.

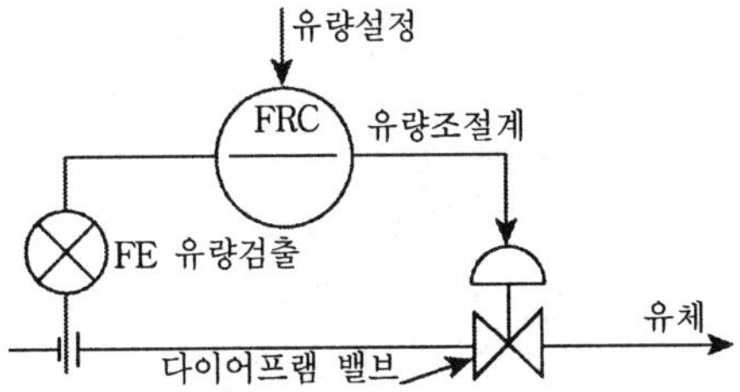

[그림 10-13] 유량제어

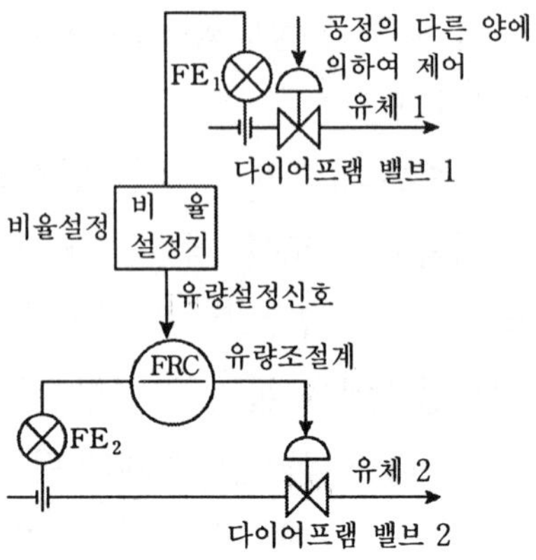

[그림 10-14] 직렬형 비율제어(1)

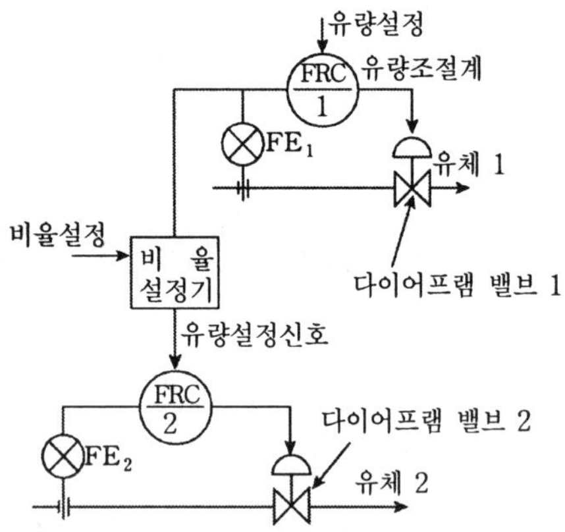

[그림 10-15] 직렬형 비율제어(2)

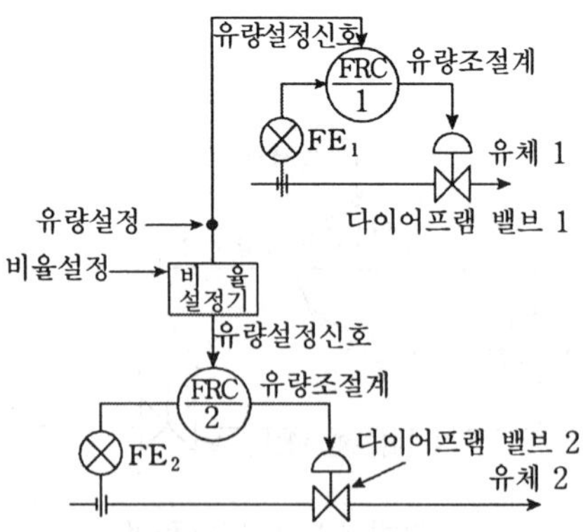

[그림 10-16] 병렬형 비율제어

2) 종속제어

[그림 10-17](a)는 열교환기에 의하여 증기와 유체 사이에 열교환을 하여 유체를 가열하고, 그 온도를 일정하게 제어하려는 온도제어의 예를 나타낸 것이다. 이때, 유출되는 가열유체의 온도를 검출하고 이것을 TRC(온도조절계)에 귀환시킨 다음, 그 출력으로 다이어프램 밸브를 구동시켜 증기의 유량을 조절함으로써 가열유체의 온도를 제어하는 것이다.

그런데 열교환기에 있어서 증기유량의 변화가 가열유체의 온도변화로 나타나기까지에 큰 시간적 뒤짐이 있는 경우에는 온도설정의 변경이나 증기의 유량변동 또는 가열유체의 유량변동이 있은 후, 일정한 온도로 안정되기까지에는 오랜 시간이 걸릴 것으로 예상된다.

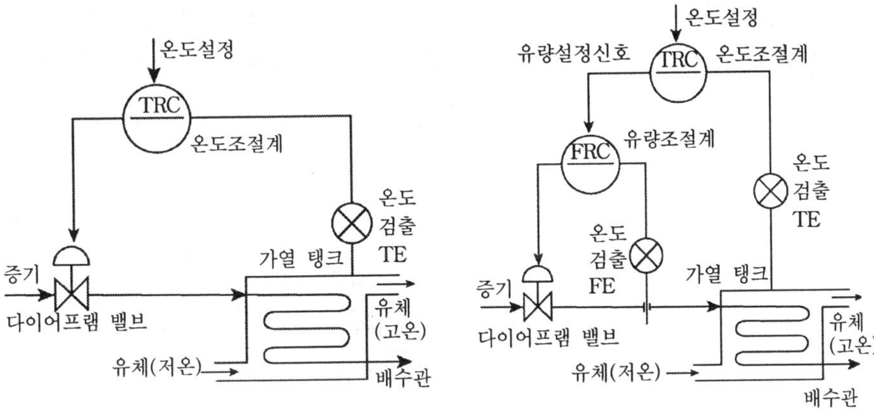

(a) 개선 전 (b) 개선 후

[그림 10-17] 온도제어

이를 개선하기 위하여 [그림 10-17]의 (b)와 같이 TRC의 출력을 직접 다이어프램 밸브의 입력으로 하지 않고, FRC에 설정값으로 가하면 가열유체의 현재 온도에 비례하는 증기유량을 얻을 수 있다.

그러므로 증기유량이 변화하더라도 유량제어에 의하여 곧바로 증기유량을 초기값 부근으로 되돌아오게 한다. 이때 TRC를 1차 조절계, FRC를 2차 조절계라 한다.

이와 같이 1차 조절계, 2차 조절계가 종속으로 접속되어 있는 제어방식을 종속제어(cascade control)라 한다.

2. 보일러의 자동제어

보일러의 귀환제어는 기본적인 공정제어, 즉 온도, 유량, 압력 및 액면의 각 제어를 모두 포함하고 있으며, 또 고온, 고압에서 사용되기 때문에 고도의 기술이 필요하게 되며 복잡하면서도 대규모의 전형적인 귀환제어계이다.

(1) 보일러의 구성

[그림 10-18]은 보일러의 구성을 나타낸 것이다. 보일러는 고온, 고압의 증기를 얻기 위하여 물과 중유 및 공기가 공급된다. 먼저, 공기 및 중유의 혼합체는 연소실에서 연소하여 열을 발생시킨다. 이 열로 드럼의 물이 가열되어 증기를 발생시키고, 이 증기는 다시 과열부에서 가열되어 고온, 고압의 증기로 된 후 고압 헤더로 배출되어진다. 또 연소실에서 생긴 연소가스는 공기예열기를 지나 굴뚝으로 배출된다.

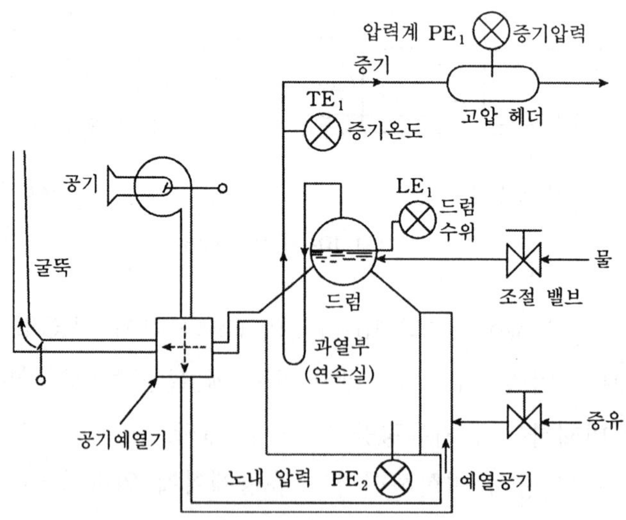

[그림 10-18] 보일러의 구성

보일러의 제어량으로는 증기압력, 증기온도, 노내 압력, 드럼 수위가 있다. 이들 제어량에 의한 보일러의 귀환제어는 크게 증기압력 및 노내 압력에 대한 자동연소제어(ACC ; automatic combustion control), 드럼 수위에 대한 급수제어(FWC ; feedwater control), 그리고 증기온도에 대한 증기온도제어(STC ; steam temperature control)로 나누어진다.

(2) 연소제어

보일러부터 발생하는 증기의 압력은 항상 일정하게 유지할 필요가 있다. 그러기 위해서는 연료유량, 공기유량을 조작량으로 제어하면 된다. 또 노내 압력이 변동하면 노에 손상을 주어 보일러의 효율이 악화되므로, 노내 압력을 일정하게 유지하지 않으면 안 된다. 이를 위해서는 굴뚝으로 배출되는 연소가스의 유량을 제어량으로 제어하면 된다.

[그림 10-19]에 나타낸 것처럼 고압 증기가 모여 있는 고압 헤더 내의 압력을 제어하기 위해서는 그것에 따라 중유, 공기의 유량이 가장 높아지도록 일정한 비율로 증감해야 한다.

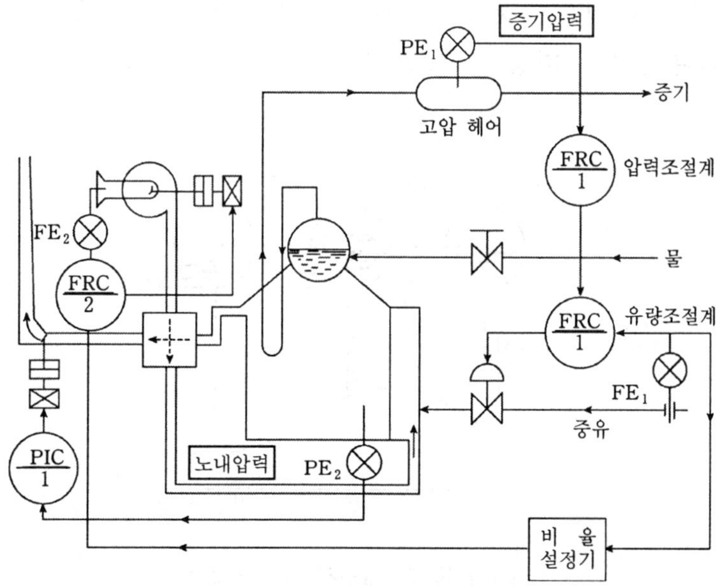

[그림 10-19] 보일러의 연소제어

그러기 위해 먼저 압력계 PE_1에서 출력단의 증기압력을 검출하고, 압력조절계 PRC-1에 가하면 이 출력은 중유의 유량제어계 FRC-1에 목표값으로 가해지며, 또 이 계통의 검출유량은 비율설정기를 통하여 공기의 유량제어계 FRC-2에 목표값으로 가해진다.

한편, 노내 압력의 제어는 먼저 그 압력을 PE_2로 검출하고, 압력조절계 PIC-1을 통해 연소가스의 유량을 가감함으로써 이루어진다.

(3) 급수제어

증기유량이나 급수량이 급격히 변화하면 수위는 [그림 10-20]과 같은 응답변화를 나타내게 된다. 증기유량이 급히 증가한 경우 일정 급수량에서는 드럼의 수위가 내려가지 않으면 안되는데도 드럼 내의 증기압이 급격히 감소하기 때문에 증발작용이 증가하고, 물 속에 혼합되어 있는 증기의 양이 늘어나 비등상태로 되어 수위가 일시적으로 상승하게 된다. 그러나 최종적으로는 수위가 내려가려 하기 때문에 급수량이 증가하지 않으면 안된다. 그런데 수위가 일시적으로 상승하기 때문에 보통의 제어동작에서는 일시적으로 급수량을 줄이도록 조절기가 작동한다. 이것은 조절기가 일시적으로 오동작을 하고 있는 것과 마찬가지이며 수위는 비정상적으로 오르락내리락하여 위험하게 된다.

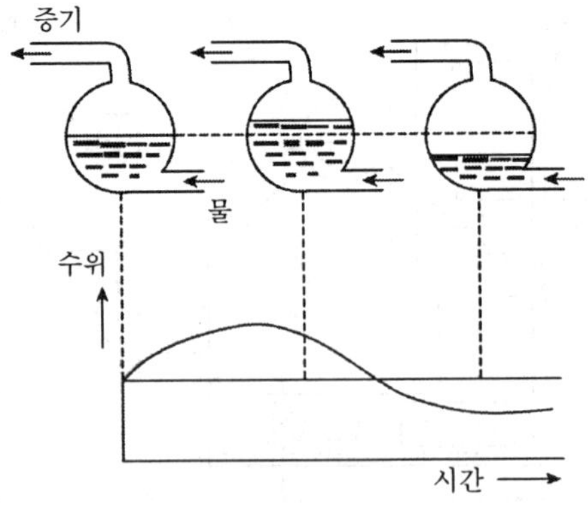

[그림 10-20] 급수시 수위의 변화

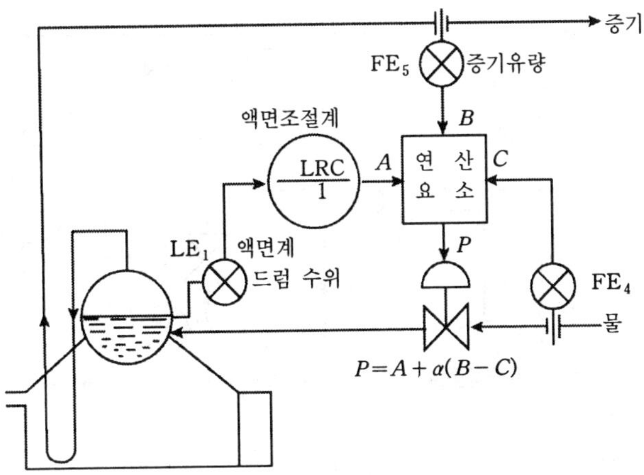

[그림 10-21] 보일러의 급수제어

[그림 10-21]에서 드럼 수위에 변동을 주는 원인은 증기유량 B와 급수량 C와의 차 때문이다. 그래서 이것에 일정한 계수를 곱한 신호 $\alpha(B-C)$를 수위조절계 LRC-1로부터의 신호 A에 더하여 P로 하고, 이 신호에 의해 물의 유량을 가감한다.

이와 같이 하면 급수량과 증기유량 사이의 균형이 깨졌을 때 이에 따른 드럼수위의 역방향의 변화에는 관계없이 신호 P 중의 $\alpha(B-C)$성분으로 올바른 방향으로 급수량이 조절되므로 안정한 드럼 수위의 제어가 행해진다.

(4) 증기온도제어

증기온도의 제어방식에는 여러 종류가 있는데 [그림 10-22]는 감온기를 사용한 제어방식을 나타낸 것이다.

감온기는 드럼에서 발생한 증기를 급수의 일부로 냉각하는 것이지만, 그 급수량을 가감함으로써 증기온도가 제어된다. 이 경우 증기온도의 온도조절계 TRC-1의 출력은 냉각용 급수의 유량조절계 FRC-3의 설정값으로 가해지는 종속제어계를 구성하고 있다.

[그림 10-23]은 이제까지 설명한 보일러설비의 종합계장도를 나타낸 것이다.

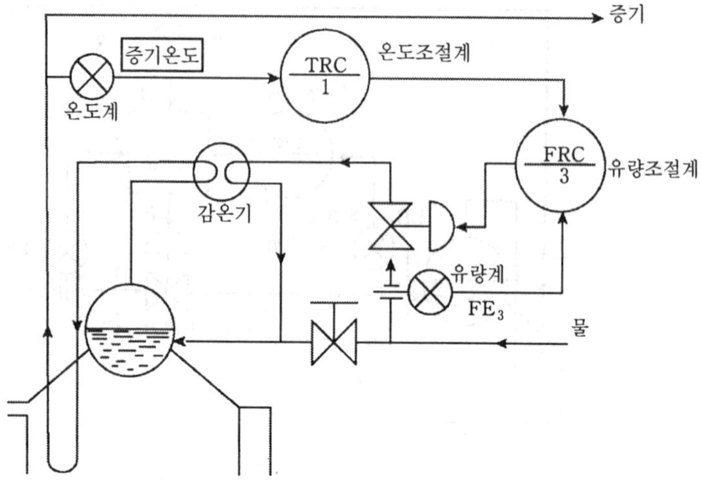

[그림 10-22] 보일러의 증기온도제어

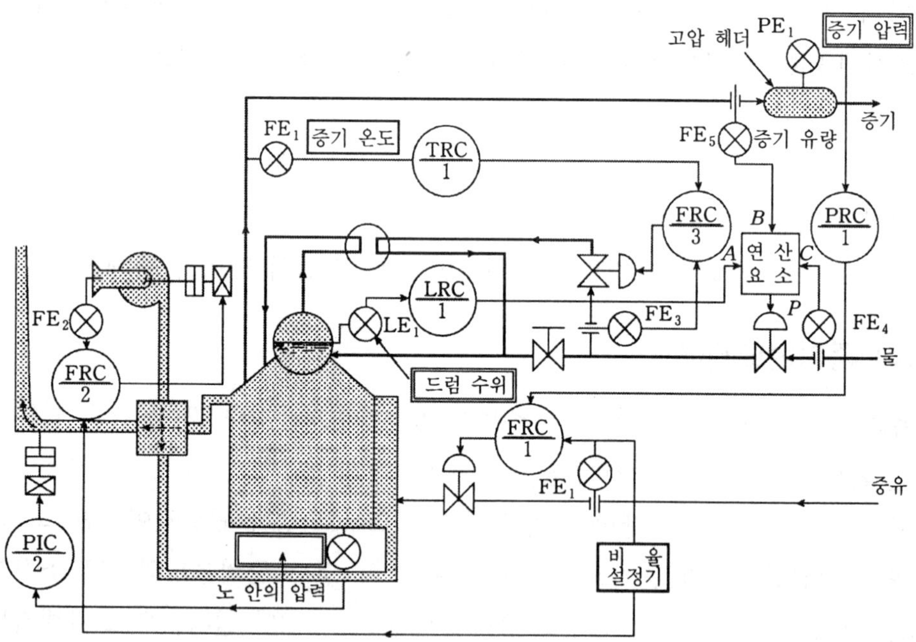

[그림 10-23] 보일러설비의 종합계장도

10-4 디지털 제어

근래 마이크로프로세서의 급속한 발달로 제어기술이 여러 분야에서 응용되고 있으며, 아날로그 제어방식에서 디지털 제어방식으로 바뀌고 있다.

여기서는 디지털 제어방식 중에서 산업사회에서 많이 응용되고 있는 수치제어, 계산기 제어 및 마이크로컴퓨터 제어에 대하여 간단히 알아보고자 한다.

1. 수치제어

귀환제어는 입력과 출력을 아날로그 방식으로 다루어 왔으나, 디지털의 기술이 발달함에 따라 모든 양을 수치화하여 취급하게 되었다. 이것을 수치제어(numerical control, NC)라 하며, 연산은 대개 2진법으로 한다. 수치제어는 공작기계에 도입한 다음 많은 발전을 거듭하여 오늘날까지 널리 쓰이고 있다.

(1) 수치제어의 기본 구성

공작기계의 수치제어는 공작물에 대한 공구의 이동량을 그 이동량에 대응하는 수치정보로 제어하는 방법이다. 수치정보는 부호화된 천공 테이프를 이용하는 것이 일반적이다.

[그림 10-24]는 공작물의 도면으로부터 가공이 될 때까지의 과정을 나타낸 것이다. 절삭작업을 보기로 들면 먼저 공작물의 도면으로부터 치수, 이동속도 등의 가공에 필요한 모든 정보를 테이프에 천공시키는데, 이 테이프를 지령 테이프라 한다. 수치제어계는 [그림 10-24]와 같이 천공 테이프에 들어 있는 정보를 제어장치에서 제어된 출력이 테이블이나 공구의 위치를 구동한다.

(2) 수치제어의 형식

공작기계의 수치제어 형식을 공구운동의 제어방법에 따라 나누면 다음과 같다.

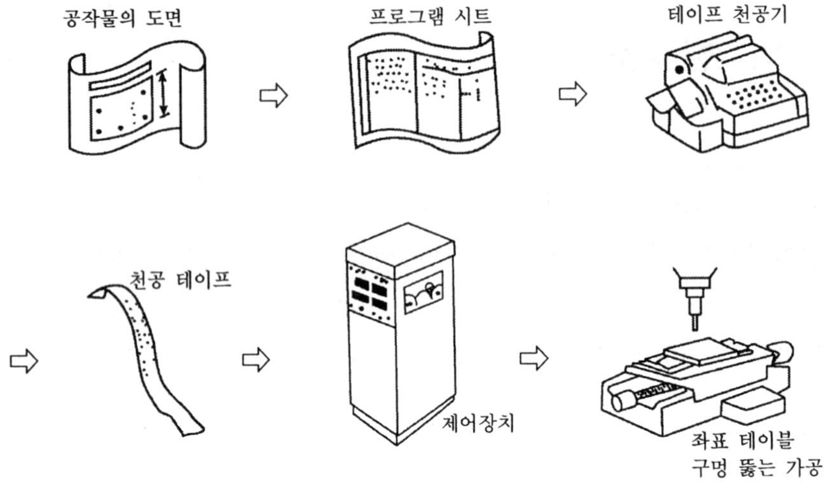

[그림 10-24] 수치제어계의 흐름

1) 위치결정제어

위치결정제어는 공구한 위치에서 다른 지정된 위치로 이동시킬 때 그 경로나 이동속도에는 관계없이 위치만을 제어하는 방법으로서 드릴 및 보링 등에 쓰인다.

2) 윤곽제어

윤곽제어는 공구가 운동할 때 경로, 속도 및 위치를 동시에 제어하는 방법으로서 밀링 및 선반 등에 쓰인다.

(3) 공작기계의 수치제어 방법

구동계를 제어하는 방법에는 [그림 10-25]와 같은 2가지 방법이 있다.

1) 개루프 방법

이 방법은 펄스 전동기를 사용하여 구동시키는 것이다. 지령 펄스가 1개 들어옴에 따라 단위회전 각도만큼 회전한다.

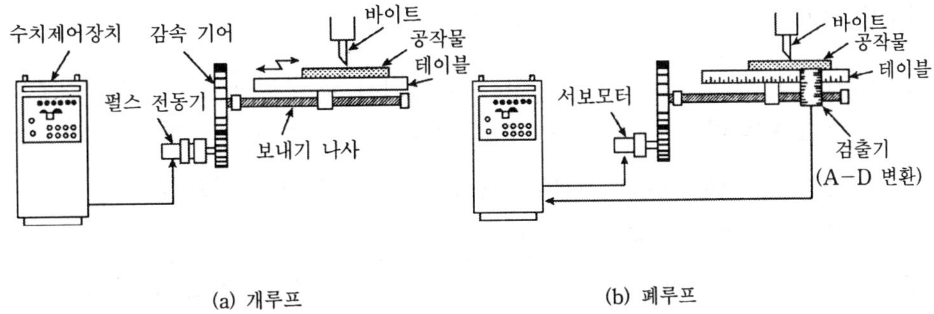

[그림 10-25] 제어방법

2) 폐루프 방법

이 방법은 서보 모터를 사용하여 구동시키는 것이다. 목적하는 위치에 정확하게 왔는지의 여부는 별도로 위치검출장치를 붙여서 확인한다.

(4) 수치제어 공작기계의 특징

1) 장 점

① 견본제품이나 소량 제품의 생산에 적합하다. 설계도면에 의하여 지령 테이프를 작성하면 부품생산이 가능하므로 시제품이나 모델을 제작할 필요가 없고, 설계변경에 대하여 신속하게 대응할 수 있다.

② 정밀도를 향상시킨다. 일반 공작기계에서는 작업자의 숙련도에 따라 정밀도에 차이가 생기지만, 수치제어 공작기계에서는 프로그램에 지정된 고른 정밀도를 얻을 수 있다.

③ 에너지 절약이 가능하다. 선반이 실제로 사용되는 경우를 보면 운전시간 중에 실제 가동시간은 수치제어 선반이 보통 선반보다 훨씬 높다는 것을 알 수 있다.

또한 가동능률에 있어서도 작업의 종류에 따라 다르나, 최고 300[%]까지 향상시킬 수가 있다.

2) 단 점

① 테이프를 수정하는 데 많은 시간이 걸린다. 프로그래머에 의하여 작성된 프로그램은 반드시 완전하다고는 할 수 없다. 따라서 작업자는 프로그램의 불비한 점을 명확히 파악하여 프로그래머에게 테이프를 수정할 수 있도록 항상 정보를 제공해주어야 한다.

② 보수, 점검의 곤란 및 비용이 많이 든다. 전자제어장치의 보수 및 점검을 한다는 것은 일반 사용자쪽에서 볼 때 기술적으로는 곤란하다. 일반적으로는 제조자에게 의뢰하는 것이므로 보수비용이 많이 들게 된다.

③ 구입비가 많이 든다. 수치제어 공작기계는 보통 공작기계와 비교하여 값이 훨씬 비싸다.

2. 계산기의 제어

전자계산기를 사용하는 제어를 계산기제어라 한다. 수치제어나 귀환제어는 어느 것이나 계산의 기능을 가지고 있다. 여기서 계산기 제어라고 하는 것은 단순히 계산의 기능만을 가지는 제어라는 뜻이 아니라, 전자계산기를 제어기구로 하여 이것이 두뇌의 기능을 할 수 있는 제어방식을 말한다. 이와 같은 계산기제어 방식에는 여러 종류가 있다.

공정제어에서는 지금까지는 경험에 의해서 계산하던 온도, 압력 등과 같은 제어량의 목표값을 공정효율이 최대가 되도록 주위의 조건에 따라 계산하여 사용하고 있다. 또 전력계통에서는 경제부하 배분에 계산기 제어방식이 쓰인다. [그림 10-26]은 플랜트에 설치된 다수의 조절계가 가지는 목표값이 가장 적합한 조건에 있도록 되어 있는 계산기제어의 구성을 나타낸 것이다.

계산기 안에는 플랜트에 있어서의 수학적인 모형이 미리 준비되어 있어서, 플랜트의 어떤 시점에 대한 상태의 평가와 앞으로의 상태를 예측하여 최적 조건이 되게 제어량을 제어해준다.

계산기제어 방식을 응용한 전력계통에서의 자동급전 시스템은 [그림 10-27]과 같이 디지털 계산기를 중심으로 하여 제어장치, 급전용 콘솔(console), 기록용 프린터, 데이터 전송 시스템 및 전력 계통으로 구성되어 있다. 이들 각

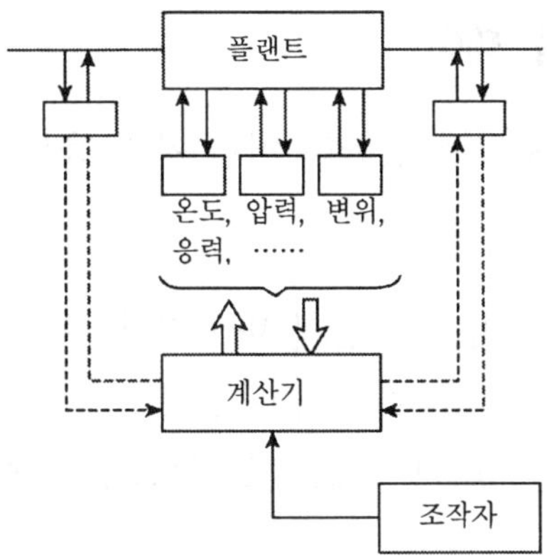

[그림 10-26] 계산기 제어의 구성

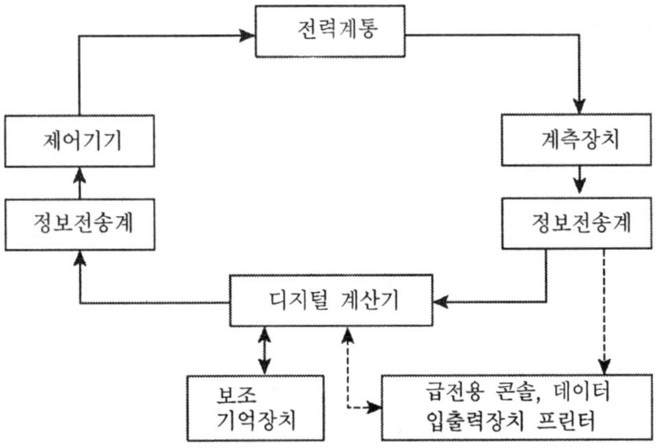

[그림 10-27] 자동급전 시스템의 구성

구성요소의 소요능력, 신뢰도 및 정밀도 등은 각 요소설비 사이의 협조를 충분히 고려한 다음에 결정해야 한다.

현재 사용되는 자동급전 시스템에는 아날로그형 제어장치와 디지털 계산기를 결합시킨 하이브리드형 자동급전 시스템, 디지털 계산기에 제어기능을 부여한 전디지털형 자동급전 시스템이 있다. 전자는 제어의 신뢰성면에서 우수하고, 후자는 제어기능의 발전성면에서 우수하지만 모두 동일한 제어효과를 나타낼 수 있다.

3. 마이크로컴퓨터 제어

마이크로컴퓨터는 프로그램에 따라 여러 가지 용도로 쓰이므로 다음과 같은 장점이 있다.

① 프로그램에 의해서 기능을 쉽게 바꾸거나 추가할 수 있고, 넓은 분야에 이용할 수 있으므로 표준화하기가 쉽다.
② 많은 기능을 부여할 수가 있고, 기기부품수의 감소나 소형화가 쉽다.
③ 보수가 간편하다.

(1) 마이크로컴퓨터의 구성

[그림 10-28]은 일반적인 마이크로컴퓨터의 구성을 나타낸 것이며 각각의 작용을 살펴보면 다음과 같다.

1) CPU(중앙처리장치)

CPU는 대형 전자계산기와 마찬가지로 연산, 제어, 기억의 기능을 수행하는 장치를 말하며, 이것은 사람의 두뇌에 해당하는 부분이다.

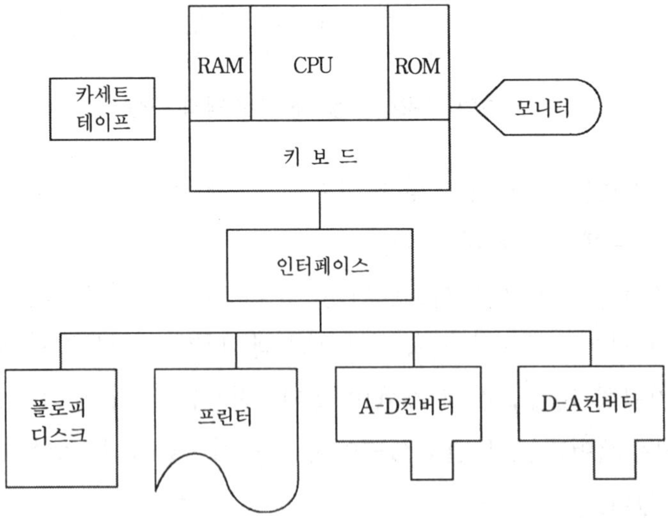

[그림 10-28] 마이크로컴퓨터의 구성

2) RAM과 ROM

RAM(Random Access Memory)은 CPU가 처리할 수 있는 프로그램과 데이터를 일시적으로 저장할 수 있는 기억장치로서, 등속 호출 메모리라고도 한다. RAM에는 모든 명령문이라든지 이에 필요한 데이터가 수록될 수 있어서 질서정연하게 CPU로 하여금 기능을 수행할 수 있도록 해준다. 이와 같은 메모리는 일시적인 것이므로 변경하거나 지울 수 있다. 따라서 기억된 자료를 보존하기 위해서는 항상 전원을 공급해야 하며, 전원이 차단되면 RAM 내부에 기억되어 있는 데이터나 프로그램 등이 지워진다.

ROM(Read Only Memory)은 RAM과 마찬가지로 정보나 자료를 저장하는 역할을 하는 것이지만 RAM과 다른 점은 전원이 차단되더라도 기억된 데이터나 프로그램이 지워지지 않는다는 점이다. ROM을 읽어내기 전용 메모리라고도 한다.

3) 인터페이스

인터페이스(interface)는 마이크로컴퓨터의 CPU와 여러 가지 입출력장치 사이에서 정보의 교환을 원활하게 해주기 위한 일종의 중계장치와 같은 역할을 하는 것이다. 마이크로컴퓨터의 입출력장치 인터페이스에는 직렬방식과 병렬방식이 있다.

직렬 인터페이스(serial interface)는 사용이 간편하므로 일반적으로 널리 채택되고 있는 방식이며, 데이터의 전송, 데이터의 수신, 접지 등의 3개의 선이 필요하다. 이 방식은 데이터의 장거리 송수신에 많이 사용된다.

병렬 인터페이스(parallel interface)는 직렬 인터페이스에 비하여 복잡하고, 모든 데이터 비트를 한꺼번에 송수신할 수 있도록 9~10개의 선이 필요하다. 이것은 배치(batch)형태로 데이터를 입출력해주는 장치로서 데이터의 단거리 송수신에 적합하다.

4) 키보드와 모니터

키보드와 모니터는 CPU와의 자료 교환을 가능하게 해주는 직접적인 주변장치이다. 키보드를 통해서 우리가 원하는 정보나 자료를 마이크로컴퓨터가 이해할 수 있는 언어로 입력시킬 수가 있으며, 그 상태 및 처리결과는 모니터를 통해서 알 수 있다.

5) 카세트테이프와 플로피 디스크

마이크로컴퓨터 외부에서 많은 자료를 보관할 수 있도록 하기 위하여 카세트테이프나 플로피 디스크가 많이 사용되고 있다. 카세트테이프는 값이 싸므로 일반적으로 손쉽게 사용할 수 있는 방식이지만 자료의 기록과 판독시간이 긴 단점이 있다. 반면에 플로피 디스크는 자료의 기록이나 판독이 신속하고 신빙성이 있는 방식이지만, 값이 비싸다는 점이 단점이다.

6) 프 린 터

어떤 자료나 정보를 영원히 보존하기 위하여 프린터가 사용된다. 프린터에는 여러 가지 형이 있으며, 프린터의 속도와 질에 따라 값도 다르다. 도트 매트릭스(dot matrix) 프린터는 값이 싸고 프린터의 속도가 가장 빠르며, 레터 퀄리티(letter quality) 프린터는 값이 비싸고 속도도 느리다.

7) A-D 컨버터와 D-A컨버터

마이크로컴퓨터를 아날로그 신호량을 처리해주는 다른 기계장치에 연결하여 사용할 때에는 마이크로컴퓨터는 직접 아날로그 신호량으로 처리할 수 없기 때문에 아날로그 신호를 디지털 신호로 변환해주는 장치가 필요하다. 이러한 역할을 하는 것이 A-D 컨버터(converter)이다. 또한, 마이크로컴퓨터로 처리, 판단한 신호를 아날로그 제어계통으로 되돌려 보낼 때에는 역시 디지털 신호를 아날로그 신호로 변환해야 하는데, 이와 같은 용도로 사용되는 것이 D-A 컨버터이다.

(2) 마이크로컴퓨터를 이용한 3상 유도전동기의 운전

산업용으로 쓰이는 유도전동기는 직류전동기에 비하여 가격, 무게, 효율, 견고성, 신뢰성 및 보수의 필요성 면에서 많은 장점을 가지고 있다. 그럼에도 불구하고 유도전동기는 지금까지는 정속도 회전기로만 취급해 왔으며, 정밀한 제어를 필요로 하는 곳에서는 사용에 제한을 받아 왔다.

그러나, 반도체의 기술이 발달함에 따라 정지형 가변전압 가변주파수 전원을 만들 수가 있게 되어 유도전동기의 제어 및 이를 이용한 기기의 제어에 많은 관심을 기울이게 되었다. 유도전동기는 일반적으로 75~100[%]의 범위에서 운전을 할 때 가장 효율이 높게 설계된 것이다. 따라서 전동기는 이 범위 내에서 운전하는 것이 바람직하나, 그렇지 못하고 부하율이 낮을 때에는 매우 효율이 낮게 된다. 이러한 경우에 마이크로컴퓨터 및 반도체 전력회로를 사용하면 일정속도, 일정부하에서 전동기의 입력을 최소로 할 수가 있다.

[그림 10-29]는 마이크로컴퓨터를 이용하여 유도전동기의 효율을 높이기 위한 제어계통도로서, 전동기에 직결된 직류발전기에 전등을 달아 부하로 사용한 것이다. 이 계통에서 마이크로컴퓨터에는 실제의 회전속도와 전동기에 가해지는 전력, 원하는 기준속도를 입력으로 하고 초퍼 및 인버터로 출력을 보냄으로써 전동기에 가해지는 전압 및 주파수를 제어하게 된다. 일단 속도가 고정되어 속도의 오차가 허용범위내에 있다면 전압을 약간 감소시키고 주파수를 약간 증가시킨다. 그 결과, 전동기의 회전속도가 약간 변화하는 경우도 있는데 만일 변화가 있을 경우에는 주파수만을 조정하여 속도를 조정해 준다.

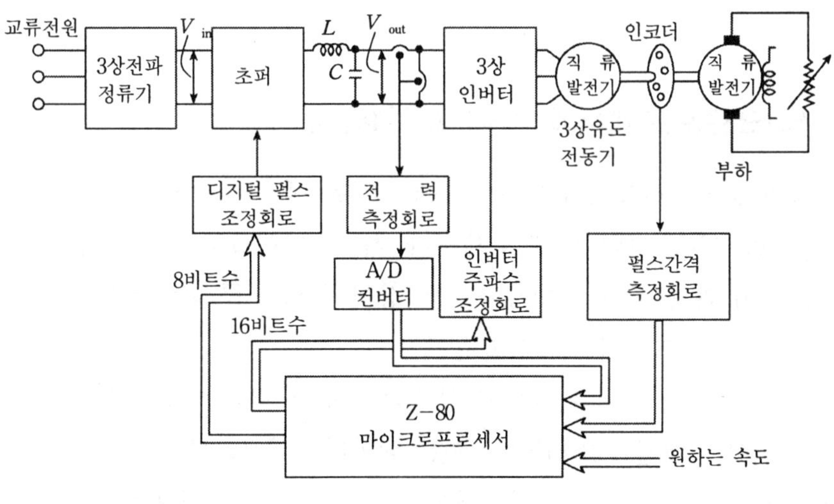

[그림 10-29] 마이크로컴퓨터를 이용한 3상 유도전동기의 제어 계통도

다시 속도가 고정되면 입력전력을 읽어 기억시킨다. 다음 단계에서 다시 전압을 감소시키고 주파수를 증가시키며, 그 결과로 나타나는 속도 변화를 주파수 조정만으로 고정한 다음 입력전력을 읽어 앞 단계에서의 입력전력과 비교한다.

만일, 이때 나중 단계의 입력전력이 바로 앞 단계에서의 입력전력보다 작거나 같다면 계속 전압을 감소시키고 주파수를 증가시키는 방향으로 제어한다. 그러나 나중 단계의 입력전력이 앞 단계에서의 입력전력보다 클 경우에는 전압을 증가시키고 주파수를 감소시키는 방향으로 제어한다. 이러한 과정을 되풀이하여 최대 효율을 가지는 전압과 주파수를 찾는다. 그러나 운전 중에 부하가 갑자기 변화하여 속도가 주어진 허용범위를 벗어날 때에는 즉시 전압과 주파수를 정격값으로 한 다음 처음부터 다시 위의 과정을 되풀이한다.

10-5 마이크로프로세서

1. 마이크로프로세서와 마이크로컴퓨터

컴퓨터의 중앙처리장치가 가진 기능의 대부분을 하나 또는 몇 개의 반도체 칩에 집적한 것을 마이크로프로세서라 하고, 마이크로프로세서를 중심으로 [그림 10-30]과 같이 기억장치, 입출력장치 등으로 구성된 작은 규모의 컴퓨터 시스템을 마이크로컴퓨터라고 한다.

마이크로컴퓨터는 일반 컴퓨터와 본질적으로 그 기능은 같으나 그 구성이 비교적 간단하고 한꺼번에 처리할 수 있는 데이터의 폭(word size)이 작으며, 처리속도가 느리다는 점에서 일반 컴퓨터에 비하여 그 성능이 떨어진다 그러나, 마이크로 프로세서의 고속화, 고기능화가 급진됨에 따라 그 간격은 좁혀지고 있다.

마이크로컴퓨터 중에는 그 부품들을 여러 장의 기판 위에 배치해 놓은 것이 있고, 한 장의 기판 위에 배치해 놓은 것이 있는데, 전자를 멀티보드 마이크로컴퓨터(multi-board microcomputer)라 하고, 후자를 원보드 마이크로컴퓨터(one-board microcomputer)라 한다.

또 마이크로컴퓨터 중에는 마이크로컴퓨터의 모든 부품을 하나의 LSI에 내장한 것도 있는데 이를 단일 칩 마이크로컴퓨터(single chip microcomputer)라고 한다.

이처럼 마이크로프로세서는 데이터의 비트 폭을 증가시킨다든가, 다기능화한다든가와 같이 고밀도, 고기능화의 방향으로 나아가는 한편, 다른 한편으로는 저전력 쇼트키 바이포랄, iiL, SOS와 같은 반도체 프로세서를 이용하여 고속화해가는 방향으로 발전하고 있다.

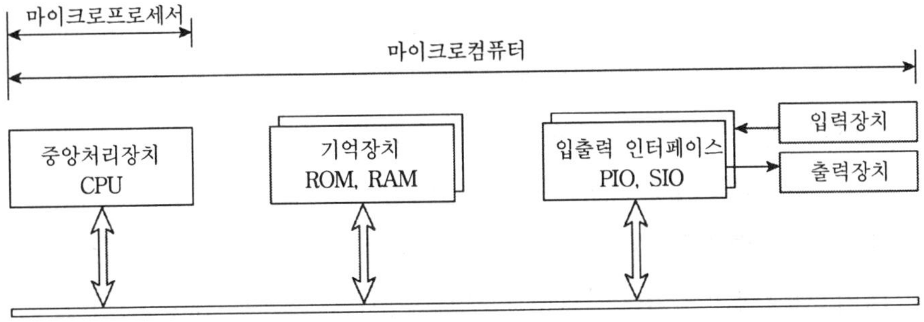

[그림 10-30] 마이크로프로세서와 마이크로컴퓨터의 관계

2. 마이크로프로세서의 특징

마이크로프로세서는 컴퓨터 CPU 기능의 대부분을 LSI 기술에 의하여 실현한 것이므로 LSI로서의 장점과 컴퓨터로의 장점을 다 갖추고 있다. 그러므로 마이크로프로세서를 이용하여 제품을 만들면 다음과 같은 장점을 가진다.

① 제품이 소형화되고 경량화된다.

② 제품의 가격이 저렴해진다.

③ 기능변경이나 확장이 용이해진다.
④ 신뢰성이 향상된다.

LSI로서의 장점은 소형, 경량, 저렴이고, 컴퓨터로서의 장점은 융통성과 신뢰성이다. 그러나, 복잡도가 크지 않을 경우에는 물론 개별 논리회로(hard-wired logic)를 조합하여 만드는 편이 더 경제적일 수도 있다.

3. 마이크로프로세서의 응용분야

이상과 같은 장점 때문에 마이크로프로세서는 그것이 이용되고 있지 않는 곳을 찾아보기 힘들 정도로 거의 모든 면에 이용되고 있다. 그 응용형태를 대별하면 다음과 같다.

① 컴퓨터 및 그 주변장치의 부품으로 이용되는 경우 : 개인용 컴퓨터에서는 이것이 CPU를 이룬다. 미니컴퓨터, 오피스컴퓨터, 제어용 컴퓨터에는 비트형의 프로세서가 많이 사용된다. 마이크로프로세서는 또한 대형 컴퓨터의 채널 제어기나 입출력기기의 내부 제어기에도 사용된다.
② 독립된 장치의 내부 제어기로 이용되는 경우 : 가장 많이 이용되는 곳은 계측기 분야이고, 다음은 자동차 분야이다.
③ 대형 시스템의 구성요소로 이용되는 경우 : 이 중 금후 기대가 큰 것은 통신 시스템이다. 자동차 전화, 일반 전화, 전자교환 시스템 등 그 범위가 지극히 넓다.

이상은 마이크로프로세서가 이용되고 있는 형태의 분류이고, 이를 다시 용도에 따라 분류하면 산업용, 민생용, 아마추어용 등으로 나뉜다. 즉, 용도면에서 볼 때 마이크로프로세서는 애초에 산업용, 특히 제어용, 계측용, 단말장치용 등으로 이용되었으나, 근래에는 가전, 음향기기 등 민생용으로도 널리 이용되고 있고, 아마추어의 호비용, 교육용 등으로도 이용되고 있다. 구체적인 용도별 응용분야를 나열하면 〈표 10-1〉과 같다.

〈표 10-1〉

구분	분류	세부 분야	응용 예
마이크로 프로세서의 응용분야	산업용	데이터 처리	과학기술계산, 데이터 처리, 데이터 수집, 각종 창구업무, 데이터 변환, 데이터 검색, 재고관리, 공정관리, 재고계산, 재무관리, 전표발행 시스템, 매상관리 등
		통신정보 네트워크 제어	통신제어, 통신회로제어, 원격제어, 데이터 전송제어 등
		프로세스 제어	프로세스 제어, DDC 자동제어, 플랜트 제어, 시퀀스 제어, 로봇 제어, 플랜트 시뮬레이터, 공정 라인 제어, 생산설비의 제어 등
		기계제어	I/O 제어, 디바이스 제어, 핸들링 장치, 자동 제도기, 간단한 기기의 제어 등
		시스템 제어	시스템 제어, 테스트 시스템의 제어, 프로그램 제어, 방송 프로그램 시스템, 리얼 타임 시스템 제어, 자동창고 등
		의료시스템	의료 시스템, 의료기기 등
		계측분석시스템	수치제어, 계측제어, 계측 시스템, 공해계측, 센서 제어, 음성분석, 분석기기, 자동계측, 시험기 등
		교통관리시스템	교통제어, ATC, 택시 배차관리, 주차장 관리 등
		감시시스템	회선감시장치, 공해감시 시스템, 자동감시, 테스트 미터의 감시 등
	민생용	가전	에어컨, 전자렌지, 자동세탁기, 비디오 게임, VTR, 재봉틀, 사진기, 전기난로 등
		음향기기	전자튜너, 전자 타이머, 오르간, 악기, 신시사이저, 카세트 데크, 레코드 플레이어 등
		상업용 · 사무용	POS 단말, ECR, 고급전탁, 복사기, 게임 머신, 각종사무기, 주변단말기기, 고급완구, 소형교환기, intelligent terminal 등
		자동차	엔진 제어(점화, 배기가스), 안전점검, 브레이크 제어, 핸들 제어, 충돌방지 등
		텔레비전	프로그래머블 선국, gost cancel 등
	아마추어용, 기타	아마추어 호비용	HAM BCL, 오디오(음악, 연주), 모형(리모컨, 철도), 차(스포츠카, 오토바이), 사진(8밀리 비디오), 바둑, 장기, 마작, 빠칭코, 경마, 골프, 스포츠 일반, 낚시, 주식, 요리, TV게임 등
		교육용	CAI, 교육기기, 가정용 학습기 등
		가정용	고급 TV 게임, 개인상점, 의사 · 변호사의 사무, 방범, 방화, 차고개폐, 가계부, 경제계획 등

연습문제

1. 자동제어를 응용분야별로 분류하고 예를 들어 설명하여라.

2. 서보 기구와 공정제어의 차이점을 설명하여라.

3. 보일러 제어에서 행해지는 제어량을 들고 설명하여라.

4. 비율제어의 2가지 방식을 예를 들고 비교, 설명하여라.

5. 공정제어에서는 주로 어떤 양을 제어하는가?

6. 마이크로컴퓨터의 구조와 각 구성요소의 기능에 대하여 설명하여라.

부 록

1. 라플라스 변환표

라플라스 변환 $F(s)=\mathcal{L}[f(t)]$	시간함수 $f(t)$
$\frac{1}{s}$	1
$\frac{1}{s^2}$	t
$\frac{1}{s^n}(n=1,\ 2,\ \cdots)$	$\frac{t^{n-1}}{(n-1)!}$
$\frac{1}{\sqrt{s}}$	$\frac{1}{\sqrt{\pi t}}$
$\frac{1}{s^a}(a>0)$	$t^{a-1}T(a)$
$\frac{1}{(s-a)^2}$	te^{at}
$\frac{1}{(s-a)^n}(n=1,\ 2,\ \cdots)$	$\frac{1}{(n-1)!}t^{n-1}e^{at}$
$\frac{1}{(s-a)(s-b)}(a\neq b)$	$\frac{1}{(a-b)}(e^{at}-e^{bt})$
$\frac{1}{s^2+\omega^2}$	$\frac{1}{\omega}\sin\omega t$
$\frac{s}{s^2+\omega^2}$	$\cos\omega t$
$\frac{1}{s^2-a^2}$	$\frac{1}{a}\sinh at$
$\frac{s}{s^2-a^2}$	$\cosh at$
$\frac{1}{(s-a)^2+\omega^2}$	$\frac{1}{\omega}e^{at}\sin\omega t$
$\frac{s-a}{(s-a)^2+\omega^2}$	$e^{at}\cos\omega t$
$\frac{1}{s(s^2+\omega^2)}$	$\frac{1}{\omega^2}(1-\cos\omega t)$
$\frac{1}{s^2(s^2+\omega^2)}$	$\frac{1}{\omega^3}(\omega t-\sin\omega t)$

$\frac{1}{(s^2+\omega^2)^2}$	$\frac{1}{2\omega^3}(\sin\omega t-\omega t\cos\omega t)$
$\frac{s}{(s^2+\omega^2)^2}$	$\frac{1}{2\omega}\sin\omega t$
$\frac{s^2}{(s^2+\omega^2)^2}$	$\frac{1}{2\omega}(\sin\omega t+\omega t\cos\omega t)$
$\frac{s}{(s^2+a^2)(s^2+b^2)}(a^2\neq b^2)$	$\frac{1}{b^2-a^2}(\cos at-\cos bt)$
$\frac{1}{s^4+4a^4}$	$\frac{1}{4a^3}(\sin at\cos hat-\cos at\sin hat)$
$\frac{s}{s^4+4a^4}$	$\frac{1}{2a^2}\sin at\sin hat$
$\frac{1}{s^4-a^4}$	$\frac{1}{2a^3}(\sin hat-\sin at)$
$\frac{s}{s^4-a^4}$	$\frac{1}{2a^2}(\cos hat-\cos at)$
$\sqrt{s-a}-\sqrt{s-b}$	$\frac{1}{2\sqrt{\pi t^3}}(e^{bt}-e^{at})$
$\frac{s}{(s-a)^{3/2}}$	$\frac{1}{\sqrt{\pi t}}e^{at}(1+2at)$
$\frac{1}{s}\ln s$	$-\ln t-r(r\approx 0.5772)$

2. 니콜스 선도

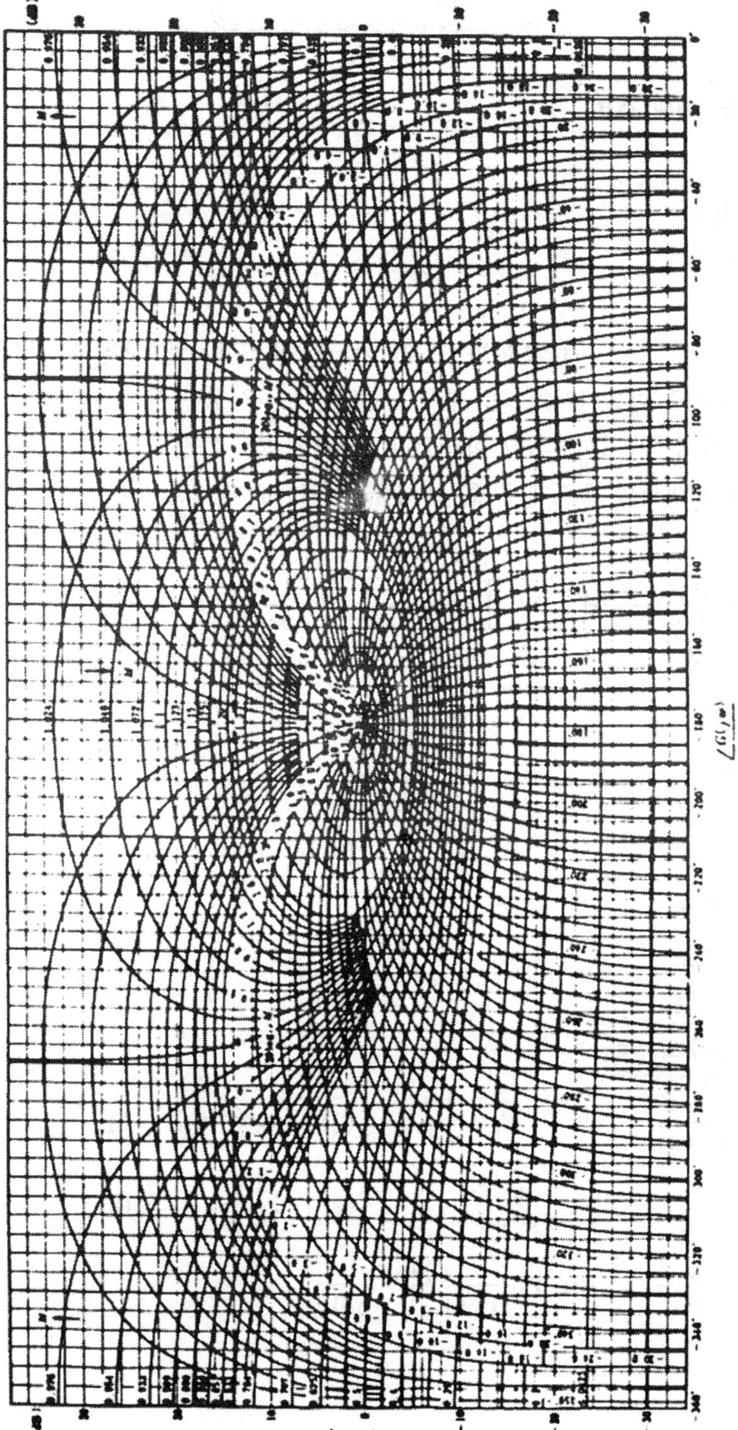

연습문제 해답

1장 자동제어의 개요

1. 본문 참조
2. 본문 참조
3. 본문 참조
4. 본문 참조
5. (1) 시퀀스 제어 : ① 전기자동 세탁기, ② 전기밥솥, ③ 냉장고,
   ④ 각종 자동판매기, ⑤ 세탁기, ⑥ 거리의 신호등 등
   (2) 귀환제어 : ① 수세식 화장실, ② 조속기, ③ 로봇,
   ④ 전기노의 온도제어, ⑤ 매리플레이트, ⑥ 미사일 등
6.

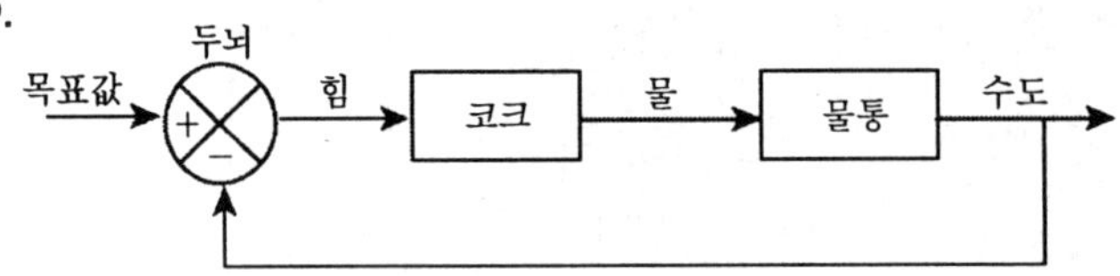

7. 본문 참조
8. 본문 참조
9. 본문 참조
10. 본문 참조
11. 본문 참조

2장 라플라스 변환

1. (1) $\frac{1}{(s-a)^2}$ (2) $\frac{5}{s^2}+\frac{1}{s+3}$ (3) $\frac{2\omega s}{(s^2+\omega^2)^2}$ (4) $\frac{s}{s+b}$

   (5) $\frac{e^b}{s-a}$ (6) $\frac{\omega e^{-as}}{s^2+\omega^2}$ (7) $\frac{2s+1}{s^2+1}$ (8) $\frac{1}{2s}+\frac{s}{2(s^2+4)}$

   (9) $\frac{s}{s^2-a^2}$ (10) $2\omega\frac{(s+a)}{\{(s+a)^2+\omega^2\}^2}$

2. (1) $\frac{t^n}{n!}$ (2) $e^{-t}-e^{-3t}$ (3) $1-e^{-t}$ (4) $e^{-t}+e^{-2t}$ (5) $e^{-t}+te^{-t}$

3. (1) $x(t)=5-5\cos\sqrt{2}t$ (2) $x(t)=-\frac{4}{3}+e^t+\frac{1}{3}e^{-3t}$

(3) $A\cos\omega t+\frac{B}{\omega}\sin\omega t$ (4) $q(t)=10-\frac{640}{17}e^{-t/4}-\frac{10}{17}(\cos t+4\sin t)$

(5) $x(t)=\frac{5}{2}-5e^t+\frac{3}{2}e^{-2t}$

4. $F(s)=\frac{E}{Ts^2}(1-e^{-Ts}-Tse^{-Ts})$

3장 신호의 전달과 선도

1. $G(s)=\frac{V_o(s)}{V_i(s)}=\frac{1}{R_1R_2C_1C_2s^2+(R_1C_1+R_1C_2+R_2C_2)s+1}$

2. (a) $\frac{X_n}{X_1}=\frac{10}{s^2-1}$ (b) $\frac{X_n}{X_1}=\frac{-14}{s(s^2-1)}$

3. $\frac{C}{R}=\frac{G_1G_2}{1-G_2+G_1G_2G_3}$

4. $c(t)=\frac{100\times 2}{1+100-(0.01\times 100)}$

5. (1) X_1 (2) X_8

(3) $X_1\to X_2\to X_3\to X_4\to X_5\to X_6\to X_7\to X_8$,

$X_1\to X_2\to X_7\to X_8$, $X_1\to X_2\to X_4\to X_5\to X_6\to X_7\to X_8$

(4) $X_2\to X_3\to X_2$, $X_3\to X_4\to X_3$, $X_4\to X_5\to X_4$,

$X_2\to X_4\to X_3\to X_2$, $X_2\to X_7\to X_5\to X_4\to X_3\to X_2$,

$X_5\to X_6\to X_5$, $X_6\to X_7\to X_6$, $X_5\to X_6\to X_7\to X_5$,

$X_7\to X_7$, $X_2\to X_7\to X_6\to X_5\to X_4\to X_3\to X_2$

(5) $X_7\to X_7$

(6) $A_{32}A_{23}$, $A_{43}A_{34}$, $A_{54}A_{45}$, $A_{65}A_{56}$, $A_{76}A_{67}$, $A_{65}A_{76}A_{57}$, A_{77},

$A_{42}A_{34}A_{23}$, $A_{72}A_{57}A_{45}A_{34}A_{23}$, $A_{72}A_{67}A_{56}A_{45}A_{34}A_{23}$

(7) $A_{32}A_{43}A_{54}A_{65}A_{76}$, A_{72}, $A_{42}A_{54}A_{65}A_{76}$

6. $G = \dfrac{C}{R} = \dfrac{34}{1+24-6-12-5+10} = \dfrac{17}{6}$

7. 인과관계로 변수들이 연관되게 주어진 대수방정식들을 정리한다.

$$x_1 = \frac{x_2}{3} - \frac{5}{3}x^3$$

$$x_2 = -\frac{x_1}{2} + 2x_3 + 2$$

$$x_3 = -x_2$$

이들 식을 이용하여 신호흐름선도를 그린다.

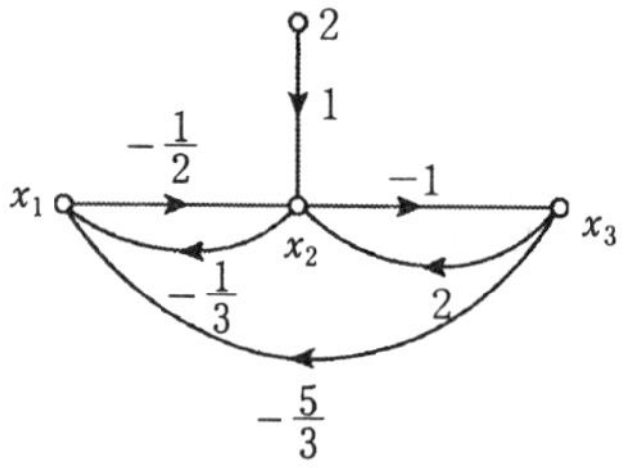

8.

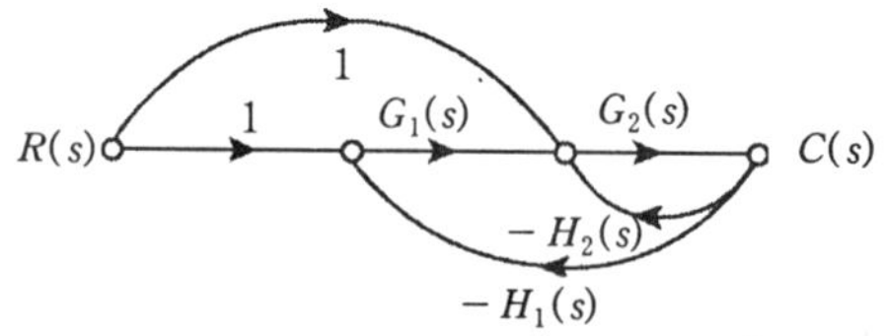

$$G(s) = \frac{C(s)}{R(s)} = \frac{G_2(s)[1+G_1(s)G_2(s)]}{1+G_2(s)H_2(s)+G_1(s)G_2(s)H_1(s)}$$

9.

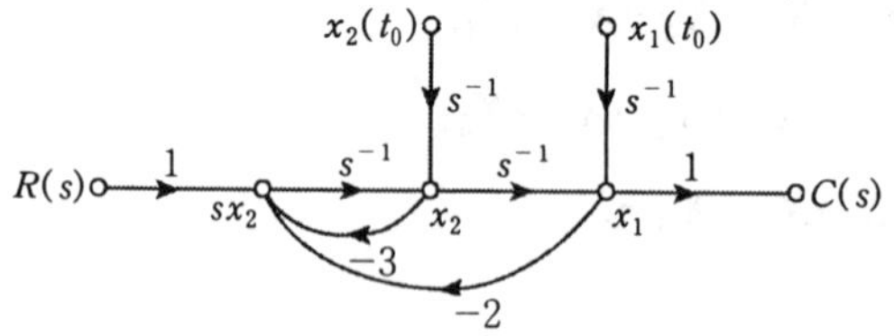

4장 제어계의 과도응답

1. 생략

2. $f(t)=\frac{1}{9}\sin 3t$

3. $T=\frac{T_o}{2.3}=\frac{12.5-1}{2.3}=5.0$

4. $\omega_n=3$ [rad/ sec], $\zeta=\frac{5}{2\omega_n}=\frac{5}{6}$, $T=\frac{1}{\zeta\omega_n}=\frac{2}{5}$ [sec]

$\omega=\omega_n\sqrt{1-\zeta_2}=3\sqrt{1-\left(\frac{5}{6}\right)^2}=1.66$ [rad/ sec], $s^2+5s+9=0$

5. $y(t)=t-1+e^{-1}$

6. $g(t)=te^{-at}$

7. $g(t)=te^{-t}$

8. $G(s)=\frac{Y(s)}{R(s)}=\frac{s+8}{(s+1)(s+2)(s+4)}$

9. $i(t)=\frac{E}{R}\left(1-e^{-\frac{R}{L}t}\right)$, $T=\frac{L}{R}$ 10. $t=4T$

5장 제어계의 편차와 감도

1. 위치편차상수 $K_p=50$, 속도편차상수 $K_v=0$, 가속도 편차상수 $K_a=0$
2. 0형
3. 2
4. $K_p=\infty$, $K_v=20$, $K_a=0$, 정상위치편차 $e_{sp}=0$, 정상속도편차

$e_{sv}=\frac{R}{20}$, 정상 가속도편차 $e_{sa}=\infty$

5. $e_{ss}=\frac{1}{11}$

6장 제어계의 주파수응답

1. (1)

ω	0	0.5	1.0	2.0	5	∞
$\lvert G(j\omega)\rvert$	1	0.686	0.40	0.172	0.037	0
ϕ	0°	−59°	−90°	−121°	−152.5°	−180°

(2)

ω	0	0.25	0.5	1.0	2.0	4.0	8.0	16	∞
$\lvert G(j\omega)\rvert$	∞	16.1	4.1	1.1	0.35	0.14	0.064	0.031	0
ϕ	−180°	−173°	−166°	−153°	−135°	−117°	−104°	−97°	−90°

(3) $\omega_n=4$, $\zeta=\frac{1}{2}$인 경우

ω	0	1.0	2.0	3.0	4.0	5.0	6.0	∞
$\lvert G(j\omega)\rvert$	$\frac{3}{16}$	0.204	0.250	0.305	0.313	0.266	0.215	0
ϕ	0	+3.5°	0°	−14.7°	−36.8°	−55.2°	−66.4°	−99°

(4)

ω	0	0.1	0.4	0.8	1.6	3.2	6.4	12.8	∞
$\lvert G(j\omega)\rvert$	∞	299.6	73.2	34.3	13.8	4.2	0.95	0.20	0
ϕ	−90°	−93.5°	−104.2°	−117.4°	−139°	−165°	−182°	−186°	−180°

위에서 주어진 표를 보고 각자 벡터 궤적을 그리면 된다.

2. (1)

ω	0.25	0.5	1.0	2.0	4.0	8.0	∞
G	−1.03	−3.27	−8.0	−15.3	−25.1	−36.4	−48.2
ϕ	−34°	−59°	−90°	−121°	−146°	−162°	−171°

(2)

ω	0.25	0.5	1.0	2.0	4.0	8.0	16.0
G	+24.2	+12.3	+0.97	−9.03	−17.1	−23.8	−30.0
ϕ	−173°	−166°	−153°	−135°	−117°	−104°	−97°

(3) $\omega_n=4$, $\zeta\frac{1}{2}$

ω	0.60	1.0	2.0	3.0	4.0	5.0	6.0	∞
G	−14.2	−13.8	−12.0	−10.3	−10.1	−11.5	−13.4	−
ϕ	+2.6°	+3.5°	0.0°	−14.7°	−36.8°	−55.2°	−66.4°	−90°

(4)

ω	0.2	0.8	3.2	6.4	12.8	25.6	51.2
G	+43.4	+30.7	+12.4	−0.5	−13.8	−26.5	−38.7
ϕ	−97.1°	−117.4°	−165°	−182°	−186°	−184°	−182°

위에서 계산된 표에 의해 보드 선도를 그린다.

3.

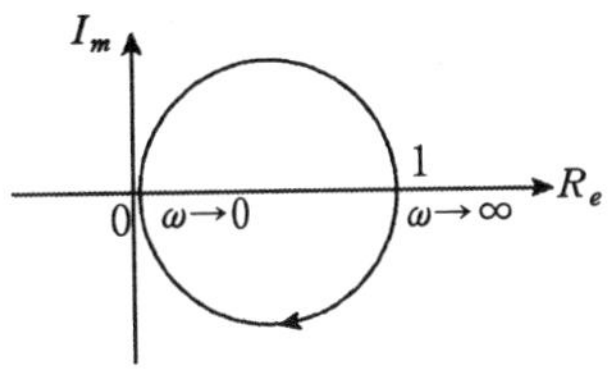

4. $\dfrac{10(1+2s)}{s(1+0.2s)(1+0.1)}$

5. $M=\dfrac{1}{\sqrt{[1+(\cos\phi/A)]^2+(\sin\phi/A)^2}}=0.785$

$$\phi_m=\tan^{-1}\left[\frac{\sin\dfrac{\phi}{A}}{1+\left(\dfrac{\cos\phi}{A}\right)}\right]=-11.3°=-0.197\ [\text{rad}]$$

응답 $c(t)$는

$c(t)=0.785\sin(2t-0.197)$

6. $\omega_o=\omega_n\sqrt{1-\zeta^2}=5\sqrt{1-\dfrac{9}{25}}=4\ [\text{rad/s}]$

7. $M(s)=\dfrac{K}{s^2+4s+8}$, $20\log|M(j\omega)|=3\ [\text{dB}]$에서

ω에 관해서 풀면 $BW=\omega=2\sqrt{2}\ [\text{rad/sec}]$

7장 제어계의 안정도

1. 안정계 : (1), (4), (8), 안정한계 : (3), (5), 불안정한계 : (2), (6), (7). (9)
2. (1) 안정, (2) 불안정, (3) 불안정

3.

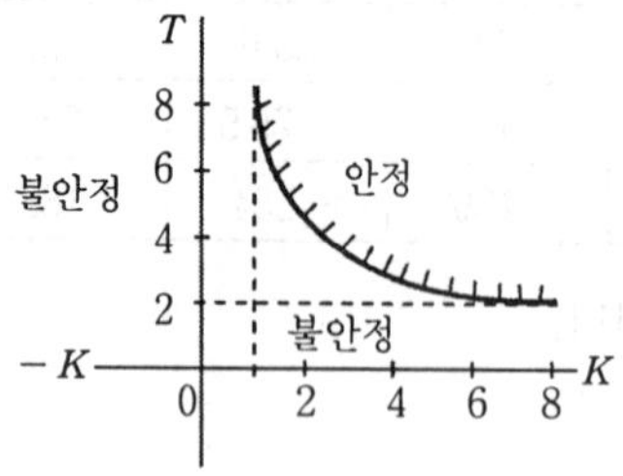

이 폐루프 제어계가 안정되기 위한 조건은

① $T>0$　　　　　② $2+T>0$ 또는 $T>-2$

③ $1+\dfrac{2K-TK}{2+T}>0$　④ $K>0$

이를 정리하면 $T>\dfrac{2(K+1)}{(K-1)}$ $(T,\ K>0)$

4. (1)

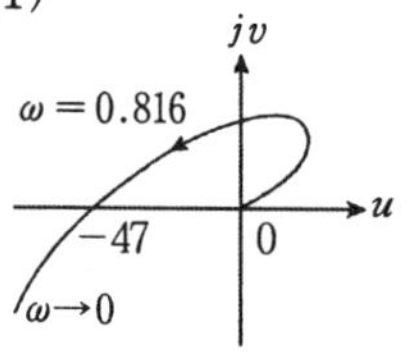

(2)

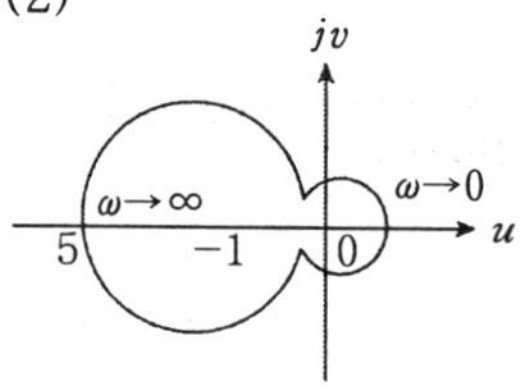

5. $K=\dfrac{1}{50}$

6. $T>100$

7. $G(s)=\dfrac{e^{-0.5s}}{s(s+1)}$,

$\angle G(j\omega)=(90+\tan^{-1}\omega+90\omega/\pi)$, 위상여유 : 40°, 이득여유 : 4.65[dB]

8. (1) $\omega_\pi=0.707$　　　(2) $\omega_g=0.82$

(3) 이득여유 $=\dfrac{3}{4}$　　　(4) 위상여유 $=-7.8°$

8장 제어계의 설계와 보상

1. 본문 참조
2. 본문 참조
3. $K=1.78$

4. K는 10으로 하면 식 (9-7)로부터 $G_C(s)=\dfrac{(1+aTs)}{a(1+Ts)}=\dfrac{\left[1+\dfrac{s}{2.1}\right]}{6\left[1+\dfrac{s}{12.6}\right]}$

5. (1) K : 6, 위상여유 : 6°

   이득여유 : 1.4[dB], 대역폭 : 4[rad/sec], M_P :매우 크다.

   (2) 위상여유 : 27°, 이득여유 : 10[dB], 대역폭 : 4[rad/sec], $M_P=2(6[\text{dB}])$

   (3) 보상되지 않은 계의 전향경로 전달함수 : $G(s)=\dfrac{K}{s(1+0.2s)(1+0.5s)}$

   보상된 계의 전향경로 전달함수 : $G(s)=\dfrac{K(1+0.4s)}{s(1+0.08s)(1+0.2s)(1+0.5s)}$

6. 이득정수 : 특성방정식 $s^3+(1+10K_1)s+10=0$으로부터

   $K_t=0.216$, 대역폭 : BW = 4.02 [rad/ sec]

9장 제어 메커니즘

1. 벨로즈, 다이어프램, 스프링
2. 노즐 플래퍼, 유압분사관
3. (1) 수동 조절 밸브　　(2) 다이어프램 밸브　　(3) 전동(전자) 밸브

   (4) 유압(공기압)에 의한 피스톤의 동작 밸브
4. P동작의 인디셜 응답은 $c(t)=\mathcal{L}^{-1}\left[K\dfrac{1}{s}\right]=K$ 이므로 2번

   I동작의 인디셜 응답은 $c(t)=\mathcal{L}^{-1}\left[\dfrac{1}{Ts}\cdot\dfrac{1}{s}\right]=\dfrac{1}{T}t$이므로 3번

   PI 동작의 인디셜 응답은 P+I=②번+③번이므로 ①번이다.

   I 동작의 적분시간은 적분값이 비례동작값과 같으므로 2.6[분]이다.
5. 본문 참조
6. 본문 참조
7. 본문 참조
8. 공기유량 q, 벨로즈 용량 C, 스로틀 밸브 저항을 R이라 하고 세 식에서 q, P_1을 소거한다.

   $q=\dfrac{P-P_1}{R}$, $C=\dfrac{q}{\dfrac{dP_1}{dt}}$, $z=kP_1$

전달함수 $G(s)=\frac{k}{1+Ts}$, $T=RC$

$R=RC=24$ [sec]이므로

저항 $R=\frac{T}{C}=\frac{24}{40}=0.6$ [kg · sec / cm^3]

10장 제어실무응용

1. 본문 참조
2. 본문 참조
3. 본문 참조
4. 본문 참조
5. 본문 참조
6. 본문 참조

찾아보기

ㅈ

자동제어 실무이론

2020년 2월 20일　1판 5쇄 발행

저　자　신　종　석
발행인　남　승　우

발행처 도서출판 상尙 학學 당堂
서울특별시 동작구 사당로9가길 6
TEL : 02) 595-1692～4
FAX : 02) 595-1394
E-mail : namdoo6@unitel.co.kr
신고 : 2-155호 (1968. 11. 29)

정가 28,000원

ISBN 978-89-85437-55-4　93560